［作って学ぶ］
OSのしくみ I

メモリ管理、マルチタスク、ハードウェア制御

hikalium
［著］

技術評論社

本書は、小社刊の以下の刊行物をもとに、大幅に加筆と修正を行い書籍化したものです。

・『WEB+DB PRESS』Vol.120 特集「[自作 OS ×自作ブラウザで学ぶ] Web ページが表示されるまで──HTML を運ぶプロトコルとシステムコールの裏側」

本書の内容に基づく運用結果について、著者、ソフトウェアの開発元および提供元、株式会社技術評論社は一切の責任を負いかねますので、あらかじめご了承ください。

本書に記載されている情報は、特に断りがない限り、執筆時点（2025 年）の情報に基づいています。ご使用時には変更されている可能性がありますのでご注意ください。

本書に記載されている会社名・製品名は、一般に各社の登録商標または商標です。本書中では、™、©、® マークなどは表示しておりません。

はじめに

　アプリケーションの動作を陰ながら支える縁の下の力持ち、それがオペレーティングシステム（OS）です。

　みなさんの身近にあるコンピューターのほとんどは、OS なしでは単なる電子回路の塊になってしまいます。それにもかかわらず、OS がどのようなことをしているのか、なぜ OS が必要なのか、その正体はあまり知られていないのが現状です。

　本書は、最低限の機能を持った OS を手作りすることを通して、みなさんに OS の果たす役割とそのしくみについて理解していただくことを目標としています。最終的には、別冊の『[作って学ぶ] ブラウザのしくみ』[注1] で開発している単純な自作ブラウザが動作するようにします。

　OS が果たすべき 2 つの大きな役割は、資源の管理と、ハードウェアの抽象化です。これら 2 つの題材を柱として、本書ではメモリ管理機構やプロセス管理、文字の入出力や GUI、さらには USB デバイスのサポートやネットワーク通信プロトコルまで、実際に動作可能なコードを示しつつ解説します。これにより机上の理論だけでなく、実際に手を動かして動くものを作り上げながら、そのしくみに対する理解を深めていきます。そして最終的には、インターネット上の Web サイトから HTML を取得できるところまで機能を発展させ、アプリケーションがどのように動作してネットワーク通信を行うのかを、上から下まで体験します。

　本書で実装する OS は、一般に広く用いられている x86_64 アーキテクチャを動作対象としています。またメモリ安全性が高く、それでいて低レイヤなプログラミングを行いやすいプログラミング言語 Rust を実装言語に採用しました。開発環境については Linux を例に解説しますが、それ以外の主要な OS でも動作確認ができるよう、必要に応じて注釈を入れたり、サポートページでの支援を提供したりします。また、基本的にはエミュレーターを使用して動作確認をします

注1　土井麻未著『[作って学ぶ] ブラウザのしくみ── HTTP、HTML、CSS、JavaScript の裏側』技術評論社、2024 年

ので、1 台の PC のみで読み進めていただけるようになっています。

けっして簡単とは言い切れない内容ではありますが、普段は Web アプリケーションのように高レイヤの開発をされている方々や、まだプログラミングを始めたばかりという学生の方々でも理解できるよう、できる限りわかりやすく解説するよう心がけています。そのため、少しでも OS というものに興味を持っている方であれば、本書を楽しんでいただけるはずです。

本書をきっかけに、OS という分野のおもしろさに一人でも多くの方が気付いてくだされば、筆者はたいへんうれしく思います。

ようこそ OS の世界へ！ ぜひ楽しんでいってください。

hikalium

本書の読み方

サンプルコードのダウンロード

　本書で紹介するコードは紙面の都合上、実際のソースコードの一部分になっている場合があります。完全なソースコードについては GitHub の hikalium/wasabi[注1] より入手できます。デフォルトで表示される main ブランチは今後の開発で変更される可能性があるため、本書のために用意したブランチ wasabi4b を参照してください。以下のコマンドを実行すると wasabi4b ブランチを wasabi というディレクトリ名で、カレントディレクトリに clone できます。

```
$ git clone -b wasabi4b https://github.com/hikalium/wasabi.git
```

　Git に慣れている方は直接上記ブランチをチェックアウトしていただいて OK です。もし不慣れな場合は、ZIP ファイルを GitHub よりダウンロードできますので、適宜ご活用ください。

想定読者

　本書は、できる限り多くの方にわかりやすいよう気を付けて書いていますが、以下のような方々を想定して執筆しました。

・プログラミングは少しかじったことがある

・少なくとも 1 つのプログラミング言語をある程度使える

・Rust というプログラミング言語の名前は聞いたことがあるが書いたことはない

・OS という言葉は耳にしたことがある

・しかし OS とは何かと問われると詰まってしまう

・OS とアプリケーションの差が何なのかよくわからない

・だけど OS とは何か知りたい

注1　https://github.com/hikalium/wasabi

■本書の読み方

・ハードウェアとソフトウェアが別々のものだということはわかる

　もちろん、じっくりと時間をかけて読めば、上記に当てはまらない方でも楽しめるはずです。

本書の構成

　本書は、Ⅰ、Ⅱ巻の分冊で構成されているうちののⅠ巻にあたります。Ⅱ巻については、2025年の刊行を予定しています。

　Ⅰ巻（本書）で解説する内容は、以下のとおりです。

・OSとは何か
・ベアメタルプログラミングの方法
・メモリ管理の実装
・マルチタスクと例外処理の実装
・ハードウェアの制御

　ここまでの内容をすべて実装すれば、USBキーボードからのコマンド入力を受け付け、コマンドに応じて画面に図形や文字を描画できるようになります。またメモリ管理やマルチタスクのような基本的な計算資源の分配も行われるようになり、コンピューター黎明期のOSのようなものが出来上がります。

　Ⅱ巻ではⅠ巻の内容をさらに発展させ、以下の内容について解説する予定です。

・GUI
・アプリケーションの実行とシステムコール
・ネットワークとプロトコル

　Ⅰ、Ⅱ巻すべての内容を実装し終えれば、キーボード入力を主とするCUIだけでなく、画面上に描画された図形とマウスを組み合わせた視覚的・直感的な入力方法であるGUIの実装や、OSとは独立したプログラムであるアプリケーションの実行と、それに対してOSが機能を提供するためのしくみであるシステムコール、そして最終的にはネットワーク通信と各種インターネットプロトコル

■本書の読み方

を実装することにより、単一のコンピューターの枠を超えて遠く離れた別のコンピューターと通信するところまで、現代のコンピューター・システムを深く広く理解できる内容となっています。

関連書籍について

　本書の内容は、2024年発売の『[作って学ぶ] ブラウザのしくみ』と深く連動しています。

　『ブラウザのしくみ』では、GUIを備えたシンプルなブラウザを実装することで、そのしくみを理解します。また、ここで実装するブラウザは、本書『OSのしくみ』の上で動作するアプリケーションとして開発されているため、『ブラウザのしくみ』を読破した方にとっては、本書を読むことで、さらに下側で動くOSのしくみまで理解を深めることができます。また、本書『OSのしくみ』を先に読まれる方にとっては、OSがハードウェアを抽象化して提供する機能の数々が、ブラウザという身近なアプリケーションでどのように活用されるのか、さらに高い視点から一望できる機会となるはずです。

　どちらの書籍も、単体で十二分に読みごたえのある内容となっていますが、これらの書籍を並べて読むことでコンピューターというものに対する認識の解像度が飛躍的に高まること請け合いですから、焦らずゆっくりと読み進めていただければ幸いです。

開発環境のセットアップ

　本書で解説している手順は、ChromeOS上のDebian環境で動作することを確認しています。

```
$ cat /etc/debian_version
12.7
```

　したがって、同じくDebian系のOSであるUbuntuなどでも、ほぼ同様の手順で動作させることができます。

　それ以外の環境で本書の内容を試す場合の詳しい手順については、サポートページを随時更新しますので、そちらをご確認ください。

■本書の読み方

https://lowlayergirls.github.io/wasabi-help/

● Rust ツールチェインのインストール

Rust コンパイラや関連ツールは、rustup を利用してインストールできます。
https://rustup.rs/ にアクセスして、そこに書かれているコマンドを実行する
ことで、必要なツールをインストールできます。

まずはターミナルを開いて、以下のように入力して、Enter キーを押します。

```
$ curl --proto '=https' --tlsv1.2 -sSf https://sh.rustup.rs | sh
```

いくつかカスタマイズのための質問が出てきますが、すべてデフォルトで問題
ないので、Enter キーを連打してください。

インストールが終わったら、一度シェルを再起動するか、ターミナルウィンド
ウを開き直してください。この手順を飛ばすと環境変数が反映されず、Rust ツー
ルチェインを呼び出すことができません。

シェルを開き直したら、cargo --version および rustc --version を入力して、
これらのコマンドがインストールされていることを確かめてください。

```
$ cargo --version
cargo 1.82.0 (8f40fc59f 2024-08-21)

$ rustc --version
rustc 1.82.0 (f6e511eec 2024-10-15)
```

バージョン番号については、現段階では一致しなくても問題ありません。適切
なバージョンを指定する方法については第 2 章で解説します。

● PC エミュレーター QEMU のインストール

本書では、QEMU というエミュレーターを利用して自作 OS を動作させます。
QEMU は、コンピューターの上でコンピューターを仮想的に動かすためのアプ
リケーションです。

本来の OS は、ハードウェアを制御するという役割を果たすために、ハードウェ
アの上で直接動作させることがほとんどです。しかし、現代のハードウェアは多
種多様であり、そのすべてで動作する OS の作り方を解説することは、入門の範
囲を大きく超えてしまいます。そこで、ある実在するコンピューターの動作を模

viii

倣するようなプログラムの上で OS を動作させることにより、どの読者の方でも、実質的に同じ「コンピューター」を対象とするような OS の作り方を体感できます（**図 0-1**）。

図 0-1 エミュレーターの世界は外の世界を模倣している

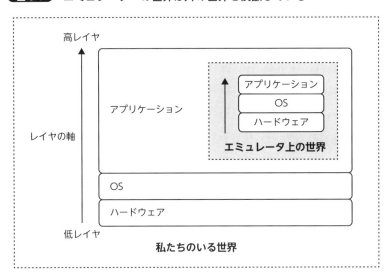

ええっ！ そんなの虚構じゃないか！ と思われる方もいらっしゃるかもしれませんが、安心してください。実際に、エミュレーター上で OS を開発するという手法は、現実世界で使われている OS の開発現場でも用いられる一般的な方法です。また、対応するハードウェアをお持ちであれば、本書で実装した OS をハードウェアの上で直接起動してみることも可能です。具体的な手順については、巻末の付録で解説していますので、そちらもご確認ください。なお、ある程度実装が進むまでは、実際のハードウェアで起動しない可能性が高く、また起動したとしても、見た目では動作しているかどうかわからない可能性が高いため、まずはエミュレーターを使用した方法で開発を一度最後まで進めてみることを強くお勧めします。

Debian や Ubuntu などの apt パッケージマネージャが利用可能な環境では、以下のコマンドを実行すると、QEMU をインストールできます。

```
$ sudo apt install qemu-system-x86
```

■**本書の読み方**

　インストールが完了したら、正しくインストールできているかどうか、下記の
コマンドを実行して確かめてみてください。

```
$ qemu-system-x86_64 --version
QEMU emulator version 9.0.50 (v9.0.0-2247-ge2f346aa98)
Copyright (c) 2003-2024 Fabrice Bellard and the QEMU Project developers
```

　例によって、バージョンは完全に一致していなくてもかまいませんが、本書執
筆時点では 9.2.0 が公式で配布されている最新バージョンとなっていますので、
メジャーバージョンが 9 以上であれば問題なく動作するはずです。

本書のコードの読み方

　本書で実装していく OS のコードは以下のように書かれています。

```
src/main.rs
fn main() {
    println!("Hello, world!");
#![no_std]
#![no_main]

#[no_mangle]
fn efi_main() {
    //println!("Hello, world!");
    loop {}
}

use core::panic::PanicInfo;

#[panic_handler]
fn panic(_info: &PanicInfo) -> ! {
    loop {}
}
```

　それぞれの意味は以下のとおりです。

・**太字**
　新規に追記する部分

・~~取り消し線~~
　削除する部分

x

■本書の読み方

・それ以外
　前に実装した部分

参照している仕様書の表記方法

参照している仕様書は以下のように仕様書を表す記号を記入しています。

これは ACPI 仕様書の「21.1 Types of ACPI Data Tables」[acpi_6_5a] を読むとわかるのですが、MCFG の定義は ACPI 仕様の範囲外なのです。

記号がどの仕様書を表すかは、巻末の「参照している仕様書の一覧」を参照してください。

目 次 CONTENTS

はじめに..iii
本書の読み方...v
  サンプルコードのダウンロード...v
  想定読者...v
  本書の構成...vi
  関連書籍について...vii
  開発環境のセットアップ...vii
  本書のコードの読み方...x
  参照している仕様書の表記方法...xi
目次..xii

第 1 章

OS とは
──コンピューターの裏側を支えるソフトウェアを知る.......................1

OS とは何か...2
  日常にある OS の例..2
  OS とコンピューターの関係..3
    コンピューターの基本的なしくみ...3
    アプリケーション──人々がコンピューターを使う理由.....................6
    OS──ハードウェアとアプリケーションの狭間で.................................7

本書で実装する OS の全体像...10
  ベアメタルプログラミング...10
  資源（メモリと CPU）の管理..11
  ハードウェアの制御...12
  本書のゴールと関連書籍の紹介...12

本題に入る前に...13

■CONTENTS

第2章

ベアメタルプログラミングをしてみる
── OS のない世界でプログラムを動かすための準備 15

コンピューターの構成要素 16

メモリ 17
CPU 17
入出力 18

すべてはバイナリ 19

すべてのデータは 2 進法で表現できる 19
数値をバイナリで表現する 20
16 進法は便利 23
ひとくちサイズのバイナリ、byte 24
文字列のバイナリ表現 25

画像のバイナリ表現 26
プログラムもバイナリ 29
コンパイラ──ソースコードを翻訳してバイナリを作るプログラム 33

UEFI アプリケーションを作ってみる 34

開発環境の構築 34
Hello, world を書いてみる 36
Rust ツールチェインのバージョンを固定する 38
アプリケーションと OS の違い 39
UEFI ── OS よりも前に起動する、OS を起動するためのプログラム 40
[column] 色々なファームウェア── Legacy BIOS と UEFI BIOS 41
ターゲット──どの実行環境向けにバイナリを生成するのかコンパイラに伝える 42
QEMU を利用して UEFI アプリケーションを実行する 45

UEFI からの脱却 48

"Hello, world" はどこへ行く？ 48
no_std で生きていく── core クレートと歩むベアメタル生活 53
[column] 普段は当たり前だと思っているが実は OS が提供しているもの 57
フレームバッファに何か描く 59

Rust の便利機能を活用する 68

xiii

■目次

ビルドや実行を簡単にする 68
cargo clippy と HLT 命令── CPU を無駄に回さないようにする 70
cargo fmt ──コードをきれいに整形する 72

もっと色々なものを描く 72

四角形を描く 73
線分を描く 80
画面に文字を表示する 84
文字の列、文字列を表示する 92

writeln!() マクロを使ってみる 93

メモリマップを表示する 97
図形描画のコードを整理する 107
UEFI のない世界へ行く── ExitBootServices 109

第**3**章

メモリ管理を実装しよう
──限りある資源を効率良く使えるようにする 113

OS とメモリの関係 114

メモリとは何か 114
メモリ管理とは何か 115

実装前の準備 116

ソースコードの整理──ファイルを分割する 116
cargo test が通らない理由 140
カスタムテストフレームワークを有効にする 142

バイト単位のアロケータを実装する 146

アライメントはなぜ必要か 147
メモリの速度とバス幅 147
キャッシュ──よく使うものは近くに置こう 148
アライメントが合っていないと回路がつらい 151
簡単なメモリアロケータの実装 152

OS のテストを Rust で書く 161

xiv

■CONTENTS

シリアルポート出力の実装..162
   [column] CONVENTIONAL_MEMORY 以外の領域の正体............................174
デバッグを便利にする関数たちを実装する..176

ページング──より高度なメモリ管理を行う............................182
  ページングとは...182
  x86_64 におけるページング...183
  現在のページテーブルを表示してみる...184
  動作確認のために割り込み処理・例外処理を実装する........................194
     GDT ──コンピューター黎明期、8086 時代の遺物..............................196
     TSS ──割り込み時のスタック切り替えを制御する..............................198
  コードセグメントとデータセグメントの設定...200
  割り込み関連の初期化...202
  ブレークポイント例外のあとに実行を継続する.....................................222
  ページテーブルを作って設定する...223
  ページングの動作確認をする..227
  Pin の落とし穴...234

第**4**章

マルチタスクを実装しよう
──1 つの CPU で複数の作業を並行して行う方法について知る.......239

マルチタスクとは何か...240
  マルチタスクの例...240
     [column] 並行と並列の違い...241
  簡単にマルチタスクもどきを実装してみる..242

Rust の async/await で協調的マルチタスクをする.............245
  async/await を使えるようにする...245
     Future trait...246
     Waker と RawWaker...247
     block_on の実装...248
     Executor..251
     ほかのタスクに処理を譲る（yield する）..254
  時間経過を計る...257

xv

■目次

タイマー──時間を計るデバイス 257
ACPI から HPET の場所を教えてもらう 258
HPET を初期化する 267
static mut を使って HPET を共有する 271
スレッド間で安全にデータを共有する 272
データ競合とは 272
Rust における参照のルール 273
Mutex ──実行時にメモリ競合を回避するしくみ 274
Mutex を使って HPET のインスタンスを OS 全体で共有する 282
タスクの実行を一定時間止める Future を作る 284
協調的マルチタスクの問題点 287
（発展）非協調的マルチタスク 287

ソースコードの整理 288

HPET の初期化処理をリファクタリングする 288
メモリアロケータの初期化を関数に切り出す 290
ページング関連のコードを整理する 291
画面描画周りの初期化を別の関数に切り出す 293
VramTextWriter を BitmapTextWriter に一般化する 294
print 系マクロの出力を QEMU の画面上にも表示する 297

第 5 章

ハードウェアを制御する (1)
──デバイスを動かす方法を知る 301

OS とハードウェアの関係 302

Port Mapped I/O と Memory Mapped I/O 303
Port Mapped I/O の例──シリアル入力を実装する 304

PCI とは 308

PCI の概要 309
Bus、Device、Function 309
ベンダー ID、デバイス ID 310

PCI デバイスの一覧を取得する 311

xvi

■CONTENTS

PCI Configuration 空間 311
ECAM —— Enhanced Configuration Access Method 311
PCI デバイスの一覧を表示するコードを実装する 317

USB コントローラ（xHCI）のドライバを実装する 324

USB とは 324
xHCI とは 324
xHC の検出 325
ちょっと脱線——諸々の改良 325
起動時のページテーブル初期化の高速化 331
Memory mapped I/O で xHC とやりとりをする 335
xHC のレジスタ 343
xHC の初期化 352
 xHC をリセットする 353
 Scratchpad Buffer を確保して設定する 353
 DCBAA を確保して設定する 354
 Primary Event Ring を用意する 360
 Command Ring を用意する 364
 xHC をスタートする 365
IoBox —— CPU のキャッシュと Memory-mapped I/O の関係 366
USB デバイス接続時の処理を実装する 379
 イベントのポーリングをする 379
 USB デバイスの検出 385
 デバイスの検出とポートの初期化 391
 Device Slot の有効化 395
 USB ポートの初期化処理を整理する 397
 Address Device コマンド —— USB デバイスにアドレスを割り当てる 405

第 6 章

ハードウェアを制御する (2)
—— USB デバイスを使えるようにする 415

USB デバイスの情報を取得する 416
Device Descriptor の取得 416
 [column] From トレイトと Into トレイト 428

xvii

■目次

デバイスクラス 428

USB における Config、Interface、Endpoint の関係 429

Config Descriptor とその仲間たちを取得する 429

USB キーボードを使えるようにする 438

USB キーボードの基本 438

[column] N キーロールオーバー 444

キーの押下状態から変化したキーを特定する 445

なぜ HashSet ではなく BTreeSet を使うのか 447

キーコードから文字への変換 448

[column] キーボードレイアウトの闇──打ちたい記号が入力できない！ 450

USB マウス……もといタブレット入力を使えるようにする 452

HID レポートディスクリプタを解析する 478

USB タブレットの状態変化を表示する 502

ビットを切り出す関数を実装する 503

マウスボタンの状態を解釈する 504

ポインタ位置の情報を取り出して表示する 508

● Appendix

実ハードウェアでの起動を試す 516

USB メモリを FAT ファイルシステムでフォーマットする 516

WasabiOS を USB メモリに書き込む 517

USB メモリからの起動 519

実機で試すときの注意点 522

あとがき 523

参照している仕様書の一覧 526

索引 528

著者プロフィール 534

xviii

第1章

OS とは
コンピューターの裏側を
支えるソフトウェアを知る

第1章 | OSとは──コンピューターの裏側を支えるソフトウェアを知る

OSとは何か

OS（*Operating System*）という単語を耳にしたとき、みなさんは最初に何を思い浮かべるでしょうか？ 明確なイメージを持てる方もそうでない方も、まずはOSとは何なのか、コンピューターの中でOSはどのような役割を果たしているのか、一度おさらいしておくことにしましょう。

日常にあるOSの例

私たちの身の回りには、コンピューターがたくさんあります。もしかすると、みなさんがコンピューターだと気付いていないものもたくさんあるかもしれません。というのも、いわゆるPC（パーソナルコンピューターの略）以外にも、広義のコンピューター、日本語で言えば電子計算機が、現代の社会には溢れているからです。スマートフォンやタブレットはわかりやすい例ですが、洗濯機や電子辞書、果てはスマートスピーカーやスマートテレビなど、多くの電化製品もコンピューターを内蔵するようになってきました。

OSは、日本語で「基本ソフトウェア」と訳されるとおり、これらコンピューターの動作に必要不可欠と言ってもよいソフトウェアです。OSとはいったい何なのかはのちほどより詳しく解説していきますので、まずは具体的な例を見ていきましょう。さまざまな企業や人々が多種多様なOSを作っています。みなさんはいくつ思い浮かびますか？

おそらく最初に頭に浮かぶのは、デスクトップPCやノートPCでよく用いられている、WindowsやmacOSでしょう。また、最近は教育現場などで、ChromeOSやiPadOSが使われているのを目にすることもあるかもしれません。もっと身近な例で言えば、みなさんが持っているスマートフォンのほとんどには、iOSかAndroidが入っていると思います。ほかにも、サーバーサイドではLinuxをベースにしたOSが広く用いられています（実はChromeOSやAndroidもLinuxベースのOSです）。さらに、Fuchsiaという比較的最近に開発が始まったOSが、スマートスピーカーに利用されているという話を耳にした方もいらっしゃるかもしれません。

とにかくここで言いたいのは、さまざまな「OS」が世の中には存在している

ということです。

　ここで一つ、みなさんに考えていただきたいことがあります。これらの OS に共通している点とは、いったい何でしょうか？

　OS が動作するハードウェアもスマートフォンからサーバーまで多種多様なので、コンピューターの上で動くという以外に共通点はなさそうです。開発に使われているプログラミング言語についても、C や C++、Rust、Objective-C、Swift、Java など 1 つの OS でさえもそれぞれの部分がさまざまな言語で書かれているので、すべての OS に共通の点があるわけではなさそうです。開発している主体は、大企業だけではなく個人の開発者が集まってコミュニティベースで開発しているもの(Linux など)もあるので、一概には言えそうにありません。「ウィンドウが出てくる」とか「いろいろなアプリケーションを動かせる」という見た目や機能についても、スマートフォンでは基本的にウィンドウは表示されないですし、洗濯機にアプリケーションがダウンロードできることを期待している人は多くないでしょう。

　実は OS を特徴付ける性質は、私たちが普段目にする機能にあるのではなく、その裏側で静かに動作しているもっと抽象的なものにあります。キーワードは「ハードウェアの制御と抽象化」と「資源の分配」です。次のセクションから、これらについてもう少し詳しく見ていきましょう。

OS とコンピューターの関係

　コンピューターは、私たちの生活を便利にしてくれます。しかし、物理的な存在（ハードウェア）としてのコンピューターは、あくまでも電子回路の塊であり、コンピューターを構成する要素の半分でしかありません。私たちがコンピューターから受けている恩恵の残り半分は、ソフトウェアという存在によってもたらされています。OS はソフトウェアの一種ですが、そのほかのソフトウェアやハードウェアとどのように関わっているのでしょうか？　もう少し深掘りしてみましょう。

●コンピューターの基本的なしくみ

　一般的なコンピューターのハードウェアは、大まかに以下の 3 つの要素から構成されています。

第1章 OSとは——コンピューターの裏側を支えるソフトウェアを知る

- **CPU**
  計算やその制御を行う部分

- **メモリ**
  計算や制御に必要なデータやその結果を記憶する部分

- **入出力**
  計算や制御に必要なデータやその結果を、コンピューターの外側とやりとりする部分

　コンピューターは、すべての物事を数値として扱います。人間から見たら通常は数値でないもの、たとえば文字や画像なども、数値との変換規則を決めることにより数値として扱うのです。

　たとえばコンピューターで日時を表現する方法の一つに、世界標準時における1970年1月1日午前0時0分0秒からの経過秒数を利用する方法があります。Linuxでは、**date**コマンドを利用すると、現在[注1]のタイムスタンプを読み出すことができます。

```
$ date '+%s'
1739448603
```

　これを日時に変換すると、こうなります。

```
$ date --date='@1739448603'
Thu Feb 13 09:10:03 PM JST 2025
```

　次章ではもう少しほかの例についても紹介しますが、いずれにせよ、適切な変換を定義することで身の回りの情報を数値で表現できると感じていただけたのではないでしょうか。このように、世の中の情報を数値に変換することで、数値に対してある一定の計算を行う機能しか持たないCPUがあらゆる物事を取り扱うことが見かけ上はできるのです。

　とはいえ、CPU自身は、今計算しているデータが人間にとってどのような意味を持つものであるかを理解しているわけではありません。それでもCPUが意味のある計算をしているように見えるのは、CPUにどのような計算をさせるのか指示する「プログラム」が、人間によって与えられているからです。このプログラムもまた、CPUから見れば一種のデータでしかありません。

注1　ここで出している例は、筆者がまさにこの文章を書いていたときの日時です。

4

OS とは何か

　CPU は基本的に、決まり切った計算を行うような回路しか持ち合わせていません。この計算というのはたとえば、2 つの数値に対しての足し算やかけ算などの算術演算や、ビットごとの論理演算のようなシンプルで機械的なものです。それでもコンピューターが複雑な計算を行うことができるように見えるのは、これらの演算結果をプログラムの指示に従ってつなぎ合わせる作業を非常に高速に行っているからなのです。

　演算結果をつなぎ合わせ次の演算へ利用するためには、どこかに結果を書いておきたくなるものです。CPU 内部には、演算の入出力に使用するための非常に高速な記憶素子である「レジスタ」というものが存在します。しかし、高速なレジスタはコストが高く、あまりたくさん用意できるものではありませんでした注2。

　そこで、データを保存できる場所が大量に存在する「メモリ」という素子が CPU の外部に置かれ、ほとんどのデータはそこに置かれるようになっています。メモリは、一般的にバイト単位で場所を示す数値「アドレス」が付与されており、データを読み書きする際は、そのデータのメモリ上の場所であるアドレスも同時にメモリに伝えることで、どのデータを読み書きするのかが特定されます。

　プログラムには基本的に、メモリと CPU の間でどのようにデータを移動させるか、もしくは、CPU に移動されたデータに対してどのような計算を行うか、その命令が書き連ねられています。この命令を並んでいる順番に次々と実行していくことが、CPU の基本的なお仕事です。先ほど触れたとおり、プログラムはデータの一種ですから、これらの命令列はメモリ上に置かれています。そして、次に実行すべき命令が置かれたアドレスを保持する CPU 内部のレジスタが、プログラムカウンタと呼ばれるものになります。プログラムカウンタは通常、命令を実行するたびに、さらに次の命令を指すように加算されていきます。ただし、いくつかの特殊な命令は、これに当てはまりません。たとえば分岐命令は、ある特定の値にプログラムカウンタをセットします。これを用いることで、プログラムのある部分を繰り返し実行したり、スキップしたりできます。また条件分岐命令というものもあり、これは直前のレジスタの値や演算結果が、ある特定の条件を満たしているときに限り、分岐命令として働きます。

注2　ここでいう「コスト」は、価格面はもちろんのこと、電子回路としての面積や複雑さ、消費電力、CPU の命令エンコーディング中でレジスタに言及するために必要となるビット数など、さまざまな側面が含まれています。

これらの命令を駆使することで、コンピューターは人間からの指示であるプログラムに従って、与えられる入力データに応じて複雑な処理を行うことができるのです。

さて、その処理の結果は、人間に届かなければ意味はありません。どんなにすごい計算をしていたとしても、それがコンピューターの外側に何の影響ももたらさないのであれば、コンピューターはただの高価で複雑なヒーターでしかありません[注3]。同様に、外界からの情報を何らかの方法でコンピューターの内側に伝えることができなければ、コンピューターは現実世界の情報を処理することはできません。つまり、コンピューターは計算をするだけではなく、その情報を外界となんとかしてやりとりする必要があるのです。

そういう意味で入出力（Input/Output、I/O）は、計算結果をコンピューターの外側に共有し、人間やほかのコンピューターとやりとりをする重要な役割を果たしています。たとえば、人間に対しての入出力の例としては、キーボード、マウス、タッチパネル、マイク、スピーカー、ディスプレイなどがあります。また、ほかのコンピューターに対しての入出力は、ネットワークインタフェースカード（NIC）や、外部記憶装置などが挙げられます。

これらの装置は、コンピューターから送られたデータに応じて、人間やほかのコンピューターが解釈可能な物理的な現象を引き起こすことで、情報を伝達します。入出力があることで、コンピューターが頑張って計算した結果を、人間やほかのコンピューターが役に立てることができるのです。

● アプリケーション──人々がコンピューターを使う理由

アプリケーションという単語はソフトウェアと意味が似ていると思われるかもしれませんが、実は微妙に異なります。ソフトウェアはハードウェアと対になる概念であり、人間の尺度から見たときに物理的な形を持たないものはだいたいすべてソフトウェアと言うことができます。一方アプリケーションは、ある特定の目的のために作られたソフトウェア、と考えていただけるとよいと思います。

ほとんどの人は、何らかの目的を達成するための道具としてコンピューターを利用します。しかし、そのコンピューターの物理的な性質や特徴が、ユーザーの

注3　もちろん、寒い冬には、コンピューターの発する熱で人間が暖まることができるので、役に立っていると言えるかもしれませんね！　……おや、ではコンピューターの発する熱は入出力なのでしょうか？　興味がある方は「サイドチャネルアタック」という単語で検索してみると、おもしろいかもしれません。

使用目的の達成に直接役立つことはまれです。もちろん、軽くて持ち運びやすくて、性能が良く外観も好みに合うハードウェアであることに越したことはありませんが、コンピューターはハサミやトンカチとは違って物理的な作用によって役立つ道具ではなく、その上で動作するソフトウェア、つまりアプリケーションが重要なのです。

　Webサイトの閲覧、表計算やプレゼンテーションの作成、動画の編集やSNSへの投稿など、ユーザーの目的にあわせて多種多様なアプリケーションを動作させることができるのが、コンピューターの強みでありユーザーの期待する価値なのです。

●OS──ハードウェアとアプリケーションの狭間で

　ここまで、コンピューターは、物理的なハードウェアの上で、ユーザーのやりたいことをかなえるためにアプリケーションを動かす、そんな機械であると説明しました。しかし、現代のコンピューターには、もう一つ重要なソフトウェアのレイヤが存在します。それが本書のテーマである、OSです。

　OSはアプリケーションと異なりユーザーの目に見えませんし、OSそれ自体がユーザーの目的の達成に直接役立つことはそれほど多くありません。もちろん、近年はユーザーの目に見える便利な機能を広義の「OS」が提供することもありますが、その機能のほとんどは厳密にはOSに同梱のアプリケーションによって実現されるもので、本書で解説する狭義のOSとは少し異なります。それでも現代のコンピューターにOSがほぼ必須のものとなっているのは、コンピューターの世界が発展するに伴って、ハードウェアとアプリケーションの間の橋渡しをするOSという役割の重要性がどんどんと増してきたからなのです。

　黎明期のコンピューターでは、ハードウェアの上で動くソフトウェアの目的は非常にはっきりしていました。たとえば、ENIACは最初期のプログラム可能な電子計算機ですが、これは戦時中に弾道計算を行うためにハードウェアが建造[注4]され、またプログラムが変更可能であったことから、軍事的に必要とされたさまざまな計算のために利用されました[注5]。初期のコンピューターは、プログ

注4　通常ハードウェアは「製造」されるものですが、ここで「建造」と書いたのは、ENIACは部屋一つを占めるほど巨大な機械だったからです。

注5　ENIACについてもっと知りたい人は『コンピューター誕生の歴史に隠れた6人の女性プログラマー──彼女たちは当時なにを思い、どんな未来を想像したのか』（キャシー・クレイマン著、羽田昭裕訳、共立出版、2024年）を読むとさらにおもしろいかもしれません。

第1章 OSとは──コンピューターの裏側を支えるソフトウェアを知る

ラムが変更可能であったとしても、ハードウェアとソフトウェアの分離がまだそこまで進んでおらず、その両者の入り混じったコンピューターという物体そのものに明確な使用目的があった、と言えるでしょう。

その後、ある程度コンピューターが発展してくると、ハードウェアの種類もその上で計算したい問題も、どんどんと増えてきました。すると、ある問題を解くために必要となるプログラムを書く際に、過去のプログラムから再利用できる部分があることがだんだんとはっきりしてきます。たとえば、データの入出力のためのデバイス（当時はパンチカードや磁気テープドライブ）を制御するためのコードは、使い回せる部分が多くあったり、よく使われる数学的計算のコードなども使い回せたりすることが多くあります。こういった共通部分をまとめたものはライブラリと呼ばれ、同様のものは現代にも存在しています。これは言い換えれば、ハードウェアや処理の抽象化が行われはじめた、と言うことができるでしょう。

さらにコンピューターが発展すると、演算速度が向上したことで、ある問題を解くプログラムが比較的短い時間で終了するようになってきました。また同時に、コンピューターで解きたい問題も、それを解くプログラムを実行したい人も、どんどんと増えてくるようになります。しかし、コンピューターはいまだ高価なもので、ある組織に1台あるかないかというレベルでした。そうすると、一つの計算機でたくさんのプログラムを実行したくなってきます。これは、あるプログラムが終わりしだい、次のプログラムを実行していけば実現できますが、当時はプログラムをコンピューターで実行させるためには、人間が手動でパンチカードの束や磁気テープのリールを交換したり配線を組み替えたりと手作業が発生していました。これを効率化するために、人間は賢い手を考えました。そう、実行するプログラムを入れ替える作業を、プログラムにやらせたのです。まさに「面倒なことはコンピューターにやらせよう」ですね！ 具体例としては、IBM System/360のJCL（*Job Control Language*）などが挙げられます。JCLは複数人で共有して利用するコンピューターであるメインフレームにおける、プログラムの実行順や優先順位などのジョブ制御を司るコマンド群として生み出されました。これは言い換えれば、計算資源を複数のプログラムの間で分配するしくみが求められるようになってきた、ということです。この流れを汲んで、現代のコンピューターでは複数のプログラムの実行を高速に切り替えることで、たくさんのプログラムを見かけ上同時に動かしています。これが、マルチタスクというしくみです。

さて、ジョブ制御やマルチタスクという概念によって、限られた計算資源を複数人で共有して利用できるようになりました。これは、コンピューターの利用効率を上げる利点がありましたが、同時に新たな問題を生み出しました。それは、アクセス権の分離されていた秘密にすべき情報が、限られた資源であるコンピューターを使うために一ヵ所に集まってしまう、ということです。

計算機を排他的に利用できた際には、秘密の情報をコンピューターで扱う際に、そもそもコンピューターの設置された部屋に許可された人以外を入れないようにすることで、情報にアクセスできる人を制限していました。実際、ENIAC の時代には、コンピューターの置かれた部屋自体に厳しい入室制限が課せられていました。しかし、計算機を共有して利用する場合には、少しのミスが命取りになりかねません。たとえば、学校の成績を処理するプログラムが、各生徒の点数をメモリ上に展開して計算したあとにそのデータを消さずにいたときに、その学校の科学部の生徒はプログラムを走らせることが許されていたら、悪意のあるプログラムを実行することで、全生徒の成績一覧を手に入れることができてしまうかもしれません。このように、計算機を共有することは、その上で扱う情報の機密性（Confidentiality）を損なうことになりかねないのです[注6]。

これを解決するために生み出されたのが、権限（privilege）や保護（protection）という概念です。情報を確実に保護するためには、人間の性善説を信じるだけでは足りません。現代のコンピューターには、ある権限を持ったコードしか、あるデータを読んだり変更したりできないように、ハードウェア的に制限する機構が備わっています。この保護機構を活用すれば、資源の分離を司るコードに高い権限を割り当てつつ、より低い権限で信頼性の担保されていないプログラムを実行できます。これにより、万が一悪意のあるプログラムが実行されたとしても資源の分離を維持し、情報を守ることができるようになるのです。

このような保護機構が生まれたことで、「強い権限を持つプログラム」と「弱い権限を持つプログラム」に明確な境界線ができました。「弱い権限を持つプログラム」でも、「強い権限を持つプログラム」の提供するしくみを利用すれば、強い権限でしかできないこと、たとえばハードウェアの制御のようなことを代行してもらうことは可能です。……おや、そう言えばハードウェアの制御のようなコードは、複数のプログラムで共通になりがちな部分でしたよね。そう考えると、

注6　参考：『情報セキュリティの敗北史——脆弱性はどこから来たのか』（アンドリュー・スチュワート著、小林啓倫訳、白揚社、2022 年）

第1章　OSとは──コンピューターの裏側を支えるソフトウェアを知る

強い権限を持つプログラムは、複数のプログラムから共通で利用される機能を提供したら都合が良さそうです。これなら、その共通の処理だけをしっかり書いておけば、あとは弱い権限で実行することで、お互いにリスクを避けつつ計算機を共有して利用できるのですから。

　そういうわけで、現代のOSは「ハードウェアの抽象化」と「資源の分配」という機能を担当する部分として、アプリケーションとハードウェアの間にあるソフトウェアとして、次第に確立されてきたのです。

本書で実装するOSの全体像

　OSとはどんなものか大まかにつかめたところで、本書が最終的に実装したいOSがどのようなものになるのか、その全体像を説明します。できる限りインクリメンタルに開発を進めていきたいので、最低限必要になる機能を最初に実装し、以後の章ではその時点で利用可能な機能を利用して、より複雑な機能を順次実装していきます。そのため、1回目から完全に理解できなくてもかまわないので、ページ順に最後までいったんは読み進めることをお勧めします（筆者も難しい本を読む際は「まだしっくりこないけれど、そういうもんなんだなあ」といったん飲み込んで最後まで読み進めるようにしています。その後にもう一度最初から読み直すと全体像が見えている分、初回よりも理解できる部分が格段に増えているはずです。ぜひ実践してみてください！）。

ベアメタルプログラミング

　次の第2章では、OSのない環境（ベアメタル、Bare-metal）でプログラムを動かす方法を学びます。

　OSは、コンピューターで最初に起動するプログラムである、と教科書に書かれていることもありますが、この表現は実は少し不正確です。コンピューターの電源を入れると多くの場合は、ハードウェアに内蔵されているファームウェアと呼ばれるソフトウェアが最初に起動します。そして、ファームウェアが何らかの方法でOSを外部の記憶装置からメモリ上にロードします。最後に、ロードされたOSに実行を移すことで、OSが起動されるのです。

本書では、UEFI というファームウェアが存在する x86 マシンを前提に OS を実装します。そのため、UEFI によってロードされ実行されるプログラムとして OS を書いていきます。この環境では、自分たちが OS（となるべき存在）です。また、UEFI の機能も、ある段階から使えない状態に入ります。このように、ハードウェアの提供する機能だけが利用できる環境のことを、ベアメタル環境と言います[注7]。

ベアメタル環境では、何をするにもすべて自分でやらなければいけません。このような過酷な環境でも生き残れるプログラムを書く方法を学び、OS という文明を築く基礎を構築していく章となります。

資源（メモリと CPU）の管理

第 3 章と第 4 章では、OS の主要な役割の一つである、資源の管理に関わるしくみを実装します。コンピューターを構成する「資源」にはさまざまな種類がありますが、ここではその根幹をなすメモリと CPU に関係する部分を実装します。

第 3 章のテーマはメモリ管理です。どのような種類のソフトウェアでも、ソフトウェアがデータであり、データがメモリ上に配置される以上、ある程度のメモリを消費します。OS 自身もその例外ではありません。自分自身が利用するメモリを適切に管理し、無駄なく使えるようにする必要があります。これを達成するために、メモリの確保と解放を担当する、メモリアロケータというしくみを実装します。また、CPU の提供する資源管理と保護機構の例として、ページングや割り込み処理（何らかのイベントに応じてプログラムの流れを強制的に変更するしくみ）についても扱います。

第 4 章では、マルチタスクを実装します。複数のソフトウェアを 1 つの CPU の上で同時に動かすこと、つまりマルチタスクを実現するためには、利用可能な CPU の時間を、各ソフトウェアに分配する必要があります。マルチタスクの実現方式はさまざまな種類がありますが、ここでは協調的なマルチタスクを、Rust の Async/Await や Future という機構を活用して実装します。

注7　この「ベア」は熊（bear）ではなく裸足（bare-foot）のベアです。

第1章 | OSとは──コンピューターの裏側を支えるソフトウェアを知る

ハードウェアの制御

　第5～6章では、OSのもう一つの役割である、ハードウェアの制御・抽象化のうち、制御に関わる部分について実装します。ハードウェアの抽象化については、制御を実装するうえで自然と実装されるほか、本書のⅡ巻でシステムコールを実装する際により詳しく触れる予定です。

　現代のコンピューターには、さまざまなハードウェアが搭載されています。そして、星の数ほど存在するハードウェアには、それぞれに異なる制御方法が存在します。そのすべてを説明し実装するには、人類の一生はあまりにも短すぎますし、現実的ではありません。そこで本書では、執筆時点でそこそこ広く用いられているハードウェアのうち、どうしても本書で紹介するOSに欲しいものをピックアップして、それらのしくみや制御方法、背景知識などを解説します。具体的には、現代のコンピューターで最も広く用いられているインタフェースであるUSBのコントローラを制御し、USB接続のキーボードやマウスといった一般的なデバイスの制御についても紹介します。

本書のゴールと関連書籍の紹介

　ここまでの章を終えれば、USBキーボードやマウスといったハードウェアの制御に加え、メモリという空間的資源の分配と、協調的なマルチタスクという時間的資源の分配を行うシステムソフトウェアができあがります。より具体的には、キーボードのどのキーが押されたのかOSが認識できるようになり、またマウスポインタが指している画面上の位置も検出できるようになります。

　さらに、今後発売予定のⅡ巻では、Ⅰ巻で実装した内容をベースに、GUI（*Graphical User Interface*）やネットワークの実装を追加していきます。また、OSとは異なる独立したバイナリのアプリケーションをロードして実行する機構も追加します。これにより、既刊の姉妹書『[作って学ぶ]ブラウザのしくみ』で実装しているブラウザアプリケーションsabaを動作させることができるようになります！

　本書のⅠ、Ⅱ巻と『[作って学ぶ]ブラウザのしくみ』をあわせて読むことにより、現代の必須アプリケーションであるブラウザが動作するその裏側を、ブラウザの内部のみならず、OSの中身まで含めて、そのソフトウェアスタックを上

から下までみなさんの手で作り、そして理解できるようになるはずです。

本題に入る前に

　本書を読み終えた暁には、OS とはどのようなもので、その構成要素にはどのようなものがあり、それらを実装する際はどのようなポイントに注目すればよいか、大まかに理解できるようになるはずです。一読目ではすべての内容を完全に理解することは難しいと思いますし、この本に書かれていることが OS のすべてというわけでもありません。しかし、本書で学んだことは、より深く OS について学んだり、より良い OS の実装のアイデアを試してみたり、OS のことも視野に入れた効率の良いアプリケーションを開発したりする際の良い手助けとなると思います。ぜひ、ゆっくりでもよいので諦めずに読み進め、そして自分の手を動かしていろいろと試してみたり考えてみたりしてください。時間をかけて試行錯誤することが、理解への一番の近道であると筆者は考えています。

　それでは、さっそく OS の世界に飛び込みましょう！

第2章

ベアメタルプログラミングをしてみる

OSのない世界でプログラムを動かすための準備

第2章 | ベアメタルプログラミングをしてみる──OSのない世界でプログラムを動かすための準備

本章の目標

本章では、まず UEFI というファームウェアの力を借りてコンピューターの大地に降り立ったあと、ハードウェアしか頼ることのできないベアメタル環境でのプログラミングを学び、OS の基礎となる部分を作り始めます。

■ 主な内容

- ・コンピューターの基本について復習する
- ・UEFI の力でとりあえず Hello, world! する
- ・UEFI と仲良くなる
- ・Hello, world! を自力で出力する
- ・UEFI とお別れする

コンピューターの構成要素

本書を手に取ったみなさんならば、おそらくさっそく OS を実装したくてうずうずしていることでしょう。それはとても良いことです！ しかし、OS は単なるプログラムではありません。ハードウェアとソフトウェアをつなぐという、コンピューターの中でも非常に大切な役割を果たしています。OS を正しく実装するためには、コンピューターそのものに対する知識を深めることが必要不可欠です。ということで、まずはコンピューターとは何か、その基本を確認していくことにしましょう。

多くの教科書には、ハードウェアとしてのコンピューターを構成する主要な要素として以下の 3 つが挙げられています。

- ・メモリ（主記憶、*Main memory*）
- ・CPU（中央演算処理装置、*Central Processing Unit*）
- ・入出力（Input/Output、I/O）

これらの 3 要素があることは知っていても、どのように関係して動いているのか、あまりはっきりわからない方も多いでしょう。ということで、まずはこれ

コンピューターの構成要素

ら 3 つがいったい何者かを見ていきましょう。

メモリ

　メモリは、データを保持し、必要に応じて取り出すことができる機能を備えた素子です。メモリ上には、データをしまえる場所がたくさんあるので、それらを識別できるように番号が振られています。これが、アドレスと呼ばれるものです。

　メモリにデータを書き込む際は「アドレス A にデータ X を書き込んでください！」という意味の信号がメモリに送られて、そのとおりにデータがメモリ上に書き込まれます。逆にデータを読み込む際は、「アドレス A にあるデータを教えてください！」という意味の信号がメモリに対してまず送られます。そして、それに対する応答として、該当するアドレスに存在するデータがメモリから送り返されます。

　このような、読み書きの指示、アドレスやデータをやりとりするために使われるのが、メモリバスと呼ばれる信号の通り道です。このメモリバスには、メモリだけでなく、後述する CPU や入出力もつながっています。

　というわけで、情報を保存する場所がメモリであることがわかりましたが、記録する情報や、その情報を送る先がなければメモリの存在意義はありません。ということで、メモリを読み書きして何らかの処理を行う素子であるところのCPU について次は見ていくことにしましょう。

CPU

　CPU は中央演算処理装置という名のとおり、コンピューターにおいて「処理」を担当しています。ここで言う「処理」とは、メモリからあるデータを取り出して、そのデータに対して何らかの演算（たとえば加減乗除）を行い、その結果をメモリに書き戻す、という一連の作業を言います。つまり、CPU が行う基本的な処理は「データの移動」[注1] と「データを用いた演算」の 2 つに大別されるわけです。

注1　ここで「コピー」ではなく「移動」と表現したのは x86_64 アーキテクチャにおけるデータ転送命令が MOV というニーモニック（mnemonic、命令を表す名前のこと）で表現されているのを意識しています。また、メインメモリで用いられる DRAM という回路素子は、データを読み出す際に常に元のデータが破壊されるという性質があります。もちろんすぐに同じデータを書き戻すように回路が組まれているので、論理的にはメモリの読み出しによってデータが消えることはありませんが、そう考えると「移動」というのもあながち間違いではないような気がしてきますよね。

17

第2章　ベアメタルプログラミングをしてみる——OSのない世界でプログラムを動かすための準備

　また、CPUに対してどのような「処理」を行うかを指示するデータのことを
プログラムと呼びます。プログラムは、CPUに対して行う処理を指示する「命
令」が並んだものです。これももちろんデータですから、プログラムは通常メモ
リ上に配置されることになります。そしてCPUは、プログラムを構成する命令
列を、メモリ上に配置された順番どおりに（つまりアドレスが増える方向に向かっ
て）実行していきます。

　ただし、ただ順番どおりに命令列を実行するだけでは、CPUで行いたい作業
を最初から最後まで全部並べて書かなければいけませんし、計算結果に応じて処
理を変える、といったことも難しくなってしまいます。そこで、CPUの「命令」
には、次に実行すべき「命令」を変更する命令が存在します。これが、分岐命
令と呼ばれるものです。分岐命令が存在することでループを構成できますし、条
件が合致したときだけ分岐するような条件分岐命令というものを使えば、if文や
for文、while文のような制御構造も表現できます。

入出力

　これまで説明してきたCPUとメモリがあれば、コンピューターは計算をした
り、その結果を覚えておいてあとで再利用したりできます。しかし、これらはす
べてCPUの視点から見たときの話でしかありません。我々人間には、メモリ上
にあるデータやCPUの計算結果を感じ取る機能は通常ありませんから、いくら
CPUが計算を頑張ってもその結果は誰にも使われず、ただ電力と時間を消費し
ただけになってしまいます。これでは悲しいですよね。

　というわけで、コンピューターを実用的なものにするためには、コンピューター
が外界と情報のやりとりをする方法が必要になってきます。そのための方法を提
供してくれるパーツが、入出力と呼ばれるものになります。

　コンピューターから外界に向けて情報を送り出すために使われる装置は出力装
置、逆に外界からコンピューターに情報を取り込むために使われる機械は入力装
置と呼ばれています。

　たとえば、みなさんが日々使っているであろうスマートフォンに付いている入
出力には、どのようなものがあるでしょうか？

　まず目に付くのは、画面（スクリーンやディスプレイともいう）でしょう。画
面に表示された図や文字を介して、スマートフォンというコンピューターの中に

ある情報を、私たちは視覚情報として読み取ることができます。これは入出力のうち出力にあたります。

また、スマートフォンのディスプレイの多くには、タッチパネルの機能も付属しています。タッチパネルのおかげで、私たちが画面を押したりなぞったりしたという情報を、スマートフォンというコンピューターに伝えることができます。これはまさに入力ですね。

ほかにも、マイク、カメラ、各種センサは入力デバイス、スピーカーやライトは出力デバイスと考えることができます。もちろん、通信も入出力の一部です。Wi-Fi、Bluetooth、電話回線は、いずれも入力装置・出力装置双方の機能を備えています。

どのような形式であれ、コンピューターの中にある情報と、外にある情報をつなぐしくみ、それが入出力と考えておけば間違いはないでしょう。

すべてはバイナリ

ここまで、コンピューターの中身とその境界について大まかに見てきましたが、コンピューターの中身、特にコンピューターが処理する情報が、どのような形式で表現されて扱われているのか、もう少し詳しく見ていくことにしましょう。

すべてのデータは2進法で表現できる

みなさんご存じのとおり、現代のコンピューターはいろいろなことができます。加減乗除をはじめとする数値の計算はもちろん、文章を書いたり、絵を描いたり、動画を編集したり、ボイスチャットをしたりと、本当にさまざまなことがコンピューターという単一の機械でできてしまいます。

しかし、コンピューターは物理的には電子回路でしかありません。たとえば赤いリンゴの画像をブラウザで見ているからといって、赤色の何かがコンピューターの中を流れているわけではないのです。それなのになぜ、コンピューターは現実世界のさまざまな情報を扱うことができるのでしょうか？

秘密は、なんとコンピューターの外側にあります。実はコンピューターの中を流れる電気信号に、人間が何らかの意味を対応付けているだけで、コンピューターはあくまでも、人間の指示どおりにその信号を処理しているだけなのです。

第2章 ベアメタルプログラミングをしてみる — OSのない世界でプログラムを動かすための準備

● 数値をバイナリで表現する

　たとえば、数字をオンオフで表現することを考えてみましょう。0 を off、1 を on に割り当てれば、0 か 1 という情報を電気信号のオンオフで伝えることができます。これがビット（bit）と呼ばれるものです[注2]。では、電気信号を 2 本、つまり 2 ビットにしてみたらどうでしょうか？　たとえば、信号 A と B があって、それぞれ (A, B) の形で表現したときに、これらの組み合わせは、

```
{(off, off), (off, on), (on, off), (on, on)}
```

の 4 種類あることがわかるでしょう。この 4 種類の信号に対して、左から 0, 1, 2, 3 という数字を割り当てれば、なんと 0 ～ 3 の数字を表現できるようになります。電気信号を 3 本にすれば、状態数はこの 2 倍になり、0 ～ 7 の 8 通りの数字が表現できるようになります。これを 4、5、6 本……と増やしていくと、それぞれ 16、32、64 通りの数字が表現できるようになります。これが、2 進法（binary、バイナリ）と呼ばれているものの正体です。

　……え？　なぜこの並び順で 0、1、2、3 と割り当てたのか、って？　良い質問ですね。たしかに、(A, B) の組み合わせを並べる方法は、4*3*2*1 = 24 通りありますからね。実を言うと、別にこの順番で 0 から 3 を割り当てなくてもかまいません。たとえば、

```
{(off, off), (on, off), (off, on), (on, on)}
```

の順番に割り当てたってよいですし、ほかの順序であってもよいのです。あくまでも人間が、どのように物理的な信号と、概念的な数値を関連付けるのかを決めているだけなので、ここの関連付けは回路設計者の自由なのです。この関連付けのことを、符号化（動詞ではエンコード（encode）、名詞ではエンコーディング（encoding））や、ビット表現と言ったりもします。

　とはいえ、ここで示した 2 通り以外の、残り 22 通りのエンコーディングが利用されることはほとんどありません[注3]から、以後はこの 2 通りの方法について

注2　ちなみに bit という単語は "binary digit" を短くした造語だと言われています。
　　　Mackenzie, Charles E. (1980. "Coded Character Sets, History and Development" p.12
　　　https://textfiles.meulie.net/bitsaved/Books/Mackenzie_CodedCharSets.pdf)

注3　有名な例外の一つに「グレイコード」があります。これは連続した数値のビット表現が 1 ビットしか異ならないという性質を持ち、ロータリーエンコーダなどの回路で使用されています。どの 1 ビットが反転したとしても、そのビット表現に対応する数値が 1 しかずれないので、接触不良があっても遠く離れた値が出てこないのです。

20

すべてはバイナリ

もう少し詳しく見てみることにしましょう。

上記の方法の共通点は、N 個の信号が並んでいるときに、ある一端から 1 の位、2 の位、4 の位……と順番に割り当て、もう一方の端の信号を 2 の N-1 乗の位として扱うものである、というところです。このとき、1 の位のビットを LSB（*Least Significant Bit*）、2 の N-1 乗のビットを MSB（*Most Significant Bit*）と言います。Significant は「大きな影響を与える」という意味で、1 の位のビットが反転しても数値の差は 1 ですが、反対側のビットが反転すると 2 の N-1 乗だけ数値が大きくズレることから、このような名前が付いています。

この言葉を用いれば、最初に紹介したエンコードは MSB first、次に紹介したエンコードは LSB first である、と言うこともできるでしょう。

以降、本書では Rust の表記方法[注4]にのっとり、2 進法の数値を 0b という接頭辞（prefix）を付けて表現します。何も付いていない数値は、特にことわりがない限り 10 進法で記載されているものとします[注5]。

この 0b が頭に付く表現では、0b に続く一番左側のビットが MSB で、一番右側のビットが LSB となります。

たとえば 4 ビットの整数は、以下のように表記されます。

```
0  = 0b0000
1  = 0b0001
2  = 0b0010
3  = 0b0011
4  = 0b0100
5  = 0b0101
...
14 = 0b1110
15 = 0b1111
```

これで 0 以上の整数に関しては、ビット数を増やせば 2 進数でいくらでも表現できることがおわかりいただけたでしょう。負の数に関しては、2 の補数という方式でエンコードすると、4 ビットの符号あり整数は以下のように表現されます。

注4　https://doc.rust-lang.org/reference/tokens.html#integer-literals

注5　10 進法の「10」は、もちろん 10 進法です……決して 0b10 進法ではないのです……（任意の位取り記数法は、その記法を用いれば「10 進法」と書けてしまいます。たとえば 16 進法は 0x10 進法とも書けますので、暗黙に 16 進法が使われている世界では「10 進法」と書けてしまいます。気を付けてくださいね！）

21

```
 0 = 0b0000
 1 = 0b0001
 2 = 0b0010
 3 = 0b0011
 4 = 0b0100
 5 = 0b0101
 6 = 0b0110
 7 = 0b0111
-8 = 0b1000
-7 = 0b1001
-6 = 0b1010
-5 = 0b1011
-4 = 0b1100
-3 = 0b1101
-2 = 0b1110
-1 = 0b1111
```

　2の補数の特徴は、最上位ビット（MSB）が0のときは先ほど説明した符号なしの整数と完全に同じエンコードになり、また符号なし整数と同じ方法で符号を考慮した足し算ができる、という点にあります。本当はもっと語りたいのですが、ここで言いたいのは「整数はビット列で表現できる」ということですので、詳細な説明については「2の補数」で検索してみてください。

　さて、整数が2進数で表現できたら、小数点を含む数も表現したいですよね。これも、さまざまな表現方法があり、すべてを語るにはページ数が足りないのですが、たとえば固定小数点という、小数をある一定倍したときの整数部分を2進数で表現するという方法があります。これは、たとえば10進数で1.23は123、45.6は4560のように、100倍して整数にした形でビット表現をする、という方法です。ほかにも、浮動小数点という、固定小数点では事前に決められていた「一定倍」の大きさを数値の中に含んでおく、という方式もあります。これはたとえば(123、100倍してある)、(456、10倍してある)のように、2つの整数の組で小数を表現する、というものです。こちらの方式のほうが固定小数点よりも汎用性が高いため、さまざまな環境で広く用いられています。より詳しく知りたい方は、「IEEE754」で検索してみたり、『Binary Hacks Rebooted』[注6]などの書籍の浮動小数点周りの章を読んでいただいたりすると、参考になると思います。

注6　河田旺、小池悠生、渡邉慶一、佐伯学哉、荒田実樹著／鈴木創、中村孝史、竹腰開、光成滋生、hikalium、浜地慎一郎寄稿、オライリー・ジャパン、2024年

すべてはバイナリ

● 16 進法は便利

　ここまで、2 進法での数値表現をおさらいしましたが、2 進法には欠点があります。それは、桁数が大きくなりがちである、という点です。たとえば 10 進法で 99 は 2 桁ですが、2 進法で表現すると 1100011 と 7 桁も必要になってしまいます。2 進法は電子回路であるコンピューターにはやさしいのですが、人間にはあまりやさしくありません。

　では人間には 2 進数の代わりに 10 進数で表示してあげればよいのかというと、これはこれで欠点があります。それは、2 進数から 10 進数への変換は少し手間がかかる、というところです。これは、実際にいくつか大きな桁数の 2 進数と 10 進数を互いに手で変換してみるとわかると思います。

　そこで、より 2 進数と親和性の高い 16 進数が、コンピューターの世界ではよく利用されます。2 進数の 4 桁が 16 進数の 1 桁に対応するので、変換も簡単です。以下が、その変換表になります。

```
0x0 = 0b0000
0x1 = 0b0001
0x2 = 0b0010
0x3 = 0b0011
0x4 = 0b0100
0x5 = 0b0101
0x6 = 0b0110
0x7 = 0b0111
0x8 = 0b1000
0x9 = 0b1001
0xA = 0b1010
0xB = 0b1011
0xC = 0b1100
0xD = 0b1101
0xE = 0b1110
0xF = 0b1111
```

　16 進数では、0-9 の 10 種類の数字と、A、B、C、D、E、F の 6 文字を加えた 16 種類の文字で 1 桁が構成されます（ほとんどの場合、アルファベットの大文字・小文字はどちらでも大丈夫です）。また、Rust をはじめとする多くのプログラミング言語では、16 進数であることを表現するために 0x という接頭辞が使われます。ちなみにこの x は hexadecimal（16 進法）の x から来ています[注7]。

注7　えー、「hexadecimal」の省略なら接頭辞は「h」じゃないの？ と思った方、良いセンスをしていますね！
　　　実は Intel 記法のアセンブリ言語では接**尾辞** h の付いた数値は 16 進数として解釈されます。つまり 80h と 0x80 は 10 進数の 128 と等価です。

23

第2章 ┃ ベアメタルプログラミングをしてみる――OS のない世界でプログラムを動かすための準備

どれくらい楽に 2 進数と 16 進数を変換できるのか、実際にやってみましょう。私が雑にキーボードを叩いて出力した 2 進数がこれです。

```
0b010101000010101111110101010010101011101
```

これを右側から（つまり LSB 側から）4 桁ずつに区切ります。

```
0b0_1010_1000_0101_0111_1110_1010_1001_0101_0101_1101
```

左側の 4 桁に満たない部分を 0 で埋めます。

```
0b0000_1010_1000_0101_0111_1110_1010_1001_0101_0101_1101
```

そしたら、あとは先ほどの変換表を思い出して置き換えます。

```
0b0000_1010_1000_0101_0111_1110_1010_1001_0101_0101_1101
0x___0___A___8___5___7___E___A___9___5___5___D
```

というわけで、答えは 0x0A857EA955D になります。簡単ですね！

● **ひとくちサイズのバイナリ、byte**

2 進法は扱いづらいので 4 桁を 1 桁に対応させた 16 進法が便利だよ、という話に似ているのですが、ビット（bit）をいくつか集めた単位をバイト（byte）と呼びます。これは「ひとくち」という意味の英語「bite」から作られた造語である、と言われています[8]。

厳密なことを言うと、1 バイトが何ビットかはシステムによって異なり、過去にはさまざまな 1 バイトの大きさが存在しました。しかし、現代ではほとんどすべてのシステムで 8 ビットが 1 バイトとして扱われているため、本書では 1 バイトは 8 ビットである、と定義して話を進めます。

1 バイトが 8 ビットだと 16 進法との親和性も高く、16 進法で 2 桁がちょうど 1 バイトとなって便利です。符号なし整数であれば **0x00~0xFF**、つまり 0 から 255 までの整数が表現できる範囲となります。符号付き整数だとプラスマイナス 100 よりちょっと広い範囲の整数が表現できる大きさですね。

注8 "The term is coined from bile, but respelled to avoid accidental mutation to bit." (Byte Magazine Volume 02 Number 02 - Usable Systems (1977), p.144) https://archive.org/details/byte-magazine-1977-02/page/n145/mode/1up

すべてはバイナリ

● 文字列のバイナリ表現

ここまで、数値のバイナリでの表現方法を見てきましたが、数値以外のデータも同様にバイナリで表現できます。hexdump -C というコマンドを使えば、標準入力から与えられたデータのバイト列を、人間に見やすい形で表示できます。

たとえば、「hello」という文字列を echo コマンドで hexdump に食べさせてみましょう。

```
$ echo "hello" | hexdump -C
00000000  68 65 6c 6c 6f 0a                                 |hello.|
00000006
```

こんな感じで h → 0x68 や e → 0x65 のように、各文字に1バイトの整数が割り当てられているのがわかります。ちなみにこのような文字と数値の対応表のことを「文字コード表」と言います。また、この対応関係のことは「文字のエンコーディング」と呼ばれます。

もう一つ xxd というコマンドがあるので紹介させてください。これはデフォルトでは hexdump と似た挙動をするのですが、-p というフラグを付けることで、データをバイト列の16進数表記に変換できます。さらに、-r というフラグを付ければ、逆方向の変換もできます。例としては、以下のような感じです。

```
$ echo "hello" | xxd -p
68656c6c6f0a
```

```
$ echo "68656c6c6f0a" | xxd -r -p
hello
```

これのおもしろいところは、バイト列を手作業でいじってみることが簡単にできる点です。たとえば、0x68 だけをいっぱい並べたら hhhhh とか出力できそうですよね？

```
$ echo "68686868680a" | xxd -r -p
hhhhh
```

はい！ できました！ ちなみに最後の 0x0a は改行文字ですから、真ん中の文字を 0a に書き換えると、ちょうど真ん中で改行されます。

```
$ echo "68680a68680a" | xxd -r -p
```

25

```
hh
hh
```

あと、h → 0x68 から類推すると、h は 8 番目のアルファベットですから、0x61 が a、0x62 が b... みたいな感じになっていると思いませんか？　やってみましょう！

```
$ echo "61620a63640a" | xxd -r -p
ab
cd
```

　正解ですね！　ほかの文字については、「ASCII コード表」とインターネットで検索するとその文字の値を知ることができます。ぜひ確認してみてください。

　というわけで結論としては、文字ひとつひとつに数値を対応付けることで、文字列も数値の列とみなすことができ、つまりはバイナリで表現できるデータである、というわけです[注9]。

画像のバイナリ表現

　ここまでで、数値も文字列もバイト列で表現できることがわかりました。では、画像はどうかと言うと……もちろんできます！

　基本的なアイデアとしては、画像を点の集まりだとみなして、その点の色を示す数値を書き並べたものがコンピューターの世界でいう画像になります。

　たとえば、以下のような 5 × 5 のドット絵を考えてみましょう。

```
. . # . .
. # # # .
# # # # #
. # # # .
. . # . .
```

　この . と # を数値 0 と 1 に置き換えてみましょう。

注9　……あれ？　でも 1 バイトって 256 種類しか表現できないけど、漢字はどう考えても 256 文字以上あるよね……？　と思ったそこのあなたは「UTF-8」や「Unicode」で検索すると幸せになれるかもしれません。また漢字などの、複数のバイトを用いて表現される文字（マルチバイト文字）のバイト表現を眺めたい際には、次のサイトが非常に便利です。
　https://hiroyuki-komatsu.github.io/charcode/index.html

```
0 0 1 0 0
0 1 1 1 0
1 1 1 1 1
0 1 1 1 0
0 0 1 0 0
```

そして各ピクセルが 1 バイトの値だと仮定して、それをつなげてみるとこんな感じになります。

```
00 00 01 00 00
00 01 01 01 00
01 01 01 01 01
00 01 01 01 00
00 00 01 00 00
```

ほら、バイト列みたいな感じになってきましたね！ このように、ピクセルごとの色情報を書き並べて画像を表現したバイナリデータのことをビットマップ（Bitmap）と言います。

ビットマップ形式で画像を保存するファイルフォーマットの一つに BMP 形式があります。

BMP 形式では、先ほど示した画像のピクセルを表現するデータに先立って、画像の大きさや、1 ピクセルは何バイトで表現されているのかなどの情報が付加されています。

では、BMP 画像のバイナリを実際に見てみましょう。この画像は上記のドット絵と同様、黒い背景に白い菱形が描かれた 5×5 ピクセルの画像です。ブラウザから https://hikalium.com/bmp/white_diamond_5x5.bmp にアクセスすると画像を表示できるはずです（めっちゃ小さな画像なので、適宜拡大してご覧ください）。

せっかくなので、めっちゃ大きく拡大した画像を掲載しておきます（図 2-1）。

図 2-1 5x5 ピクセルの黒い背景の上に白い菱形が描かれている画像を拡大したもの

こちらの画像ファイルの中身を hexdump コマンドで確認してみましょう。

第2章 ベアメタルプログラミングをしてみる —— OS のない世界でプログラムを動かすための準備

```
$ curl -s https://hikalium.com/bmp/white_diamond_5x5.bmp | hexdump -C
00000000  42 4d 86 00 00 00 00 00  00 00 36 00 00 00 28 00  |BM........6...(.|
00000010  00 00 05 00 00 00 05 00  00 00 01 00 18 00 00 00  |................|
00000020  00 00 50 00 00 00 00 00  00 00 00 00 00 00 00 00  |..P.............|
00000030  00 00 00 00 00 00 00 00  00 00 00 00 ff ff ff 00  |................|
00000040  00 00 00 00 00 00 00 00  00 ff ff ff ff ff ff ff  |................|
00000050  ff ff 00 00 00 00 ff ff  ff ff ff ff ff ff ff ff  |................|
00000060  ff ff ff ff ff 00 00 00  00 ff ff ff ff ff ff ff  |................|
00000070  ff ff 00 00 00 00 00 00  00 00 00 00 ff ff ff 00  |................|
00000080  00 00 00 00 00 00                                 |......|
00000086
```

このバイト列をもう少しわかりやすいように手動で整形したものが以下になります。

```
42 4d 86 00 00 00 00 00 00 00 36 00 00 00 28 00
00 00 05 00 00 00 05 00 00 00 01 00 18 00 00 00
00 00 50 00 00 00 00 00 00 00 00 00 00 00 00 00
00 00 00 00 00 00

000000  000000  ffffff  000000  000000       00


000000  ffffff  ffffff  ffffff  000000       00


ffffff  ffffff  ffffff  ffffff  ffffff       00


000000  ffffff  ffffff  ffffff  000000       00


000000  000000  ffffff  000000  000000       00
```

　最初の部分は、先ほど説明したとおり、画像の大きさなどの情報が書かれたヘッダ部分となっています。そして、そのあとに続く（3*5+1）バイトのブロック5つのそれぞれが、画像の各行に対応しています。つまり、3バイトで1ピクセルのデータを表現しているのです。

　この3バイトのデータは光の三原色の強さをBGRの順[注10]に表現しており、

注10　この順番はヘッダの中にある情報で決まっており、すべての BMP 形式がこの順番というわけではありません。

28

ffffff は白色に当たります。

　このデータを書き換えれば、色が変わるはずです。実際にやってみましょうか。
　上記の整形済みバイト列のテキストはインターネットに置いてあります。sedコマンドを使って ffffff（白色）の部分を ff0000（青色）に書き換えて、さらに 000000（黒色）の部分を 00ffff（黄色）に書き換えて、xxd コマンドでバイナリに戻します。

```
$ curl -s https://hikalium.com/bmp/white_diamond_5x5.bmp.hex > bmp.hex
$ cat bmp.hex | sed 's/ffffff/ff0000/g' | sed 's/000000/00ffff/g' > bmp2.hex
$ cat bmp2.hex | xxd -r -p > bmp2.bmp
```

　生成された bmp2.bmp を開いてみると、図 2-2 のように黒地に白い菱形だった画像が、今度は黄色の上に青い菱形の画像になっているはずです（モノクロで読んでいる場合も、色が反転していることはおわかりいただけると思います）。というわけで、画像もバイナリでしたね！

図 2-2　黄色の背景の上に青い菱形の画像に変わった！

プログラムもバイナリ

　もうここまで来れば、「バイナリでプログラムが書ける」と言われてもみなさんなら驚かないでしょう。
　この事実を確かめるために、手作業でバイナリを書く……のはありなのですが、みなさんの手元のコンピューターがどの CPU を積んでいるのかによって挙動が変わってしまうので、QEMU というエミュレーターを活用して試してみることにしましょう。
　ではお好きなテキストエディタを開いて、次のような中身になるよう文字を打ち込んで img.hex という名前で保存してください。先頭の $ cat img.hex の行は、

第2章 ┃ ベアメタルプログラミングをしてみる——OSのない世界でプログラムを動かすための準備

中身を表示するコマンドなので書かなくて大丈夫ですよ！

```
$ cat img.hex
eb fe

      00 00 00 00 00 00 00 00 00 00 00 00 00 00
00 00 00 00 00 00 00 00 00 00 00 00 00 00 00 00
00 00 00 00 00 00 00 00 00 00 00 00 00 00 00 00
00 00 00 00 00 00 00 00 00 00 00 00 00 00 00 00
00 00 00 00 00 00 00 00 00 00 00 00 00 00 00 00
00 00 00 00 00 00 00 00 00 00 00 00 00 00 00 00
00 00 00 00 00 00 00 00 00 00 00 00 00 00 00 00
00 00 00 00 00 00 00 00 00 00 00 00 00 00 00 00
00 00 00 00 00 00 00 00 00 00 00 00 00 00 00 00
00 00 00 00 00 00 00 00 00 00 00 00 00 00 00 00
00 00 00 00 00 00 00 00 00 00 00 00 00 00 00 00
00 00 00 00 00 00 00 00 00 00 00 00 00 00 00 00
00 00 00 00 00 00 00 00 00 00 00 00 00 00 00 00
00 00 00 00 00 00 00 00 00 00 00 00 00 00 00 00

00 00 00 00 00 00 00 00 00 00 00 00 00 00 00 00
00 00 00 00 00 00 00 00 00 00 00 00 00 00 00 00
00 00 00 00 00 00 00 00 00 00 00 00 00 00 00 00
00 00 00 00 00 00 00 00 00 00 00 00 00 00 00 00
00 00 00 00 00 00 00 00 00 00 00 00 00 00 00 00
00 00 00 00 00 00 00 00 00 00 00 00 00 00 00 00
00 00 00 00 00 00 00 00 00 00 00 00 00 00 00 00
00 00 00 00 00 00 00 00 00 00 00 00 00 00 00 00
00 00 00 00 00 00 00 00 00 00 00 00 00 00 00 00
00 00 00 00 00 00 00 00 00 00 00 00 00 00 00 00
00 00 00 00 00 00 00 00 00 00 00 00 00 00 00 00
00 00 00 00 00 00 00 00 00 00 00 00 00 00 00

55 aa
```

　中央にはめっちゃいっぱいゼロがありますが、ここには合計で508バイト分の0が書かれています。先頭の2バイトと末尾の2バイトを合わせれば、合計16 * 16 * 2 = 512バイトのデータに相当するバイト列になります。まず00を1行に16バイト分打ち込んで、次にその行をコピーして31回貼り付けて、最初と最後の2バイトを書き換えると楽に作れます。

　これを xxd でバイナリに変換しましょう。

```
$ xxd -r -p img.hex > img.bin
```

うまくできていれば、512 バイトの大きさを持つ img.bin というファイルができているはずです。

```
$ ls -lah img.bin
-rw-r--r-- 1 hikalium hikalium 512 Jan 14 13:52 img.bin
```

ではこのファイルを QEMU で起動してみましょう。QEMU で起動するということは、実質的にこのバイナリをコンピューターで実行してみるということになります。

ちなみに、QEMU は何も指定しないで実行すると、

```
$ qemu-system-x86_64
```

ネットワークからの起動を試みようとしていろいろな文字列が出てきます（**図 2-3**）。

図 2-3 何も指定しないで QEMU を実行した場合

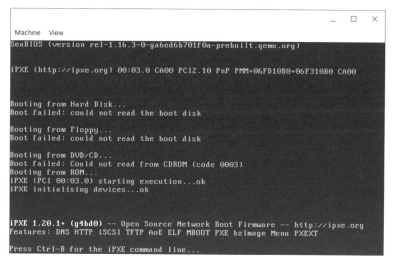

ですが、先ほどのファイルを HDD のイメージとして指定して起動すると、

```
$ qemu-system-x86_64 -drive file=img.bin,format=raw
```

様子が変わります（図 2-4）。

図 2-4　HDD のイメージとして指定して QEMU を実行した場合

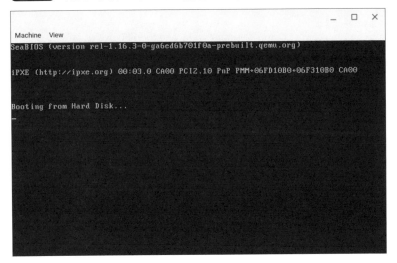

　おめでとうございます！ あなたはたった今、コンピューターでバイナリを起動することに成功したのです！

　ちなみに先ほどのバイナリの意味をざっくりと解説すると、eb fe という命令はその命令自身に分岐する命令[注11]で、要するに無限ループになります。

　そして末尾の 55 aa は CPU が実行する命令ではなく、コンピューターのファームウェア（BIOS）に「このディスクが起動可能である」と伝えるための「合言葉」になっています。ですから、55 aa の部分を別の値に書き換えると、QEMU はこのディスクからの起動を試みません。興味がある人は試してみると、また挙動が変わるのを見ることができるでしょう。

　いずれにせよ、これで私達はコンピューターをバイナリで制御する方法を手に入れたわけです。

　あとはこれをどんどん発展させて、OS の動きをするプログラムを作ることさえできればよいわけです。簡単ですね！

注 11　eb が分岐命令、fe は -2 を示しており、結果として「直後の命令から -2 バイトの位置にある命令に分岐する」という命令になります。この命令自体が 2 バイトの大きさなので、ちょうどこの命令に戻ってくる、というわけです。

すべてはバイナリ

■ コンパイラ──ソースコードを翻訳してバイナリを作るプログラム

　ではさっそく OS を書いていきましょう。先ほどと同様に、以下の 16 進数を入力してください。

　……と書いてあったら、きっと 99％の人がここで本を閉じて二度と戻ってこないでしょう。さすがにこの先ずっと、0 ～ 9 と a ～ f のキーだけ叩いてプログラムを書くのはつらいですからね。

　たしかに昔は人間がバイナリを直接打ち込んでコンピューターを動かしていた時期もありますが、幸い今はもっと楽にプログラミングできる方法があります。それが、コンパイラです。

　コンパイラは、人間が読み書きしやすい「ソースコード」というテキストファイルを入れると、コンピューターで実行できる「機械語」を生成してくれるプログラムです。

　ソースコードを書くために使われる言語のことは「プログラミング言語」と呼ばれ、この世界には星の数ほどの種類のプログラミング言語が存在しています。本書では Rust という比較的新しいプログラミング言語を採用していますが、これはけっして Rust でなければ OS を書けないからではありません[注12]。あくまでも CPU が実行できるのは機械語だけですし、プログラミング言語は機械語を生成するための手段の一つでしかないのです。もちろんプログラミング言語の選び方によってプログラムの堅牢性や可搬性、読み書きのしやすさなどは変わるかもしれませんが、これは人間のための付加価値であって CPU はそんなこと気にもしていない、ということは頭の片隅に入れておくとよいかもしれません。

　ちなみに、コンパイラが生成する機械語を手軽に参照したい場合、Compiler Explorer（https://godbolt.org/）という Web サイトが非常に便利です。

　たとえば、無限ループをするプログラムを書いてみると、先ほど紹介した eb fe という機械語に翻訳されることが実際に**図 2-5** のように確認できます[注13]。ぜひ、遊んでみてください！

....

注 12 むしろ世の中の OS は C 言語もしくは C++ 言語で書かれている場合がほとんどです。

注 13 https://godbolt.org/z/nEW7ravPf

33

第2章 ベアメタルプログラミングをしてみる——OSのない世界でプログラムを動かすための準備

図2-5 Compiler Explorerは本当に便利

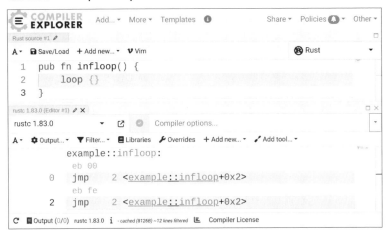

UEFIアプリケーションを作ってみる

というわけで、ここからはコンパイラを使って、コンピューター上で起動できるプログラムを作る方法について見ていきましょう。

開発環境の構築

以降の手順はすべて、UbuntuなどのDebian系Linux環境を想定して解説します。また、シェルはbashを使用しています。ほかのOSで試したい場合は、パッケージマネージャー関連のコマンドなどを適宜読み替える必要があるかもしれませんので気を付けてください。なお、筆者は以下の環境を使用して動作を確認しました。

```
$ uname -srm
Linux 6.6.32-02877-gde0d50d4a56c x86_64

$ cat /etc/debian_version
12.4

$ apt --version
apt 2.6.1 (amd64)
```

UEFI アプリケーションを作ってみる

まずはこの本で一番多く書くことになる、Rust の環境をセットアップします。公式ページ[注14] に掲載されているように、以下のコマンドを実行すれば Rust の開発環境をインストールできます。

```
$ curl --proto '=https' --tlsv1.2 -sSf https://sh.rustup.rs | sh

...

Rust is installed now. Great!

To get started you may need to restart your current shell.
This would reload your PATH environment variable to include
Cargo's bin directory ($HOME/.cargo/bin).

To configure your current shell, you need to source
the corresponding env file under $HOME/.cargo.

This is usually done by running one of the following (note the leading DOT):
. "$HOME/.cargo/env"            # For sh/bash/zsh/ash/dash/pdksh
source "$HOME/.cargo/env.fish"  # For fish
```

インストールが完了したら、上記の出力でも説明されているようにシェルを再起動するか、以下のコマンドを実行して Rust 関連のツールが実行できる状態にします（最初のピリオドとスペースを忘れないように気を付けてください！）。

```
$ . "$HOME/.cargo/env"
```

ここまでの手順がうまく行っていれば、以下のようにそれぞれのツールのバージョンを表示できるはずです[注15]。

```
$ rustup --version
rustup 1.27.1 (54dd3d00f 2024-04-24)

$ cargo --version
cargo 1.81.0 (2dbb1af80 2024-08-20)

$ rustc --version
rustc 1.81.0 (eeb90cda1 2024-09-04)
```

注14 https://rustup.rs/
注15 バージョンなどの細かい出力は異なっていても大丈夫です！ 大事なのは、これらのコマンドがエラーにならないことです。

35

第2章 | ベアメタルプログラミングをしてみる──OSのない世界でプログラムを動かすための準備

　これで、Rust ツールチェインのインストールは完了です。最後に、ビルドに必要ないくつかのコマンドをパッケージマネージャー経由でインストールします。

```
$ sudo apt install -y build-essential qemu-system-x86 netcat-openbsd
```

　インストールが完了したら、それぞれのツールのバージョンやヘルプを以下のようにして表示できます。

```
$ make --version
GNU Make 4.3
Built for x86_64-pc-linux-gnu

$ clang --version
Debian clang version 14.0.6
Target: x86_64-pc-linux-gnu
Thread model: posix
InstalledDir: /usr/bin

$ nc
usage: nc [-46CDdFhklNnrStUuvZz] [-I length] [-i interval] [-M ttl]
          [-m minttl] [-O length] [-P proxy_username] [-p source_port]
          [-q seconds] [-s sourceaddr] [-T keyword] [-V rtable] [-W recvlimit]
          [-w timeout] [-X proxy_protocol] [-x proxy_address[:port]]
          [destination] [port]
```

　これで準備は完了です！

Hello, world を書いてみる

　千里の道も一歩から。まずは Rust で簡単なプログラムを書いてみましょう。

　最初にすることは、これから書いていく OS の名前を決めることです。Rust にはパッケージという概念があり、それにはプロジェクトを識別できる名前が必要になるためです。

　本書で作成する OS の名前は「WasabiOS」とすることにします。この名前は、Rust（金属などの「さび」）と、日本の「和」、そして新緑の黄緑色をイメージして付けました。ということで、パッケージ名はシンプルに wasabi とします。ついでに言うと、関連して作成するライブラリなども似たテイストの名前にしてあるのですが、それについては各章で実際に作る際に解説します。

　ほかの名前にしたいよ！ という方も、最初にこの本を読み通すまでは wasabi

36

UEFI アプリケーションを作ってみる

のままで進めることを強くお勧めします。というのも、途中の手順でパッケージ
名に合わせた設定をする箇所などもあり、それらを適切に修正しないとうまく動
作しないためです。本書の内容を十分に理解できるようになってきたら、自分の
OS にはぜひ好きな名前を付けてあげてください！

　話を戻して、まずは定番の Hello, world! を書いてみます。なんと便利なこと
に、Rust は新しいパッケージを作成すると、最初から Hello, world を出力する
ソースコードを用意してくれるので、それを活用します。

　それでは適当なディレクトリに移動してから、cargo new コマンドを使用して
新しいパッケージを作成します。ちなみに筆者はいつも ~/repo/ の配下にプロ
ジェクトごとのディレクトリを作成するようにしていますので、今回はその例に
ならって説明します。

```
$ mkdir -p ~/repo/
$ cd ~/repo/
$ cargo new --edition 2021 wasabi
    Creating binary (application) `wasabi` package
```

　コマンドを実行すると wasabi というディレクトリが新たに作成され、その中
に次のようなファイル群が生成されます。

```.gitignore
/target
```

```Cargo.lock
# This file is automatically @generated by Cargo.
# It is not intended for manual editing.
version = 3

[[package]]
name = "wasabi"
version = "0.1.0"
```

```Cargo.toml
[package]
name = "wasabi"
version = "0.1.0"
edition = "2021"

[dependencies]
```

```src/main.rs
fn main() {
```

```
    println!("Hello, world!");
}
```

Cargo.toml というファイルと src というディレクトリがありますね。Cargo.
toml には、パッケージの名前やバージョンのような情報と、パッケージ間の依
存関係などが書かれています。中身は cargo コマンドが自動的に生成してくれて
いるようです。助かりますね！

src ディレクトリの下には、ソースコードが格納されています。今は、main.
rs だけが入っており、中身もすでに Hello, world! が書かれています。

このプログラムを実行するには cargo run コマンドを wasabi ディレクトリ内
で実行します。

```
$ cd wasabi
$ cargo run
   Compiling wasabi v0.1.0 (/home/hikalium/repo/wasabi)
    Finished `dev` profile [unoptimized + debuginfo] target(s) in 0.18s
     Running `target/debug/wasabi`
Hello, world!
```

ようこそ Rust の世界へ！ 無事に Hello, world が動きました。これで Rust
でプログラムを書く準備は万端です。

しかし、ここでビルドして実行したプログラムは OS とは言えません。なぜな
ら、このプログラムは、今みなさんが使っているコンピューターの上で動く OS
がないと動作できないからです。

それではここからなんとかして、ただの Hello, world を OS へと仕立て上げ
ていきましょう。

Rust ツールチェインのバージョンを固定する

次の段階に進む前に、ここで Rust ツールチェインのバージョンを固定してお
きたいと思います。Rust は言語自体が日々進化しており、また本書ではのちほ
ど第 3 章で説明する理由から nightly ビルドという、まだ安定版には入っていな
い実験的な機能を利用できるバージョンを使用しています。そのため、みなさん
の手元で試した結果が本章の内容と同一になるよう、バージョンを合わせておき
たいのです。

UEFI アプリケーションを作ってみる

というわけで、rust-toolchain.toml というファイルを wasabi ディレクトリ内に以下の内容で作成してください。

```
rust-toolchain.toml
[toolchain]
channel = "nightly-2024-01-01"
components = ["rustfmt", "rust-src"]
targets = ["x86_64-unknown-linux-gnu"]
profile = "default"
```

正しく作成できていれば、次のコマンドを実行すると、以下のような出力が得られるはずです。

```
$ rustup show active-toolchain
nightly-2024-01-01-x86_64-unknown-linux-gnu
  (overridden by '/home/hikalium/repo/wasabi/rust-toolchain.toml')
```

これで、Rust のバージョンを nightly-2024-01-01 に設定できました。Rustのバージョンを変更すると、Cargo.lock ファイルが正しく解釈されない可能性があるため、削除してから cargo run してみましょう。

```
$ rm Cargo.lock
$ cargo run
    Finished dev [unoptimized + debuginfo] target(s) in 0.00s
     Running `target/debug/wasabi`
Hello, world!
```

問題なく動きましたね！

アプリケーションと OS の違い

それでは話を戻して、先ほどは無事に Hello, world を出力するアプリケーションを書くことができたわけですが、ここからどうすればこのプログラムを OS にすることができるのでしょうか？

アプリケーションも OS も、コンピューターに対して行うべき処理を指示するデータ列であるという点では違いはありません。しかし、ほとんどすべてのアプリケーションは、OS やライブラリといった外部のソフトウェアがないと動作できません。

一方 OS は、CPU やメモリや外部デバイスなどのコンピューターを構成する

39

第2章 ■ ベアメタルプログラミングをしてみる──OSのない世界でプログラムを動かすための準備

ハードウェアと、そのハードウェアに内蔵されたファームウェアと呼ばれるごく小さなプログラムだけあれば動作できます。ということは、今作成した「OSの上で動くアプリケーション」を「OSなしで動くプログラム」にしてあげればよいわけです。

では実際に、OSなしで動くプログラムをRustで書く方法について見ていきましょう。

■ UEFI ── OSよりも前に起動する、OSを起動するためのプログラム

どのような種類のプログラムもそれを実行するためには、CPUからアクセスできるメモリ上にそのプログラムを表現したバイト列が置かれている必要があります。通常のアプリケーションでは、OSに付属する「ローダ」（Loader）と呼ばれるプログラムがこの作業を担当します。

ローダは、アプリケーションの実行ファイルを読み込んで、それをどのようにメモリ上に展開して実行すればよいのかを解釈し、実際にメモリ上に必要なデータを展開することでアプリケーションを起動するソフトウェアです。この「プログラムをメモリ上にロードして実行する」という作業は、OSが起動する際も同様に必要となります。しかし、OSが起動する前はOSが存在しないので、OSの一部であるローダの力を借りることはできません。ではいったい、コンピューターはどのようにしてOSを起動するのでしょうか？

ここで登場するのが、ファームウェアの一種であるUEFI（*Unified Extensible Firmware Interface*）です。

ファームウェアというのは、ハードウェアに内蔵されたソフトウェアのことを指します。ファームウェアとそれ以外のソフトウェアとの境界はあいまいで、見る人の立ち位置によって異なる可能性がありますが、その人から見てハードウェアと不可分なソフトウェアはファームウェアと言ってよいでしょう。実際、UEFIを構成するプログラムはコンピューターのメインボード上に置かれたフラッシュメモリに書き込まれており、一度メインボードが工場から出荷されたら書き換えられることはほぼありません[注16]。そしてこのUEFIが書き込まれたフラッシュメモリの内容は、コンピューターのメモリアドレス空間上の特定の範囲

─────────────────────
注16 ここで「ほぼ」と書いたのは、近年はセキュリティ向上やバグ修正のために、工場出荷後もファームウェアの更新が行われることが増えてきたためです。

にアクセスすると読めるように、メインボードの回路が組まれています。

　そして CPU は電源が入ると、ある特定のアドレスからプログラムを読み込ん
で実行し始めるようになっています。このアドレスは CPU の仕様で規定されて
います[注17]。先ほど説明した UEFI のプログラムは、まさにこの「CPU が実行を
開始するアドレス」に置かれているため、電源が入ると最初に実行されることに
なるのです。結果として、電源が入ると UEFI が動き始め、コンピューターに接
続されている記憶領域にアクセスし、そこから OS をメモリ上に展開して、OS
が起動されるわけです。

注 17「11.1.1 Processor State After Reset」([sdm_vol3])

COLUMN

色々なファームウェア―― Legacy BIOS と UEFI BIOS

　少し前に、無限ループするバイナリを 16 進数で打ち込んで QEMU 上で起動して
みましたが、あのときは UEFI 登場以前に使用されていた Legacy BIOS がプログラ
ムをロードしてくれていました。Legacy BIOS では、ストレージの先頭 512 バイ
トの末尾に 55 aa という 2 バイトが書き込まれていたら、その領域をメモリにロー
ドして実行する、ということが決められていました。これはコンピューターから見
ればシンプルで実現が簡単な方法ですが、たった 512 バイトで OS の残り部分をス
トレージから読み出すプログラムを書かないといけなかったり、そのプログラムは
ずっと昔の CPU と互換性を保つために古いモードで実行されたりと、ソフトウェ
ア開発者には扱いやすいものとは言えませんでした。また、画面への文字表示やス
トレージへのアクセスなど、よく利用される機能は BIOS を呼び出すと使えるよう
になっていたのですが、その API 仕様もはっきりと決まっていたわけではありませ
ん[注1]。最初はどこかのハードウェア開発者が必要に迫られて作った機能が、その上
で動く OS で使われるようになり、やがて次の世代のハードウェアが出たときも以
前の OS を再利用できるように同じ API が使い回され、ついでに新しい機能も追加
され……という、言うなれば代々継ぎ足した秘伝のタレ状態になっていたのです。

　一方、新しい UEFI BIOS ではこの状況を打開するために、主要なコンピューター
企業が合同で仕様を決めるようになりました。これにより、以前はあいまいだった
コンピューターのファームウェアというものが、きちんと明文化された API を持
つようになったのです。また、UEFI はファイルシステムを解釈してファイルを読

注 1　こういった「そこで動いているのが仕様です！仕様書なんてない！」という「事実上の標準」の
　　　ことは、ラテン語をそのままカタカナにしてデファクトスタンダード（De facto standard）と言
　　　います。

第2章 ベアメタルプログラミングをしてみる——OSのない世界でプログラムを動かすための準備

COLUMN

み書きできるようになったため、任意の大きさのプログラムを起動できるようになりました。つまり、OSを起動するためだけに512バイトで超絶技巧プログラミングをしなくてもよくなったのです！[注2] またOS起動時のCPUの実行モードも、64ビットの演算をサポートする現代的なモードにUEFIが初期化してからプログラムを実行してくれるので、ソフトウェア開発者はいろいろと楽ができるようになりました。良かったですね！（まあ、UEFIが提供する機能もコンピューターの進化にあわせて抽象化が進み複雑化したので、コードの量が減ったかと言われるとそうではないのですが……。それでも、明文化された仕様が公開されているということは、自作OSをする人々にとっては非常に嬉しい話です！）

ちなみにLegacy BIOSやUEFI以外にも、コンピューターのファームウェアには色々なものがあります。ですから、たとえ同じx86のCPUを搭載しているマシンであっても、すべてのマシンで本書の方法でOSを起動できるとは限りません。たとえばAppleのMacBookなどでは、UEFIの前身であるEFIから派生した独自のEFIファームウェアを使用している[注3] ため、本書の方法そのままでは起動できないかもしれません。ほかにも、ChromebookはVerified Boot[注4] と呼ばれる独自のしくみを実装したファームウェアを積んでいるため、本書の内容そのままでは起動できません[注5]。ですから、もし実際のハードウェアでOSを動かしたい場合には、そのハードウェアのファームウェアが何なのか調べ、それに合わせて実装を調整する必要があるかもしれません。

注2 　まあ512バイトにプログラムを収めるために試行錯誤するのも楽しかったですけどね！

注3 　https://refit.sourceforge.net/info/apple_efi.html

注4 　https://www.chromium.org/chromium-os/chromiumos-design-docs/verified-boot/

注5 　非公式ですが、有志によってChromebookのファームウェアをUEFIに書き換える方法が解説されています。故障のリスクもあり保証も無効になるためオススメはできませんが、筆者は便利に使わせてもらっています。

　　　https://docs.mrchromebox.tech/docs/getting-started.html

……あれ？　これって、さっきのアプリケーションとOSの関係とそっくりですね？　そうです！　実は、このような「UEFIがロードできるプログラム」のことを、UEFIアプリケーションと呼んだりします。ですから、私達が書くOSは、UEFIから見たら「アプリケーション」のようなものになるのです。抽象化を感じますね！

■ ターゲット——どの実行環境向けにバイナリを生成するのかコンパイラに伝える

さて、世の中にはさまざまなOSやハードウェア（これらはプログラムから見

たときに「実行環境」と呼ばれます）が存在するので、コンパイラはそれぞれの
実行環境に合わせて生成する機械語を切り替える必要があります。この「どの実
行環境に向けたプログラムとしてバイナリを生成するのか」を指定する識別子の
ことをターゲット（target）と言います。

　以下のコマンドを実行すると、Rust が対応しているターゲットの一覧を取得
できます。

```
$ rustup target list
```

　たとえば、Linux かつ x86 であるようなターゲットの一覧を出力するには、
以下のようなコマンドを実行するとよいです（この出力はコンパイラのバージョ
ンや環境に応じて変化するため、まったく同一の出力が得られなくても気にしな
くて大丈夫です）。

```
$ rustup target list | grep linux | grep x86
x86_64-linux-android
x86_64-unknown-linux-gnu (installed)
x86_64-unknown-linux-gnux32
x86_64-unknown-linux-musl
x86_64-unknown-linux-ohos
```

　そして、先ほど UEFI も OS のようなものだ、と言いましたが、なんとここに
は UEFI のターゲットも存在します！

```
$ rustup target list | grep uefi
aarch64-unknown-uefi
i686-unknown-uefi
x86_64-unknown-uefi
```

　ということで、さっそくこのターゲットを指定して、先ほどの Hello, world!
をビルドしてみることにしましょう。

```
$ cargo build --target x86_64-unknown-uefi
   Compiling wasabi v0.1.0 (/home/hikalium/repo/wasabi)
error[E0463]: can't find crate for `std`
  |
  = note: the `x86_64-unknown-uefi` target may not be installed
  = help: consider downloading the target with `rustup target add x86_64-unknown-uefi`

For more information about this error, try `rustc --explain E0463`.
error: could not compile `wasabi` (bin "wasabi") due to 1 previous error
```

あら、エラーが出てしまいました。rustup target add x86_64-unknown-uefi
を実行しろと言われているので、やってみましょう。

```
$ rustup target add x86_64-unknown-uefi
info: downloading component 'rust-std' for 'x86_64-unknown-uefi'
info: installing component 'rust-std' for 'x86_64-unknown-uefi'
 20.2 MiB /  20.2 MiB (100 %)  16.5 MiB/s in  1s ETA:  0s
```

そしてもう一回 cargo build してみます。

```
$ cargo build --target x86_64-unknown-uefi
   Compiling wasabi v0.1.0 (/home/hikalium/repo/wasabi)
    Finished `dev` profile [unoptimized + debuginfo] target(s) in 0.14s
```

……おや、ビルドが通りましたね……。まじか。一応実行を試してみましょう。

```
$ cargo run --target x86_64-unknown-uefi
    Finished `dev` profile [unoptimized + debuginfo] target(s) in 0.00s
     Running `target/x86_64-unknown-uefi/debug/wasabi.efi`
target/x86_64-unknown-uefi/debug/wasabi.efi: 1: Syntax error: end of file ↵
unexpected (expecting ")")
```

あー、失敗しますね。これは、EFI ファイルは UEFI 上で動作することが想定
されているのに対して、Linux 上で実行しようとしているために、うまく実行で
きなくて失敗しているようです。

実際、ファイルを直接実行してみても、エラーで落ちてしまいます。

```
$ target/x86_64-unknown-uefi/debug/wasabi.efi
bash: target/x86_64-unknown-uefi/debug/wasabi.efi: cannot execute binary file: ↵
Exec format error
```

このバイナリを、ファイルの種類を調べることのできる file コマンドにかけ
てみると、EFI application であると表示されています。

```
$ file target/x86_64-unknown-uefi/debug/wasabi.efi
target/x86_64-unknown-uefi/debug/wasabi.efi: PE32+ executable (EFI application) ↵
x86-64, for MS Windows, 5 sections
```

ということで、仮想マシンエミュレーター QEMU の出番です。QEMU を利
用して UEFI BIOS を搭載したコンピューターの動作をエミュレートすることに
より、このファイルを実行してみることにしましょう。

UEFI アプリケーションを作ってみる

QEMU を利用して UEFI アプリケーションを実行する

　環境設定が正しくできていれば、以下のコマンドを実行すると、QEMU のバージョンが出てくるはずです。

```
$ qemu-system-x86_64 --version
QEMU emulator version 9.0.50 (v9.0.0-1123-g74abb45dac)
```

　QEMU が正しくインストールされていることが確認できたら、次は UEFI ファームウェアのバイナリ（`RELEASEX64_OVMF.fd`）をダウンロードします。

　このバイナリは、実際のコンピューターではメインボード上の不揮発性メモリに工場出荷時に書き込まれているものに相当し、コンピューターの電源が入ったときに CPU が最初に実行するプログラムとなっています。コンピューターに記憶装置を一切つながなくても画面にロゴやメニューが出てくるのは、このようなファームウェアが最初から入っているからなのです。

　ここではファイルのダウンロードに wget コマンドを使っていますが、デフォルトで wget コマンドがインストールされていない環境もあるようです。その場合は wget コマンドをインストールするか、該当 URL にブラウザでアクセスして手動でファイルを移動するか、curl コマンドなどの代替手段を利用してください。

```
$ mkdir -p third_party/ovmf
$ cd third_party/ovmf
$ wget https://github.com/hikalium/wasabi/raw/main/third_party/ovmf/RELEASEX64_OVMF.fd
$ cd -
```

　正しく配置できていれば、wasabi プロジェクト内の以下の場所に `RELEASEX64_OVMF.fd` がある状態になっているはずです。

```
$ ls -sh third_party/ovmf/RELEASEX64_OVMF.fd
4.0M third_party/ovmf/RELEASEX64_OVMF.fd
```

　そして、このイメージを BIOS（*Basic Input/Output System*）（つまりファームウェア）として仮想マシンを起動してみます。

```
$ qemu-system-x86_64 -bios third_party/ovmf/RELEASEX64_OVMF.fd
```

　うまくいけば、**図 2-6** のように "TianoCore" と中央に表示された黒い画面が

出てくるはずです。

図 2-6 UEFI が起動した様子

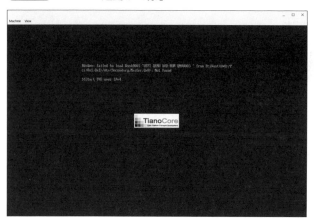

うまくいきましたか？ では、UEFI アプリケーションを起動してみましょう。Rust コンパイラが生成してくれたバイナリを、mnt ディレクトリを作ってその中の /EFI/BOOT/ にコピーします。

```
$ mkdir -p mnt/EFI/BOOT
$ cp target/x86_64-unknown-uefi/debug/wasabi.efi mnt/EFI/BOOT/BOOTX64.EFI
```

そして先ほどの mnt ディレクトリの中身を、FAT ファイルシステムでフォーマットされたストレージとして仮想マシンに接続するよう -drive コマンドライン引数で指示して QEMU を起動します。コンピューターの電源が入ると、UEFI はまず FAT ファイルシステムでフォーマットされているストレージを探します。そして、その中に /EFI/BOOT/BOOTX64.EFI というファイルが存在すれば、それをメモリに読み込んで起動することになっています。ですから、これで UEFI が BOOTX64.EFI を見つけて起動してくれるはずです。

さて、起動してみましょう。

```
$ qemu-system-x86_64 -bios third_party/ovmf/RELEASEX64_OVMF.fd -drive ↵
format=raw,file=fat:rw:mnt
```

うおっ！ 一瞬だけ「Hello, world！」と表示されたのが見えましたか？ おそらくすぐに別の画面になってしまったと思うのですが、よく目をこらすと画面が

切り替わる直前に文字列が表示されているのが見えるはずです。

すぐに画面が変わってしまう（正確にはUEFIの設定画面に入ってしまう）のは、println!()の行が実行されたらすぐにmain関数が終わるので、呼び出し元のUEFIに戻ってしまっているのが原因です。これを防ぐために、println!()のすぐ後の行に無限ループを挿入して、もう1回やってみましょう。

`src/main.rs`
```
fn main() {
    println!("Hello, world!");
    loop {}
}
```

上記のようにソースを編集したら、先ほどの手順どおり cargo build して、生成された EFI ファイルを mnt の下にコピーして、そして QEMU を起動してみましょう。一応手順を再掲しておきますね。どうかな、動くかな……？

```
$ cargo build --target x86_64-unknown-uefi
$ cp target/x86_64-unknown-uefi/debug/wasabi.efi mnt/EFI/BOOT/BOOTX64.EFI
$ qemu-system-x86_64 -bios third_party/ovmf/RELEASEX64_OVMF.fd -drive ↵
format=raw,file=fat:rw:mnt
```

おお！ ちゃんと文字列が出てそこで止まりました！ やったね！！！（図2-7）

図2-7 UEFIアプリケーションでHello, world!

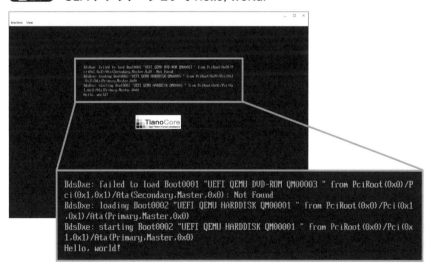

第2章 ベアメタルプログラミングをしてみる—— OSのない世界でプログラムを動かすための準備

UEFIからの脱却

さて、めでたく Hello, world が動いたわけですが、みなさんはこの文字列が
画面に出るまでにどのような処理が行われているのか、想像できるでしょうか？

ということで、まずはこのプログラムが画面に文字を出力するまでの流れを
追ってみましょう。

"Hello, world" はどこへ行く？

src/main.rs の中身はこのようになっていました。

```
src/main.rs より抜粋
fn main() {
    println!("Hello, world!");
    loop {}
}
```

鍵となるのは、この println! です。Rust では、末尾に！が付く識別子はマクロ
の名前ですから、println! というマクロがここで評価されることになります[注18]。

今回呼び出した println! は std クレートの中で定義されており、以下のよう
な内容になっています[注19]。

```
rust/library/std/src/macros.rs より抜粋
macro_rules! println {
    () => {
        $crate::print!("\n")
    };
    ($($arg:tt)*) => {{
        $crate::io::_print($crate::format_args_nl!($($arg)*));
    }};
}
```

これを見ると、$crate::io::_print という関数が呼び出されていることがわ
かります。これは以下のように std::io::stdio::_print を pub use したものに

注18 https://doc.rust-lang.org/std/macro.println.html
注19 https://github.com/rust-lang/rust/blob/a7399ba69d37b019677a9c47fe89ceb8dd82db2d/library/std/
　　　src/macros.rs#L139-L145

48

なっています[20]。

```
rust/library/std/src/io/mod.rs より抜粋
pub use self::stdio::{_eprint, _print};
```

ということで std::io::stdio::_print を見に行くと、以下のようになっています[21]。

```
rust/library/std/src/io/stdio.rs より抜粋
pub fn _print(args: fmt::Arguments<'_>) {
    print_to(args, stdout, "stdout");
}
```

なるほど、ここで print_to(args, stdout, "stdout"); という関数呼び出しが行われているようです。この関数は io::stdio の下で定義されています[22]。

```
rust/library/std/src/io/stdio.rs より抜粋
fn print_to<T>(args: fmt::Arguments<'_>, global_s: fn() -> T, label: &str)
where
    T: Write,
{
    if print_to_buffer_if_capture_used(args) {
        // Successfully wrote to capture buffer.
        return;
    }

    if let Err(e) = global_s().write_fmt(args) {
        panic!("failed printing to {label}: {e}");
    }
}
```

2個目の if 文で、global_s().write_fmt(args) という処理をしているのが怪しそうですね。実際、print_to() に渡している第2引数の stdout は、この関数を指しています。関数の中身はこんな感じです[23]。

注20 https://github.com/rust-lang/rust/blob/a7399ba69d37b019677a9c47fe89ceb8dd82db2d/library/std/
    src/io/mod.rs#L315

注21 https://github.com/rust-lang/rust/blob/a7399ba69d37b019677a9c47fe89ceb8dd82db2d/library/std/
    src/io/stdio.rs#L1225-L1227

注22 https://github.com/rust-lang/rust/blob/a7399ba69d37b019677a9c47fe89ceb8dd82db2d/library/std/
    src/io/stdio.rs#L1107-L1119

注23 https://github.com/rust-lang/rust/blob/a7399ba69d37b019677a9c47fe89ceb8dd82db2d/library/std/
    src/io/stdio.rs#L668-L673

第2章 ベアメタルプログラミングをしてみる──OS のない世界でプログラムを動かすための準備

```
rust/library/std/src/io/stdio.rs より抜粋
pub fn stdout() -> Stdout {
    Stdout {
        inner: STDOUT
            .get_or_init(|| ReentrantLock::new(RefCell::new(LineWriter::new(stdout_raw())))),
    }
}
```

これは結局 stdout_raw() をシングルトン化する関数になっているようです。
stdout_raw() の実装は以下のようになっています[注24]。

```
rust/library/std/src/io/stdio.rs より抜粋
const fn stdout_raw() -> StdoutRaw {
    StdoutRaw(stdio::Stdout::new())
}
```

ここで言う stdio:: は、同ファイルの 16 行目で use している
crate::sys::stdio モジュールですから、その中の stdio::Stdout::new() の実
装を見てみましょう[注25]。

```
rust/library/std/src/sys/mod.rs より抜粋
pub use pal::*;
```

crate::sys:: の下を見てみると、上記のとおり crate::sys::pal:: 配下
のモジュールが再エクスポートされているので、そこをたどっていくことで
crate::sys::stdio::Stdout が実際は何者なのかわかりそうです。
　ということで、pal の mod.rs を見てみると、巨大な分岐が見つかります[注26]。

```
rust/library/std/src/sys/pal/mod.rs より抜粋
cfg_if::cfg_if! {
    if #[cfg(unix)] {
        mod unix;
        pub use self::unix::*;
    } else if #[cfg(windows)] {
        mod windows;
```

注24 https://github.com/rust-lang/rust/blob/a7399ba69d37b019677a9c47fe89ceb8dd82db2d/library/std/
　　 src/io/stdio.rs#L82-L84

注25 https://github.com/rust-lang/rust/blob/a7399ba69d37b019677a9c47fe89ceb8dd82db2d/library/std/
　　 src/sys/mod.rs#L22

注26 https://github.com/rust-lang/rust/blob/a7399ba69d37b019677a9c47fe89ceb8dd82db2d/library/std/
　　 src/sys/pal/mod.rs#L27-L68

```
        pub use self::windows::*;
    } else if #[cfg(target_os = "solid_asp3")] {
        mod solid;
        pub use self::solid::*;
    } else if #[cfg(target_os = "hermit")] {
        mod hermit;
        pub use self::hermit::*;
    } else if #[cfg(all(target_os = "wasi", target_env = "p2"))] {
        mod wasip2;
        pub use self::wasip2::*;
    } else if #[cfg(target_os = "wasi")] {
        mod wasi;
        pub use self::wasi::*;
    } else if #[cfg(target_family = "wasm")] {
        mod wasm;
        pub use self::wasm::*;
    } else if #[cfg(target_os = "xous")] {
        mod xous;
        pub use self::xous::*;
    } else if #[cfg(target_os = "uefi")] {
        mod uefi;
        pub use self::uefi::*;
    } else if #[cfg(all(target_vendor = "fortanix", target_env = "sgx"))] {
        mod sgx;
        pub use self::sgx::*;
    } else if #[cfg(target_os = "teeos")] {
        mod teeos;
        pub use self::teeos::*;
    } else if #[cfg(target_os = "zkvm")] {
        mod zkvm;
        pub use self::zkvm::*;
    } else {
        mod unsupported;
        pub use self::unsupported::*;
    }
}
```

　この pal とは Platform Abstraction Layer の略[注27] で、プラットフォームご
とに異なる実装をするためのレイヤになっています。実際、分岐部分をよく読ん
でみると、UEFI 用の分岐があり、uefi::*[注28] が再エクスポートされていること
がわかります。

注27 https://github.com/rust-lang/rust/blob/a7399ba69d37b019677a9c47fe89ceb8dd82db2d/library/std/
　　 src/sys/mod.rs#L3-L6
注28 https://github.com/rust-lang/rust/tree/a7399ba69d37b019677a9c47fe89ceb8dd82db2d/library/std/
　　 src/sys/pal/uefi

第2章 ベアメタルプログラミングをしてみる——OSのない世界でプログラムを動かすための準備

```
rust/library/std/src/sys/pal/mod.rs より抜粋
    } else if #[cfg(target_os = "uefi")] {
        mod uefi;
        pub use self::uefi::*;
```

uefi モジュールの下には stdio.rs があり、そこでついに Stdout の実装を発見
できます[注29]。

```
rust/library/std/src/sys/pal/uefi/stdio.rs より抜粋
impl Stdout {
    pub const fn new() -> Stdout {
        Stdout
    }
}

impl io::Write for Stdout {
    fn write(&mut self, buf: &[u8]) -> io::Result<usize> {
        let st: NonNull<r_efi::efi::SystemTable> = uefi::env::system_table().cast();
        let stdout = unsafe { (*st.as_ptr()).con_out };

        write(stdout, buf)
    }

    fn flush(&mut self) -> io::Result<()> {
        Ok(())
    }
}
```

ここで実装されている内容と等価なものをのちほど実装するので詳細な解説は
後述しますが、結果として、UEFI の system table から con_out を取り、それ
を write() 関数に渡しています[注30]。

```
rust/library/std/src/sys/pal/uefi/stdio.rs より抜粋
fn write(
    protocol: *mut r_efi::protocols::simple_text_output::Protocol,
    buf: &[u8],
) -> io::Result<usize> {
    // Get valid UTF-8 buffer
    let utf8 = match crate::str::from_utf8(buf) {
        Ok(x) => x,
        Err(e) => unsafe { crate::str::from_utf8_unchecked(&buf[..e.valid_up_to()]) },
```

注29 https://github.com/rust-lang/rust/blob/a7399ba69d37b019677a9c47fe89ceb8dd82db2d/library/std/
src/sys/pal/uefi/stdio.rs#L104-L121

注30 https://github.com/rust-lang/rust/blob/a7399ba69d37b019677a9c47fe89ceb8dd82db2d/library/std/
src/sys/pal/uefi/stdio.rs#L153-L170

52

```
    };

    let mut utf16: Vec<u16> = utf8.encode_utf16().collect();
    // NULL terminate the string
    utf16.push(0);

    unsafe { simple_text_output(protocol, &mut utf16) }?;

    Ok(utf8.len())
}
```

write() 関数の実装は以下のようになっており、simple_text_output() 関数を呼び出しています[注31]。

rust/library/std/src/sys/pal/uefi/stdio.rs より抜粋

```
unsafe fn simple_text_output(
    protocol: *mut r_efi::protocols::simple_text_output::Protocol,
    buf: &mut [u16],
) -> io::Result<()> {
    let res = unsafe { ((*protocol).output_string)(protocol, buf.as_mut_ptr()) };
    if res.is_error() { Err(io::Error::from_raw_os_error(res.as_usize())) } else { Ok(()) }
}
```

そして simple_text_output() 関 数 は、SimpleTextOutputProtocol の output_string() 関数を呼び出しています。この output_string() 関数は、Rust ではなく UEFI から提供される関数になっており、これ以降の処理は UEFI で行われます。

　……とまあ、長々とたどってきましたが、このようにして、println!() が UEFI へとつながっていることが確認できたわけです。

　みなさんが普段何気なく呼び出している println!() の裏側にも、こんなに壮大なドラマがあったんですね！

no_std で生きていく── core クレートと歩むベアメタル生活

　Rust には、「クレート」という概念があります。これは、ほかの言語でいう「ライブラリ」のようなものです。先ほど深掘りした println!() マクロは、std というクレートで定義されています。

注31 https://github.com/rust-lang/rust/blob/a7399ba69d37b019677a9c47fe89ceb8dd82db2d/library/std/
　　src/sys/pal/uefi/stdio.rs#L172-L178

第2章　ベアメタルプログラミングをしてみる──OSのない世界でプログラムを動かすための準備

std クレートは、Rust の標準（standard）ライブラリ的な機能を提供するクレートです。標準ライブラリは一般的に、OS（もしくはそれに相当する何か）と協調して動作することで、さまざまな機能をプログラムに提供します。文字列の入出力もその機能の一つです。

一方で、Rust には core クレート[注32]と呼ばれるものもあります。これは自分以外のソフトウェアに依存することなく、大雑把に言えば CPU とメモリだけで実現できる処理を std クレートから切り出したものです。これには、文字列の入出力のように OS に依存する機能は一切ありませんが、OS や環境に関係なく利用できるさまざまなデータ型やデータ構造と、それに関わる計算や処理が実装されており、OS を実装する我々にとっては非常にありがたい存在です。

先ほど確認したとおり、現在の Rust では UEFI アプリケーションの開発を容易にするために std クレートの一部機能が提供されているため、target の指定を変更するだけで println!() などの便利な機能が利用できていました。しかし、これでは UEFI アプリケーションを書くことはできても、UEFI の呪縛から解き放たれて OS となることはできません。そこで、今後は std クレートのない世界で生きていけるようになる必要があります。

というわけで、実際に std クレートのない世界に飛び込んでいきましょう。

#![no_std] というディレクティブをプログラムの先頭に書くことで、このプログラムは std クレートを使わないぞ、という強い意志を宣言できます。

```
src/main.rs
#![no_std]
fn main() {
    println!("Hello, world!");
    loop {}
}
```

さて、みなさん覚悟はよいですか？　さっそくビルドしてみましょう。いったいどうなるでしょうか……？

```
$ cargo build --target x86_64-unknown-uefi
   Compiling wasabi v0.1.0 (/home/hikalium/repo/wasabi)
error: cannot find macro `println` in this scope
 --> src/main.rs:3:5
```

注32 https://doc.rust-lang.org/core/index.html

54

UEFI からの脱却

```
  |
3 |     println!("Hello, world!");
  |     ^^^^^^^

error: `#[panic_handler]` function required, but not found

error: could not compile `wasabi` (bin "wasabi") due to 2 previous errors
```

　ふむ、なるほど。大きく分けて 2 つのエラーが出ているようです。1 つ
は println! というマクロが存在しない、というエラーです。もう 1 つは、
#[panic_handler] と設定された関数が必要だが見つからない、というエラーの
ようです。

　とりあえず、マクロの件についてはコメントアウトして後回しにしましょう。

　panic_handler については、しかたないので書いてあげることにしましょう。
ためしに、以下のようにプログラムを書き換えてみてください。

```
src/main.rs
#![no_std]
fn main() {
    //println!("Hello, world!");
    loop {}
}

use core::panic::PanicInfo;

#[panic_handler]
fn panic(_info: &PanicInfo) -> ! {
    loop {}
}
```

　さて、再ビルドです！

```
$ cargo build --target x86_64-unknown-uefi
   Compiling wasabi v0.1.0 (/home/hikalium/wasabi_try/wasabi)
error: requires `start` lang_item

error: could not compile `wasabi` (bin "wasabi") due to 1 previous error
```

　あらら、次は異なるエラーが出てきました。start という lang_item がないよ！
ということを言っているようです。start というのはプログラムの最初に実行さ
れるべき関数を指定するもので、普段は main() 関数がその役割を果たしている
のですが、no_std だとそこらへんを手動で設定しなければいけないようです。

55

第2章 ベアメタルプログラミングをしてみる── OS のない世界でプログラムを動かすための準備

解決方法としては、まず !\[no_main\] というのを書き足して、main 関数は使わないよ、ということを宣言します。そして、いままでの main() 関数は efi_main() という関数名に変更し、その直前に #\[no_mangle\] という行を付け足します。

```
src/main.rs
#![no_std]
#![no_main]

#[no_mangle]
fn main() {
fn efi_main() {
    //println!("Hello, world!");
    loop {}
}

use core::panic::PanicInfo;

#[panic_handler]
fn panic(_info: &PanicInfo) -> ! {
    loop {}
}
```

では、再ビルド！

```
$ cargo build --target x86_64-unknown-uefi
   Compiling wasabi v0.1.0 (/home/hikalium/repo/wasabi)
   Finished `dev` profile [unoptimized + debuginfo] target(s) in 0.16s
```

うおー！ ビルドが通りました！！！ 起動してみるとどうなるでしょうか？ 先ほどと同じコマンドで QEMU を起動してみましょう。

```
$ cp target/x86_64-unknown-uefi/debug/wasabi.efi mnt/EFI/BOOT/BOOTX64.EFI
$ qemu-system-x86_64 -bios third_party/ovmf/RELEASEX64_OVMF.fd -drive ↵
format=raw,file=fat:rw:mnt
```

起動して、UEFI の画面が出てきて……そこで止まってしまいましたね。でも、これは想定している挙動です！ だって println! の行はコメントアウトしていますから！ というわけで、大成功です！

無限ループして喜ぶというのは不思議な気分かもしれませんが、低レイヤプログラミングでは得てしてそういう瞬間がよくあります。println! を復活させるためにはまたいろいろと実装をしないといけないので、今は無限ループで我慢しましょう。

一応、現時点でのソースコード全体を掲載しておきますね。

UEFI からの脱却

```
src/main.rs
fn main() {
    println!("Hello, world!");
#![no_std]
#![no_main]

#[no_mangle]
fn efi_main() {
    //println!("Hello, world!");
    loop {}
}

use core::panic::PanicInfo;

#[panic_handler]
fn panic(_info: &PanicInfo) -> ! {
    loop {}
}
```

　ということで、これで std の呪縛から解放されて、OS の種ができあがりました！ しかし、足りないものは山程あります。これを今から一つずつ実装していきましょう。

COLUMN

普段は当たり前だと思っているが実は OS が提供しているもの

　println!() が OS に強く依存していることは、ここまでの解説でわかったと思います。入出力に相当するほとんどの機能は、OS なくしては動作しません。しかし、ほかにも OS に依存する機能はたくさんあります。たとえば、動的なメモリ確保がその一つです。メモリは有限な資源ですから、OS がいる場合は OS が管理しています。

　動的なメモリ確保ができないということは、可変長配列 Vec なども基本的には使えません。可変長の文字列 String に関しても同様です。でも、可変長の文字列とか配列、使いたいですよね？

　ということで、core クレートと似たクレートで、mem クレートという、メモリ確保と解放が実装されていれば利用できる機能を提供するクレートも存在します。これについては、第 3 章でより詳しく解説しますので、楽しみにしていてください。

　ちなみに、mem クレートを用いれば std::collections:: 配下にあるさまざまなコンテナ型が全部使えるのかと言われると、実はそうではありません。たしかにVec や BTreeMap は mem クレートにあるのですが、HashMap や HashSet は本書で使用している Rust のバージョンでは残念ながら存在しません。これは HashMap などのハッシュ関数を使うアルゴリズムが実は乱数に依存しており、さらにその乱数を生

57

第2章 ベアメタルプログラミングをしてみる——OSのない世界でプログラムを動かすための準備

COLUMN

成する機能はOSに依存している、という興味深い事実によります。

　ハッシュ関数を使うアルゴリズムは、入力データに関して計算したハッシュ値が偏ることなく分布するという性質を利用して効率化を図っています。そのため、ハッシュ関数が衝突するような入力データに関しては、性能が極端に悪くなることが知られています。この性質を悪用して、わざとハッシュ関数が衝突するようなデータを外部から与えることにより、プログラムの応答時間を引き伸ばして究極的には使い物にならなくする、というサイバー攻撃（HashDoS）が存在しています。この攻撃を防ぐため、Rustではハッシュを計算する際にOSなどから取得した乱数を使って、ハッシュ値をシステムの外から予測することを難しくしていますが、これが結果的にHashMapのような機能をno_stdで使うのを難しくしているのです。

　では、なぜOSが乱数をわざわざ提供しているのでしょうか？ これは、そもそも乱数を生成する、という作業がコンピューターには非常に難しいものであることと関係しています。コンピューターは基本的にプログラムに従って粛々と計算を行い、再現性のある動作をするようにできています。つまり、同じ入力を与えたら、同じ出力が得られるようにできているわけです。

　しかし、乱数はそうではありません。入力は特に与えられないのに、毎回「乱数っぽい」数値を生成しなければいけません。特に、この「乱数っぽい」という概念が曲者です。たとえば9、2、6、5、3、5... は乱数列でしょうか？

　この問いに対する答えは、そう簡単ではありません（ちなみにこの数列は、円周率の3.1415... に続く数字の列です）。この例で言えば「1つ前の数字だけを見たときに、次に出てくる数字を予測できるか？」という問いに対しては「いいえ」ですが、「この数列の生成方法を知っているときに、出てくる数字を最初からすべて観測していたら次に出てくる数字を予測できるか」に対しては「はい」が答えになります（円周率表を買ってくればできますからね！）。

　サイコロを振って生成するような真の乱数では、「サイコロを振る」というしくみを知ったうえで出てくる数字を最初から全部観測していても、次に出る数字を予測することは、当てずっぽうに数字を言うのと大差ないので、先ほどの円周率ベースの数列よりも「乱数」度が高そうです。では、サイコロを内蔵しないコンピューターにとって、サイコロを振るのに近いレベルの乱数を得る方法はあるのでしょうか？

　ここで、OSの出番になります。OSは、入出力やハードウェアの制御を司っている関係上、外界で起こるランダムなイベントを取得しやすい立ち位置にいます。たとえば、ユーザーがいつどれだけキーボードを叩いたかとか、マウスがどれくらい動いたかとか、パケットが何個到達したかとかいうのは、将来の予測も難しいですし、ほかの人が完璧に同じ情報を観測することも困難です。このような、ハードウェア由来の乱雑さ（エントロピー）を集めておき、真の乱数が必要になったとき

UEFI からの脱却

COLUMN

に提供するしくみを OS は提供しています[注1]。

　本書で実装する OS では、ここまできちんとした乱数を必要とする機能がまだない
ので、とりあえず実装せずに話を進めますが、もし本当の乱数が欲しくなったときに
は OS の助けが必要になるかもしれない、ということをぜひ覚えておいてください。

....

注1　Linux では /dev/random というファイルを読むことで、このような乱数を得ることができます。
　　　https://datatracker.ietf.org/doc/html/rfc4086#section-7.1.2

フレームバッファに何か描く

　さて、めでたく no_std でも無限ループするプログラムが動くようになりまし
た。次は println!() のような文字列出力がないのをどうにかしたいですよね。
文字列を出せるのと出せないのとでは、デバッグの効率は大違いですから！

　方法はいろいろありますが、まずは画面に何かを表示できる方法を手に入れま
しょう。幸い、UEFI の力を少し借りれば、画面の各ピクセルの色を自由に変更
するための、フレームバッファのアドレスを手に入れることができます。

　フレームバッファのアドレスを知るためには、なんとかして UEFI とやりとり
をする必要があります。UEFI とやりとりをする際に窓口となるデータ構造のこ
とは、UEFI 用語でプロトコル（Protocol）と呼ばれています。そして、フレー
ムバッファ関連の情報を扱うプロトコルには EFI Graphics Output Protocol
という名前が付いています。各種のプロトコルには GUID が割り当てられてお
り、その GUID を locate_protocol() という関数に渡すことで、対応するプロ
トコルへのポインタを得ることができます。そして、この locate_protocol() と
いう関数のアドレスは、EFI System Table という構造体の中に書かれています。
そして EFI System Table を指すポインタは、EFI アプリケーションの第 2 引
数に渡されています。

　……なんかめっちゃたらい回しされて頭が混乱したと思うので、ちょっと目を
閉じて深呼吸してから、実際の手順を再度整理しましょう。

59

- efi_main() の第 2 引数から EFI System Table のアドレスが得られる
- EFI System Table の中に locate_protocol() という関数がある
- UEFI 仕様書 [uefi_2_11] のどこかに EFI Graphics Output Protocol に対応する GUID が定義されている
- この GUID を locate_protocol() に渡してあげれば EFI Graphics Output Protocol へのポインタを取得できる
- EFI Graphics Output Protocol 構造体の中に、フレームバッファのアドレスなどの情報が書かれている
- フレームバッファのアドレスなどの情報がわかれば、画面に図形を描くことができる！

よし！ あとはこの各段階をコードに落とし込めば、画面に何か表示できるはずです。さっそくやっていきましょう！ 最初はちょっと実装量が多いですが、写しているうちに理解できることもあるはずなので、頑張ってください！

まずは locate_graphics_protocol() という関数はあるものと仮定して、そこから得られた graphic_output_protocol を読むことでフレームバッファのアドレスを取得し、フレームバッファの全ピクセルを 0xffffff つまり白色で塗りつぶすコードを efi_main() の中に書きましょう。

```rust
src/main.rs
#[no_mangle]
fn efi_main(_image_handle: EfiHandle, efi_system_table: &EfiSystemTable) {
    let efi_graphics_output_protocol = locate_graphic_protocol(efi_system_table).unwrap();
    let vram_addr = efi_graphics_output_protocol.mode.frame_buffer_base;
    let vram_byte_size = efi_graphics_output_protocol.mode.frame_buffer_size;
    let vram = unsafe {
        slice::from_raw_parts_mut(vram_addr as *mut u32, vram_byte_size / size_of::<u32>())
    };
    for e in vram {
        *e = 0xffffff;
    }
    //println!("Hello, world!");
    loop {}
}
```

では次に、肝心の locate_graphics_protocol() を実装しましょう。先ほども説明したとおり、UEFI では、それぞれの機能ごとにプロトコルと呼ばれるものを介して操作を行うようになっています。そして、それぞれのプロトコルには固

有の GUID が振られており、その GUID を指定することで、該当のプロトコル
へのポインタを UEFI から取得できます。この、GUID からプロトコルを検索
する関数 locate_protocol() のアドレスは、EFI System Table の中、さらに言
えばその中にある EFI Boot Services Table の中に書かれています。

```rust
src/main.rs
#[repr(C)]
struct EfiBootServicesTable {
    _reserved0: [u64; 40],
    locate_protocol: extern "win64" fn(
        protocol: *const EfiGuid,
        registration: *const EfiVoid,
        interface: *mut *mut EfiVoid,
    ) -> EfiStatus,
}
const _: () = assert!(offset_of!(EfiBootServicesTable, locate_protocol) == 320);

#[repr(C)]
struct EfiSystemTable {
    _reserved0: [u64; 12],
    pub boot_services: &'static EfiBootServicesTable,
}
const _: () = assert!(offset_of!(EfiSystemTable, boot_services) == 96);
```

　そして、目的の EFI Graphics Output Protocol を示す GUID は、以下の値
であると仕様書 [uefi_2_11] で定められています。

```rust
src/main.rs
const EFI_GRAPHICS_OUTPUT_PROTOCOL_GUID: EfiGuid = EfiGuid {
    data0: 0x9042a9de,
    data1: 0x23dc,
    data2: 0x4a38,
    data3: [0x96, 0xfb, 0x7a, 0xde, 0xd0, 0x80, 0x51, 0x6a],
};
```

　ちなみに、この EfiGuid という構造体は以下のように実装してください。

```rust
src/main.rs
#[repr(C)]
#[derive(Clone, Copy, PartialEq, Eq, Debug)]
struct EfiGuid {
    pub data0: u32,
    pub data1: u16,
    pub data2: u16,
    pub data3: [u8; 8],
```

第2章 ベアメタルプログラミングをしてみる——OSのない世界でプログラムを動かすための準備

```
}
```

さて、EfiGraphicsProtocol の中には、mode と呼ばれるメンバが存在します。このメンバは、現在利用中の画面モードに対応する情報が格納された構造体へのポインタになっています。実装としてはこんな感じで書きましょう。

```src/main.rs
#[repr(C)]
#[derive(Debug)]
struct EfiGraphicsOutputProtocol<'a> {
    reserved: [u64; 3],
    pub mode: &'a EfiGraphicsOutputProtocolMode<'a>,
}
```

mode が指す先の構造体は、次のように実装します。

```src/main.rs
#[repr(C)]
#[derive(Debug)]
struct EfiGraphicsOutputProtocolMode<'a> {
    pub max_mode: u32,
    pub mode: u32,
    pub info: &'a EfiGraphicsOutputProtocolPixelInfo,
    pub size_of_info: u64,
    pub frame_buffer_base: usize,
    pub frame_buffer_size: usize,
}
```

frame_buffer_base と frame_buffer_size は、それぞれ、画面に表示される各ピクセルの情報が並んだフレームバッファと呼ばれるメモリ領域の開始アドレス（base）とバイト単位での大きさ（size）を示しています。

さらにメンバ info をたどると、より詳しい画面モードの情報を得ることができます。

```src/main.rs
#[repr(C)]
#[derive(Debug)]
struct EfiGraphicsOutputProtocolPixelInfo {
    version: u32,
    pub horizontal_resolution: u32,
    pub vertical_resolution: u32,
    _padding0: [u32; 5],
    pub pixels_per_scan_line: u32,
}
```

UEFI からの脱却

```
const _: () = assert!(size_of::<EfiGraphicsOutputProtocolPixelInfo>() == 36);
```

　horizontal_resolution は、水平方向の画素数、vertical_resolution は垂直
方向の画素数をそれぞれ示しています。

　また、pixels_per_scan_line には、水平方向のデータに含まれる画素数が格
納されています。これは horizontal_resolution と同一なのでは？ と思われる
方もいるかもしれませんが、実はそうとも限りません。ハードウェアの制約によ
り、画面に表示される横方向の画素数と、フレームバッファ上のデータとしての
横方向の画素数は、異なる数値になることがあります。そのため、両方の情報が
ここには格納されているのです。

　さて、これで準備は整いました。あとは実際に EfiGraphicsOutputProtocol を
UEFI から取得する関数を書くだけです。

```
src/main.rs
fn locate_graphic_protocol<'a>(
    efi_system_table: &EfiSystemTable,
) -> Result<&'a EfiGraphicsOutputProtocol<'a>> {
    let mut graphic_output_protocol = null_mut::<EfiGraphicsOutputProtocol>();
    let status = (efi_system_table.boot_services.locate_protocol)(
        &EFI_GRAPHICS_OUTPUT_PROTOCOL_GUID,
        null_mut::<EfiVoid>(),
        &mut graphic_output_protocol as *mut *mut EfiGraphicsOutputProtocol
            as *mut *mut EfiVoid,
    );
    if status != EfiStatus::Success {
        return Err("Failed to locate graphics output protocol");
    }
    Ok(unsafe { &*graphic_output_protocol })
}
```

　実装としては上記のような感じになります。まず、引数として EfiSystemTable
への参照を取ります。これは、先に説明したとおり、起動時に UEFI から渡され
る値をそのまま渡してもらうことを想定しています。次に、locate_protocol()
関数を、それぞれ適切な引数で呼び出します。少しごちゃごちゃしています
が、第 1 引数が検索したいプロトコルの GUID へのポインタ（&EFI_GRAPHICS_
OUTPUT_PROTOCOL_GUID）、次の引数は今回使わないので Null ポインタを渡し、
第 3 引数には検索結果であるプロトコルの構造体へのポインタを格納するポイ
ンタ変数へのポインタを渡します。これにより、無事にこの関数が終了すれば、
graphics_output_protocol 変数に EFI Graphics Output Protocol 構造体への

ポインタが入った状態になっているはずです。最終的に、関数の最後の行で生
ポインタである graphics_output_protocol をデリファレンスして、そのあとす
ぐに参照を取得することで、Rust の参照へと型を変換して呼び出し元へと返す、
という流れになっています。

　ちなみに、この &* 生ポインタという記法は、任意のライフタイムを持つリファ
レンスを生成できます。お察しのとおり、とても unsafe なので unsafe ブロッ
クで囲んでいます[注33]。

　実際にはこの関数のシグネチャ（型定義）より、このポインタのライフタイム
は、引数として渡している EfiSystemTable の参照が持つライフタイムと同じに
なるとコンパイラによって推論されます[注34]。

　最後に、core クレート内にある型を使うための use 宣言を数行と、EfiVoid、
EfiHandle、EfiStatus そして Result の型を、既存の型のエイリアス（別名）や
enum として定義すれば、実装は一段落です。

```
src/main.rs
use core::mem::offset_of;
use core::mem::size_of;
use core::panic::PanicInfo;
use core::ptr::null_mut;
use core::slice;

type EfiVoid = u8;
type EfiHandle = u64;
type Result<T> = core::result::Result<T, &'static str>;

#[derive(Debug, PartialEq, Eq, Copy, Clone)]
#[must_use]
#[repr(u64)]
enum EfiStatus {
    Success = 0,
}
```

　Result[注35] は、core クレートで用意されている非常に便利な型の一つです。
Try トレイトを実装しており、? 演算子を使ってエラー処理を簡潔に書くことが
できるようになります。

注33 https://doc.rust-lang.org/std/primitive.pointer.html#null-unchecked-version-1

注34 https://doc.rust-lang.org/reference/lifetime-elision.html#lifetime-elision-in-functions

注35 https://doc.rust-lang.org/core/result/enum.Result.html

UEFI からの脱却

　? 演算子は、Try トレイト[注36] を実装している型、たとえば Result や Option に対して使える演算子です。Result<T, E> 型は、Result::Ok(T) もしくは Result::Err(E) のどちらかの値を取ることができる enum ですが、これに対して ? 演算子を使用すると、Ok のときにはその値になり、Err の場合はその Result を戻り値として return したのと同じ挙動になります。

　ここまでの実装が終わると、ソースコードの全体像は、以下のような感じになります。offset_of!() を使うために #![feature(offset_of)] という記述も必要だったので足しておきました。

```rust
src/main.rs
#![no_std]
#![no_main]
#![feature(offset_of)]

use core::mem::offset_of;
use core::mem::size_of;
use core::panic::PanicInfo;
use core::ptr::null_mut;
use core::slice;

type EfiVoid = u8;
type EfiHandle = u64;
type Result<T> = core::result::Result<T, &'static str>;

#[repr(C)]
#[derive(Clone, Copy, PartialEq, Eq, Debug)]
struct EfiGuid {
    pub data0: u32,
    pub data1: u16,
    pub data2: u16,
    pub data3: [u8; 8],
}

const EFI_GRAPHICS_OUTPUT_PROTOCOL_GUID: EfiGuid = EfiGuid {
    data0: 0x9042a9de,
    data1: 0x23dc,
    data2: 0x4a38,
    data3: [0x96, 0xfb, 0x7a, 0xde, 0xd0, 0x80, 0x51, 0x6a],
};

#[derive(Debug, PartialEq, Eq, Copy, Clone)]
#[must_use]
#[repr(u64)]
enum EfiStatus {
    Success = 0,
```

注 36 https://doc.rust-lang.org/core/ops/trait.Try.html

65

```rust
}

#[repr(C)]
struct EfiBootServicesTable {
    _reserved0: [u64; 40],
    locate_protocol: extern "win64" fn(
        protocol: *const EfiGuid,
        registration: *const EfiVoid,
        interface: *mut *mut EfiVoid,
    ) -> EfiStatus,
}
const _: () = assert!(offset_of!(EfiBootServicesTable, locate_protocol) == 320);

#[repr(C)]
struct EfiSystemTable {
    _reserved0: [u64; 12],
    pub boot_services: &'static EfiBootServicesTable,
}
const _: () = assert!(offset_of!(EfiSystemTable, boot_services) == 96);

#[repr(C)]
#[derive(Debug)]
struct EfiGraphicsOutputProtocolPixelInfo {
    version: u32,
    pub horizontal_resolution: u32,
    pub vertical_resolution: u32,
    _padding0: [u32; 5],
    pub pixels_per_scan_line: u32,
}
const _: () = assert!(size_of::<EfiGraphicsOutputProtocolPixelInfo>() == 36);

#[repr(C)]
#[derive(Debug)]
struct EfiGraphicsOutputProtocolMode<'a> {
    pub max_mode: u32,
    pub mode: u32,
    pub info: &'a EfiGraphicsOutputProtocolPixelInfo,
    pub size_of_info: u64,
    pub frame_buffer_base: usize,
    pub frame_buffer_size: usize,
}

#[repr(C)]
#[derive(Debug)]
struct EfiGraphicsOutputProtocol<'a> {
    reserved: [u64; 3],
    pub mode: &'a EfiGraphicsOutputProtocolMode<'a>,
}
fn locate_graphic_protocol<'a>(
    efi_system_table: &EfiSystemTable,
) -> Result<&'a EfiGraphicsOutputProtocol<'a>> {
    let mut graphic_output_protocol = null_mut::<EfiGraphicsOutputProtocol>();
    let status = (efi_system_table.boot_services.locate_protocol)(
```

```rust
            &EFI_GRAPHICS_OUTPUT_PROTOCOL_GUID,
            null_mut::<EfiVoid>(),
            &mut graphic_output_protocol as *mut *mut EfiGraphicsOutputProtocol
                as *mut *mut EfiVoid,
        );
        if status != EfiStatus::Success {
            return Err("Failed to locate graphics output protocol");
        }
        Ok(unsafe { &*graphic_output_protocol })
}

#[no_mangle]
fn efi_main() {
fn efi_main(_image_handle: EfiHandle, efi_system_table: &EfiSystemTable) {
    let efi_graphics_output_protocol =
        locate_graphic_protocol(efi_system_table).unwrap();
    let vram_addr = efi_graphics_output_protocol.mode.frame_buffer_base;
    let vram_byte_size = efi_graphics_output_protocol.mode.frame_buffer_size;
    let vram = unsafe {
        slice::from_raw_parts_mut(
            vram_addr as *mut u32,
            vram_byte_size / size_of::<u32>(),
        )
    };
    for e in vram {
        *e = 0xffffff;
    }
    //println!("Hello, world!");
    loop {}
}

use core::panic::PanicInfo;

#[panic_handler]
fn panic(_info: &PanicInfo) -> ! {
    loop {}
}
```

　問題なく書けていたら、もう一度ビルドとファイルのコピー、そして QEMU
の実行をしてみましょう。コマンドを再掲しておきますね！

```
$ cargo build --target x86_64-unknown-uefi
$ cp target/x86_64-unknown-uefi/debug/wasabi.efi mnt/EFI/BOOT/BOOTX64.EFI
$ qemu-system-x86_64 -bios third_party/ovmf/RELEASEX64_OVMF.fd -drive ↵
format=raw,file=fat:rw:mnt
```

　うまくいけば、QEMU を起動すると**図 2-8** のように QEMU の画面が真っ白
になるはずです。画面が真っ白になるだけでもうれしい、これが自作 OS です！

図 2-8 真っ白な画面が出た！

Rust の便利機能を活用する

　さて、目に見える変化が出てきてわくわくしてきたところですが少し脱線して、開発のしやすさを向上させる Rust 周りの知識をいくつか紹介しましょう。

ビルドや実行を簡単にする

　1 つ目に紹介するのは、ビルドと実行で使える便利なテクニックです。先ほど QEMU を利用して UEFI アプリケーションを起動する方法を紹介しましたが、あの長い長いコマンドラインを毎度入力するのは大変ですよね？　もちろん、昨今のシェルには履歴機能があるので、カーソルキーの上方向を押せば過去に実行したコマンドを呼び出せますし、bash なら Ctrl + R キーを押すと prefix 検索ができるので、なんとか耐えられるかもしれません。しかし、せっかく Rust には cargo run という便利なコマンドがあるので、これをたたくだけでビルドと実行ができてほしいものです。

　実は、ちょっとした設定ファイルを書くだけで、今までの長い 3 行コマンドを cargo run 一発で済むようにできます！

　まずは wasabi ディレクトリの直下で、.cargo ディレクトリと scripts ディレクトリを作成します。

Rust の便利機能を活用する

```
$ mkdir -p .cargo scripts
```

次に以下のような内容で、.cargo/config.toml ファイルと scripts/launch_
qemu.sh ファイルをそれぞれ作成します。

.cargo/config.toml
```
[build]
target = 'x86_64-unknown-uefi'
rustflags = ["-Cforce-unwind-tables", "-Cforce-frame-pointers", "-Cno-redzone"]

[unstable]
build-std = ["core", "compiler_builtins", "alloc", "panic_abort"]
build-std-features = ["compiler-builtins-mem"]

[target.'cfg(target_os = "uefi")']
runner = "bash scripts/launch_qemu.sh"
```

scripts/launch_qemu.sh
```
#!/bin/bash -e
PROJ_ROOT="$(dirname $(dirname ${BASH_SOURCE:-$0}))"
cd "${PROJ_ROOT}"

PATH_TO_EFI="$1"
rm -rf mnt
mkdir -p mnt/EFI/BOOT/
cp ${PATH_TO_EFI} mnt/EFI/BOOT/BOOTX64.EFI
qemu-system-x86_64 \
  -m 4G \
  -bios third_party/ovmf/RELEASEX64_OVMF.fd \
  -drive format=raw,file=fat:rw:mnt \
  -device isa-debug-exit,iobase=0xf4,iosize=0x01
```

.cargo/config.toml に runner の設定[注37] をすることで、cargo run などのコマ
ンドを実行した際に、コンパイル結果のバイナリをどのように実行するのか指定
できます。今回は自分たちで書いた Bash スクリプトを runner に指定しました。
この Bash スクリプトは、第 1 引数に渡されたファイルを BOOTX64.EFI として適
切に配置して、これまで解説した手順どおりに QEMU を起動するようになって
います。なんとこれだけで、cargo run をしたときに QEMU が自動で立ち上が
るようになります。やってみましょう！

```
$ cargo run
```

注37 https://doc.rust-lang.org/cargo/reference/config.html#targettriplerunner

69

第2章 ベアメタルプログラミングをしてみる——OSのない世界でプログラムを動かすための準備

無事に QEMU が起動しましたか？ やったー！ これで開発がはかどりますね！

プログラミングの世界では、怠惰こそ美徳、という言葉があります。コンピューターは人間と違って繰り返し作業が得意ですから、こういった小さな作業でも簡単にできるようにしておくと、コンピューターの力を活用して、より早く遠くまで行くことができるようになるでしょう。

cargo clippy と HLT 命令——CPU を無駄に回さないようにする

2つ目は cargo clippy という便利なコマンドの紹介です。このコマンドを実行すると、コードの中で改善できるところを指摘してくれます。しかも、たいていの場合は改善案まで出してくれます。

ではさっそく試してみましょう。

```
$ cargo clippy
    Checking wasabi v0.1.0 (/home/hikalium/repo/wasabi)
warning: empty `loop {}` wastes CPU cycles
  --> src/main.rs:109:5
    |
109 |     loop {}
    |     ^^^^^^^
    |
    = help: you should either use `panic!()` or add a call pausing or sleeping the ↵
thread to the loop body
    = help: for further information visit https://rust-lang.github.io/rust-clippy/ ↵
master/index.html#empty_loop
    = note: `#[warn(clippy::empty_loop)]` on by default

warning: `wasabi` (bin "wasabi") generated 1 warning
    Finished `dev` profile [unoptimized + debuginfo] target(s) in 0.10s
```

お、何か warning が出ていますね。clippy さん曰く、空の loop は CPU サイクルを消費するので何か入れたほうがいいよ、ということのようです。改善案としては、**pause** や **sleep** を入れるとよいと書いてありますが、ここでは HLT 命令というものを挿入することにしましょう。HLT 命令は、x86 CPU の機械語の一つで、CPU を割り込みが来るまで休ませる命令です。ちなみに、発音は英語読みだと「ホルト」で、語源のドイツ語だと「ハルト」になるようです。stopとだいたい同じ意味です。

さて、ではさっそく HLT 命令を呼び出したいのですが、これにはインラインアセンブリという Rust の機能を使います。

70

```
use core::arch::asm;
```

このように core::arch::asm を use すれば、次のようにして HLT 命令を呼び
出す関数をインラインアセンブリで記述できます。

```
pub fn hlt() {
    unsafe { asm!("hlt") }
}
```

あとはこれを loop の中で呼んであげれば clippy さんも満足してくれるでしょう。
全体の変更としては、以下のような感じになります。

```
src/main.rs
#![no_main]
#![feature(offset_of)]

use core::arch::asm;
use core::mem::offset_of;
use core::mem::size_of;
use core::panic::PanicInfo;

// << 中略 >>

    Ok(unsafe { &*graphic_output_protocol })
}

pub fn hlt() {
    unsafe { asm!("hlt") }
}

#[no_mangle]
fn efi_main(_image_handle: EfiHandle, efi_system_table: &EfiSystemTable) {
    let efi_graphics_output_protocol =
// << 中略 >>
        *e = 0xffffff;
    }
    //println!("Hello, world!");
    loop {}
    loop {
        hlt()
    }
}

#[panic_handler]
fn panic(_info: &PanicInfo) -> ! {
    loop {}
    loop {
```

第**2**章 ■ ベアメタルプログラミングをしてみる──OS のない世界でプログラムを動かすための準備

```
        hlt()
    }
}
```

さて clippy さん、これでいかがでしょうか？

```
$ cargo clippy
    Checking wasabi v0.1.0 (/home/hikalium/repo/wasabi)
    Finished `dev` profile [unoptimized + debuginfo] target(s) in 0.11s
```

お、大丈夫そうですね！ お眼鏡にかなったようです。

このように、Rust にはかなり優秀な linter が付属しているので、コードを書いている際に適宜走らせると、よくある落とし穴を回避できるのでお勧めです。

cargo fmt ──コードをきれいに整形する

最後にもう 1 つ便利なツールを紹介します。それは、cargo fmt というコードフォーマッタです。

```
$ cargo fmt
```

と実行すれば、ソースコードを良い感じに整形してくれます。ソースコードの体裁を統一することは、特に複数人で開発する大規模プロジェクトでは非常に重要ですし、一人プロジェクトでも開発のしやすさが向上するとても良い心がけです。しかし、そのルールを手動で運用するのは大変ですし、いらぬ論争を巻き起こすこともよくあります。

Rust では、cargo fmt が標準で良い感じにコードのフォーマットを整えてくれるため、そのような煩わしさから解放されて、ロジックを実装するという本来の目的に集中できます。ぜひ、折に触れて実行してみてください！

もっと色々なものを描く

少し脱線しましたが、開発体験が良くなってきたところで話を本筋に戻しましょう。とりあえずは、UEFI に頼ることなく、画面に色々と表示できるようになるのがゴールです。ということで、ここからはもっと色々な図形を描く方法に

ついて見ていきたいと思います。

　基本的な図形としては点がまず思い付きますが、点はあまりにも小さすぎて視認性が良くないので、まずは点の集合であるところの四角形を描いてみることにしましょう。

四角形を描く

　先ほど、フレームバッファの中身をすべて `0xff` で埋め尽くすことで、画面全体を真っ白に塗りつぶすことができました。しかし複雑な図形を描くには、まずフレームバッファの構造について理解する必要があります。

　今回扱うフレームバッファでは、各ピクセルの色が 4 バイトのデータで表現されています。そしてフレームバッファの開始アドレスから 4 バイトのデータが、画面の左上にあるピクセルの色を決めています。その次に続く 4 バイトは、先ほどのピクセルの 1 つ右隣のピクセルの色を決めています。こうして、画面の一番上の行に並んだピクセルの色情報がずらっとメモリ上に並び、そのあとには、画面上で次の行のピクセルの色情報が同様に並びます。

　言い換えれば、2 次元の画面を構成しているピクセルの情報を、コンピューターのメモリという 1 次元の配列に切り開いたものがフレームバッファなのです。したがって、ある画面上の点 (x, y) に対応するデータがフレームバッファ上の何バイト目に当たるのかを計算できれば、画面上の任意の点を好きなように塗り潰すことができます。

　ということで実装の方針です。まずは、このような 2 次元の画像を抽象化したインタフェースを `Bitmap` トレイトとして定義することにします。このトレイトは与えられた x 座標と y 座標から、その座標にあるフレームバッファ内のピクセルデータへの参照を返す `pixel_at_mut()` という関数を提供します。

　そして、VRAM を表現する構造体 `VramBufferInfo` を定義し、これが `Bitmap` トレイトを実装する型になるように必要なメソッドの実装を生やします。

　あとは UEFI から得られた情報をもとに `VramBufferInfo` を作る関数 `init_vram()` を実装してあげれば、VRAM 上の点を指定して色を塗ることが簡単にできるようになります。

　コードの変更内容としては、以下のようになります。`efi_main()` にもコードを追加して、まずは画面全体を緑色に塗りつぶすコードを書いてみました。

第2章 ベアメタルプログラミングをしてみる──OSのない世界でプログラムを動かすための準備

```
src/main.rs
#![feature(offset_of)]

use core::arch::asm;
use core::cmp::min;
use core::mem::offset_of;
use core::mem::size_of;
use core::panic::PanicInfo;
use core::ptr::null_mut;
use core::slice;

type EfiVoid = u8;
type EfiHandle = u64;

// << 中略 >>


#[no_mangle]
fn efi_main(_image_handle: EfiHandle, efi_system_table: &EfiSystemTable) {
    let efi_graphics_output_protocol =
        locate_graphic_protocol(efi_system_table).unwrap();
    let vram_addr = efi_graphics_output_protocol.mode.frame_buffer_base;
    let vram_byte_size = efi_graphics_output_protocol.mode.frame_buffer_size;
    let vram = unsafe {
        slice::from_raw_parts_mut(
            vram_addr as *mut u32,
            vram_byte_size / size_of::<u32>(),
        )
    };
    for e in vram {
        *e = 0xffffff;
    let mut vram = init_vram(efi_system_table).expect("init_vram failed");
    for y in 0..vram.height {
        for x in 0..vram.width {
            if let Some(pixel) = vram.pixel_at_mut(x, y) {
                *pixel = 0x00ff00;
            }
        }
    }
    //println!("Hello, world!");
    loop {

// << 中略 >>

fn panic(_info: &PanicInfo) -> ! {
    // << 中略 >>
        hlt()
    }
}

trait Bitmap {
    fn bytes_per_pixel(&self) -> i64;
    fn pixels_per_line(&self) -> i64;
```

```rust
    fn width(&self) -> i64;
    fn height(&self) -> i64;
    fn buf_mut(&mut self) -> *mut u8;
    /// # Safety
    ///
    /// Returned pointer is valid as long as the given coordinates are valid
    /// which means that passing is_in_*_range tests.
    unsafe fn unchecked_pixel_at_mut(&mut self, x: i64, y: i64) -> *mut u32 {
        self.buf_mut().add(
            ((y * self.pixels_per_line() + x) * self.bytes_per_pixel())
                as usize,
        ) as *mut u32
    }
    fn pixel_at_mut(&mut self, x: i64, y: i64) -> Option<&mut u32> {
        if self.is_in_x_range(x) && self.is_in_y_range(y) {
            // SAFETY: (x, y) is always validated by the checks above.
            unsafe { Some(&mut *(self.unchecked_pixel_at_mut(x, y))) }
        } else {
            None
        }
    }
    fn is_in_x_range(&self, px: i64) -> bool {
        0 <= px && px < min(self.width(), self.pixels_per_line())
    }
    fn is_in_y_range(&self, py: i64) -> bool {
        0 <= py && py < self.height()
    }
}

#[derive(Clone, Copy)]
struct VramBufferInfo {
    buf: *mut u8,
    width: i64,
    height: i64,
    pixels_per_line: i64,
}

impl Bitmap for VramBufferInfo {
    fn bytes_per_pixel(&self) -> i64 {
        4
    }
    fn pixels_per_line(&self) -> i64 {
        self.pixels_per_line
    }
    fn width(&self) -> i64 {
        self.width
    }
    fn height(&self) -> i64 {
        self.height
    }
    fn buf_mut(&mut self) -> *mut u8 {
        self.buf
    }
```

```
}
fn init_vram(efi_system_table: &EfiSystemTable) -> Result<VramBufferInfo> {
    let gp = locate_graphic_protocol(efi_system_table)?;
    Ok(VramBufferInfo {
        buf: gp.mode.frame_buffer_base as *mut u8,
        width: gp.mode.info.horizontal_resolution as i64,
        height: gp.mode.info.vertical_resolution as i64,
        pixels_per_line: gp.mode.info.pixels_per_scan_line as i64,
    })
}
```

さて、ちゃんと動くでしょうか？

```
$ cargo run
```

おお、無事に動きましたね！（**図 2-9**）

図 2-9 緑色の画面

では、もう1回同様のループを回して、この上からさらに画面の左上の領域を赤色で塗ってみることにしましょう。pixel_at_mut() 関数があるおかげで、VRAMの構造を知らなくても x 座標と y 座標の範囲だけ考えればよいのでシンプルに書けますね。

```
src/main.rs
fn efi_main(_image_handle: EfiHandle, efi_system_table: &EfiSystemTable) {
    // << 中略 >>
            }
        }
    }
    for y in 0..vram.height / 2 {
        for x in 0..vram.width / 2 {
            if let Some(pixel) = vram.pixel_at_mut(x, y) {
                *pixel = 0xff0000;
            }
        }
    }
    //println!("Hello, world!");
    loop {
        hlt()
```

実装できたら cargo run してみましょう。どうなるでしょうか？
おお、左上の領域が赤くなりましたね！（**図 2-10**）

図 2-10 左上が赤く塗られた

ではついでに、四角形と点を打つ関数も生やしてしまいましょう。以下のソースコードにおける unchecked_draw_point() という関数が点を打つ関数で、draw_point() はこれと等価ですが範囲チェックが入っているバージョンになります。なぜ 2 つ用意したのかといえば、そのあとに実装した四角形を描く関数 fill_rect() のように、関数の中ですでに範囲チェックをしているのに点を打つたび

に範囲内か否かチェックするのは余分な作業なので、プログラマの責任でチェックなしのバージョンも呼べるようにしたかったためです。当然、範囲チェックなしというのは危険なので、unchecked のほうは unsafe な関数としてあります。

そして、これらを呼び出すように efi_main も変更しておきます。

```
src/main.rs
#[no_mangle]
fn efi_main(_image_handle: EfiHandle, efi_system_table: &EfiSystemTable) {
    let mut vram = init_vram(efi_system_table).expect("init_vram failed");
    for y in 0..vram.height {
        for x in 0..vram.width {
            if let Some(pixel) = vram.pixel_at_mut(x, y) {
                *pixel = 0x00ff00;
            }
        }
    }
    for y in 0..vram.height / 2 {
        for x in 0..vram.width / 2 {
            if let Some(pixel) = vram.pixel_at_mut(x, y) {
                *pixel = 0xff0000;
            }
        }
    }
    let vw = vram.width;
    let vh = vram.height;
    fill_rect(&mut vram, 0x000000, 0, 0, vw, vh).expect("fill_rect failed");
    fill_rect(&mut vram, 0xff0000, 32, 32, 32, 32).expect("fill_rect failed");
    fill_rect(&mut vram, 0x00ff00, 64, 64, 64, 64).expect("fill_rect failed");
    fill_rect(&mut vram, 0x0000ff, 128, 128, 128, 128)
        .expect("fill_rect failed");
    for i in 0..256 {
        let _ = draw_point(&mut vram, 0x010101 * i as u32, i, i);
    }
    //println!("Hello, world!");
    loop {

// << 中略 >>

fn init_vram(efi_system_table: &EfiSystemTable) -> Result<VramBufferInfo> {
    // << 中略 >>
        pixels_per_line: gp.mode.info.pixels_per_scan_line as i64,
    })
}

/// # Safety
///
/// (x, y) must be a valid point in the buf.
unsafe fn unchecked_draw_point<T: Bitmap>(
    buf: &mut T,
    color: u32,
    x: i64,
```

```
        y: i64,
    ) {
        *buf.unchecked_pixel_at_mut(x, y) = color;
    }

    fn draw_point<T: Bitmap>(
        buf: &mut T,
        color: u32,
        x: i64,
        y: i64,
    ) -> Result<()> {
        *(buf.pixel_at_mut(x, y).ok_or("Out of Range")?) = color;
        Ok(())
    }

    fn fill_rect<T: Bitmap>(
        buf: &mut T,
        color: u32,
        px: i64,
        py: i64,
        w: i64,
        h: i64,
    ) -> Result<()> {
        if !buf.is_in_x_range(px)
            || !buf.is_in_y_range(py)
            || !buf.is_in_x_range(px + w - 1)
            || !buf.is_in_y_range(py + h - 1)
        {
            return Err("Out of Range");
        }
        for y in py..py + h {
            for x in px..px + w {
                unsafe {
                    unchecked_draw_point(buf, color, x, y);
                }
            }
        }
        Ok(())
    }
```

これで cargo run すると、3つの四角形と、それらを対角線で貫くグラデーショ
ンのかかった直線が見えるはずです！（**図 2-11**）

図 2-11 四角形と点が描けた

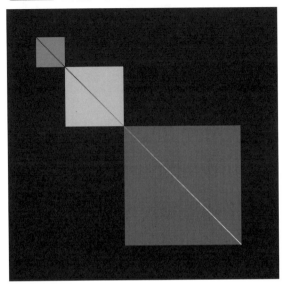

線分を描く

さて、先ほど斜め45度の直線を描くことはできましたが、任意の2点の座標を指定して、それらをつなぐような線分を描くにはどうすればよいでしょうか？

問題となるのは、「直線」という概念そのものは連続的なものですが、画面に描くうえではピクセルという離散的なものに落とし込む必要がある、というところです。

基本的なアイデアとしては、ピクセルのマスの上に直線を描いたときに、その直線がかかるピクセルを塗ってあげればよさそうです。

ただし、少しだけしか直線がかかっていないピクセルも塗ってしまうと、線がガタガタに見えてしまいます。これは、ピクセルがL字に連続した部分が発生すると部分的に太く見えてしまうのが原因なので、そのような場所が発生しないようにしてあげるときれいに描画できます。

これを実現する方法はいろいろとありますが、今回はx軸とy軸それぞれの差分のうち、より差分の大きい軸について、1ピクセルずつ理想の直線に近い点を計算してそれを打っていくことにします。こうすることで、差分の小さい軸方向にピクセルが連続することを防げるため、ガタガタが発生しません。

もっと色々なものを描く

　また、直線上の点の座標は必ずしも整数にならないため、割り算をしたときに
より近い整数の方向に丸める必要があります。式を立てて考えてみましょう。x
座標が w 増えるごとに、y 座標が h 増えるような直線は、以下の式で表されます。

```
y = (h/w)*x
```

　今回は y を整数にしたいので、右辺を小数点以下四捨五入して、最も近い整数
にします。小数点以下の四捨五入は、0.5 を足して切り捨てるのと等価なので、
切り捨てを行う関数を floor() とおいたとき、この式は

```
y = floor((h/w)*x + 0.5)
```

と表現されます。ここで、floor の中身に 2*w をかけて 2*w で割っても結果は等
しいので、

```
y = floor((2*w) * ((h/w)*x + 0.5) / (2*w))
```

と書いても同値になります。ここで、最初の (2*w) を 2 番目の括弧の中身に掛
けてしまえば、

```
y = floor((2*w) * ((h/w)*x + 0.5) / (2*w))
<=> y = floor((2*w*h/w*x + 2*w*0.5) / (2*w))
<=> y = floor((2*h*x + w) / (2*w))
```

となります。さて、Rust において符号あり整数 i64 の除算は、ゼロになる方向
に丸められることが規定されています[注38]から、ここで登場する変数がすべて 0
以上の整数であることを仮定すれば、これは floor() と同じ効果を持つことにな
ります。

　したがって、実装上は floor() を呼び出すことなく、整数の除算を用いて

```
y = (2*h*x + w) / (2*w)
```

とすることで、0..=w の範囲にある整数 x に関して、与えられた傾き (h/w) の直
線上の点の y 座標を求めることができます（**図 2-12**）。

注 38 https://doc.rust-lang.org/std/primitive.i64.html#impl-Div-for-i64

81

第2章 ベアメタルプログラミングをしてみる──OSのない世界でプログラムを動かすための準備

図2-12 直線となる整数座標の点を求めるアルゴリズム

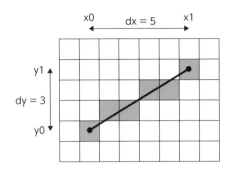
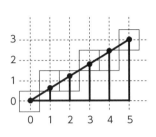

これを実装したものが、以下のコードの関数 calc_slope_point() になります。

この関数を利用して直線を引くアルゴリズムを実装し、さらに efi_main() の HLT ループの直前に直線をたくさん引いて模様を描画するコードを追加すると、以下のような感じになります。

```
src/main.rs
fn efi_main(_image_handle: EfiHandle, efi_system_table: &EfiSystemTable) {
    // << 中略 >>
    for i in 0..256 {
        let _ = draw_point(&mut vram, 0x010101 * i as u32, i, i);
    }
    let grid_size: i64 = 32;
    let rect_size: i64 = grid_size * 8;
    for i in (0..=rect_size).step_by(grid_size as usize) {
        let _ = draw_line(&mut vram, 0xff0000, 0, i, rect_size, i);
        let _ = draw_line(&mut vram, 0xff0000, i, 0, i, rect_size);
    }
    let cx = rect_size / 2;
    let cy = rect_size / 2;
    for i in (0..=rect_size).step_by(grid_size as usize) {
        let _ = draw_line(&mut vram, 0xffff00, cx, cy, 0, i);
        let _ = draw_line(&mut vram, 0x00ffff, cx, cy, i, 0);
        let _ = draw_line(&mut vram, 0xff00ff, cx, cy, rect_size, i);
        let _ = draw_line(&mut vram, 0xffffff, cx, cy, i, rect_size);
    }
    //println!("Hello, world!");
    loop {
        hlt()

// << 中略 >>

    }
    Ok(())
```

```
}

fn calc_slope_point(da: i64, db: i64, ia: i64) -> Option<i64> {
    if da < db {
        None
    } else if da == 0 {
        Some(0)
    } else if (0..=da).contains(&ia) {
        Some((2 * db * ia + da) / da / 2)
    } else {
        None
    }
}

fn draw_line<T: Bitmap>(
    buf: &mut T,
    color: u32,
    x0: i64,
    y0: i64,
    x1: i64,
    y1: i64,
) -> Result<()> {
    if !buf.is_in_x_range(x0)
        || !buf.is_in_x_range(x1)
        || !buf.is_in_y_range(y0)
        || !buf.is_in_y_range(y1)
    {
        return Err("Out of Range");
    }
    let dx = (x1 - x0).abs();
    let sx = (x1 - x0).signum();
    let dy = (y1 - y0).abs();
    let sy = (y1 - y0).signum();
    if dx >= dy {
        for (rx, ry) in (0..dx)
            .flat_map(|rx| calc_slope_point(dx, dy, rx).map(|ry| (rx, ry)))
        {
            draw_point(buf, color, x0 + rx * sx, y0 + ry * sy)?;
        }
    } else {
        for (rx, ry) in (0..dy)
            .flat_map(|ry| calc_slope_point(dy, dx, ry).map(|rx| (rx, ry)))
        {
            draw_point(buf, color, x0 + rx * sx, y0 + ry * sy)?;
        }
    }
    Ok(())
}
```

　上記の変更を実装して cargo run を実行すると、**図2-13**のような模様が描画
されるはずです。これで、直線を好きなだけ簡単に描けるようになりました。便
利ですね！

第2章 ベアメタルプログラミングをしてみる —— OSのない世界でプログラムを動かすための準備

図 2-13 線分で描いた模様

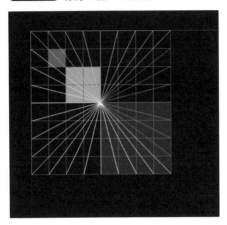

画面に文字を表示する

さて、ここまで来たらあとは文字を表示できれば便利ですよね。どのような図形も点の集合ですから、文字ごとにどの点を塗ればよいかさえわかれば、文字を表示できそうです。

たとえば、アルファベットのAという文字を . と * で描いてみましょう。8 × 16 のドット絵を描くようなイメージです。

```
........
...**...
...**...
..*..*..
..*..*..
..*..*..
..*..*..
.*....*.
.*....*.
.*....*.
.******.
.*....*.
.*....*.
*......*
*......*
***..***
........
........
```

さて、これを遠目に見ると、たしかにAという文字に見えますよね。では、このようなパターンを描画するプログラムを実際に書いてみることにしましょう。

```
src/main.rs
fn efi_main(_image_handle: EfiHandle, efi_system_table: &EfiSystemTable) {
    // << 中略 >>
        let _ = draw_line(&mut vram, 0xff00ff, cx, cy, rect_size, i);
        let _ = draw_line(&mut vram, 0xffffff, cx, cy, i, rect_size);
    }
    let font_a = "
........
...**...
...**...
..*..*..
..*..*..
..*..*..
.*....*.
.*....*.
.*....*.
.*....*.
******
.*....*.
.*....*.
.*....*.
.*....*.
***.***
........
........
";
    for (y, row) in font_a.trim().split('\n').enumerate() {
        for (x, pixel) in row.chars().enumerate() {
            let color = match pixel {
                '*' => 0xffffff,
                _ => continue,
            };
            let _ = draw_point(&mut vram, color, x as i64, y as i64);
        }
    }
    //println!("Hello, world!");
    loop {
        hlt()
    }
```

このコードを、efi_main 関数の中の、無限ループの直前に挿入します。cargo run してみると……? (**図 2-14**)

図 2-14 左上隅に文字 A が表示されている様子

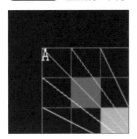

第2章 ベアメタルプログラミングをしてみる──OS のない世界でプログラムを動かすための準備

文字 A が出ました！！！ ただのドット絵でも、画面に出るとちゃんと文字に見えるのは不思議ですね！

では、ほかの文字にも対応しましょうか。……あ、ドット絵が苦手な方でも大丈夫なように、フォントは用意しておきましたので、こちらのファイルを使ってください。

```
$ curl https://raw.githubusercontent.com/hikalium/wasabi/main/font/font.txt > src/ ↵
font.txt
```

ちなみにこのフォントファイルは、2006 年に出版された『30 日でできる！OS 自作入門』という書籍[39] に付属していたフォントファイルをベースに、筆者が半角カタカナを追加したものになっています[40]。

これで src/font.txt には、以下のような内容が書かれたファイルができあがるはずです。とても長いので、最初の 20 行だけ示します。

```
$ cat src/font.txt | head -20
0x00
........
........
........
........
........
........
........
........
........
........
........
........
........
........
........
........
0x01
........
```

このファイルは、基本的に、

....

注 39 『30 日でできる！ OS 自作入門』川合秀実著、マイナビ出版、2006 年
注 40 このフォントのライセンスは KL-01（http://osask.net/w/497.html）だったものを、その許諾に従い WasabiOS 全体のソースコードと同様の MIT License（https://github.com/hikalium/wasabi/blob/main/LICENSE）に変更しています。オープンソースってすばらしいですね！

86

もっと色々なものを描く

文字コードの数値（2桁の16進数、0x付き）
前掲と同じ形式のフォントデータ（16行）
空行
（上記3行の繰り返し）

という形式になっています。たとえば、Aの文字コードは……いくつでしたっけ？

```
$ echo 'A' | hexdump -C
00000000  41 0a                                              |A.|
00000002
```

0x41ですね！（0x0aは改行文字です）なので、0x41のあたりはこうなってい
ます。

```
$ cat src/font.txt | grep -A 34 0x41
0x41
........
...**...
...**...
..*..*..
..*..*..
..*..*..
.*....*.
.*....*.
.*....*.
.*....*.
******..
.*....*.
.*....*.
.*....*.
***..***

........
........

0x42
........
****....
.*...*..
.*...*..
.*...*..
.*...*..
.****...
.*...*..
.*....*.
.*....*.
.*....*.
.*...*.
****....
........
........
```

87

第 2 章 ベアメタルプログラミングをしてみる—— OS のない世界でプログラムを動かすための準備

0x41 には A、0x42 には B の文字に対応するフォントデータが見えますね。というわけで、これを解釈してあげれば、好きなアルファベットを出せるようになるはずです。では、さっそく実装しましょう。まず、フォントを描画する部分をdraw_font_fg() という関数に切り出します。

一応描画する文字を引数 c で指定できるようにしましたが、今はまだ使っていないので途中で _c に代入しています。Rust では、未使用の変数は cargo clippy などを走らせた際に警告が出ますが、先頭に _ を付けるとこのチェックを抑制できます。

そして、ここで実装した文字を描画する関数を呼び出すコードを efi_main 関数に書いて、いったん動作確認します。

```
src/main.rs
fn efi_main(_image_handle: EfiHandle, efi_system_table: &EfiSystemTable) {
    // << 中略 >>
        let _ = draw_line(&mut vram, 0xff00ff, cx, cy, rect_size, i);
        let _ = draw_line(&mut vram, 0xffffff, cx, cy, i, rect_size);
    }
    let font_a = "
.......
...**...
...**...
..*..*..
..*..*..
..*..*..
.*....*.
.*....*.
.*....*.
.******.
.*....*.
.*....*.
*.....*.
***...***
........
........
";
    for (y, row) in font_a.trim().split('\n').enumerate() {
        for (x, pixel) in row.chars().enumerate() {
            let color = match pixel {
                '*' => 0xffffff,
                _ => continue,
            };
            let _ = draw_point(&mut vram, color, x as i64, y as i64);
        }
    }
    for (i, c) in "ABCDEF".chars().enumerate() {
        draw_font_fg(&mut vram, i as i64 * 16 + 256, i as i64 * 16, 0xffffff, c)
    }
}
```

もっと色々なものを描く

```rust
    //println!("Hello, world!");
    loop {

// << 中略 >>

    }
    Ok(())
}

fn draw_font_fg<T: Bitmap>(buf: &mut T, x: i64, y: i64, color: u32, c: char) {
    if let Ok(_c) = u8::try_from(c) {
        let font_a = "
........
...**...
...**...
...**...
..**...
..**...
..*.*..
..*.*..
..*.*..
..*.*..
.*****.
.*....*
.*....*
.*....*
.*....*
***..***
........
........
";
        for (dy, row) in font_a.trim().split('\n').enumerate() {
            for (dx, pixel) in row.chars().enumerate() {
                let color = match pixel {
                    '*' => color,
                    _ => continue,
                };
                let _ = draw_point(buf, color, x + dx as i64, y + dy as i64);
            }
        }
    }
}
```

これで cargo run すると……（**図 2-15**）。

89

第2章 ベアメタルプログラミングをしてみる —— OSのない世界でプログラムを動かすための準備

図2-15 Aが6つ出ている様子

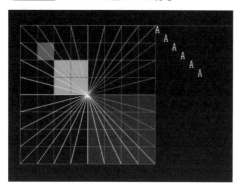

Aが斜めに6つ出ています！ですが、本当はここにABCDEFと、それぞれ異なる文字が出てほしいですよね。というわけで、フォントデータを解析して、引数に渡された文字を正しく表示できるように修正しましょう。

まず、ある文字に対応するフォントデータを取得する関数 lookup_font() を作って、それを draw_font_fg() から利用することにしましょう。実装としてはこんな感じになります。

```
src/main.rs
    Ok(())
}

fn lookup_font(c: char) -> Option<[[char; 8]; 16]> {
    const FONT_SOURCE: &str = include_str!("./font.txt");
    if let Ok(c) = u8::try_from(c) {
        let mut fi = FONT_SOURCE.split('\n');
        while let Some(line) = fi.next() {
            if let Some(line) = line.strip_prefix("0x") {
                if let Ok(idx) = u8::from_str_radix(line, 16) {
                    if idx != c {
                        continue;
                    }
                    let mut font = [['*'; 8]; 16];
                    for (y, line) in fi.clone().take(16).enumerate() {
                        for (x, c) in line.chars().enumerate() {
                            if let Some(e) = font[y].get_mut(x) {
                                *e = c;
                            }
                        }
                    }
                    return Some(font);
                }
            }
```

```
        }
    }
    None
}

fn draw_font_fg<T: Bitmap>(buf: &mut T, x: i64, y: i64, color: u32, c: char) {
    if let Ok(_c) = u8::try_from(c) {
        let font_a = "
. . . * * . . .
. . * . . * . .
. . * . . * . .
. . * . . * . .
. * . . . . * .
. * . . . . * .
. * . . . . * .
. * . . . . * .
* * * * * * * *
* . . . . . . *
* . . . . . . *
* . . . . . . *
* . . . . . . *
* * * . . * * *
. . * .
. . . . . . . .
. . . . . . . .
";
        for (dy, row) in font_a.trim().split('\n').enumerate() {
            for (dx, pixel) in row.chars().enumerate() {
    if let Some(font) = lookup_font(c) {
        for (dy, row) in font.iter().enumerate() {
            for (dx, pixel) in row.iter().enumerate() {
                let color = match pixel {
                    '*' => color,
                    _ => continue,
```

さて、これで cargo run してみましょう（**図 2-16**）。

図 2-16 フォントが正しく描画された！

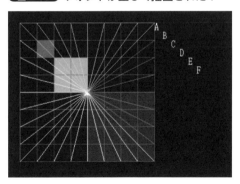

うまく文字が出ましたね！ やった！！！

文字の列、文字列を表示する

　文字が出るようになったら、文字の列であるところの文字列を表示するのも簡単です。文字列を構成する文字それぞれに対するイテレータは .chars() で取れるので、それを for 文で回して draw_font_fg() を呼んであげるだけです。

```
src/main.rs
fn efi_main(_image_handle: EfiHandle, efi_system_table: &EfiSystemTable) {
    // << 中略 >>
    for (i, c) in "ABCDEF".chars().enumerate() {
        draw_font_fg(&mut vram, i as i64 * 16 + 256, i as i64 * 16, 0xffffff, c)
    }
    draw_str_fg(&mut vram, 256, 256, 0xffffff, "Hello, world!");
    //println!("Hello, world!");
    loop {
        hlt()

// << 中略 >>

fn draw_font_fg<T: Bitmap>(buf: &mut T, x: i64, y: i64, color: u32, c: char) {
    // << 中略 >>
        }
    }
}

fn draw_str_fg<T: Bitmap>(buf: &mut T, x: i64, y: i64, color: u32, s: &str) {
    for (i, c) in s.chars().enumerate() {
        draw_font_fg(buf, x + i as i64 * 8, y, color, c)
    }
}
```

　efi_main の無限ループの直前に draw_str_fg() の呼び出しも追加しておきました。これで cargo run すると……（**図 2-17**）。

図 2-17 自力で Hello, world! できた！

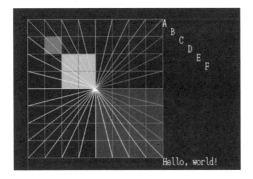

無事に Hello, world! という文字列が表示されました。やったね！

writeln!() マクロを使ってみる

さて、これで固定された文字列を出力することはできるようになりましたが、そうなると次は数値などを出力できるとデバッグで役立ちそうですよね。

Rust ではたいへん便利なことに、数値の変換などの処理は core クレートの fmt モジュールにすでに実装されています。なので、そのあたりの処理と文字を出力するという処理を良い感じにつなぎ込んであげるだけで、フォーマット付きの文字列出力が実現できます。

まずは、このフォーマット付き文字列の出力を試すために、writeln!() マクロを使用したフォーマット付き文字列出力をやってみましょう。

writeln!() マクロは Write トレイトを実装した型に対して書き込みを行う関数なので、これに渡せるように Write トレイトを実装した構造体 VramTextWriter を実装します。名前のとおり VRAM、つまり画面にテキストを書き込むための型です。とりあえずは Write::write_str() が呼び出されたら、先ほど実装した draw_str_fg() を呼び出すという実装にしてみました。

そして、efi_main() の無限ループの直前に writeln!() を呼び出すコードも追加します。

変更点をまとめると、このような感じになります。

第2章 ベアメタルプログラミングをしてみる──OSのない世界でプログラムを動かすための準備

```rust
// src/main.rs
use core::arch::asm;
use core::cmp::min;
use core::fmt;
use core::fmt::Write;
use core::mem::offset_of;
use core::mem::size_of;
use core::panic::PanicInfo;
use core::ptr::null_mut;
use core::writeln;

type EfiVoid = u8;
type EfiHandle = u64;

// << 中略 >>

fn efi_main(_image_handle: EfiHandle, efi_system_table: &EfiSystemTable) {
    // << 中略 >>
        draw_font_fg(&mut vram, i as i64 * 16 + 256, i as i64 * 16, 0xffffff, c)
    }
    draw_str_fg(&mut vram, 256, 256, 0xffffff, "Hello, world!");
    let mut w = VramTextWriter::new(&mut vram);
    for i in 0..4 {
        writeln!(w, "i = {i}").unwrap();
    }
    //println!("Hello, world!");
    loop {
        hlt()

// << 中略 >>

fn draw_str_fg<T: Bitmap>(buf: &mut T, x: i64, y: i64, color: u32, s: &str) {
    // << 中略 >>
        draw_font_fg(buf, x + i as i64 * 8, y, color, c)
    }
}

struct VramTextWriter<'a> {
    vram: &'a mut VramBufferInfo,
}
impl<'a> VramTextWriter<'a> {
    fn new(vram: &'a mut VramBufferInfo) -> Self {
        Self { vram }
    }
}
impl fmt::Write for VramTextWriter<'_> {
    fn write_str(&mut self, s: &str) -> fmt::Result {
        draw_str_fg(self.vram, 0, 0, 0xffffff, s);
        Ok(())
    }
}
```

ここまでの実装が期待どおりに動けば、

```
i = 0
i = 1
i = 2
i = 3
```

と出力されるはずです。さっそく cargo run してみましょう（**図2-18**）。

図2-18 期待どおりに動かない……でも「=」は見える……なぜ？

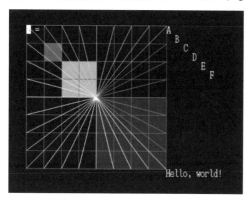

あれ、うまく動きませんね……これはどうしてでしょうか？

まずは最小ケースで一度試してみましょう。文字 i だけを出力するとどうなるでしょうか？ writeln! の行を、以下のように書き換えてみます。

src/main.rs の書き換え後の箇所抜粋
```
writeln!(w, "i").unwrap();
```

お、iは正しく出ましたね（**図2-19**）。でも、そのあとに謎の記号が続いています。

図 2-19 i と謎の記号が出てくる……これは何？

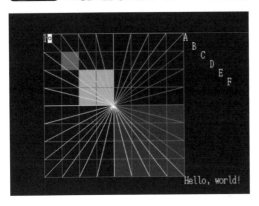

これは……あっ！ 改行文字！！！

そうです、writeln! は改行文字も出力するので、この謎の文字が出力されていたのです。冷静に考えたら、改行文字を扱えるように VramTextWriter を実装していませんでした……。というかそれ以前の問題として、write_str() が複数回呼ばれたときのことも考えていませんでした。ということで、VramTextWriter を少し改造して、1 文字表示するたびに描画する場所を適切に変化させるようにします。また改行文字に出会ったら、ちょうど 1 文字分の高さである 16 ピクセル下側に表示位置をずらすようにしておきましょう。

```
src/main.rs
struct VramTextWriter<'a> {
    vram: &'a mut VramBufferInfo,
    cursor_x: i64,
    cursor_y: i64,
}
impl<'a> VramTextWriter<'a> {
    fn new(vram: &'a mut VramBufferInfo) -> Self {
        Self { vram }
        Self {
            vram,
            cursor_x: 0,
            cursor_y: 0,
        }
    }
}
impl fmt::Write for VramTextWriter<'_> {
    fn write_str(&mut self, s: &str) -> fmt::Result {
        draw_str_fg(self.vram, 0, 0, 0xffffff, s);
        for c in s.chars() {
```

```
            if c == '\n' {
                self.cursor_y += 16;
                self.cursor_x = 0;
                continue;
            }
            draw_font_fg(self.vram, self.cursor_x, self.cursor_y, 0xffffff, c);
            self.cursor_x += 8;
        }
        Ok(())
    }
}
```

さて、ここまでできたら efi_main() の内容も最小ケースを試す前のコードに戻してから、cargo run してみましょう（**図 2-20**）。

図 2-20 うまくいった！

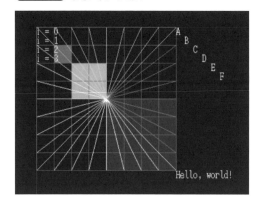

おお、やはり文字を表示する場所を調整したらうまく動きましたね！ これで、何でも表示し放題です！

メモリマップを表示する

無事に数値も表示できるようになったところで、少し複雑な情報を表示してみることにしましょう。

コンピューターにおいて、メモリは1バイトごとに連番のアドレスが付いた記憶領域であるということは以前説明しましたが、実際のメモリはもうちょっと複雑です。

第2章 ベアメタルプログラミングをしてみる——OSのない世界でプログラムを動かすための準備

今回の自作 OS が対象にする x86_64 アーキテクチャにおいて、メモリアドレスは 64 ビットの幅を持つ数値として扱われています。もし、64 ビットのアドレスすべてがメモリとして実際に使えるとしたら、18EB（エクサバイト）という莫大な量のデータを一度にメモリに置けることになります。しかし、みなさんもよくご存じのとおり、2025 年現在のコンピューターのメモリ容量は、だいたい GB（ギガバイト）単位、サーバー用のすごくメモリが大きなマシンでも数 TB（テラバイト）程度しかありません。

1GB の 1,000 倍が 1TB、その 1,000 倍が 1PB、さらにその 1,000 倍が 1EB ですから、18EB というアドレス空間のうち、実際にデータを記憶できるメモリが配置されている領域はほんのわずかしかないことがおわかりいただけるでしょう。

そして、起動した直後の OS は、そのコンピューターにどれだけの大きさのメモリがあるかをまだ知りません。メモリがどれくらいあって、それがアドレス空間のどこにあるのか、それを知らずにメモリという資源を管理しろというのは、少し無理がありますよね。

ということで、UEFI には、OS などがメモリアドレス空間に関する情報を取得するための API が存在します。これを呼び出すことで、我々 OS が管理すべき資源の一つ、メモリの詳細を知ることができます。この API を介して取得できるデータ構造をメモリマップと呼びます。

ではさっそく、メモリマップを取得して表示してみることにしましょう。

メモリマップを取得する関数の仕様[注41] によれば、関数の定義は以下のようになっています。

```
typedef
EFI_STATUS
(EFIAPI \*EFI_GET_MEMORY_MAP) (
  IN OUT UINTN                   *MemoryMapSize,
  OUT EFI_MEMORY_DESCRIPTOR      *MemoryMap,
  OUT UINTN                      *MapKey,
  OUT UINTN                      *DescriptorSize,
  OUT UINT32                     *DescriptorVersion
  );
```

そして、この関数は EFI_BOOT_SERVICES の一部ですから、EFI_SYSTEM_

注41 https://uefi.org/specs/UEFI/2.11/07_Services_Boot_Services.html#efi-boot-services-getmemorymap

TABLE[注42] から EFI_BOOT_SERVICES[注43] へと辿ることで、関数のポインタを得ることができます。

```
typedef struct {
  EFI_TABLE_HEADER                  Hdr;
  // ( 中略 )
  EFI_RUNTIME_SERVICES              *RuntimeServices;
  EFI_BOOT_SERVICES                 *BootServices;
  UINTN                             NumberOfTableEntries;
  EFI_CONFIGURATION_TABLE           *ConfigurationTable;
} EFI_SYSTEM_TABLE;

typedef struct {
  EFI_TABLE_HEADER        Hdr;

  //
  // Task Priority Services
  //
  EFI_RAISE_TPL           RaiseTPL;        // EFI 1.0+
  EFI_RESTORE_TPL         RestoreTPL;      // EFI 1.0+

    //
    // Memory Services
    //
    EFI_ALLOCATE_PAGES    AllocatePages;   // EFI 1.0+
    EFI_FREE_PAGES        FreePages;       // EFI 1.0+
    EFI_GET_MEMORY_MAP    GetMemoryMap;    // EFI 1.0+
    EFI_ALLOCATE_POOL     AllocatePool;    // EFI 1.0+
    EFI_FREE_POOL         FreePool;        // EFI 1.0+

    // （中略）
  } EFI_BOOT_SERVICES;
```

これを Rust のコードに落とし込むと、以下のような感じになります。

src/main.rs の変更箇所抜粋

```
#[repr(C)]
struct EfiBootServicesTable {
    _reserved0: [u64; 40],
    _reserved0: [u64; 7],
    get_memory_map: extern "win64" fn(
        memory_map_size: *mut usize,
        memory_map: *mut u8,
        map_key: *mut usize,
        descriptor_size: *mut usize,
        descriptor_version: *mut u32,
```

注42 https://uefi.org/specs/UEFI/2.11/04_EFI_System_Table.html#id6
注43 https://uefi.org/specs/UEFI/2.11/04_EFI_System_Table.html#efi-boot-services

```
    ) -> EfiStatus,
    _reserved1: [u64; 32],
    locate_protocol: extern "win64" fn(
        protocol: *const EfiGuid,
        registration: *const EfiVoid,
        interface: *mut *mut EfiVoid,
    ) -> EfiStatus,
}
```

それでは、UEFI の **get_memory_map** 関数を呼び出す、Rust 側のコードを実装しましょう。**get_memory_map** に渡す 5 つの引数はすべて、UEFI から返される情報が書き込まれることになります。そこで、**MemoryMapHolder** という構造体の形で書き込み先となる領域を確保し、その構造体の各メンバに対する可変参照を取得して関数に渡しています。

src/main.rs の変更箇所抜粋

```
impl EfiBootServicesTable {
    fn get_memory_map(&self, map: &mut MemoryMapHolder) -> EfiStatus {
        (self.get_memory_map)(
            &mut map.memory_map_size,
            map.memory_map_buffer.as_mut_ptr(),
            &mut map.map_key,
            &mut map.descriptor_size,
            &mut map.descriptor_version,
        )
    }
}
```

さて、ではその **MemoryMapHolder** 構造体の実装について見ていきましょう。

まず、UEFI の **get_memory_map** 関数が返すデータは、あるメモリ領域の属性を記述したディスクリプタの配列になっています。

ディスクリプタの構造は UEFI の仕様書 [uefi_2_11] に記載されており、以下のような内容になっています。

src/main.rs の変更箇所抜粋

```
#[repr(C)]
#[derive(Clone, Copy, PartialEq, Eq, Debug)]
struct EfiMemoryDescriptor {
    memory_type: EfiMemoryType,
    physical_start: u64,
    virtual_start: u64,
    number_of_pages: u64,
    attribute: u64,
}
```

このうち、memory_type は、そのディスクリプタが示すメモリ領域の種類を表しており、i64 の列挙型となっています。

```
src/main.rs の変更箇所抜粋
#[repr(i64)]
#[derive(Debug, Clone, Copy, PartialEq, Eq)]
#[allow(non_camel_case_types)]
pub enum EfiMemoryType {
    RESERVED = 0,
    LOADER_CODE,
    LOADER_DATA,
    BOOT_SERVICES_CODE,
    BOOT_SERVICES_DATA,
    RUNTIME_SERVICES_CODE,
    RUNTIME_SERVICES_DATA,
    CONVENTIONAL_MEMORY,
    UNUSABLE_MEMORY,
    ACPI_RECLAIM_MEMORY,
    ACPI_MEMORY_NVS,
    MEMORY_MAPPED_IO,
    MEMORY_MAPPED_IO_PORT_SPACE,
    PAL_CODE,
    PERSISTENT_MEMORY,
}
```

ではこれを並べた配列としてバッファから EfiMemoryDescriptor を読み出していけばよいかと言われると、残念ながらそうではありません。

というのも、EfiMemoryDescriptor の内容は将来の拡張で変更される可能性があり、サイズが変わる可能性があるのです。

したがって、配列の各要素のサイズは、EfiMemoryDescriptor のサイズを用いるのではなく、同じく get_memory_map から返された descriptor_size を使用する必要があります。

これを考慮して、get_memory_map に渡すべきメモリ領域を表現しつつ、そこから EfiMemoryDescriptor を読み出すことのできるイテレータを作り出せる構造体を EfiMemoryDescriptor として実装することにします。

実装の全体像は以下のようになります。

```
src/main.rs
enum EfiStatus {
    Success = 0,
}

#[repr(i64)]
```

第2章 ベアメタルプログラミングをしてみる── OS のない世界でプログラムを動かすための準備

```rust
#[derive(Debug, Clone, Copy, PartialEq, Eq)]
#[allow(non_camel_case_types)]
pub enum EfiMemoryType {
    RESERVED = 0,
    LOADER_CODE,
    LOADER_DATA,
    BOOT_SERVICES_CODE,
    BOOT_SERVICES_DATA,
    RUNTIME_SERVICES_CODE,
    RUNTIME_SERVICES_DATA,
    CONVENTIONAL_MEMORY,
    UNUSABLE_MEMORY,
    ACPI_RECLAIM_MEMORY,
    ACPI_MEMORY_NVS,
    MEMORY_MAPPED_IO,
    MEMORY_MAPPED_IO_PORT_SPACE,
    PAL_CODE,
    PERSISTENT_MEMORY,
}

#[repr(C)]
#[derive(Clone, Copy, PartialEq, Eq, Debug)]
struct EfiMemoryDescriptor {
    memory_type: EfiMemoryType,
    physical_start: u64,
    virtual_start: u64,
    number_of_pages: u64,
    attribute: u64,
}

const MEMORY_MAP_BUFFER_SIZE: usize = 0x8000;

struct MemoryMapHolder {
    memory_map_buffer: [u8; MEMORY_MAP_BUFFER_SIZE],
    memory_map_size: usize,
    map_key: usize,
    descriptor_size: usize,
    descriptor_version: u32,
}
struct MemoryMapIterator<'a> {
    map: &'a MemoryMapHolder,
    ofs: usize,
}
impl<'a> Iterator for MemoryMapIterator<'a> {
    type Item = &'a EfiMemoryDescriptor;
    fn next(&mut self) -> Option<&'a EfiMemoryDescriptor> {
        if self.ofs >= self.map.memory_map_size {
            None
        } else {
            let e: &EfiMemoryDescriptor = unsafe {
                &*(self.map.memory_map_buffer.as_ptr().add(self.ofs)
                    as *const EfiMemoryDescriptor)
            };
```

writeln!() マクロを使ってみる

```rust
                self.ofs += self.map.descriptor_size;
                Some(e)
            }
        }
    }
}

impl MemoryMapHolder {
    pub const fn new() -> MemoryMapHolder {
        MemoryMapHolder {
            memory_map_buffer: [0; MEMORY_MAP_BUFFER_SIZE],
            memory_map_size: MEMORY_MAP_BUFFER_SIZE,
            map_key: 0,
            descriptor_size: 0,
            descriptor_version: 0,
        }
    }
    pub fn iter(&self) -> MemoryMapIterator {
        MemoryMapIterator { map: self, ofs: 0 }
    }
}

#[repr(C)]
struct EfiBootServicesTable {
    _reserved0: [u64; 40],
    _reserved0: [u64; 7],
    get_memory_map: extern "win64" fn(
        memory_map_size: *mut usize,
        memory_map: *mut u8,
        map_key: *mut usize,
        descriptor_size: *mut usize,
        descriptor_version: *mut u32,
    ) -> EfiStatus,
    _reserved1: [u64; 32],
    locate_protocol: extern "win64" fn(
        protocol: *const EfiGuid,
        registration: *const EfiVoid,
        interface: *mut *mut EfiVoid,
    ) -> EfiStatus,
}
impl EfiBootServicesTable {
    fn get_memory_map(&self, map: &mut MemoryMapHolder) -> EfiStatus {
        (self.get_memory_map)(
            &mut map.memory_map_size,
            map.memory_map_buffer.as_mut_ptr(),
            &mut map.map_key,
            &mut map.descriptor_size,
            &mut map.descriptor_version,
        )
    }
}
const _: () = assert!(offset_of!(EfiBootServicesTable, get_memory_map) == 56);
const _: () = assert!(offset_of!(EfiBootServicesTable, locate_protocol) == 320);
```

103

第2章 ベアメタルプログラミングをしてみる——OSのない世界でプログラムを動かすための準備

```
#[repr(C)]

// << 中略 >>

fn efi_main(_image_handle: EfiHandle, efi_system_table: &EfiSystemTable) {
    // << 中略 >>
    for i in 0..4 {
        writeln!(w, "i = {i}").unwrap();
    }
    let mut memory_map = MemoryMapHolder::new();
    let status = efi_system_table
        .boot_services
        .get_memory_map(&mut memory_map);
    writeln!(w, "{status:?}").unwrap();
    for e in memory_map.iter() {
        writeln!(w, "{e:?}").unwrap();
    }
    //println!("Hello, world!");
    loop {
        hlt()
```

　さて、ここまでを実装したら、あとはこの MemoryMapHolder を引数として渡しつつ、私たちの実装した get_memory_map 関数を呼び出せば、メモリマップを取得できるはずです。上の変更箇所で言う、次の部分がそこに当たります。

src/main.rs の変更箇所抜粋

```
    let mut memory_map = MemoryMapHolder::new();
    let status = efi_system_table
        .boot_services
        .get_memory_map(&mut memory_map);
    writeln!(w, "{status:?}").unwrap();
    for e in memory_map.iter() {
        writeln!(w, "{e:?}").unwrap();
    }
```

　では、cargo run……（**図 2-21**）。

104

writeln!() マクロを使ってみる

図 2-21 いっぱい表示された！

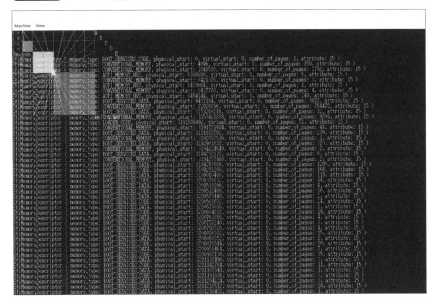

うぉー、画面をはみ出すほどいろいろ表示されましたね！

この中で、CONVENTIONAL_MEMORY というタイプのものだけが、通常の DRAM として使える領域になるので、それだけを表示して、さらにサイズを足し合わせてみることにしましょう。

```
src/main.rs
fn efi_main(_image_handle: EfiHandle, efi_system_table: &EfiSystemTable) {
    // << 中略 >>
        .boot_services
        .get_memory_map(&mut memory_map);
    writeln!(w, "{status:?}").unwrap();
    let mut total_memory_pages = 0;
    for e in memory_map.iter() {
        if e.memory_type != EfiMemoryType::CONVENTIONAL_MEMORY {
            continue;
        }
        total_memory_pages += e.number_of_pages;
        writeln!(w, "{e:?}").unwrap();
    }
    let total_memory_size_mib = total_memory_pages * 4096 / 1024 / 1024;
    writeln!(
        w,
        "Total: {total_memory_pages} pages = {total_memory_size_mib} MiB"
```

第2章 ベアメタルプログラミングをしてみる —— OSのない世界でプログラムを動かすための準備

```
    )
    .unwrap();
    //println!("Hello, world!");
    loop {
        hlt()
```

では、cargo run……（図2-22）。

図2-22 4GB！

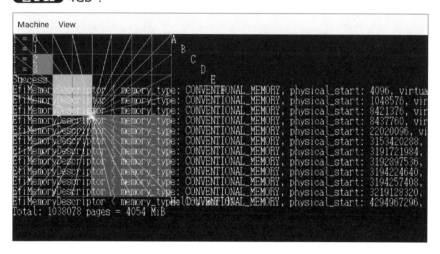

4054MiB，つまり4GBって出ていますね！ 実際、QEMUの引数にはscripts/launch_qemu.shの中で-m 4Gと指定していますから、4GBのメモリがあるかのようにQEMUは振る舞っています。

```
scripts/launch_qemu.sh より抜粋
qemu-system-x86_64 \
    -m 4G \
    -bios third_party/ovmf/RELEASEX64_OVMF.fd \
    -drive format=raw,file=fat:rw:mnt \
    -device isa-debug-exit,iobase=0xf4,iosize=0x01
```

想定どおりに動作しているようですね！ 余裕があれば、QEMUの起動オプションで指定しているメモリサイズを変更してみて、cargo run した際の出力がどう変化するか確かめてみるとよいでしょう。

図形描画のコードを整理する

　ここまでかなりの量のコードを書いてきた結果、efi_main() の中身がだいぶ増えてしまいました。コードの見通しが悪いとバグを埋め込んでしまう可能性も高まるので、ここで一度きれいにしておきましょう。図形や文字の描画を実装した際に足したコードがかなりの部分を占めていますが、もう描画関連はきちんと動作していそうですし、もう少しこぢんまりとした図形を描くようについでに修正します。

　コードとしては、以下のような感じになります。

`src/main.rs`

```
fn efi_main(_image_handle: EfiHandle, efi_system_table: &EfiSystemTable) {
    // << 中略 >>
    let vw = vram.width;
    let vh = vram.height;
    fill_rect(&mut vram, 0x000000, 0, 0, vw, vh).expect("fill_rect failed");
    fill_rect(&mut vram, 0xff0000, 32, 32, 32, 32).expect("fill_rect failed");
    fill_rect(&mut vram, 0x00ff00, 64, 64, 64, 64).expect("fill_rect failed");
    fill_rect(&mut vram, 0x0000ff, 128, 128, 128, 128)
        .expect("fill_rect failed");
    for i in 0..256 {
        let _ = draw_point(&mut vram, 0x010101 * i as u32, i, i);
    }
    let grid_size: i64 = 32;
    let rect_size: i64 = grid_size * 8;
    for i in (0..=rect_size).step_by(grid_size as usize) {
        let _ = draw_line(&mut vram, 0xff0000, 0, i, rect_size, i);
        let _ = draw_line(&mut vram, 0xff0000, i, 0, i, rect_size);
    }
    let cx = rect_size / 2;
    let cy = rect_size / 2;
    for i in (0..=rect_size).step_by(grid_size as usize) {
        let _ = draw_line(&mut vram, 0xffff00, cx, cy, 0, i);
        let _ = draw_line(&mut vram, 0x00ffff, cx, cy, i, 0);
        let _ = draw_line(&mut vram, 0xff00ff, cx, cy, rect_size, i);
        let _ = draw_line(&mut vram, 0xffffff, cx, cy, i, rect_size);
    }
    for (i, c) in "ABCDEF".chars().enumerate() {
        draw_font_fg(&mut vram, i as i64 * 16 + 256, i as i64 * 16, 0xffffff, c)
    }
    draw_str_fg(&mut vram, 256, 256, 0xffffff, "Hello, world!");
    draw_test_pattern(&mut vram);
    let mut w = VramTextWriter::new(&mut vram);
    for i in 0..4 {
        writeln!(w, "i = {i}").unwrap();
    }

// << 中略 >>
```

```rust
    }
}

fn draw_test_pattern<T: Bitmap>(buf: &mut T) {
    let w = 128;
    let left = buf.width() - w - 1;
    let colors = [0x000000, 0xff0000, 0x00ff00, 0x0000ff];
    let h = 64;
    for (i, c) in colors.iter().enumerate() {
        let y = i as i64 * h;
        fill_rect(buf, *c, left, y, h, h).expect("fill_rect failed");
        fill_rect(buf, !*c, left + h, y, h, h).expect("fill_rect failed");
    }
    let points = [(0, 0), (0, w), (w, 0), (w, w)];
    for (x0, y0) in points.iter() {
        for (x1, y1) in points.iter() {
            let _ = draw_line(buf, 0xffffff, left + *x0, *y0, left + *x1, *y1);
        }
    }
    draw_str_fg(buf, left, h * colors.len() as i64, 0x00ff00, "0123456789");
    draw_str_fg(buf, left, h * colors.len() as i64 + 16, 0x00ff00, "ABCDEF");
}

#[panic_handler]
fn panic(_info: &PanicInfo) -> ! {
    loop {
```

　この変更を加えたあとに cargo run すると、図 2-23 のようなシンプルなテストパターンが右上のほうに表示されるはずです。これで、コードも画面も見通しが良くなりましたね！

図 2-23 テストパターンがシンプルになった

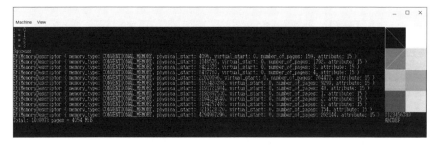

UEFI のない世界へ行く—— ExitBootServices

さて、ここまで UEFI にとてもお世話になってきましたが、そろそろお別れ
のお時間です。UEFI はとても便利な存在ですが、あまりにも便利すぎる存在で
あるがゆえに、UEFI に資源の管理を任せてしまっていると、我々はいつまでも
OS になれないまま終わってしまいます。もちろんそのことを UEFI も理解して
いて、これまでお世話になっていた UEFI の BootServices とお別れするための
API（exit_boot_services()）が用意されています[注44]。

仕様書[uefi_2_11] の説明にも書かれているとおり、UEFI の実装によっては、こ
の exit_boot_services() を呼び出すと、UEFI が内部で使用していたメモリを
解放することがあります。それに伴って、メモリの使われ方が変化するため、先
ほど取得したメモリマップが変化する可能性があります。

さて、メモリマップを取得する API は、EfiBootServicesTable の中にありま
した。このテーブルの中にある関数は基本的にすべて、ExitBootServices を呼
び出したあとはもう呼び出すことはできません。

……あれ？ exit_boot_services() を呼ぶと、メモリマップが変化する可能性
があるのに、メモリマップを取得する関数はそれ以降呼べなくなるということは、
exit_boot_services() が呼ばれた際に解放されるメモリは、永遠に失われてし
まう、ということなのでしょうか？ それは困りますよね。

もちろん、これを防ぐためのしくみがこの API には存在します。exit_boot_
services() の仕様書上の定義を見てみましょう。

```
EFI_STATUS
(EFIAPI *EFI_EXIT_BOOT_SERVICES) (
  IN EFI_HANDLE                 ImageHandle,
  IN UINTN                      MapKey
  );
```

第 1 引数の ImageHandle は、efi_main() の第 1 引数として渡ってきた image_
handle を渡せばよいのですが、第 2 引数の MapKey は何を渡せばよいのでしょう
か。

ここで、先ほど実装した MemoryMapHolder を再度見てみましょう。おや、ここ

注44 https://uefi.org/specs/UEFI/2.11/07_Services_Boot_Services.html#efi-boot-services-
exitbootservices

に map_key がありますね！

> **src/main.rs の変更箇所再掲**
> ```rust
> struct MemoryMapHolder {
>     memory_map_buffer: [u8; MEMORY_MAP_BUFFER_SIZE],
>     memory_map_size: usize,
>     map_key: usize,
>     descriptor_size: usize,
>     descriptor_version: u32,
> }
> ```

　そうです！ この map_key は、get_memory_map() を呼んだ際に UEFI から得られる値で、メモリマップの同一性を識別するための値となっています。

　これを活用することで、UEFI が内部的に持っているメモリマップと、OS 側がこれまでに取得したメモリマップが、同一のものか否かを容易に判定できます。そして exit_boot_services() は、この map_key を引数として指定させることにより、OS 側が UEFI の持っている最新のメモリマップと同一のメモリマップを持っているということを保証できるのです。もし、この値が UEFI の期待した値ではない場合には、UEFI は OS に対して再度メモリマップを取得するよう促すために、エラーを返すことになっています。ですから、exit_boot_services() を呼ぶ際には、エラーが返ってきた場合にメモリマップを最新のものに更新し、再試行するロジックを実装しなければいけません。

　では、さっそく実装してみましょう。変更点は以下のようになります。

> **src/main.rs**
> ```rust
> struct EfiBootServicesTable {
>     // << 中略 >>
>         descriptor_size: *mut usize,
>         descriptor_version: *mut u32,
>     ) -> EfiStatus,
>     _reserved1: [u64; 32],
>     _reserved1: [u64; 21],
>     exit_boot_services:
>         extern "win64" fn(image_handle: EfiHandle, map_key: usize) -> EfiStatus,
>
>     _reserved4: [u64; 10],
>     locate_protocol: extern "win64" fn(
>         protocol: *const EfiGuid,
>         registration: *const EfiVoid,
>
> // << 中略 >>
> ```

writeln!() マクロを使ってみる

```rust
impl EfiBootServicesTable {
    // << 中略 >>
    }
}
const _: () = assert!(offset_of!(EfiBootServicesTable, get_memory_map) == 56);
const _: () =
    assert!(offset_of!(EfiBootServicesTable, exit_boot_services) == 232);
const _: () = assert!(offset_of!(EfiBootServicesTable, locate_protocol) == 320);

#[repr(C)]

// << 中略 >>

}

#[no_mangle]
fn efi_main(_image_handle: EfiHandle, efi_system_table: &EfiSystemTable) {
fn efi_main(image_handle: EfiHandle, efi_system_table: &EfiSystemTable) {
    let mut vram = init_vram(efi_system_table).expect("init_vram failed");
    let vw = vram.width;
    let vh = vram.height;

// << 中略 >>

        "Total: {total_memory_pages} pages = {total_memory_size_mib} MiB"
    )
    .unwrap();
    //println!("Hello, world!");
    exit_from_efi_boot_services(
        image_handle,
        efi_system_table,
        &mut memory_map,
    );
    writeln!(w, "Hello, Non-UEFI world!").unwrap();
    loop {
        hlt()
    }

// << 中略 >>

impl fmt::Write for VramTextWriter<'_> {
    // << 中略 >>
        Ok(())
    }
}

fn exit_from_efi_boot_services(
    image_handle: EfiHandle,
    efi_system_table: &EfiSystemTable,
    memory_map: &mut MemoryMapHolder,
) {
    loop {
        let status = efi_system_table.boot_services.get_memory_map(memory_map);
```

111

```
            assert_eq!(status, EfiStatus::Success);
            let status = (efi_system_table.boot_services.exit_boot_services)(
                image_handle,
                memory_map.map_key,
            );
            if status == EfiStatus::Success {
                break;
            }
        }
    }
```

まず、EfiBootServicesTable に exit_boot_services メンバを追加しました。仕様書[uefi_2_11]とあわせて、メンバのオフセットがずれないように _reserved の大きさを調節しています。

そして exit_boot_services() を呼び出すためのラッパー関数である exit_from_efi_boot_services() を実装しました。

最後に、これを呼び出すコードと、それに伴う efi_main() の関数定義の修正もしてあります。

では UEFI のない世界へ cargo run！（**図 2-24**）

図 2-24 Hello, non-UEFI world!

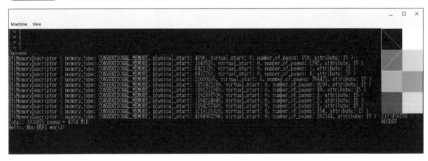

おお、無事に Hello, Non-UEFI world! と表示されました。きちんと exit_from_efi_boot_services() できたようですね。

ようこそ、UEFI のない世界へ！ ここからは我々 OS の世界を作っていきましょう……！

第3章

メモリ管理を実装しよう

限りある資源を効率良く使えるようにする

第3章 | メモリ管理を実装しよう——限りある資源を効率良く使えるようにする

本章の目標

本章では、メモリ管理を中心に以下の内容について扱います。

- GlobalAllocator について解説して実装例を示し、Rust の alloc クレートを利用可能にする
- 実装したメモリアロケータの挙動に対するテストコードを書き、テストを実行する
- ページングという概念とページテーブルの作り方を理解する
- 例外処理の基本を理解し、Null ポインタアクセスで発生するページフォルトを処理する

OS とメモリの関係

コンピューターにおいて、メモリは CPU と同じくらい重要な部品の一つです。本章では、まず手始めに、OS が管理する資源としてのメモリがどのようなものか学びつつ、それを分配するためのしくみを実装していきます。

メモリとは何か

コンピューターにおけるメモリ（Memory）とは、CPU から直接読み書きできる、各バイトに住所（アドレス）が付いた記憶素子のことです。言うなれば、1 バイトを要素とする巨大な配列、それがメモリです。

CPU とメモリはメモリバスという信号線でつながれていて、アドレスとデータと制御信号がその上を流れます。**図 3-1** は、メモリに対する読み書きが行われる際のメモリバスの状況を示した概念図です。

メモリから CPU にデータを読み込む場合は、CPU の側からアドレスと「読み込み」を指示する制御信号が出力される（**❶**）ので、それに応じてメモリが指示されたアドレスに対応するデータを返す（**❷**）ことで、CPU にメモリからデータが届きます。

一方、CPU からメモリにデータを書き込む場合は、CPU の側からアドレス

OSとメモリの関係

図3-1 メモリバスの概念図

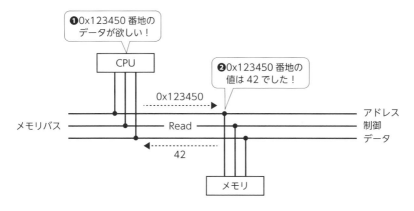

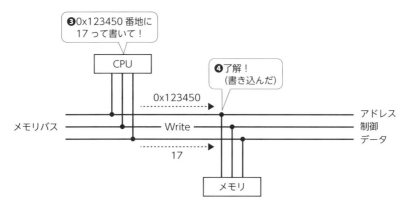

とデータが出力され、制御信号は「書き込み」を指示します（❸）。これを受け取ったメモリは、CPUから送られたデータを、指示されたアドレスに対応する記憶素子に記録します（❹）。

このように、メモリとCPUはアドレスとデータをやりとりしつつ、コンピューターを動かしているのです。

メモリ管理とは何か

メモリは無限にあるわけではなく、その大きさによって、記録できるデータの量に限りがあります。そのような限りあるメモリ空間を効率良く使うために、

第3章 | メモリ管理を実装しよう──限りある資源を効率良く使えるようにする

OSはさまざまな努力をします。これが、メモリ管理と呼ばれるものです。その中でも、ソフトウェアの必要に応じてメモリ領域を動的に貸し出すしくみをアロケータ（Allocator）と呼びます。

アロケータの主な仕事は、次の2つです。

・確保（allocate）
　確保すべき領域の大きさを受け取り、確保された領域の先頭のバイトに対応するアドレスを返す

・解放（deallocate）
　解放すべき領域の先頭のバイトに対応するアドレスを受け取り、その領域が次回以降の確保で利用できるようにする

アロケータは、同じメモリ領域を同時に複数回貸し出してはいけません。なぜなら、ソフトウェアはアロケータが確保してくれたメモリ領域が重複しておらず、それぞれ異なる情報を記録しておけることを期待しているからです。

実装前の準備

ではさっそく、アロケータを実装していきましょう……と言いたいところなのですが、現状の main.rs は500行ほどあり、だいぶ複雑になっています（wc -l src/main.rs と実行すれば、行数を知ることができます）。ちょうどUEFIとお別れしたところですし、キリが良いので、ここでソースコードの整理をしておきましょう。

ソースコードの整理──ファイルを分割する

まず、ここまで実装したコードの大まかな分類を考えてみましょう。筆者は、だいたい次の3つに分割できそうだと思いました。

・画面描画関連のコード

・UEFI関連のコード

・それ以外の部分のコード

実装前の準備

　というわけで、まずは最初の 2 つの部分を、それぞれ graphics.rs と uefi.rs に切り出してみましょう。

```
src/graphics.rs
use crate::result::Result;
use core::cmp::min;

pub trait Bitmap {
    fn bytes_per_pixel(&self) -> i64;
    fn pixels_per_line(&self) -> i64;
    fn width(&self) -> i64;
    fn height(&self) -> i64;
    fn buf_mut(&mut self) -> *mut u8;
    /// # Safety
    ///
    /// Returned pointer is valid as long as the given coordinates are valid
    /// which means that passing is_in_*_range tests.
    unsafe fn unchecked_pixel_at_mut(&mut self, x: i64, y: i64) -> *mut u32 {
        self.buf_mut().add(
            ((y * self.pixels_per_line() + x) * self.bytes_per_pixel())
                as usize,
        ) as *mut u32
    }
    fn pixel_at_mut(&mut self, x: i64, y: i64) -> Option<&mut u32> {
        if self.is_in_x_range(x) && self.is_in_y_range(y) {
            // SAFETY: (x, y) is always validated by the checks above.
            unsafe { Some(&mut *(self.unchecked_pixel_at_mut(x, y))) }
        } else {
            None
        }
    }
    fn is_in_x_range(&self, px: i64) -> bool {
        0 <= px && px < min(self.width(), self.pixels_per_line())
    }
    fn is_in_y_range(&self, py: i64) -> bool {
        0 <= py && py < self.height()
    }
}

/// # Safety
///
/// (x, y) must be a valid point in the buf.
unsafe fn unchecked_draw_point<T: Bitmap>(
    buf: &mut T,
    color: u32,
    x: i64,
    y: i64,
) {
    *buf.unchecked_pixel_at_mut(x, y) = color;
}

fn draw_point<T: Bitmap>(
```

117

第3章 メモリ管理を実装しよう──限りある資源を効率良く使えるようにする

```rust
    buf: &mut T,
    color: u32,
    x: i64,
    y: i64,
) -> Result<()> {
    *(buf.pixel_at_mut(x, y).ok_or("Out of Range")?) = color;
    Ok(())
}

pub fn fill_rect<T: Bitmap>(
    buf: &mut T,
    color: u32,
    px: i64,
    py: i64,
    w: i64,
    h: i64,
) -> Result<()> {
    if !buf.is_in_x_range(px)
        || !buf.is_in_y_range(py)
        || !buf.is_in_x_range(px + w - 1)
        || !buf.is_in_y_range(py + h - 1)
    {
        return Err("Out of Range");
    }
    for y in py..py + h {
        for x in px..px + w {
            unsafe {
                unchecked_draw_point(buf, color, x, y);
            }
        }
    }
    Ok(())
}

fn calc_slope_point(da: i64, db: i64, ia: i64) -> Option<i64> {
    if da < db {
        None
    } else if da == 0 {
        Some(0)
    } else if (0..=da).contains(&ia) {
        Some((2 * db * ia + da) / da / 2)
    } else {
        None
    }
}

fn draw_line<T: Bitmap>(
    buf: &mut T,
    color: u32,
    x0: i64,
    y0: i64,
    x1: i64,
    y1: i64,
```

118

実装前の準備

```rust
) -> Result<()> {
    if !buf.is_in_x_range(x0)
        || !buf.is_in_x_range(x1)
        || !buf.is_in_y_range(y0)
        || !buf.is_in_y_range(y1)
    {
        return Err("Out of Range");
    }
    let dx = (x1 - x0).abs();
    let sx = (x1 - x0).signum();
    let dy = (y1 - y0).abs();
    let sy = (y1 - y0).signum();
    if dx >= dy {
        for (rx, ry) in (0..dx)
            .flat_map(|rx| calc_slope_point(dx, dy, rx).map(|ry| (rx, ry)))
        {
            draw_point(buf, color, x0 + rx * sx, y0 + ry * sy)?;
        }
    } else {
        for (rx, ry) in (0..dy)
            .flat_map(|ry| calc_slope_point(dy, dx, ry).map(|rx| (rx, ry)))
        {
            draw_point(buf, color, x0 + rx * sx, y0 + ry * sy)?;
        }
    }
    Ok(())
}

fn lookup_font(c: char) -> Option<[[char; 8]; 16]> {
    const FONT_SOURCE: &str = include_str!("./font.txt");
    if let Ok(c) = u8::try_from(c) {
        let mut fi = FONT_SOURCE.split('\n');
        while let Some(line) = fi.next() {
            if let Some(line) = line.strip_prefix("0x") {
                if let Ok(idx) = u8::from_str_radix(line, 16) {
                    if idx != c {
                        continue;
                    }
                    let mut font = [['*'; 8]; 16];
                    for (y, line) in fi.clone().take(16).enumerate() {
                        for (x, c) in line.chars().enumerate() {
                            if let Some(e) = font[y].get_mut(x) {
                                *e = c;
                            }
                        }
                    }
                    return Some(font);
                }
            }
        }
    }
    None
}
```

119

第3章 ┃ メモリ管理を実装しよう──限りある資源を効率良く使えるようにする

```rust
pub fn draw_font_fg<T: Bitmap>(
    buf: &mut T,
    x: i64,
    y: i64,
    color: u32,
    c: char,
) {
    if let Some(font) = lookup_font(c) {
        for (dy, row) in font.iter().enumerate() {
            for (dx, pixel) in row.iter().enumerate() {
                let color = match pixel {
                    '*' => color,
                    _ => continue,
                };
                let _ = draw_point(buf, color, x + dx as i64, y + dy as i64);
            }
        }
    }
}

pub fn draw_str_fg<T: Bitmap>(
    buf: &mut T,
    x: i64,
    y: i64,
    color: u32,
    s: &str,
) {
    for (i, c) in s.chars().enumerate() {
        draw_font_fg(buf, x + i as i64 * 8, y, color, c)
    }
}

pub fn draw_test_pattern<T: Bitmap>(buf: &mut T) {
    let w = 128;
    let left = buf.width() - w - 1;
    let colors = [0x000000, 0xff0000, 0x00ff00, 0x0000ff];
    let h = 64;
    for (i, c) in colors.iter().enumerate() {
        let y = i as i64 * h;
        fill_rect(buf, *c, left, y, h, h).expect("fill_rect failed");
        fill_rect(buf, !*c, left + h, y, h, h).expect("fill_rect failed");
    }
    let points = [(0, 0), (0, w), (w, 0), (w, w)];
    for (x0, y0) in points.iter() {
        for (x1, y1) in points.iter() {
            let _ = draw_line(buf, 0xffffff, left + *x0, *y0, left + *x1, *y1);
        }
    }
    draw_str_fg(buf, left, h * colors.len() as i64, 0x00ff00, "0123456789");
    draw_str_fg(buf, left, h * colors.len() as i64 + 16, 0x00ff00, "ABCDEF");
}
```

120

実装前の準備

`src/lib.rs`
```rust
#![no_std]
pub mod graphics;
pub mod result;
```

`src/main.rs`
```rust
#![feature(offset_of)]

use core::arch::asm;
use core::cmp::min;
use core::fmt;
use core::fmt::Write;
use core::mem::offset_of;
use core::panic::PanicInfo;
use core::ptr::null_mut;
use core::writeln;
use wasabi::graphics::draw_font_fg;
use wasabi::graphics::draw_test_pattern;
use wasabi::graphics::fill_rect;
use wasabi::graphics::Bitmap;
use wasabi::result::Result;

type EfiVoid = u8;
type EfiHandle = u64;
type Result<T> = core::result::Result<T, &'static str>;

#[repr(C)]
#[derive(Clone, Copy, PartialEq, Eq, Debug)]

// << 中略 >>

    }
}

fn draw_test_pattern<T: Bitmap>(buf: &mut T) {
    let w = 128;
    let left = buf.width() - w - 1;
    let colors = [0x000000, 0xff0000, 0x00ff00, 0x0000ff];
    let h = 64;
    for (i, c) in colors.iter().enumerate() {
        let y = i as i64 * h;
        fill_rect(buf, *c, left, y, h, h).expect("fill_rect failed");
        fill_rect(buf, !*c, left + h, y, h, h).expect("fill_rect failed");
    }
    let points = [(0, 0), (0, w), (w, 0), (w, w)];
    for (x0, y0) in points.iter() {
        for (x1, y1) in points.iter() {
            let _ = draw_line(buf, 0xffffff, left + *x0, *y0, left + *x1, *y1);
        }
    }
    draw_str_fg(buf, left, h * colors.len() as i64, 0x00ff00, "0123456789");
    draw_str_fg(buf, left, h * colors.len() as i64 + 16, 0x00ff00, "ABCDEF");
```

121

```rust
}

#[panic_handler]
fn panic(_info: &PanicInfo) -> ! {
    loop {

// << 中略 >>

    }
}

trait Bitmap {
    fn bytes_per_pixel(&self) -> i64;
    fn pixels_per_line(&self) -> i64;
    fn width(&self) -> i64;
    fn height(&self) -> i64;
    fn buf_mut(&mut self) -> *mut u8;
    /// # Safety
    ///
    /// Returned pointer is valid as long as the given coordinates are valid
    /// which means that passing is_in_*_range tests.
    unsafe fn unchecked_pixel_at_mut(&mut self, x: i64, y: i64) -> *mut u32 {
        self.buf_mut().add(
            ((y * self.pixels_per_line() + x) * self.bytes_per_pixel())
                as usize,
        ) as *mut u32
    }
    fn pixel_at_mut(&mut self, x: i64, y: i64) -> Option<&mut u32> {
        if self.is_in_x_range(x) && self.is_in_y_range(y) {
            // SAFETY: (x, y) is always validated by the checks above.
            unsafe { Some(&mut *(self.unchecked_pixel_at_mut(x, y))) }
        } else {
            None
        }
    }
    fn is_in_x_range(&self, px: i64) -> bool {
        0 <= px && px < min(self.width(), self.pixels_per_line())
    }
    fn is_in_y_range(&self, py: i64) -> bool {
        0 <= py && py < self.height()
    }
}

#[derive(Clone, Copy)]
struct VramBufferInfo {
    buf: *mut u8,

// << 中略 >>

    })
}

/// # Safety
```

実装前の準備

```rust
///
/// (x, y) must be a valid point in the buf.
unsafe fn unchecked_draw_point<T: Bitmap>(
    buf: &mut T,
    color: u32,
    x: i64,
    y: i64,
) {
    *buf.unchecked_pixel_at_mut(x, y) = color;
}

fn draw_point<T: Bitmap>(
    buf: &mut T,
    color: u32,
    x: i64,
    y: i64,
) -> Result<()> {
    *(buf.pixel_at_mut(x, y).ok_or("Out of Range")?) = color;
    Ok(())
}

fn fill_rect<T: Bitmap>(
    buf: &mut T,
    color: u32,
    px: i64,
    py: i64,
    w: i64,
    h: i64,
) -> Result<()> {
    if !buf.is_in_x_range(px)
        || !buf.is_in_y_range(py)
        || !buf.is_in_x_range(px + w - 1)
        || !buf.is_in_y_range(py + h - 1)
    {
        return Err("Out of Range");
    }
    for y in py..py + h {
        for x in px..px + w {
            unsafe {
                unchecked_draw_point(buf, color, x, y);
            }
        }
    }
    Ok(())
}

fn calc_slope_point(da: i64, db: i64, ia: i64) -> Option<i64> {
    if da < db {
        None
    } else if da == 0 {
        Some(0)
    } else if (0..=da).contains(&ia) {
        Some((2 * db * ia + da) / da / 2)
```

123

第3章 メモリ管理を実装しよう──限りある資源を効率良く使えるようにする

```rust
    } else {
        None
    }
}

fn draw_line<T: Bitmap>(
    buf: &mut T,
    color: u32,
    x0: i64,
    y0: i64,
    x1: i64,
    y1: i64,
) -> Result<()> {
    if !buf.is_in_x_range(x0)
        || !buf.is_in_x_range(x1)
        || !buf.is_in_y_range(y0)
        || !buf.is_in_y_range(y1)
    {
        return Err("Out of Range");
    }
    let dx = (x1 - x0).abs();
    let sx = (x1 - x0).signum();
    let dy = (y1 - y0).abs();
    let sy = (y1 - y0).signum();
    if dx >= dy {
        for (rx, ry) in (0..dx)
            .flat_map(|rx| calc_slope_point(dx, dy, rx).map(|ry| (rx, ry)))
        {
            draw_point(buf, color, x0 + rx * sx, y0 + ry * sy)?;
        }
    } else {
        for (rx, ry) in (0..dy)
            .flat_map(|ry| calc_slope_point(dy, dx, ry).map(|rx| (rx, ry)))
        {
            draw_point(buf, color, x0 + rx * sx, y0 + ry * sy)?;
        }
    }
    Ok(())
}

fn lookup_font(c: char) -> Option<[[char; 8]; 16]> {
    const FONT_SOURCE: &str = include_str!("./font.txt");
    if let Ok(c) = u8::try_from(c) {
        let mut fi = FONT_SOURCE.split('\n');
        while let Some(line) = fi.next() {
            if let Some(line) = line.strip_prefix("0x") {
                if let Ok(idx) = u8::from_str_radix(line, 16) {
                    if idx != c {
                        continue;
                    }
                    let mut font = [['*'; 8]; 16];
                    for (y, line) in fi.clone().take(16).enumerate() {
                        for (x, c) in line.chars().enumerate() {
```

124

実装前の準備

```
                    if let Some(e) = font[y].get_mut(x) {
                        *e = c;
                    }
                }
            }
            return Some(font);
        }
    }
    }
    None
}

fn draw_font_fg<T: Bitmap>(buf: &mut T, x: i64, y: i64, color: u32, c: char) {
    if let Some(font) = lookup_font(c) {
        for (dy, row) in font.iter().enumerate() {
            for (dx, pixel) in row.iter().enumerate() {
                let color = match pixel {
                    '*' => color,
                    _ => continue,
                };
                let _ = draw_point(buf, color, x + dx as i64, y + dy as i64);
            }
        }
    }
}

fn draw_str_fg<T: Bitmap>(buf: &mut T, x: i64, y: i64, color: u32, s: &str) {
    for (i, c) in s.chars().enumerate() {
        draw_font_fg(buf, x + i as i64 * 8, y, color, c)
    }
}

struct VramTextWriter<'a> {
    vram: &'a mut VramBufferInfo,
    cursor_x: i64,
```

`src/result.rs`
```
pub type Result<T> = core::result::Result<T, &'static str>;
```

　今回 graphics.rs と lib.rs、そして result.rs の合計 3 ファイルを新たに作
成しました。

　lib.rs ファイルは、本書で実装する wasabi というクレートをライブラリクレー
トとしてビルドする際に、その名前空間の起点となるものです。クレートという
概念については後述しますので、ここでは「新しいファイルを作ったら lib.rs
に pub mod < ソースファイル名 > と追記する必要がある」ということだけ覚えて
おいていただければ大丈夫です。

125

第3章 ┃ メモリ管理を実装しよう──限りある資源を効率良く使えるようにする

そして graphics.rs には、main.rs から描画関連のコードを抜き出して配置しています。また result.rs には Result 型の定義を移動しています。

もう一点注目すべき点は、#![no_std] という記述を lib.rs の先頭に書いているところです。これは no_std という属性がクレート全体に影響を及ぼすものなので、ライブラリクレートの起点となる lib.rs の先頭に書く必要があるためです。これまで同じ内容を main.rs に書いていたのは、main.rs が wasabi クレートをバイナリクレートとしてビルドする際に起点となるファイルであるためです。つまり、今まではバイナリクレートだけで完結していたコードの一部をライブラリクレートに移し、それを既存のバイナリクレートから呼び出すようにした、というのが今回の変更の要になります。

同様にして、UEFI 関連のコードも uefi.rs に切り出しましょう。

```
src/lib.rs
#![no_std]
#![feature(offset_of)]
pub mod graphics;
pub mod result;
pub mod uefi;
```

```
src/main.rs
#![feature(offset_of)]

use core::arch::asm;
use core::fmt;
use core::fmt::Write;
use core::mem::offset_of;
use core::mem::size_of;
use core::panic::PanicInfo;
use core::ptr::null_mut;
use core::writeln;
use wasabi::graphics::draw_font_fg;
use wasabi::graphics::draw_test_pattern;
use wasabi::graphics::fill_rect;
use wasabi::graphics::Bitmap;
use wasabi::result::Result;

type EfiVoid = u8;
type EfiHandle = u64;

#[repr(C)]
#[derive(Clone, Copy, PartialEq, Eq, Debug)]
struct EfiGuid {
    pub data0: u32,
    pub data1: u16,
    pub data2: u16,
```

126

```rust
    pub data3: [u8; 8],
}

const EFI_GRAPHICS_OUTPUT_PROTOCOL_GUID: EfiGuid = EfiGuid {
    data0: 0x9042a9de,
    data1: 0x23dc,
    data2: 0x4a38,
    data3: [0x96, 0xfb, 0x7a, 0xde, 0xd0, 0x80, 0x51, 0x6a],
};

#[derive(Debug, PartialEq, Eq, Copy, Clone)]
#[must_use]
#[repr(u64)]
enum EfiStatus {
    Success = 0,
}

#[repr(i64)]
#[derive(Debug, Clone, Copy, PartialEq, Eq)]
#[allow(non_camel_case_types)]
pub enum EfiMemoryType {
    RESERVED = 0,
    LOADER_CODE,
    LOADER_DATA,
    BOOT_SERVICES_CODE,
    BOOT_SERVICES_DATA,
    RUNTIME_SERVICES_CODE,
    RUNTIME_SERVICES_DATA,
    CONVENTIONAL_MEMORY,
    UNUSABLE_MEMORY,
    ACPI_RECLAIM_MEMORY,
    ACPI_MEMORY_NVS,
    MEMORY_MAPPED_IO,
    MEMORY_MAPPED_IO_PORT_SPACE,
    PAL_CODE,
    PERSISTENT_MEMORY,
}

#[repr(C)]
#[derive(Clone, Copy, PartialEq, Eq, Debug)]
struct EfiMemoryDescriptor {
    memory_type: EfiMemoryType,
    physical_start: u64,
    virtual_start: u64,
    number_of_pages: u64,
    attribute: u64,
}

const MEMORY_MAP_BUFFER_SIZE: usize = 0x8000;

struct MemoryMapHolder {
    memory_map_buffer: [u8; MEMORY_MAP_BUFFER_SIZE],
    memory_map_size: usize,
```

第3章 メモリ管理を実装しよう──限りある資源を効率良く使えるようにする

```rust
    map_key: usize,
    descriptor_size: usize,
    descriptor_version: u32,
}
struct MemoryMapIterator<'a> {
    map: &'a MemoryMapHolder,
    ofs: usize,
}
impl<'a> Iterator for MemoryMapIterator<'a> {
    type Item = &'a EfiMemoryDescriptor;
    fn next(&mut self) -> Option<&'a EfiMemoryDescriptor> {
        if self.ofs >= self.map.memory_map_size {
            None
        } else {
            let e: &EfiMemoryDescriptor = unsafe {
                &*(self.map.memory_map_buffer.as_ptr().add(self.ofs)
                    as *const EfiMemoryDescriptor)
            };
            self.ofs += self.map.descriptor_size;
            Some(e)
        }
    }
}

impl MemoryMapHolder {
    pub const fn new() -> MemoryMapHolder {
        MemoryMapHolder {
            memory_map_buffer: [0; MEMORY_MAP_BUFFER_SIZE],
            memory_map_size: MEMORY_MAP_BUFFER_SIZE,
            map_key: 0,
            descriptor_size: 0,
            descriptor_version: 0,
        }
    }
    pub fn iter(&self) -> MemoryMapIterator {
        MemoryMapIterator { map: self, ofs: 0 }
    }
}

#[repr(C)]
struct EfiBootServicesTable {
    _reserved0: [u64; 7],
    get_memory_map: extern "win64" fn(
        memory_map_size: *mut usize,
        memory_map: *mut u8,
        map_key: *mut usize,
        descriptor_size: *mut usize,
        descriptor_version: *mut u32,
    ) -> EfiStatus,
    _reserved1: [u64; 21],
    exit_boot_services:
        extern "win64" fn(image_handle: EfiHandle, map_key: usize) -> EfiStatus,
```

```rust
        _reserved4: [u64; 10],
        locate_protocol: extern "win64" fn(
            protocol: *const EfiGuid,
            registration: *const EfiVoid,
            interface: *mut *mut EfiVoid,
        ) -> EfiStatus,
}
impl EfiBootServicesTable {
    fn get_memory_map(&self, map: &mut MemoryMapHolder) -> EfiStatus {
        (self.get_memory_map)(
            &mut map.memory_map_size,
            map.memory_map_buffer.as_mut_ptr(),
            &mut map.map_key,
            &mut map.descriptor_size,
            &mut map.descriptor_version,
        )
    }
}
const _: () = assert!(offset_of!(EfiBootServicesTable, get_memory_map) == 56);
const _: () =
    assert!(offset_of!(EfiBootServicesTable, exit_boot_services) == 232);
const _: () = assert!(offset_of!(EfiBootServicesTable, locate_protocol) == 320);

#[repr(C)]
struct EfiSystemTable {
    _reserved0: [u64; 12],
    pub boot_services: &'static EfiBootServicesTable,
}
const _: () = assert!(offset_of!(EfiSystemTable, boot_services) == 96);

#[repr(C)]
#[derive(Debug)]
struct EfiGraphicsOutputProtocolPixelInfo {
    version: u32,
    pub horizontal_resolution: u32,
    pub vertical_resolution: u32,
    _padding0: [u32; 5],
    pub pixels_per_scan_line: u32,
}
const _: () = assert!(size_of::<EfiGraphicsOutputProtocolPixelInfo>() == 36);

#[repr(C)]
#[derive(Debug)]
struct EfiGraphicsOutputProtocolMode<'a> {
    pub max_mode: u32,
    pub mode: u32,
    pub info: &'a EfiGraphicsOutputProtocolPixelInfo,
    pub size_of_info: u64,
    pub frame_buffer_base: usize,
    pub frame_buffer_size: usize,
}

#[repr(C)]
```

第3章 | メモリ管理を実装しよう──限りある資源を効率良く使えるようにする

```rust
#[derive(Debug)]
struct EfiGraphicsOutputProtocol<'a> {
    reserved: [u64; 3],
    pub mode: &'a EfiGraphicsOutputProtocolMode<'a>,
}
fn locate_graphic_protocol<'a>(
    efi_system_table: &EfiSystemTable,
) -> Result<&'a EfiGraphicsOutputProtocol<'a>> {
    let mut graphic_output_protocol = null_mut::<EfiGraphicsOutputProtocol>();
    let status = (efi_system_table.boot_services.locate_protocol)(
        &EFI_GRAPHICS_OUTPUT_PROTOCOL_GUID,
        null_mut::<EfiVoid>(),
        &mut graphic_output_protocol as *mut *mut EfiGraphicsOutputProtocol
            as *mut *mut EfiVoid,
    );
    if status != EfiStatus::Success {
        return Err("Failed to locate graphics output protocol");
    }
    Ok(unsafe { &*graphic_output_protocol })
}
use wasabi::uefi::exit_from_efi_boot_services;
use wasabi::uefi::init_vram;
use wasabi::uefi::EfiHandle;
use wasabi::uefi::EfiMemoryType;
use wasabi::uefi::EfiSystemTable;
use wasabi::uefi::MemoryMapHolder;
use wasabi::uefi::VramTextWriter;

pub fn hlt() {
    unsafe { asm!("hlt") }
}

// << 中略 >>

#[no_mangle]
fn efi_main(image_handle: EfiHandle, efi_system_table: &EfiSystemTable) {
    let mut vram = init_vram(efi_system_table).expect("init_vram failed");
    let vw = vram.width;
    let vh = vram.height;
    let vw = vram.width();
    let vh = vram.height();
    fill_rect(&mut vram, 0x000000, 0, 0, vw, vh).expect("fill_rect failed");
    draw_test_pattern(&mut vram);
    let mut w = VramTextWriter::new(&mut vram);

// << 中略 >>

    }
    let mut memory_map = MemoryMapHolder::new();
    let status = efi_system_table
        .boot_services
        .boot_services()
        .get_memory_map(&mut memory_map);
    writeln!(w, "{status:?}").unwrap();
```

実装前の準備

```rust
    let mut total_memory_pages = 0;
    for e in memory_map.iter() {
        if e.memory_type != EfiMemoryType::CONVENTIONAL_MEMORY {
        if e.memory_type() != EfiMemoryType::CONVENTIONAL_MEMORY {
            continue;
        }
        total_memory_pages += e.number_of_pages;
        total_memory_pages += e.number_of_pages();
        writeln!(w, "{e:?}").unwrap();
    }
    let total_memory_size_mib = total_memory_pages * 4096 / 1024 / 1024;

// << 中略 >>

        hlt()
    }
}

#[derive(Clone, Copy)]
struct VramBufferInfo {
    buf: *mut u8,
    width: i64,
    height: i64,
    pixels_per_line: i64,
}

impl Bitmap for VramBufferInfo {
    fn bytes_per_pixel(&self) -> i64 {
        4
    }
    fn pixels_per_line(&self) -> i64 {
        self.pixels_per_line
    }
    fn width(&self) -> i64 {
        self.width
    }
    fn height(&self) -> i64 {
        self.height
    }
    fn buf_mut(&mut self) -> *mut u8 {
        self.buf
    }
}

fn init_vram(efi_system_table: &EfiSystemTable) -> Result<VramBufferInfo> {
    let gp = locate_graphic_protocol(efi_system_table)?;
    Ok(VramBufferInfo {
        buf: gp.mode.frame_buffer_base as *mut u8,
        width: gp.mode.info.horizontal_resolution as i64,
        height: gp.mode.info.vertical_resolution as i64,
        pixels_per_line: gp.mode.info.pixels_per_scan_line as i64,
    })
}
```

131

第3章 メモリ管理を実装しよう——限りある資源を効率良く使えるようにする

```rust
struct VramTextWriter<'a> {
    vram: &'a mut VramBufferInfo,
    cursor_x: i64,
    cursor_y: i64,
}
impl<'a> VramTextWriter<'a> {
    fn new(vram: &'a mut VramBufferInfo) -> Self {
        Self {
            vram,
            cursor_x: 0,
            cursor_y: 0,
        }
    }
}
impl fmt::Write for VramTextWriter<'_> {
    fn write_str(&mut self, s: &str) -> fmt::Result {
        for c in s.chars() {
            if c == '\n' {
                self.cursor_y += 16;
                self.cursor_x = 0;
                continue;
            }
            draw_font_fg(self.vram, self.cursor_x, self.cursor_y, 0xffffff, c);
            self.cursor_x += 8;
        }
        Ok(())
    }
}

fn exit_from_efi_boot_services(
    image_handle: EfiHandle,
    efi_system_table: &EfiSystemTable,
    memory_map: &mut MemoryMapHolder,
) {
    loop {
        let status = efi_system_table.boot_services.get_memory_map(memory_map);
        assert_eq!(status, EfiStatus::Success);
        let status = (efi_system_table.boot_services.exit_boot_services)(
            image_handle,
            memory_map.map_key,
        );
        if status == EfiStatus::Success {
            break;
        }
    }
}
```

src/uefi.rs

```rust
use crate::graphics::draw_font_fg;
use crate::graphics::Bitmap;
use crate::result::Result;
use core::fmt;
```

実装前の準備

```rust
use core::mem::offset_of;
use core::mem::size_of;
use core::ptr::null_mut;

type EfiVoid = u8;
pub type EfiHandle = u64;

#[repr(C)]
#[derive(Clone, Copy, PartialEq, Eq, Debug)]
struct EfiGuid {
    pub data0: u32,
    pub data1: u16,
    pub data2: u16,
    pub data3: [u8; 8],
}

const EFI_GRAPHICS_OUTPUT_PROTOCOL_GUID: EfiGuid = EfiGuid {
    data0: 0x9042a9de,
    data1: 0x23dc,
    data2: 0x4a38,
    data3: [0x96, 0xfb, 0x7a, 0xde, 0xd0, 0x80, 0x51, 0x6a],
};

#[derive(Debug, PartialEq, Eq, Copy, Clone)]
#[must_use]
#[repr(u64)]
pub enum EfiStatus {
    Success = 0,
}

#[repr(i64)]
#[derive(Debug, Clone, Copy, PartialEq, Eq)]
#[allow(non_camel_case_types)]
pub enum EfiMemoryType {
    RESERVED = 0,
    LOADER_CODE,
    LOADER_DATA,
    BOOT_SERVICES_CODE,
    BOOT_SERVICES_DATA,
    RUNTIME_SERVICES_CODE,
    RUNTIME_SERVICES_DATA,
    CONVENTIONAL_MEMORY,
    UNUSABLE_MEMORY,
    ACPI_RECLAIM_MEMORY,
    ACPI_MEMORY_NVS,
    MEMORY_MAPPED_IO,
    MEMORY_MAPPED_IO_PORT_SPACE,
    PAL_CODE,
    PERSISTENT_MEMORY,
}

#[repr(C)]
#[derive(Clone, Copy, PartialEq, Eq, Debug)]
```

133

第3章 | メモリ管理を実装しよう——限りある資源を効率良く使えるようにする

```rust
pub struct EfiMemoryDescriptor {
    memory_type: EfiMemoryType,
    physical_start: u64,
    virtual_start: u64,
    number_of_pages: u64,
    attribute: u64,
}
impl EfiMemoryDescriptor {
    pub fn memory_type(&self) -> EfiMemoryType {
        self.memory_type
    }
    pub fn number_of_pages(&self) -> u64 {
        self.number_of_pages
    }
}

const MEMORY_MAP_BUFFER_SIZE: usize = 0x8000;

pub struct MemoryMapHolder {
    memory_map_buffer: [u8; MEMORY_MAP_BUFFER_SIZE],
    memory_map_size: usize,
    map_key: usize,
    descriptor_size: usize,
    descriptor_version: u32,
}
impl MemoryMapHolder {
    pub const fn new() -> MemoryMapHolder {
        MemoryMapHolder {
            memory_map_buffer: [0; MEMORY_MAP_BUFFER_SIZE],
            memory_map_size: MEMORY_MAP_BUFFER_SIZE,
            map_key: 0,
            descriptor_size: 0,
            descriptor_version: 0,
        }
    }
    pub fn iter(&self) -> MemoryMapIterator {
        MemoryMapIterator { map: self, ofs: 0 }
    }
}
impl Default for MemoryMapHolder {
    fn default() -> Self {
        Self::new()
    }
}

pub struct MemoryMapIterator<'a> {
    map: &'a MemoryMapHolder,
    ofs: usize,
}
impl<'a> Iterator for MemoryMapIterator<'a> {
    type Item = &'a EfiMemoryDescriptor;
    fn next(&mut self) -> Option<&'a EfiMemoryDescriptor> {
        if self.ofs >= self.map.memory_map_size {
```

実装前の準備

```rust
                None
            } else {
                let e: &EfiMemoryDescriptor = unsafe {
                    &*(self.map.memory_map_buffer.as_ptr().add(self.ofs)
                        as *const EfiMemoryDescriptor)
                };
                self.ofs += self.map.descriptor_size;
                Some(e)
            }
        }
    }

#[repr(C)]
pub struct EfiBootServicesTable {
    _reserved0: [u64; 7],
    get_memory_map: extern "win64" fn(
        memory_map_size: *mut usize,
        memory_map: *mut u8,
        map_key: *mut usize,
        descriptor_size: *mut usize,
        descriptor_version: *mut u32,
    ) -> EfiStatus,
    _reserved1: [u64; 21],
    exit_boot_services:
        extern "win64" fn(image_handle: EfiHandle, map_key: usize) -> EfiStatus,

    _reserved4: [u64; 10],
    locate_protocol: extern "win64" fn(
        protocol: *const EfiGuid,
        registration: *const EfiVoid,
        interface: *mut *mut EfiVoid,
    ) -> EfiStatus,
}
impl EfiBootServicesTable {
    pub fn get_memory_map(&self, map: &mut MemoryMapHolder) -> EfiStatus {
        (self.get_memory_map)(
            &mut map.memory_map_size,
            map.memory_map_buffer.as_mut_ptr(),
            &mut map.map_key,
            &mut map.descriptor_size,
            &mut map.descriptor_version,
        )
    }
}
const _: () = assert!(offset_of!(EfiBootServicesTable, get_memory_map) == 56);
const _: () =
    assert!(offset_of!(EfiBootServicesTable, exit_boot_services) == 232);
const _: () = assert!(offset_of!(EfiBootServicesTable, locate_protocol) == 320);

#[repr(C)]
pub struct EfiSystemTable {
    _reserved0: [u64; 12],
    boot_services: &'static EfiBootServicesTable,
```

```
    }
const _: () = assert!(offset_of!(EfiSystemTable, boot_services) == 96);
impl EfiSystemTable {
    pub fn boot_services(&self) -> &EfiBootServicesTable {
        self.boot_services
    }
}

#[repr(C)]
#[derive(Debug)]
struct EfiGraphicsOutputProtocolPixelInfo {
    version: u32,
    pub horizontal_resolution: u32,
    pub vertical_resolution: u32,
    _padding0: [u32; 5],
    pub pixels_per_scan_line: u32,
}
const _: () = assert!(size_of::<EfiGraphicsOutputProtocolPixelInfo>() == 36);

#[repr(C)]
#[derive(Debug)]
struct EfiGraphicsOutputProtocolMode<'a> {
    pub max_mode: u32,
    pub mode: u32,
    pub info: &'a EfiGraphicsOutputProtocolPixelInfo,
    pub size_of_info: u64,
    pub frame_buffer_base: usize,
    pub frame_buffer_size: usize,
}

#[repr(C)]
#[derive(Debug)]
struct EfiGraphicsOutputProtocol<'a> {
    reserved: [u64; 3],
    pub mode: &'a EfiGraphicsOutputProtocolMode<'a>,
}
fn locate_graphic_protocol<'a>(
    efi_system_table: &EfiSystemTable,
) -> Result<&'a EfiGraphicsOutputProtocol<'a>> {
    let mut graphic_output_protocol = null_mut::<EfiGraphicsOutputProtocol>();
    let status = (efi_system_table.boot_services.locate_protocol)(
        &EFI_GRAPHICS_OUTPUT_PROTOCOL_GUID,
        null_mut::<EfiVoid>(),
        &mut graphic_output_protocol as *mut *mut EfiGraphicsOutputProtocol
            as *mut *mut EfiVoid,
    );
    if status != EfiStatus::Success {
        return Err("Failed to locate graphics output protocol");
    }
    Ok(unsafe { &*graphic_output_protocol })
}

#[derive(Clone, Copy)]
```

実装前の準備

```rust
pub struct VramBufferInfo {
    buf: *mut u8,
    width: i64,
    height: i64,
    pixels_per_line: i64,
}
impl Bitmap for VramBufferInfo {
    fn bytes_per_pixel(&self) -> i64 {
        4
    }
    fn pixels_per_line(&self) -> i64 {
        self.pixels_per_line
    }
    fn width(&self) -> i64 {
        self.width
    }
    fn height(&self) -> i64 {
        self.height
    }
    fn buf_mut(&mut self) -> *mut u8 {
        self.buf
    }
}

pub fn init_vram(efi_system_table: &EfiSystemTable) -> Result<VramBufferInfo> {
    let gp = locate_graphic_protocol(efi_system_table)?;
    Ok(VramBufferInfo {
        buf: gp.mode.frame_buffer_base as *mut u8,
        width: gp.mode.info.horizontal_resolution as i64,
        height: gp.mode.info.vertical_resolution as i64,
        pixels_per_line: gp.mode.info.pixels_per_scan_line as i64,
    })
}

pub struct VramTextWriter<'a> {
    vram: &'a mut VramBufferInfo,
    cursor_x: i64,
    cursor_y: i64,
}
impl<'a> VramTextWriter<'a> {
    pub fn new(vram: &'a mut VramBufferInfo) -> Self {
        Self {
            vram,
            cursor_x: 0,
            cursor_y: 0,
        }
    }
}
impl fmt::Write for VramTextWriter<'_> {
    fn write_str(&mut self, s: &str) -> fmt::Result {
        for c in s.chars() {
            if c == '\n' {
                self.cursor_y += 16;
```

137

第3章 ▍ メモリ管理を実装しよう──限りある資源を効率良く使えるようにする

```
            self.cursor_x = 0;
            continue;
        }
        draw_font_fg(self.vram, self.cursor_x, self.cursor_y, 0xffffff, c);
        self.cursor_x += 8;
    }
    Ok(())
}
}

pub fn exit_from_efi_boot_services(
    image_handle: EfiHandle,
    efi_system_table: &EfiSystemTable,
    memory_map: &mut MemoryMapHolder,
) {
    loop {
        let status = efi_system_table.boot_services.get_memory_map(memory_map);
        assert_eq!(status, EfiStatus::Success);
        let status = (efi_system_table.boot_services.exit_boot_services)(
            image_handle,
            memory_map.map_key,
        );
        if status == EfiStatus::Success {
            break;
        }
    }
}
```

これで、今まですべてのコードを書いていた main.rs の中身を、複数のモジュールに分割できました。

結果として、関数などの名前の付いたものは、デフォルトではモジュールの外側からは見えなくなります。つまり、何もしなければ uefi.rs のコードからは graphics.rs の中で定義されている関数などが使えなくなるのです。これにより、モジュール間の依存関係を削減し疎結合にして、メンテナンスのしやすいソフトウェアになりやすいように言語が作られているのです。

しかし、どうしてもモジュールを超えて呼び出したいコードというのは存在します。そういったものをモジュールの外側、つまりほかのモジュールなどからも使えるようにするためには、pub というキーワードを関数などの頭に付ける必要があります[1]。このため、いくつかの関数には pub というキーワードが頭に追加されています。

また、モジュールはファイルを作成すると自動的にできるわけではなく、モ

注1 https://doc.rust-jp.rs/rust-by-example-ja/mod/visibility.html

ジュールのルートに当たる lib.rs というファイルに、その子要素となるモジュールの名前を宣言する必要があります。それが、mod というキーワードから始まる行です。この mod に対しても pub を付けることができ、これを付けることで該当モジュールの中で pub が付いている関数などをそのモジュール以外のコードが利用できるようになります。

　また、pub の派生として pub(crate) もあり、これは同一クレート内のコードから見たときにのみ pub としての効果を発揮する、というものになります[注2]。

　せっかくなので、クレートという概念についても、ここでもう少しだけ詳しく見ておきましょう。今私たちが書いているコードは、最初に cargo new で作成したとおり、wasabi というクレートに属するものです。しかし、実はクレートには 2 つの種類があります。それは、バイナリクレートとライブラリクレートです。バイナリクレートは src/main.rs を頂点とするクレートで、これをもとに実行ファイルが生成されます。cargo run をしたときに最終的に生成するものは、このバイナリクレートです。一方、ライブラリクレートは src/lib.rs を頂点とするクレートで、これはほかのクレート（バイナリでもライブラリでも）から利用するためのクレートであり、実行ファイルを直接生成することはありません。これらのクレートはあくまでも別のクレートであり、バイナリクレートをビルドする際には、wasabi というバイナリクレートが wasabi というライブラリクレートに依存する、という形でビルドされます。このため、一見同じクレート（広義）の中にある src/main.rs のコードと、それ以外のコードでは、graphics.rs や uefi.rs の中にある関数を呼び出す際のパスのルートが変わります。src/main.rs から呼び出す場合は、ライブラリクレート wasabi の中の関数を呼ぶため wasabi:: から始まるパスを使用します。それ以外のライブラリクレートに属するコードから自分自身のクレートの関数を呼ぶためには、自身のクレートを表す crate:: から始まるパスを使用します。

　なお本書では、基本的にほかのモジュールの識別子を呼ぶ際は、ファイルの先頭で use 宣言をすることで、フルパスを書かなくてよいようにしています。ちなみに use 宣言では波カッコ {} を用いると共通部分を持つ複数行の use 宣言を 1 行にまとめることができますが、この方法だと diff が読みづらくなったり merge conflict を解決するのが手間になったりするため、use するパス一つにつ

注2　https://doc.rust-lang.org/book/ch07-02-defining-modules-to-control-scope-and-privacy.html

き1行を消費するルールを採用しています。

cargo test が通らない理由

ファイル分割のついでに、もう一点 Rust 周りのことについて触れましょう。
これまで、いくつかの cargo コマンドを紹介してきました。

- cargo build
  プロジェクトをコンパイルする

- cargo run
  プロジェクトを実行する

- cargo fmt
  ソースコードを整形する

- cargo clippy
  ソースコードの改善できる点を指摘する

これらのコマンドに加えて、もう一つよく使われる cargo コマンドがあります。

- cargo test
  プロジェクトのテストを実行する

多くの場合、上に示した各コマンドがエラーなく実行できれば、そのプロジェクトは問題ない状態に保たれている、と考えることができます。ですから、これらのコマンドを適宜実行し、プロジェクトが健全な状態であることを確認しながらソースコードを書き進めることが大切です。

ということで、cargo test を実行してみると……おや、何やらエラーが出ますね。

```
$ cargo test
    Compiling wasabi v0.1.0 (/home/hikalium/repo/wasabi)
error[E0463]: can't find crate for `test`

For more information about this error, try `rustc --explain E0463`.
error: could not compile `wasabi` (bin "wasabi" test) due to 1 previous error
warning: build failed, waiting for other jobs to finish...
error: `#[panic_handler]` function required, but not found

error: could not compile `wasabi` (lib test) due to 2 previous errors
```

140

コンパイラさん曰く、test というクレートを発見できなかったよ！ ということでビルドに失敗したようです。これはどういうことでしょうか？

cargo test コマンドを実行すると、プロジェクトがテスト用の実行ファイルへとコンパイルされます。この実行ファイルを実行するとテストが走って結果を画面に出力してくれるのですが、こういったテストを走らせるのに必要なコードを実装してあるクレートが test クレートになります。標準では cargo test でビルドするときにこの test クレートが自動的に利用されるのですが、ここに含まれるコードは std クレートの関数に依存しています。

しかし std クレートは OS の存在に依存しているので、OS そのものを書きたい私達は使うことができないという結論に第 2 章で至りました。そこで、OS が不要な std クレートの部分集合である core クレートを使うことに決めて no_std を宣言したわけです。ところがここにきて cargo test をするために必要な test クレートが no_std だと使えないということがわかったわけです。さて、どうしましょうか……。

この問題の解決策は 2 つあります。究極的には std クレートを利用できるようになんとかするのか、no_std で引き続き頑張るのかのどちらかになります。そしてこれは間接的に、テストを QEMU 上で OS（のようなもの）として実行するのか、それとも cargo コマンドを実行している、このコンピューターの既存の OS 上で実行するのかの 2 択でもあります。

それぞれの手法の利点・欠点は以下のとおりです。

std を使う場合（＝テストはホスト OS 上で実行する）
・利点
　・std クレートの豊富な機能を使うことができる

・欠点
　・ホストのマシンのアーキテクチャとゲストのマシンのアーキテクチャが異なる場合、テスト結果が異なる場合がある

no_std を使う場合（＝テストは QEMU 上で実行する）
・利点
　・OS の中で使われるコードを、OS が実際に動くのとほぼ同じ環境（QEMU 上）で実行できる

・欠点

第3章 ▌ メモリ管理を実装しよう──限りある資源を効率良く使えるようにする

・std クレートは使えない
・test クレートが提供する標準のテストフレームワークは使えない

　なかなか悩ましい選択ですが、今回はテストもすべて QEMU 上で実行することにします。理由としては、みなさんの開発環境が必ずしも x86_64 ではないこと、そして、テストの中で OS 固有のコードもチェックできるようにしたいということが挙げられます。

　今のところユニットテストは一切書いていないのですが、`cargo test` コマンドが通らない状態を放置するのは良くないので、ここで直してしまうことにしましょう。

カスタムテストフレームワークを有効にする

　さて、no_std では test クレートが使えないという話をしましたが、幸い Rust には no_std 環境でも利用できるカスタムテストフレームワークというしくみが存在します[注3]。しかし、この機能はまだ発展途上のため、stable バージョンの Rust では残念ながら動作しません[注4]。幸い、本書では第2章で Rust ツールチェインのバージョンをこの機能が利用できるものにすでに設定しています。ですから、あとは実際にカスタムテストフレームワークを有効化すればよいだけです。

　それと、もう一点考慮する必要のある部分があります。今回、私達はユニットテストを EFI アプリケーションとしてビルドして `cargo run` のときと同様にカスタムランナーのシェルスクリプトを経由して QEMU 上で実行しようとしています。そのため、テストをすべて実行し終えたら QEMU の中から QEMU を終了させる必要があります。そうしなければ、テストがいつまで経っても終了しませんからね。さらにテストの実行結果を QEMU の外側に通知するために、QEMU の終了コードを変化させる方法も必要です。そんなこと、どうやって実現すればよいのでしょうか？　ありがたいことに QEMU には debug_exit という仮想的なデバイスが存在するので、これを活用します。このデバイスは、QEMU でのみ利用可能な特殊なデバイスです。一般的なデバイスの制御そのも

注3　この方法は Philipp Oppermann 氏の「Writing an OS in Rust」という素晴らしいブログ記事から学びました。日本語訳も行われているので、Rust で OS を書く際はぜひ読んでみることをお勧めします。
　　　https://os.phil-opp.com/ja/testing/
注4　2024/09/18 現在

142

のについては次章以降でより詳しく説明しますが、ここでは以下のコードを用いることで QEMU を任意のタイミングで終了させることができる、ということだけ理解しておいていただければ十分です[注5]。

```toml
Cargo.toml
edition = "2021"

[dependencies]

[[bin]]
name = "wasabi"
test = false
```

```bash
scripts/launch_qemu.sh
rm -rf mnt
mkdir -p mnt/EFI/BOOT/
cp ${PATH_TO_EFI} mnt/EFI/BOOT/BOOTX64.EFI
set +e
qemu-system-x86_64 \
  -m 4G \
  -bios third_party/ovmf/RELEASEX64_OVMF.fd \
  -drive format=raw,file=fat:rw:mnt \
  -device isa-debug-exit,iobase=0xf4,iosize=0x01
RETCODE=$?
set -e
if [ $RETCODE -eq 0 ]; then
  exit 0
elif [ $RETCODE -eq 3 ]; then
  printf "\nPASS\n"
  exit 0
else
  printf "\nFAIL: QEMU returned $RETCODE\n"
  exit 1
fi
```

```rust
src/lib.rs
#![no_std]
#![feature(offset_of)]
#![feature(custom_test_frameworks)]
#![test_runner(crate::test_runner::test_runner)]
#![reexport_test_harness_main = "run_unit_tests"]
#![no_main]
pub mod graphics;
pub mod qemu;
pub mod result;
pub mod uefi;
pub mod x86;
```

注5　debug_exit の中身について気になる方は、QEMU のソースコードの該当箇所を読んでみるとよいでしょう。
　　　https://github.com/qemu/qemu/blob/master/hw/misc/debugexit.c

第 3 章 ┃ メモリ管理を実装しよう──限りある資源を効率良く使えるようにする

```rust
#[cfg(test)]
pub mod test_runner;

#[cfg(test)]
#[no_mangle]
pub fn efi_main() {
    run_unit_tests()
}
```

`src/main.rs`
```rust
#![no_main]
#![feature(offset_of)]

use core::arch::asm;
use core::fmt::Write;
use core::panic::PanicInfo;
use core::writeln;
use wasabi::graphics::draw_test_pattern;
use wasabi::graphics::fill_rect;
use wasabi::graphics::Bitmap;
use wasabi::qemu::exit_qemu;
use wasabi::qemu::QemuExitCode;
use wasabi::uefi::exit_from_efi_boot_services;
use wasabi::uefi::init_vram;
use wasabi::uefi::EfiHandle;
use wasabi::uefi::EfiSystemTable;
use wasabi::uefi::MemoryMapHolder;
use wasabi::uefi::VramTextWriter;

pub fn hlt() {
    unsafe { asm!("hlt") }
}
use wasabi::x86::hlt;

#[no_mangle]
fn efi_main(image_handle: EfiHandle, efi_system_table: &EfiSystemTable) {

// << 中略 >>


#[panic_handler]
fn panic(_info: &PanicInfo) -> ! {
    loop {
        hlt()
    }
    exit_qemu(QemuExitCode::Fail);
}
```

`src/qemu.rs`
```rust
use crate::x86::hlt;
use crate::x86::write_io_port_u8;
```

```
#[derive(Debug, Clone, Copy, PartialEq, Eq)]
#[repr(u32)]
pub enum QemuExitCode {
    Success = 0x1, // QEMU will exit with status 3
    Fail = 0x2,    // QEMU will exit with status 5
}
pub fn exit_qemu(exit_code: QemuExitCode) -> ! {
    // https://github.com/qemu/qemu/blob/master/hw/misc/debugexit.c
    write_io_port_u8(0xf4, exit_code as u8);
    loop {
        hlt()
    }
}
```

`src/test_runner.rs`

```
use crate::qemu::exit_qemu;
use crate::qemu::QemuExitCode;
use core::panic::PanicInfo;

pub fn test_runner(_tests: &[&dyn FnOnce()]) -> ! {
    exit_qemu(QemuExitCode::Success)
}
#[panic_handler]
fn panic(_info: &PanicInfo) -> ! {
    exit_qemu(QemuExitCode::Fail);
}
```

`src/x86.rs`

```
use core::arch::asm;

pub fn hlt() {
    unsafe { asm!("hlt") }
}

pub fn write_io_port_u8(port: u16, data: u8) {
    unsafe {
        asm!("out dx, al",
            in("al") data,
            in("dx") port)
    }
}
```

これで、cargo test を実行すれば QEMU が一瞬立ち上がり、そして終了するはずです。

```
$ cargo test
   Compiling wasabi v0.1.0 (/home/hikalium/repo/wasabi)
    Finished `test` profile [unoptimized + debuginfo] target(s) in 0.14s
```

```
    Running unittests src/lib.rs (target/x86_64-unknown-uefi/debug/deps/wasabi- ↵
72122c6ca57f8372.efi)

PASS
```

良い感じですね！ 以降はきりの良いタイミングで、適宜 cargo build、cargo
fmt、cargo clippy、cargo test が問題なく終了することを確認すると安心して
開発を進められるでしょう。覚えておいてくださいね！

バイト単位のアロケータを実装する

さて、メモリ管理の話に戻ります。ソフトウェアの必要に応じてメモリ領域を
動的に貸し出すしくみをアロケータ（Allocator）と呼ぶのでした。では、アロケー
タは OS のほかの部分に対して、どのようなインタフェースを提供すればよいで
しょうか？

実は Rust では、そのあたりのしくみがすでに整備されています。というのも、
アロケータさえ存在すればそれ以外の OS の機能には依存しない alloc クレー
トというものが Rust には存在し、これのために実装すべきアロケータのインタ
フェースがすでに決まっているのです。ということで、alloc クレートが求める
インタフェースに沿うようにアロケータを実装することにしましょう。

core::alloc::GlobalAlloc[注6] というトレイトが、alloc クレートの期待するア
ロケータのインタフェースになります。

このトレイトのために実装する必要があるメソッドを確認してみると、なんと
たった 2 個しかありません。

```
pub unsafe trait GlobalAlloc {
    unsafe fn alloc(&self, layout: Layout) -> *mut u8;
    unsafe fn dealloc(&self, ptr: *mut u8, layout: Layout);
}
```

1 つ目の関数 alloc() がメモリを確保するメソッド、もう一つの dealloc() が
メモリを解放するメソッドになります。

注6 https://doc.rust-lang.org/core/alloc/trait.GlobalAlloc.html

バイト単位のアロケータを実装する

どちらの関数も、Layout[7]という構造体を引数にとります。これは、確保または解放されるべきメモリ領域の大きさとアライメントを示すデータになります。

メモリ領域の大きさは、その領域に必要とされるバイト数を表す整数です。アライメント（alignment）は、その領域の開始アドレスが何バイトの倍数となるべきかを表す整数です。

アライメントはなぜ必要か

低レイヤのプログラミングに慣れていない方はアライメントを意識したことがない方も多いと思いますので、ここで少し詳しく解説しましょう。

アライメントという概念が必要になる理由としては、CPUやメモリの回路的な事情と、そこから来るプログラミング上の制約が挙げられます。

● メモリの速度とバス幅

本章の冒頭で説明したとおり、CPUはメモリバスという信号線を介してメモリ上のデータの読み書きを行っています。コンピューターは電気信号を使って計算やデータの移動をしていますから、電気の伝わる速さ、もっと言えば光の速さを超えて情報を伝達することはできません。現実にはその他の物理現象も影響してさらに回路の中の信号が伝わる速度は遅くなります。たとえ光の速度で信号をやりとりできたとしても、その速度は299792458m/sつまり約0.3Gm/sとなります。1ギガ（G）は10の9乗、1ナノ（n）は10の-9乗ですから、約0.3m/nsつまり1ナノ秒で30cm程度しか進めないのです。これが、情報伝達の速度の限界です。

一方で、計算のほうはどうでしょうか？ CPUはクロックという周期的な信号にあわせて計算を進めます。初期の基本的なCPUでは、1クロックで1命令が実行されるという単純な関係がありましたが、現代のCPUは1命令あたり何クロックの時間がかかるかは、その命令の種類や実行の順序など、さまざまな事情で変化します。とはいえ、簡単な計算、たとえば数値の足し算などは、だいたい1クロックに相当する時間内に終わると思ってもらって大丈夫です。CPUのク

注7 https://doc.rust-lang.org/std/alloc/struct.Layout.html

147

ロックは近年 3GHz くらいあるのも多くなっていますから、1 クロックあたり 0.3us と考えれば、1 クロックあたりに電気信号が進める距離はたかだか 10cm 程度しかないと考えておけばよいでしょう[注8]。

さて、みなさんのコンピューターの中にあるメモリは、CPU から何 cm くらいの距離にあるでしょうか？ もし 10cm くらいの距離があると仮定すると、信号が往復するだけで 2 クロックは確実に消費してしまいます。しかもこれは理想世界での上限の話で、現実の環境ではもっともっと時間がかかることが容易に想像できます。

つまり CPU にとって、メモリとのやりとり（これをメモリアクセスと言います）は、CPU 内部で計算するよりも圧倒的に時間がかかる面倒な作業なのです。面倒な作業は誰もやりたくないですよね。筆者も、メモリと CPU の間を何往復もさせられるのは想像したくありません。なんとかしてメモリとのやりとりをする回数を減らす良い方法はないものでしょうか？

幸いなことに、賢い方法がこれまでにいくつか考案されてきました。

1 つ目は、メモリバスで一度に転送できるデータの量（これをメモリバスの幅と言います）を増やす方法です。現代のコンピューターの多くは 64 ビット幅での演算ができるので、計算対象のデータも 64 ビットの幅を持っているケースが多くあります。もしもこれを 1 回のやりとりで 1 バイトずつ転送するメモリで実現しようとすると、計算に使うデータ 8 バイトをメモリから持ってくるために 8 回もメモリとやりとりする必要があります。これはつらいですよね。ところが、1 回のやりとりで 8 バイトずつ転送するメモリがあったら、これが 8 倍の速度で終わりそうです。これが、メモリバスの幅を増やす、ということです。

一応欠点はあって、それは一度に転送するビットを増やすために、メモリと CPU をつなぐ信号線が増えてしまうというところです。これが、昔の CPU は足の本数が少なかったのに、今の CPU にはすごく大量の足が生えている一因でもあります。

●キャッシュ──よく使うものは近くに置こう

2 つ目は、メモリアクセスの局所性を利用したキャッシュ（Cache）というし

注8　コンピューターにおける時間感覚を掴む際に便利な情報が以下のページにまとまっています。
　　　https://gist.github.com/jboner/2841832

くみを利用する方法です[注9]。

　多くのプログラムが発生させるメモリアクセスには、時間・空間双方において局所性があることが知られています。空間局所性とは、あるアドレスに置かれたデータにアクセスがあった場合、その近辺のアドレスのデータもアクセスされる可能性が高いという性質を言います。また時間局所性とは、ある時点でアクセスしたアドレスには、近い将来再びアクセスする可能性が高いという性質を言います。要するに、一度アクセスしたデータやその近辺のデータは、近い将来またアクセスする可能性が高いということです。もしこれを、もっとCPUの近くにある場所に、ちょっとだけ高速なメモリを置いて保存しておいたらどうでしょうか？　なんだか便利そうな気がしますよね。

　これらのアイデアは、私達の日常生活からも見て取ることができます。たとえばお米を炊きたいな、と思ったときに、お米農家まで直接行ってお米一粒をもらって家に持ち帰るのを繰り返すのはキツすぎますよね。なので、通常お米はそこそこの量をまとめて袋に入れて販売するわけです。これが、転送単位を大きくする（バス幅を増やす）ということに相当します。さらに言えば、近所のスーパーでお米が棚に並んでいたら、お米農家まで行くよりも圧倒的に短い時間でごはんを食べられますよね。もっと言えば、家の中にお米を一定量置いておけば、しばらくはそれで食いつなげるわけです。これが、より短い時間でアクセスできる場所に頻繁に利用するデータを少量置いておく、ということに相当するわけです。まさに貯蔵庫（cache）というわけです！[注10]

　そういうわけでCPUにおけるキャッシュは、アドレスをキー、データを値としたテーブルがある程度の大きさの超高速なキャッシュメモリの上に載せられているような形で実現されています。そしてメモリにアクセスする必要が発生したら、メモリに問い合わせる前にまずはキャッシュに該当するアドレスのデータが記録されているか確認します。運良くそこにデータがあったら、メモリにアクセスせずにキャッシュに記録されていた情報をCPUに返してあげれば、CPUをそれほど待たせずに済む、というわけです。

　このとき、先ほどのバス幅の話と類似しますが、1バイトずつ記憶していたら

注9　バス幅を増やすことも広い意味では空間局所性の活用と言えるかもしれませんね！

注10　もちろん無限の資金があるなら、高速なメモリをCPUの近くにいっぱい配置した超リッチなCPUを作ることもできるかもしれません。しかしそれでは、値段が高すぎて誰も買ってくれないでしょう。お米をすぐに大量に食べたいから田んぼを家の近くに作って農家になる、もしくは米の備蓄倉庫を家のすぐ近くに建てるというような、力技の解決策は選びづらいですよね？

第 3 章 メモリ管理を実装しよう──限りある資源を効率良く使えるようにする

大変ですし、空間局所性を利用する観点からも、ある程度の範囲をまとめて記憶してあげたほうが効率的です。この、キャッシュに記憶されるメモリ上の領域の最小単位のことをキャッシュラインと言い、その大きさのことはキャッシュラインサイズと呼びます。

Linux マシンの場合、`lscpu` というコマンドが入っていれば、以下のように実行することで CPU のキャッシュの詳しい情報を取得できます。

```
$ lscpu -C
NAME ONE-SIZE ALL-SIZE WAYS TYPE        LEVEL   SETS PHY-LINE COHERENCY-SIZE
L1d      32K     144K     8 Data            1     64        1             64
L1i      64K     224K     8 Instruction     1    128        1             64
L2        2M       2M    16 Unified         2   2048        1             64
L3       10M      10M    10 Unified         3  16384        1             64
```

ここで言う COHERENCY-SIZE というのが、キャッシュラインサイズだと思っていただければよいです[注11]。つまり、上記の CPU であれば、キャッシュラインのサイズは 64 バイトになります（結構大きいですね！）。

また /proc/cpuinfo を読み出すことで CPU のモデル名なども取得できますので、一応掲載しておきます[注12]。

```
$ cat /proc/cpuinfo | grep 'name' | sort -u
model name      : 12th Gen Intel(R) Core(TM) i3-1215U
```

さて、このキャッシュというしくみですが、高速に動作しなければならないうえに、少ししかない高速なキャッシュメモリを効率良く活用する必要があるため、いろいろな工夫がなされています。特に、電子回路は「この値を検索」みたいな作業はあまり得意ではありません。得意ではないというのは、回路面積がかさんだり、複雑になってしまったりするという意味です。そのため、アドレスとデータの組を全部覚えておいて辞書引きするというのは現実的ではありません。

そこで、ある程度はアドレスから機械的にキャッシュしたデータの格納場所の

注 11　正確には「minimum amount of data in bytes transferred from memory to cache」、つまり「メモリからキャッシュにデータを転送する際の最小バイト数」である、と lscpu のソースコードには書かれています。
　　　 https://github.com/util-linux/util-linux/blob/stable/v2.41/sys-utils/lscpu.c#L168
注 12　Linux ではないマシン（macOS や Windows）では、この方法は使えません。また、実際の環境によって表示される値や種類は変化しますし、x86 以外のプロセッサ（たとえば ARM プロセッサ）を搭載したマシンでは「model name」を取得できないことがあります。

150

候補を決定し、候補の数を絞り込んだ上で、アドレスの一部が一致するデータが存在するか否かを判定する、というしくみになっています。これが、セットアソシアティブキャッシュと呼ばれるしくみです[注13]。

　たとえば上記のL1dキャッシュ[注14]を例にとってみましょう。まず、キャッシュラインサイズは64バイトです。これはちょうど2の6乗ですから、メモリアドレスの下位6ビットが0b000000から0b111111になる連続した範囲を1つのキャッシュラインとします。次に、セット数は64ですから、アドレスのさらに下位6ビットを使って、どの「セット」にこのキャッシュラインを格納するか決定します。最後にウェイ数が8となっていますが、これはつまるところ、セットのインデックスが同一になるようなキャッシュラインをいくつ保持できるかというパラメータです。つまり、ウェイ数の分だけ、同じセットに分類されるキャッシュラインを保持できるのです。それぞれのキャッシュラインが実際にはどのアドレスに対応しているのか記憶するために、上位のアドレスが各キャッシュラインには保存されていますから、これを使って今アクセスしようとしているアドレスのキャッシュが保持されているかを「検索」します。先ほど説明したとおり、回路で「検索」を実装するのは大変なので、ウェイ数は小さく抑えられているのです。一方、どのセットに格納するかを決めるのは、アドレスの一部を抜き出すよう信号線をつなげればよいだけなので、2のべき数であれば簡単に増やすことができます。実際、L1d、L1i、L2、L3と遠いキャッシュになっていくほどに、64、128、2048、16384と増えているのがわかるはずです。

●アライメントが合っていないと回路がつらい

　さて、ここまで見てきたとおり、メモリは論理的には1バイトずつアドレスが付いていますが、実際の回路的には64バイトなどの2のべきの大きさでまとめて扱われています。

　さて、ここでやっとアライメントの話に戻ってきます。たとえば、8バイトの変数をアドレス63から読み出そうとしたら、回路的にはどう動くでしょうか？

注13　もっと詳しく知りたい方は、この記事が参考になります。
　　　https://eetimes.itmedia.co.jp/ee/articles/1603/04/news032_2.html
注14　L1dキャッシュというのは、一番CPUに近い側(L1)に置かれた、データを格納するため(d)のキャッシュのことです。現実のCPUではさらに効率的なキャッシュを実現するために、多くのCPUでL1、L2、L3の3階層のキャッシュメモリが存在します。そしてL1キャッシュは命令を格納するためのL1iキャッシュと、データを格納するL1dキャッシュの2つに分かれているのです。

第3章 ┃ メモリ管理を実装しよう──限りある資源を効率良く使えるようにする

アドレス63が指すバイトは、ちょうどキャッシュラインのサイズに相当します。そしてそこから続く7バイトは、別のキャッシュラインに保存されていることになります。つまり、複数のバイトにアクセスする場合は、アドレスの選び方によっては複数のキャッシュラインをまたぐバイト列にアクセスすることになるわけです。これはつまり、8バイトのデータを読みたい場合でも、キャッシュライン1つ分のメモリアクセスで済む場合と、2つ分のメモリアクセスが必要になる場合が発生する、ということです。

このような不幸な自体を防ぐためには、まとめて読みたいバイトが同一のキャッシュラインに収まるようにしてあげればよいわけです。で、これを実現する最も簡単な方法が、アライメントを合わせるということになります。2バイトなら2の倍数のアドレスに、3バイトか4バイトなら4の倍数のアドレスに、5から8バイトなら8の倍数のアドレスに……というように、一まとめにアクセスしたいバイト数より大きい、最小の2のべきのバイト数の倍数になるようアドレスを調節してあげることが、CPUにとってやさしいデータ配置になるのです。

ちなみにx86ではアライメントが合っていないアクセスをしても、余分な時間がかかることを除けばCPUの側でがんばってよしなに動作してくれるのですが、ほかのアーキテクチャでは、そもそもアライメントが合っていないアクセスを回路的にできないことがあり、CPUがエラーを出したり、そもそも機械語として表現できなかったりすることもあります。

そういうわけで、ほとんどのプログラミング言語は、データのアライメントが合うように機械語を生成しますし、Rustなどの厳格な言語であれば、アライメントが合っていないデータの読み書きは未定義動作である、という取り決めがあったりします[注15]。

そういうわけで、メモリアロケータもデータのアライメントをちゃんと考慮してあげる必要があるのです！

■ 簡単なメモリアロケータの実装

では、簡単なメモリアロケータを実装していきましょう。

注15 ドキュメントには「Accessing (loading from or storing to) a place that is dangling or based on a misaligned pointer.」と書かれています。
https://doc.rust-lang.org/reference/behavior-considered-undefined.html

152

バイト単位のアロケータを実装する

　基本的なアイデアはこうです。メモリアロケータは、まだ誰にも使われていないメモリ領域（以降「空き領域」と呼びます）を要素とするリストを保持します。それぞれの空き領域は、その領域の開始アドレスとバイト単位でのサイズという2つの整数で表現されます。

　もし alloc() 関数が呼ばれたら、つまりメモリ確保要求が来たら、そのリストの要素を順番にチェックしていきます。もし、与えられた layout（つまり size と align）の領域を切り出せるメモリ領域が見つかったら、その分だけ当該空き領域を小さくします。このとき、空き領域の末尾から使うようにすれば、空き領域の size だけを変更すればよいことになります。そして、切り出したメモリ領域の先頭アドレスを alloc() の呼び出し元に返してあげます。これで、メモリの確保は完了です。

　もし dealloc() 関数が呼ばれたら、つまりメモリ解放要求がきたら、そのメモリ領域を空き領域のリストに追加します。そうすれば、次にまた同じような大きさの確保要求がきたときに、その空き領域は再利用されるわけです。これで、メモリの解放は完了です。

　……一見このアルゴリズムで良さそうな気がしますが、実はこの方法には実装と実用、双方の上でいくつかの問題があります。

　1つ目の問題は、空き領域のリストをいったいどこに置くのか、という問題です。メモリアロケータがない世界では、可変長のデータ構造、つまり実行時に要素数の変化するリストを使うことができないことは以前説明しました。そして、私達はメモリアロケータがない世界でメモリアロケータを作ろうとしています。しかし、そのためには空き領域のリストをどこかに置かなければいけません。空き領域の数は、メモリの使われ方によってどんどん変化していきます。もし最初は空き領域が1個だけだったとしても、ある大きさの領域を100回くらい確保したあとに、1つ飛ばしで解放していったら、細切れになった空き領域が発生しそうですよね。ですから、空き領域のリストの大きさは状況によってはどんどん大きくなってしまいそうです。……あれ？　可変長の配列を使うために、メモリアロケータが欲しくなってきますね。でも、メモリアロケータを用意するのは、ほかでもない私達 OS の仕事です。ほかの誰もやってくれません。私達しかこのコンピューターにはいないのですから。さて、どうやって解決しましょうか。

　1つの解決策は、空き領域を使ってリンクリスト（Linked List）を構築することです。というのも、空き領域は「誰も使っていないメモリ領域」です。です

153

から、メモリアロケータがそこを使ったとしても誰も文句は言いません。という
わけで、それぞれの空き領域の先頭に、その領域の大きさと、次の空き領域への
ポインタを格納しておきます。最終的に、そのチェインの先頭をグローバル変数
か何かに入れておけば、すべての空き領域がひとつながりのデータ構造として追
跡できるようになるのです。しかもメモリの確保と解放で空き領域の数が増えた
としても、リンクリストのどこかを切ってその間に新しい空き領域をつないであ
げればよいだけなので処理も重くなりません。賢いですね！

　一点注意すべきポイントとしては、空き領域が小さすぎると、その領域の大き
さと、次の空き領域へのポインタをしまうことができず、困ってしまう点です。
これを防ぐために、空き領域の最小サイズ（つまりは確保される領域の最小サイ
ズ）は、空き領域のためのリンクリストの要素をしまっておけるだけの大きさに
しておく必要があります。

　というわけで、このアルゴリズムを実装したのが以下のコードになります。そ
れぞれの領域を示すリンクリストの要素を Header という構造体で定義していま
す。この構造体の大きさは 32 バイトです。わかりやすいように HEADER_SIZE と
いう定数を定義して使用しています。

```rust
src/allocator.rs
extern crate alloc;

use crate::result::Result;
use crate::uefi::EfiMemoryDescriptor;
use crate::uefi::EfiMemoryType;
use crate::uefi::MemoryMapHolder;
use alloc::alloc::GlobalAlloc;
use alloc::alloc::Layout;
use alloc::boxed::Box;
use core::borrow::BorrowMut;
use core::cell::RefCell;
use core::cmp::max;
use core::fmt;
use core::mem::size_of;
use core::ops::DerefMut;
use core::ptr::null_mut;

pub fn round_up_to_nearest_pow2(v: usize) -> Result<usize> {
    1usize
        .checked_shl(usize::BITS - v.wrapping_sub(1).leading_zeros())
        .ok_or("Out of range")
}

/// Vertical bar `|` represents the chunk that has a Header
```

```rust
/// before: |-- prev -------|---- self --------------
/// align:  |--------|-------|-------|-------|-------|
/// after:  |--------------||-------|---------------

struct Header {
    next_header: Option<Box<Header>>,
    size: usize,
    is_allocated: bool,
    _reserved: usize,
}
const HEADER_SIZE: usize = size_of::<Header>();
#[allow(clippy::assertions_on_constants)]
const _: () = assert!(HEADER_SIZE == 32);
// Size of Header should be power of 2
const _: () = assert!(HEADER_SIZE.count_ones() == 1);
pub const LAYOUT_PAGE_4K: Layout =
    unsafe { Layout::from_size_align_unchecked(4096, 4096) };
impl Header {
    fn can_provide(&self, size: usize, align: usize) -> bool {
        // This check is rough - actual size needed may be smaller.
        // HEADER_SIZE * 2 => one for allocated region, another for padding.
        self.size >= size + HEADER_SIZE * 2 + align
    }
    fn is_allocated(&self) -> bool {
        self.is_allocated
    }
    fn end_addr(&self) -> usize {
        self as *const Header as usize + self.size
    }
    unsafe fn new_from_addr(addr: usize) -> Box<Header> {
        let header = addr as *mut Header;
        header.write(Header {
            next_header: None,
            size: 0,
            is_allocated: false,
            _reserved: 0,
        });
        Box::from_raw(addr as *mut Header)
    }
    unsafe fn from_allocated_region(addr: *mut u8) -> Box<Header> {
        let header = addr.sub(HEADER_SIZE) as *mut Header;
        Box::from_raw(header)
    }
    //
    // Note: std::alloc::Layout doc says:
    // > All layouts have an associated size and a power-of-two alignment.
    fn provide(&mut self, size: usize, align: usize) -> Option<*mut u8> {
        let size = max(round_up_to_nearest_pow2(size).ok()?, HEADER_SIZE);
        let align = max(align, HEADER_SIZE);
        if self.is_allocated() || !self.can_provide(size, align) {
            None
        } else {
            // Each char represents 32-byte chunks.
```

第3章 | **メモリ管理を実装しよう**──限りある資源を効率良く使えるようにする

```
        //
        // |-----|---------------- self --------|----------
        // |-----|------------------------        |----------
        //                                        ^ self.end_addr()
        //                               |-------|-
        //                               ^ header_for_allocated
        //                                ^ allocated_addr
        //                                          ^ header_for_padding
        //                                          ^
        // header_for_allocated.end_addr() self has enough space
        // to allocate the requested object.

        // Make a Header for the allocated object
        let mut size_used = 0;
        let allocated_addr = (self.end_addr() - size) & !(align - 1);
        let mut header_for_allocated =
            unsafe { Self::new_from_addr(allocated_addr - HEADER_SIZE) };
        header_for_allocated.is_allocated = true;
        header_for_allocated.size = size + HEADER_SIZE;
        size_used += header_for_allocated.size;
        header_for_allocated.next_header = self.next_header.take();
        if header_for_allocated.end_addr() != self.end_addr() {
            // Make a Header for padding
            let mut header_for_padding = unsafe {
                Self::new_from_addr(header_for_allocated.end_addr())
            };
            header_for_padding.is_allocated = false;
            header_for_padding.size =
                self.end_addr() - header_for_allocated.end_addr();
            size_used += header_for_padding.size;
            header_for_padding.next_header =
                header_for_allocated.next_header.take();
            header_for_allocated.next_header = Some(header_for_padding);
        }
        // Shrink self
        assert!(self.size >= size_used + HEADER_SIZE);
        self.size -= size_used;
        self.next_header = Some(header_for_allocated);
        Some(allocated_addr as *mut u8)
        }
    }
}
impl Drop for Header {
    fn drop(&mut self) {
        panic!("Header should not be dropped!");
    }
}
impl fmt::Debug for Header {
    fn fmt(&self, f: &mut fmt::Formatter) -> fmt::Result {
        write!(
            f,
            "Header @ {:#018X} {{ size: {:#018X}, is_allocated: {} }}",
            self as *const Header as usize,
```

```rust
                self.size,
                self.is_allocated()
            )
        }
    }

    pub struct FirstFitAllocator {
        first_header: RefCell<Option<Box<Header>>>,
    }

    #[global_allocator]
    pub static ALLOCATOR: FirstFitAllocator = FirstFitAllocator {
        first_header: RefCell::new(None),
    };

    unsafe impl Sync for FirstFitAllocator {}

    unsafe impl GlobalAlloc for FirstFitAllocator {
        unsafe fn alloc(&self, layout: Layout) -> *mut u8 {
            self.alloc_with_options(layout)
        }
        unsafe fn dealloc(&self, ptr: *mut u8, _layout: Layout) {
            let mut region = Header::from_allocated_region(ptr);
            region.is_allocated = false;
            Box::leak(region);
            // region is leaked here to avoid dropping the free info on the memory.
        }
    }

    impl FirstFitAllocator {
        pub fn alloc_with_options(&self, layout: Layout) -> *mut u8 {
            let mut header = self.first_header.borrow_mut();
            let mut header = header.deref_mut();
            loop {
                match header {
                    Some(e) => match e.provide(layout.size(), layout.align()) {
                        Some(p) => break p,
                        None => {
                            header = e.next_header.borrow_mut();
                            continue;
                        }
                    },
                    None => {
                        break null_mut::<u8>();
                    }
                }
            }
        }
        pub fn init_with_mmap(&self, memory_map: &MemoryMapHolder) {
            for e in memory_map.iter() {
                if e.memory_type() != EfiMemoryType::CONVENTIONAL_MEMORY {
                    continue;
                }
```

第3章 ┃ メモリ管理を実装しよう──限りある資源を効率良く使えるようにする

```
                self.add_free_from_descriptor(e);
        }
    }
    fn add_free_from_descriptor(&self, desc: &EfiMemoryDescriptor) {
        let mut start_addr = desc.physical_start() as usize;
        let mut size = desc.number_of_pages() as usize * 4096;
        // Make sure the allocator does not include the address 0 as a free
        // area.
        if start_addr == 0 {
            start_addr += 4096;
            size = size.saturating_sub(4096);
        }
        if size <= 4096 {
            return;
        }
        let mut header = unsafe { Header::new_from_addr(start_addr) };
        header.next_header = None;
        header.is_allocated = false;
        header.size = size;
        let mut first_header = self.first_header.borrow_mut();
        let prev_last = first_header.replace(header);
        drop(first_header);
        let mut header = self.first_header.borrow_mut();
        header.as_mut().unwrap().next_header = prev_last;
        // It's okay not to be sorted the headers at this point
        // since all the regions written in memory maps are not contiguous
        // so that they can't be merged anyway
    }
}
```

`src/lib.rs`

```
#![test_runner(crate::test_runner::test_runner)]
#![reexport_test_harness_main = "run_unit_tests"]
#![no_main]
pub mod allocator;
pub mod graphics;
pub mod qemu;
pub mod result;
```

`src/uefi.rs`

```
    pub fn number_of_pages(&self) -> u64 {
        self.number_of_pages
    }
    pub fn physical_start(&self) -> u64 {
        self.physical_start
    }
}

const MEMORY_MAP_BUFFER_SIZE: usize = 0x8000;
```

　アロケータの本体は FirstFitAllocator という構造体で実装されています。と

いうのも、先ほど説明したアルゴリズムが「確保しようとしている領域が最初に
はまる（Fit する）空き領域を使ってメモリを確保する」というものだったので、
このような名前にしてあります。

unsafe impl GlobalAlloc for FirstFitAllocator の impl ブロックが、alloc
クレートで求められる GlobalAlloc というメモリアロケータのインタフェー
スを実装している部分です。具体的な処理は、そこから呼び出されている
FirstFitAllocator::alloc_with_options() に実装してあります。基本的な動作
としては、loop で空き領域のリストを頭から順番に見ていき、それぞれの空き
領域に対して Header::provide() を呼び出します。provide() は、要求されてい
る大きさとアライメントを満たすようなメモリ領域を、その空き領域から切り出
すことを試みる関数です。もしその領域が小さすぎた場合は None が返ってくる
ので、諦めて次の要素を確認します。無事に切り出せた場合は代わりに Some()
が返ってくるので、切り出されたそのメモリ領域のアドレスを、メモリを必要と
する呼び出し元に返してあげます。もしリストを最後までたどっても provide()
が None しか返さなかった場合は、どうがんばっても要求されたメモリ領域を確
保できないということを示しているので、諦めて null_mut() を返しています。

Header::provide() は少し複雑ですが、落ち着いて読めば理解できるはずなの
で安心してください。この関数の先頭では、まず size と align を調整しています。
size については、より大きくなる方向に変えても動作上は問題ないはずなので、
2 のべきに切り上げています。また、size と align の双方について、HEADER_
SIZE より小さかった場合は HEADER_SIZE に修正しています。align については、
より大きな 2 のべきに変更しても、もともとのアライン制約は満たされるので、
このようにしても問題はありません。こうしておくことで、メモリ領域の切り分
けの最小単位と HEADER_SIZE を一致させることができ、Header 構造体が収まる
か収まらないかという判断をしやすくなります。次に、この領域から、要求され
た領域を切り出すことが可能であるか否かをチェックします。もし不可能であれ
ば、if の最初のケースに進み、None を返します。もし大丈夫そうであれば、実
際にこの Header から始まる空き領域を縮小することで、新しい領域を切り出し
てあげます。この際、要求されたサイズよりも HEADER_SIZE 分だけ大きな領域を
確保して、新しい領域の先頭にも Header を作っておきます。これにより、メモ
リ解放時の処理が楽になります。また、パディングが必要だった場合には、その
パディング分のメモリ領域に相当する Header も作成しておきます。そして、新

第3章 メモリ管理を実装しよう——限りある資源を効率良く使えるようにする

しく作られた Header は、もともとあった Header のチェインにつなぎこんでおきます。最後に、確保された領域の先頭アドレスを呼び出し元に返してあげればそれでおしまいです。

dealloc() の処理は非常に単純で、解放しようとしている領域のすぐ直前に置かれた Header 内部にある is_allocated のフラグを false にしているだけです。すべての Header は同一の LinkedList に一直線につながれていますから、このフラグを false にするだけで、次回以降の alloc() 呼び出しでこの領域も空き領域としてチェックされるようになるわけです。

Header を要素とするリンクリストの先頭のポインタは FirstFitAllocator::first_header に格納されており、FirstFitAllocator 構造体のインスタンス自体は ALLOCATOR という static 変数に格納しています。また、この ALLOCATOR には #[global_allocator] という修飾子（アトリビュート）が付けられています。GlobalAllocator トレイトを実装するような型の変数にこの修飾子を付けることで、Rust の alloc クレートがこのアロケータを使ってくれるようになります。

最後にもう一つ、コード中で unsafe impl Sync for FirstFitAllocator {} としている箇所があります。これは FirstFitAllocator 型の static 変数を global_allocator のために定義する際に発生するコンパイルエラーを回避するためのものです。もう少し詳しく言うと、static 変数を宣言する際には、その変数の型がスレッド間で共有しても安全なものである（つまり Sync トレイトを実装している）必要があります。そして FirstFitAllocator の現時点での実装はスレッドセーフ**ではありません**。しかし今のところこの OS には単一のスレッドしか存在せず、スレッドセーフでない型を static 変数にしても実害は発生しません。話の流れの都合上 Sync については第 4 章で解説しますので、それまではこの行を書くことで FirstFitAllocator が Sync を実装していることにしておいて、Rust コンパイラさんには黙っていてもらいましょう（良い子もそうでない人も、現実のプロダクトではまねしないでくださいね！）。

ここまでのコードを実装できたら cargo build が問題なく通ることを確認してください。結構長いコードだったので打ち間違いもあるかもしれないですが、私もよくやるので安心してください。ビルドが通るようになったら、本当にこのコードがうまく動いているのかどうか、これからテストを書いて確かめていきましょう。

160

OS のテストを Rust で書く

さて、少し前に `cargo test` が通るように修正を加えましたが、まだテストを1個も書いていないので宝の持ち腐れになっています。

ちょうどメモリアロケータという複雑なしくみを実装したところなので、1つ関数のテストを書いてみることにしましょう。カスタムテストフレームワークを使用したテストケースを書く際は、`#[test_case]` というアトリビュートをテストケースとなる関数に付けます。

テストケースとなる関数は、テストしたい対象を使った処理をしてみて、うまくいったら正常に終了し、そうでなければ `panic!()` するような関数を書けばよいです。`assert_eq!()` などの `assert` 系の関数を使えば、テストしたい対象が想定どおりの動きをしているかチェックし、もし想定と違えば `panic!()` するようなコードを簡単に書くことができます。

まずは雑に、絶対に失敗するテストを書いてみます。こういう際に便利なのが、`unimplemented!()` マクロ[注16] です。このマクロはデフォルトのメッセージの違い以外は `panic!()` と等価ですが、まだ実装されてないよ～という意思表明がコード上でできるのが便利な点です。類似のマクロとして `todo!()`[注17] もありますので、必要に応じて使い分けてみてください。

```
src/allocator.rs
        .checked_shl(usize::BITS - v.wrapping_sub(1).leading_zeros())
        .ok_or("Out of range")
}
#[test_case]
fn round_up_to_nearest_pow2_tests() {
    unimplemented!("cargo test should fail, right...?")
}

/// Vertical bar `|` represents the chunk that has a Header
/// before: |-- prev -------|---- self ---------------
```

では、`cargo test` してみましょうか。

```
$ cargo test
```

注16 https://doc.rust-lang.org/std/macro.unimplemented.html
注17 https://doc.rust-lang.org/std/macro.todo.html

```
...
PASS
```

あれ!? 通っちゃいますね、おかしいなあ……。

　種明かしをすると、本章の前半で cargo test が通るようにカスタムテストフレームワークを有効にした際に、実際に各テストケースを実行するためのコードを書き忘れていたのでした。危うく永遠に動かされないテストを実装するところでした。ちゃんと失敗するかチェックしておいてよかったですね！ このように、プログラムを書く際は、正常な動作だけを確認して満足するのではなく、異常時の動作も想定どおりかどうか、気を配るとより良いコードが書けるでしょう。

　というわけで、テスト周りの実装をもう少し追加しましょう。

シリアルポート出力の実装

　まずはテストの実行の経過を出力するために、シリアルポートへの文字出力を実装します。

　シリアルポートというのは、比較的古くからコンピューターに存在する入出力インタフェースの一つです。ほかの入出力に比べて簡単に扱うことができるため、現在でもデバッグ用に広く用いられています。昔のコンピューターには物理的なシリアルポートが生えていたことも多かったのですが、現代では一般の人にはあまり利用されないインタフェースとなりました。コネクタのサイズも大きいため、基盤上のピンにひっそりと信号が出ていたり、ちょっと特殊なケーブル[注18]を用いて接続する必要があったりと、表には出ていない場合も多くなっています。

　いずれにせよ、OS 開発者は今でもよく利用するインタフェースなので、覚えておいてくださいね！

　今回はエミュレーターを使用して開発しているので、シリアルポートに出力された文字列がターミナルに出力されるよう、QEMU の引数も追加しておきます。

`scripts/launch_qemu.sh`
```
mkdir -p mnt/EFI/BOOT/
cp ${PATH_TO_EFI} mnt/EFI/BOOT/BOOTX64.EFI
set +e
```

注18 ちょっと特殊なケーブルの例です。
　　　https://chromium.googlesource.com/chromiumos/third_party/hdctools/+/main/docs/ccd.md#suzyq-suzyqable

OS のテストを Rust で書く

```
mkdir -p log
qemu-system-x86_64 \
  -m 4G \
  -bios third_party/ovmf/RELEASEX64_OVMF.fd \
  -drive format=raw,file=fat:rw:mnt \
  -chardev stdio,id=char_com1,mux=on,logfile=log/com1.txt \
  -serial chardev:char_com1 \
  -device isa-debug-exit,iobase=0xf4,iosize=0x01
RETCODE=$?
set -e
```

`src/lib.rs`

```rust
pub mod graphics;
pub mod qemu;
pub mod result;
pub mod serial;
pub mod uefi;
pub mod x86;
```

`src/main.rs`

```rust
use wasabi::graphics::Bitmap;
use wasabi::qemu::exit_qemu;
use wasabi::qemu::QemuExitCode;
use wasabi::serial::SerialPort;
use wasabi::uefi::exit_from_efi_boot_services;
use wasabi::uefi::init_vram;
use wasabi::uefi::EfiHandle;

// << 中略 >>


#[no_mangle]
fn efi_main(image_handle: EfiHandle, efi_system_table: &EfiSystemTable) {
    let mut sw = SerialPort::new_for_com1();
    writeln!(sw, "Hello via serial port").unwrap();
    let mut vram = init_vram(efi_system_table).expect("init_vram failed");
    let vw = vram.width();
    let vh = vram.height();
```

`src/serial.rs`

```rust
use crate::x86::busy_loop_hint;
use crate::x86::read_io_port_u8;
use crate::x86::write_io_port_u8;
use core::fmt;

// c.f. https://wiki.osdev.org/Serial_Ports

pub struct SerialPort {
    base: u16,
}
impl SerialPort {
```

163

第3章 メモリ管理を実装しよう——限りある資源を効率良く使えるようにする

```rust
    pub fn new(base: u16) -> Self {
        Self { base }
    }
    pub fn new_for_com1() -> Self {
        // Use COM1 at I/O port 0x3f8
        Self::new(0x3f8)
    }
    pub fn init(&mut self) {
        // Disable all interrupts
        write_io_port_u8(self.base + 1, 0x00);
        // Enable DLAB (set baud rate divisor)
        write_io_port_u8(self.base + 3, 0x80);
        // baud rate = (115200 / BAUD_DIVISOR)
        const BAUD_DIVISOR: u16 = 0x0001;
        write_io_port_u8(self.base, (BAUD_DIVISOR & 0xff) as u8);
        write_io_port_u8(self.base + 1, (BAUD_DIVISOR >> 8) as u8);
        // 8 bits, no parity, one stop bit
        write_io_port_u8(self.base + 3, 0x03);
        // Enable FIFO, clear them, with 14-byte threshold
        write_io_port_u8(self.base + 2, 0xC7);
        // IRQs enabled, RTS/DSR set
        write_io_port_u8(self.base + 4, 0x0B);
    }
    pub fn send_char(&self, c: char) {
        while (read_io_port_u8(self.base + 5) & 0x20) == 0 {
            busy_loop_hint();
        }
        write_io_port_u8(self.base, c as u8)
    }
    pub fn send_str(&self, s: &str) {
        let mut sc = s.chars();
        let slen = s.chars().count();
        for _ in 0..slen {
            self.send_char(sc.next().unwrap());
        }
    }
}
impl fmt::Write for SerialPort {
    fn write_str(&mut self, s: &str) -> fmt::Result {
        let serial = Self::default();
        serial.send_str(s);
        Ok(())
    }
}
impl Default for SerialPort {
    fn default() -> Self {
        Self::new_for_com1()
    }
}
```

`src/x86.rs`

```rust
    unsafe { asm!("hlt") }
}
```

OS のテストを Rust で書く

```
pub fn busy_loop_hint() {
    unsafe { asm!("pause") }
}

pub fn read_io_port_u8(port: u16) -> u8 {
    let mut data: u8;
    unsafe {
        asm!("in al, dx",
            out("al") data,
            in("dx") port)
    }
    data
}
pub fn write_io_port_u8(port: u16, data: u8) {
    unsafe {
        asm!("out dx, al",
```

ここまでの変更を実装して cargo run を実行すると、QEMU の画面ではなく、QEMU を起動したターミナルの画面に Hello via serial port という文字列が出力されるはずです。

うまくいったら、次はこれを使って実際に各テストケースを実行するよう、test_runner.rs を修正しましょう。

```
src/allocator.rs
}
#[test_case]
fn round_up_to_nearest_pow2_tests() {
    unimplemented!("cargo test should fail, right...?")
    // unimplemented!("cargo test should fail, right...?")
}

/// Vertical bar `|` represents the chunk that has a Header
```

```
src/main.rs
use wasabi::graphics::Bitmap;
use wasabi::qemu::exit_qemu;
use wasabi::qemu::QemuExitCode;
use wasabi::serial::SerialPort;
use wasabi::uefi::exit_from_efi_boot_services;
use wasabi::uefi::init_vram;
use wasabi::uefi::EfiHandle;

// << 中略 >>


#[no_mangle]
fn efi_main(image_handle: EfiHandle, efi_system_table: &EfiSystemTable) {
    let mut sw = SerialPort::new_for_com1();
```

165

第3章 メモリ管理を実装しよう──限りある資源を効率良く使えるようにする

```
    writeln!(sw, "Hello via serial port").unwrap();
    let mut vram = init_vram(efi_system_table).expect("init_vram failed");
    let vw = vram.width();
    let vh = vram.height();
```

```
src/test_runner.rs
use crate::qemu::exit_qemu;
use crate::qemu::QemuExitCode;
use crate::serial::SerialPort;
use core::any::type_name;
use core::fmt::Write;
use core::panic::PanicInfo;

pub fn test_runner(_tests: &[&dyn FnOnce()]) -> ! {
pub trait Testable {
    fn run(&self, writer: &mut SerialPort);
}
impl<T> Testable for T
where
    T: Fn(),
{
    fn run(&self, writer: &mut SerialPort) {
        writeln!(writer, "[RUNNING] >>> {}", type_name::<T>()).unwrap();
        self();
        writeln!(writer, "[PASS  ] <<< {}", type_name::<T>()).unwrap();
    }
}

pub fn test_runner(tests: &[&dyn Testable]) -> ! {
    let mut sw = SerialPort::new_for_com1();
    writeln!(sw, "Running {} tests...", tests.len()).unwrap();
    for test in tests {
        test.run(&mut sw);
    }
    writeln!(sw, "Completed {} tests!", tests.len()).unwrap();
    exit_qemu(QemuExitCode::Success)
}
#[panic_handler]
fn panic(_info: &PanicInfo) -> ! {
fn panic(info: &PanicInfo) -> ! {
    let mut sw = SerialPort::new_for_com1();
    writeln!(sw, "PANIC during test: {info:?}").unwrap();
    exit_qemu(QemuExitCode::Fail);
}
```

これでもう1回 cargo test を実行してみると……？

```
Running 1 tests...
[RUNNING] >>> wasabi::allocator::round_up_to_nearest_pow2_tests
PANIC during test: PanicInfo { message: not implemented: cargo test should fail, ↵
```

166

OS のテストを Rust で書く

```
right...?, location: Location { file: "src/allocator.rs", line: 25, col: 5 }, ca ↵
n_unwind: true, force_no_backtrace: false }

FAIL: QEMU returned 5
```

　お、うまく失敗しましたね！ テストを実装していても実行していなかったら
何の意味もないので、ここで気付けてラッキーでした（今回のように「何かがそ
もそも実行されてなかった！」というミスはよくあることです。なので正しく動
くケースだけではなく、今回のように必ず失敗するケースが失敗することも確認
する習慣を付けておくと、落とし穴にハマりづらくなるのでお勧めです！）。

　では、テストケースをもう少しまともに実装しましょう。先ほど
unimplemented!() 以外は何も書かなかったテストケースの中身を、次のように
書き換えてください。

```
src/allocator.rs
}
#[test_case]
fn round_up_to_nearest_pow2_tests() {
    // unimplemented!("cargo test should fail, right...?")
    assert_eq!(round_up_to_nearest_pow2(0), Err("Out of range"));
    assert_eq!(round_up_to_nearest_pow2(1), Ok(1));
    assert_eq!(round_up_to_nearest_pow2(2), Ok(2));
    assert_eq!(round_up_to_nearest_pow2(3), Ok(4));
    assert_eq!(round_up_to_nearest_pow2(4), Ok(4));
    assert_eq!(round_up_to_nearest_pow2(5), Ok(8));
    assert_eq!(round_up_to_nearest_pow2(6), Ok(8));
    assert_eq!(round_up_to_nearest_pow2(7), Ok(8));
    assert_eq!(round_up_to_nearest_pow2(8), Ok(8));
    assert_eq!(round_up_to_nearest_pow2(9), Ok(16));
}

/// Vertical bar `|` represents the chunk that has a Header
```

　これで、テスト対象の関数 round_up_to_nearest_pow2() が期待どおりに動作
していれば、このテストも問題なく実行が完了するはずです。では、cargo test
……。

```
Running 1 tests...
[RUNNING] >>> wasabi::allocator::round_up_to_nearest_pow2_tests
[PASS   ] <<< wasabi::allocator::round_up_to_nearest_pow2_tests
Completed 1 tests!

PASS
```

167

第3章 メモリ管理を実装しよう──限りある資源を効率良く使えるようにする

よし、今度は無事にとおりました！ これで、この関数が、テストされている範囲内では正しく動作する、ということを自信を持って言えるようになります。安心ですね！

では、アロケータのテストについても実装しましょう。

```
src/allocator.rs
impl FirstFitAllocator {
    // << 中略 >>
        // so that they can't be merged anyway
    }
}

#[cfg(test)]
mod test {
    use super::*;
    use alloc::vec;

    #[test_case]
    fn malloc_iterate_free_and_alloc() {
        use alloc::vec::Vec;
        for i in 0..1000 {
            let mut vec = Vec::new();
            vec.resize(i, 10);
            // vec will be deallocatad at the end of this scope
        }
    }

    #[test_case]
    fn malloc_align() {
        let mut pointers = [null_mut::<u8>(); 100];
        for align in [1, 2, 4, 8, 16, 32, 4096] {
            for e in pointers.iter_mut() {
                *e = ALLOCATOR.alloc_with_options(
                    Layout::from_size_align(1234, align)
                        .expect("Failed to create Layout"),
                );
                assert!(*e as usize != 0);
                assert!((*e as usize) % align == 0);
            }
        }
    }

    #[test_case]
    fn malloc_align_random_order() {
        for align in [32, 4096, 8, 4, 16, 2, 1] {
            let mut pointers = [null_mut::<u8>(); 100];
            for e in pointers.iter_mut() {
                *e = ALLOCATOR.alloc_with_options(
                    Layout::from_size_align(1234, align)
                        .expect("Failed to create Layout"),
                );
```

OS のテストを Rust で書く

```
            assert!(*e as usize != 0);
            assert!((*e as usize) % align == 0);
        }
    }
}


#[test_case]
fn allocated_objects_have_no_overlap() {
    let allocations = [
        Layout::from_size_align(128, 128).unwrap(),
        Layout::from_size_align(32, 32).unwrap(),
        Layout::from_size_align(8, 8).unwrap(),
        Layout::from_size_align(16, 16).unwrap(),
        Layout::from_size_align(6000, 64).unwrap(),
        Layout::from_size_align(4, 4).unwrap(),
        Layout::from_size_align(2, 2).unwrap(),
        Layout::from_size_align(600000, 64).unwrap(),
        Layout::from_size_align(64, 64).unwrap(),
        Layout::from_size_align(1, 1).unwrap(),
        Layout::from_size_align(6000, 64).unwrap(),
        Layout::from_size_align(6000, 64).unwrap(),
        Layout::from_size_align(6000, 64).unwrap(),
        Layout::from_size_align(6000, 64).unwrap(),
        Layout::from_size_align(6000, 64).unwrap(),
        Layout::from_size_align(6000, 64).unwrap(),
        Layout::from_size_align(3, 64).unwrap(),
        Layout::from_size_align(3, 64).unwrap(),
        Layout::from_size_align(3, 64).unwrap(),
        Layout::from_size_align(3, 64).unwrap(),
        Layout::from_size_align(3, 64).unwrap(),
        Layout::from_size_align(3, 64).unwrap(),
        Layout::from_size_align(3, 64).unwrap(),
        Layout::from_size_align(3, 64).unwrap(),
        Layout::from_size_align(3, 64).unwrap(),
        Layout::from_size_align(6000, 64).unwrap(),
        Layout::from_size_align(6000, 64).unwrap(),
        Layout::from_size_align(600000, 64).unwrap(),
        Layout::from_size_align(6000, 64).unwrap(),
        Layout::from_size_align(60000, 64).unwrap(),
        Layout::from_size_align(60000, 64).unwrap(),
        Layout::from_size_align(60000, 64).unwrap(),
        Layout::from_size_align(60000, 64).unwrap(),
    ];
    let mut pointers = vec![null_mut::<u8>(); allocations.len()];
    for e in allocations.iter().zip(pointers.iter_mut()).enumerate() {
        let (i, (layout, pointer)) = e;
        *pointer = ALLOCATOR.alloc_with_options(*layout);
        for k in 0..layout.size() {
            unsafe { *pointer.add(k) = i as u8 }
        }
    }
    for e in allocations.iter().zip(pointers.iter_mut()).enumerate() {
```

第3章 メモリ管理を実装しよう——限りある資源を効率良く使えるようにする

```rust
            let (i, (layout, pointer)) = e;
            for k in 0..layout.size() {
                assert!(unsafe { *pointer.add(k) } == i as u8);
            }
        }
        for e in allocations
            .iter()
            .zip(pointers.iter_mut())
            .enumerate()
            .step_by(2)
        {
            let (_, (layout, pointer)) = e;
            unsafe { ALLOCATOR.dealloc(*pointer, *layout) }
        }
        for e in allocations
            .iter()
            .zip(pointers.iter_mut())
            .enumerate()
            .skip(1)
            .step_by(2)
        {
            let (i, (layout, pointer)) = e;
            for k in 0..layout.size() {
                assert!(unsafe { *pointer.add(k) } == i as u8);
            }
        }
        for e in allocations
            .iter()
            .zip(pointers.iter_mut())
            .enumerate()
            .step_by(2)
        {
            let (i, (layout, pointer)) = e;
            *pointer = ALLOCATOR.alloc_with_options(*layout);
            for k in 0..layout.size() {
                unsafe { *pointer.add(k) = i as u8 }
            }
        }
        for e in allocations.iter().zip(pointers.iter_mut()).enumerate() {
            let (i, (layout, pointer)) = e;
            for k in 0..layout.size() {
                assert!(unsafe { *pointer.add(k) } == i as u8);
            }
        }
    }
}
```

　それぞれのテストケースは、大まかに言うと以下のような動作をチェックして
います。

170

OS のテストを Rust で書く

- malloc_iterate_free_and_alloc()
  基本的な alloc と free の繰り返しが正しく動作する（Vec を利用）

- malloc_align()
  アライメントを大きくしながら alloc してみて正しく動作していることを確認する

- malloc_align_random_order()
  大小さまざまなアライメントで alloc してみて正しく動作していることを確認する

- allocated_objects_have_no_overlap()
  確保した領域が重複していないことを確認する

　これらのテストはあくまでも一例なので、更にテストケースを追加してみてもかまいません。では cargo test……。

```
Running 5 tests...
[RUNNING] >>> wasabi::allocator::round_up_to_nearest_pow2_tests
[PASS   ] <<< wasabi::allocator::round_up_to_nearest_pow2_tests
[RUNNING] >>> wasabi::allocator::test::allocated_objects_have_no_overlap
PANIC during test: PanicInfo { message: memory allocation of 272 bytes failed, l↵
ocation: Location { file: "/home/hikalium/.rustup/toolchains/nightly-2024-09-01-↵
x86_64-unknown-linux-gnu/lib/rustlib/src/rust/library/alloc/src/alloc.rs", line:↵
 418, col: 13 }, can_unwind: false, force_no_backtrace: false }
```

　あれ、失敗しますね。テストしておいて良かったですね！

　……原因はなんでしょうか？　あっ！　そもそもアロケータを初期化していないので、空き領域がまったく存在せず、確保に失敗しているのでしょう。うっかりしていました。

　ということで、アロケータの初期化コードを追加します。src/lib.rs の、テスト用 efi_main() を次のように書き換えます。

src/lib.rs

```
#[cfg(test)]
#[no_mangle]
pub fn efi_main() {
fn efi_main(
    image_handle: uefi::EfiHandle,
    efi_system_table: &uefi::EfiSystemTable,
) {
    let mut memory_map = uefi::MemoryMapHolder::new();
    uefi::exit_from_efi_boot_services(
        image_handle,
```

171

```
        efi_system_table,
        &mut memory_map,
    );

    allocator::ALLOCATOR.init_with_mmap(&memory_map);
    run_unit_tests()
}
```

これで cargo test すると……。

```
Running 5 tests...
[RUNNING] >>> wasabi::allocator::round_up_to_nearest_pow2_tests
[PASS  ] <<< wasabi::allocator::round_up_to_nearest_pow2_tests
[RUNNING] >>> wasabi::allocator::test::allocated_objects_have_no_overlap
[PASS  ] <<< wasabi::allocator::test::allocated_objects_have_no_overlap
[RUNNING] >>> wasabi::allocator::test::malloc_align
[PASS  ] <<< wasabi::allocator::test::malloc_align
[RUNNING] >>> wasabi::allocator::test::malloc_align_random_order
[PASS  ] <<< wasabi::allocator::test::malloc_align_random_order
[RUNNING] >>> wasabi::allocator::test::malloc_iterate_free_and_alloc
[PASS  ] <<< wasabi::allocator::test::malloc_iterate_free_and_alloc
Completed 5 tests!

PASS
```

すばらしい！ テストが通りました。これで alloc クレートの中身も使えるよ
うになったので、この先の実装も進みそうです！

ちなみに今修正したのは cargo test を実行した際にエントリポイントとなる
efi_main だけなので、cargo run した際にはまだアロケータの初期化が動いてい
ません。ということで、メモリマップの取得と UEFI BootServices からの脱却、
そしてアロケータの初期化のような、テストでも実 OS でも共通に必要となる初
期化のコードを別関数に切り出して、両方のコードパスで使うことにしましょう。

`src/init.rs`
```
use crate::allocator::ALLOCATOR;
use crate::uefi::exit_from_efi_boot_services;
use crate::uefi::EfiHandle;
use crate::uefi::EfiSystemTable;
use crate::uefi::MemoryMapHolder;

pub fn init_basic_runtime(
    image_handle: EfiHandle,
    efi_system_table: &EfiSystemTable,
) -> MemoryMapHolder {
    let mut memory_map = MemoryMapHolder::new();
    exit_from_efi_boot_services(
```

OS のテストを Rust で書く

```
        image_handle,
        efi_system_table,
        &mut memory_map,
    );
    ALLOCATOR.init_with_mmap(&memory_map);
    memory_map
}
```

`src/lib.rs`

```rust
#![no_main]
pub mod allocator;
pub mod graphics;
pub mod init;
pub mod qemu;
pub mod result;
pub mod serial;

// << 中略 >>

    image_handle: uefi::EfiHandle,
    efi_system_table: &uefi::EfiSystemTable,
) {
    let mut memory_map = uefi::MemoryMapHolder::new();
    uefi::exit_from_efi_boot_services(
        image_handle,
        efi_system_table,
        &mut memory_map,
    );

    allocator::ALLOCATOR.init_with_mmap(&memory_map);
    init::init_basic_runtime(image_handle, efi_system_table);
    run_unit_tests()
}
```

`src/main.rs`

```rust
use wasabi::graphics::draw_test_pattern;
use wasabi::graphics::fill_rect;
use wasabi::graphics::Bitmap;
use wasabi::init::init_basic_runtime;
use wasabi::qemu::exit_qemu;
use wasabi::qemu::QemuExitCode;
use wasabi::uefi::exit_from_efi_boot_services;
use wasabi::uefi::init_vram;
use wasabi::uefi::EfiHandle;
use wasabi::uefi::EfiMemoryType;
use wasabi::uefi::EfiSystemTable;
use wasabi::uefi::MemoryMapHolder;
use wasabi::uefi::VramTextWriter;
use wasabi::x86::hlt;


// << 中略 >>
```

173

第3章 ┃ メモリ管理を実装しよう──限りある資源を効率良く使えるようにする

```
fill_rect(&mut vram, 0x000000, 0, 0, vw, vh).expect("fill_rect failed");
draw_test_pattern(&mut vram);
let mut w = VramTextWriter::new(&mut vram);
for i in 0..4 {
    writeln!(w, "i = {i}").unwrap();
}
let mut memory_map = MemoryMapHolder::new();
let status = efi_system_table
    .boot_services()
    .get_memory_map(&mut memory_map);
writeln!(w, "{status:?}").unwrap();
let memory_map = init_basic_runtime(image_handle, efi_system_table);
let mut total_memory_pages = 0;
for e in memory_map.iter() {
    if e.memory_type() != EfiMemoryType::CONVENTIONAL_MEMORY {

// << 中略 >>

        "Total: {total_memory_pages} pages = {total_memory_size_mib} MiB"
    )
    .unwrap();
exit_from_efi_boot_services(
    image_handle,
    efi_system_table,
    &mut memory_map,
);
writeln!(w, "Hello, Non-UEFI world!").unwrap();
loop {
    hlt()
```

　これで main がすっきりしました。cargo test, cargo run が問題なく動作す
ることをチェックしておくとよいでしょう。

COLUMN

CONVENTIONAL_MEMORY 以外の領域の正体

　allocator に利用可能なメモリを登録する際に、UEFI から渡ってきたメモリマッ
プの要素のうち、memory_type が CONVENTIONAL_MEMORY のものだけを抜き
出して使いましたが、ほかのメモリ領域はいったい何に利用されているのでしょう
か？

　筆者が QEMU 上で WasabiOS を起動させてメモリマップを表示させてみた際に
現れた領域には、以下のようなものがありました。

・ACPI_MEMORY_NVS

OS のテストを Rust で書く

COLUMN

ACPI がスリープ周りの処理に使うための領域（OS は使用禁止）

- **ACPI_RECLAIM_MEMORY**

ACPI テーブルが置いてある領域（OS は ACPI テーブルを全部読み終わったら自由に使ってよい）

- **BOOT_SERVICES_CODE / DATA**

UEFI の Boot services で使われるコードとデータ

- **CONVENTIONAL_MEMORY**

通常の読み書きに使えるメモリ

- **LOADER_CODE**

ローダ（つまり WasabiOS）のコードが置かれている領域

- **RESERVED**

何らかの事情で予約されている OS は使用できない領域

- **RUNTIME_SERVICES_CODE / DATA**

UEFI の Runtime Services で使われるコードとデータ

詳しい解説は仕様書[注1]に譲りますが、メモリ上には私たち OS だけでなく、さらに下のレイヤでひっそりと動作するファームウェアや UEFI の Runtime Services、ACPI などのしくみが使う可能性のある領域があるのです。もちろん、ExitBootServices を呼んだ後のシステムの主導権は OS にありますが、ファームウェアの力を借りなければできないこともたくさんあるので、みんなで仲良く許された範囲のメモリ領域を使うようにしましょう。

ちなみに個人的な推し memory_type は、比較的最近仕様に追加された EfiPersistentMemory です。このタイプのメモリ領域には Non-volatile DIMM (NVDIMM)がマッピングされています。Non-volatile とは「不揮発性」という意味で、要するにここに書いた内容は電源を切っても消えません。便利そうですよね！！！（こんなレイヤの低い仕様でもいまだに追加される新機能があるの、熱い話だと思いませんか？）

……まあ、実際に NVDIMM が搭載されているコンピューターを持っている人は非常に少ないことを考えると、この領域がメモリマップに出てくる人はあまり多くないとは思いますが、QEMU に設定を追加するとエミュレーションとはいえ出現させることができるので、興味のある方は私の書いた記事[注2]を参考に遊んでみるとよいと思います。

....

注1 「Table 15.6 UEFI Memory Types and mapping to ACPI address range types」([acpi_6_5a])

注2 https://hikalium.hatenablog.jp/entry/2018/12/17/234735

175

第3章 メモリ管理を実装しよう──限りある資源を効率良く使えるようにする

デバッグを便利にする関数たちを実装する

さて、メモリアロケータの実装が一段落したところで、これからどんどんコードを実装していくことになるのですが、その前にデバッグに便利な関数をいくつか追加しておきましょう。

まずは print!() です。

```
src/lib.rs
pub mod allocator;
pub mod graphics;
pub mod init;
pub mod print;
pub mod qemu;
pub mod result;
pub mod serial;
```

```
src/main.rs
use wasabi::graphics::fill_rect;
use wasabi::graphics::Bitmap;
use wasabi::init::init_basic_runtime;
use wasabi::print;
use wasabi::qemu::exit_qemu;
use wasabi::qemu::QemuExitCode;
use wasabi::uefi::init_vram;

// << 中略 >>

#[no_mangle]
fn efi_main(image_handle: EfiHandle, efi_system_table: &EfiSystemTable) {
    print!("Booting WasabiOS...\n");
    print!("image_handle: {:#018X}\n", image_handle);
    print!("efi_system_table: {:#p}\n", efi_system_table);
    let mut vram = init_vram(efi_system_table).expect("init_vram failed");
    let vw = vram.width();
    let vh = vram.height();
```

```
src/print.rs
use crate::serial::SerialPort;
use core::fmt;

pub fn global_print(args: fmt::Arguments) {
    let mut writer = SerialPort::default();
    fmt::write(&mut writer, args).unwrap();
}

#[macro_export]
macro_rules! print {
```

176

```
        ($($arg:tt)*) => ($crate::print::global_print(format_args!($($arg)*)));
}
```

そして print!() が動くなら、同様に println!() も以下のようにして実装でき
ます。

```
src/main.rs
use wasabi::graphics::fill_rect;
use wasabi::graphics::Bitmap;
use wasabi::init::init_basic_runtime;
use wasabi::print;
use wasabi::println;
use wasabi::qemu::exit_qemu;
use wasabi::qemu::QemuExitCode;
use wasabi::uefi::init_vram;

// << 中略 >>


#[no_mangle]
fn efi_main(image_handle: EfiHandle, efi_system_table: &EfiSystemTable) {
    print!("Booting WasabiOS...\n");
    print!("image_handle: {:#018X}\n", image_handle);
    print!("efi_system_table: {:#p}\n", efi_system_table);
    println!("Booting WasabiOS...");
    println!("image_handle: {:#018X}", image_handle);
    println!("efi_system_table: {:#p}", efi_system_table);
    let mut vram = init_vram(efi_system_table).expect("init_vram failed");
    let vw = vram.width();
    let vh = vram.height();
```

```
src/print.rs
macro_rules! print {
        ($($arg:tt)*) => ($crate::print::global_print(format_args!($($arg)*)));
}

#[macro_export]
macro_rules! println {
        () => ($crate::print!("\n"));
            ($($arg:tt)*) => ($crate::print!("{}\n", format_args!($($arg)*)));
}
```

　ついでに、info!()、warn!()、error!() も実装しておきます。これで、エラーメッ
セージの最初に "Error:" とかを手動で毎回追加せずとも、統一的にわかりやす
く適切なエラーレベルを付与したログメッセージを出力できます。さらに言えば、
file!() と line!() マクロを使って、これらのマクロを呼び出したソースコード
のファイル名と行番号を取得できるので、それも表示しています。結局 print デ

第3章 メモリ管理を実装しよう──限りある資源を効率良く使えるようにする

バッグの利用頻度が一番高いのがこの世界の現実ですから、少しでもそれが楽になるしくみを作っておくのはとても重要です。

```rust
// src/main.rs
use core::fmt::Write;
use core::panic::PanicInfo;
use core::writeln;
use wasabi::error;
use wasabi::graphics::draw_test_pattern;
use wasabi::graphics::fill_rect;
use wasabi::graphics::Bitmap;
use wasabi::info;
use wasabi::init::init_basic_runtime;
use wasabi::println;
use wasabi::qemu::exit_qemu;
use wasabi::uefi::EfiMemoryType;
use wasabi::uefi::EfiSystemTable;
use wasabi::uefi::VramTextWriter;
use wasabi::warn;
use wasabi::x86::hlt;

#[no_mangle]

// << 中略 >>

    println!("Booting WasabiOS...");
    println!("image_handle: {:#018X}", image_handle);
    println!("efi_system_table: {:#p}", efi_system_table);
    info!("info");
    warn!("warn");
    error!("error");
    let mut vram = init_vram(efi_system_table).expect("init_vram failed");
    let vw = vram.width();
    let vh = vram.height();

// << 中略 >>

}

#[panic_handler]
fn panic(_info: &PanicInfo) -> ! {
fn panic(info: &PanicInfo) -> ! {
    error!("PANIC: {info:?}");
    exit_qemu(QemuExitCode::Fail);
}
```

```rust
// src/print.rs
        () => ($crate::print!("\n"));
        ($($arg:tt)*) => ($crate::print!("{}\n", format_args!($($arg)*)));
}
```

```
#[macro_export]
macro_rules! info {
        ($($arg:tt)*) => ($crate::print!("[INFO]  {}:{:<3}: {}\n",
                file!(), line!(), format_args!($($arg)*)));
}

#[macro_export]
macro_rules! warn {
        ($($arg:tt)*) => ($crate::print!("[WARN]  {}:{:<3}: {}\n",
                file!(), line!(), format_args!($($arg)*)));
}

#[macro_export]
macro_rules! error {
        ($($arg:tt)*) => ($crate::print!("[ERROR] {}:{:<3}: {}\n",
                file!(), line!(), format_args!($($arg)*)));
}
```

エラーメッセージを出力するしくみがだいぶ整ってきたので、次はバイナリの
デバッグに役立つしくみも整備しておきましょう。ここから先は、いろいろなデー
タ構造を作ったり、ハードウェアとのやりとりで使ったりするので、うまく動か
ない際にその中身が期待どおりの値になっているか、生の値を確認することは大
切です。ということで、hexdump コマンドのような形式でバイナリを出力する関
数 hexdump() を実装します。

`src/main.rs`
```
use wasabi::graphics::Bitmap;
use wasabi::info;
use wasabi::init::init_basic_runtime;
use wasabi::print::hexdump;
use wasabi::println;
use wasabi::qemu::exit_qemu;
use wasabi::qemu::QemuExitCode;

// << 中略 >>

    info!("info");
    warn!("warn");
    error!("error");
    hexdump(efi_system_table);
    let mut vram = init_vram(efi_system_table).expect("init_vram failed");
    let vw = vram.width();
    let vh = vram.height();
```

`src/print.rs`
```
use crate::serial::SerialPort;
use core::fmt;
use core::mem::size_of;
```

第3章 メモリ管理を実装しよう──限りある資源を効率良く使えるようにする

```rust
use core::slice;

pub fn global_print(args: fmt::Arguments) {
    let mut writer = SerialPort::default();

// << 中略 >>

            ($($arg:tt)*) => ($crate::print!("[ERROR] {}:{:<3}: {}\n",
                    file!(), line!(), format_args!($($arg)*)));
}

fn hexdump_bytes(bytes: &[u8]) {
    let mut i = 0;
    let mut ascii = [0u8; 16];
    let mut offset = 0;
    for v in bytes.iter() {
        if i == 0 {
            print!("{offset:08X}: ");
        }
        print!("{:02X} ", v);
        ascii[i] = *v;
        i += 1;
        if i == 16 {
            print!("|");
            for c in ascii.iter() {
                print!(
                    "{}",
                    match c {
                        0x20..=0x7e => {
                            *c as char
                        }
                        _ => {
                            '.'
                        }
                    }
                );
            }
            println!("|");
            offset += 16;
            i = 0;
        }
    }
    if i != 0 {
        let old_i = i;
        while i < 16 {
            print!("   ");
            i += 1;
        }
        print!("|");
        for c in ascii[0..old_i].iter() {
            print!(
                "{}",
                if (0x20u8..=0x7fu8).contains(c) {
```

180

OS のテストを Rust で書く

```
                *c as char
            } else {
                '.'
            }
        );
    }
    println!("|");
}
}
pub fn hexdump<T: Sized>(data: &T) {
    hexdump_bytes(unsafe {
        slice::from_raw_parts(data as *const T as *const u8, size_of::<T>())
    })
}
```

　さて、ここまで実装して cargo run を何度か実装していると、文字列の表示が
目に見えるレベルで遅いことに気付いたのではないでしょうか？　これは、文字
を 1 文字表示するたびに、フォントのデータを頭から検索しているのが要因です。

　フォントのデータは、1 文字あたりのピクセル数も文字数も固定ですから、先
にファイルの中身を配列に突っ込んでおいたほうが高速にアクセスできそうで
す。ということで、フォントデータをキャッシュするしくみを実装します。

`src/graphics.rs`

```
fn lookup_font(c: char) -> Option<[[char; 8]; 16]> {
    const FONT_SOURCE: &str = include_str!("./font.txt");
    static mut FONT_CACHE: Option<[[[char; 8]; 16]; 256]> = None;
    if let Ok(c) = u8::try_from(c) {
        let mut fi = FONT_SOURCE.split('\n');
        while let Some(line) = fi.next() {
            if let Some(line) = line.strip_prefix("0x") {
                if let Ok(idx) = u8::from_str_radix(line, 16) {
                    if idx != c {
                        continue;
                    }
                    let mut font = [['*'; 8]; 16];
                    for (y, line) in fi.clone().take(16).enumerate() {
                        for (x, c) in line.chars().enumerate() {
                            if let Some(e) = font[y].get_mut(x) {
                                *e = c;
        let font = unsafe {
            FONT_CACHE.get_or_insert_with(|| {
                let mut font = [[['*'; 8]; 16]; 256];
                let mut fi = FONT_SOURCE.split('\n');
                while let Some(line) = fi.next() {
                    if let Some(line) = line.strip_prefix("0x") {
                        if let Ok(idx) = u8::from_str_radix(line, 16) {
                            let mut glyph = [['*'; 8]; 16];
                            for (y, line) in fi.clone().take(16).enumerate() {
                                for (x, c) in line.chars().enumerate() {
```

181

第3章 メモリ管理を実装しよう——限りある資源を効率良く使えるようにする

```
                              if let Some(e) = glyph[y].get_mut(x) {
                                  *e = c;
                              }
                          }
                      }
                      font[idx as usize] = glyph;
                  }
              }
              return Some(font);
          }
      }
  }
              font
      })
  };
  Some(font[c as usize])
  } else {
      None
  }
  None
}

pub fn draw_font_fg<T: Bitmap>(
```

　これで cargo run してみると、今までとは比較にならないくらい高速に文字が表示されるようになったのではないでしょうか？ コンピューターの遅さは使う側も開発する側もストレスになるので、早め早めにこういった問題を解決しておくのはけっこう大事です。

ページング——より高度なメモリ管理を行う

　さて、デバッグ出力をいくつか実装して開発も快適になってきたところで、またメモリの話に戻ります。今度はページングの話です。

ページングとは

　繰り返しになりますが、メモリは限られた資源です。そして、それを分配するためのしくみが先ほど説明したメモリアロケータなのでした。
　メモリアロケータの抱える大きな問題の一つに、メモリの断片化があります。これは、細かい単位のメモリの確保と解放がランダムに繰り返されることで、空

き領域が細切れになってしまい、合計の空き容量は十分にあるにもかかわらず、連続したメモリ領域を確保できなくなってしまう、という現象です。

ページングというしくみを使うと、この問題を緩和できます。というのも、ページングを使えば、メモリ領域をページという単位で並べ替えて、実際には連続していないのに、まるで連続しているメモリ領域かのように見せかけることができるからです。このしくみを理解するには、まず物理アドレス空間と仮想アドレス空間という 2 種類のアドレス空間を理解する必要があります。

物理アドレス空間も仮想アドレス空間も、どちらもメモリ上の各バイトに付けられた番号という点では同一です。しかし、ページングが有効になっている場合は、CPU 上のプログラムが行うメモリアクセスは、仮想アドレスとして扱われるようになります。そして、CPU がメモリにアクセスする際は、仮想アドレスを物理アドレスに変換して、物理アドレスを用いてメモリ上のどのデータを読み書きするかを決定します。

仮想アドレスから物理アドレスへの変換は、多くの場合 CPU、もしくはそれに内蔵される MMU（*Memory Management Unit*）が自動的かつ透過的に行われます。ただし、どのような変換を行うかは、OS が CPU に指示してあげる必要があります。そのために用いられるデータ構造が、ページテーブルです。

ページング機構自体は多くの CPU で見られる一般的な概念ですが、その実装は CPU のアーキテクチャごとに異なります。ということで、次は x86_64 アーキテクチャにおけるページングについて見ていきましょう。

x86_64 におけるページング

x86_64 アーキテクチャは歴史の長いアーキテクチャで、16 ビット CPU の時代から拡張が繰り返され、現在の姿にいたっています。当初はページングという機能そのものが存在しませんでしたが、32 ビットプロテクテッドモードの時代になって、ページング機構が登場しました。ただし、32 ビット時代のページングは必須ではなく、使用しないことも可能でした。

現代の x86_64CPU のほとんどは 64 ビットロングモードに対応しており、このモードではページングの利用が必須となっています。本書では UEFI から起動される OS を開発しているので、OS のコードが UEFI によって実行される時点ですでに CPU は 64 ビットモードになっていることが UEFI の仕様で定まって

183

いますﾞ注19。したがって、特に私達がコードを書かずとも、ページング自体はすでに有効化されているのです。ありがたい話ですね！

現在のページテーブルを表示してみる

とはいえ、もう UEFI とはお別れしたはずなので、ページテーブルも私達で独自に作りたいですよね。いきなり上書きしてもよいのですが、せっかくなのでページテーブルの中身を勉強させてもらうためにも、UEFI が設定してくれていたページテーブルを画面に表示してみることにしましょう。

x86_64 を含め、たいていの CPU のページテーブルは木構造（ツリー）になっています。これはページテーブルが、ある仮想アドレスをどの物理アドレスへ変換すればよいかを、速度の面でも容量の面でも効率良く見つけ出せるデータ構造である必要があるためです。

まず速度の面についてですが、ページテーブルはある仮想アドレスに対応する物理アドレスの情報を極めて高速に見つけ出せるようなデータ構造でなければなりません。なぜなら、CPU のほぼすべてのメモリアクセスは仮想アドレスを用いて行われるため、ページング機構で少しでも時間を食ってしまうと、メモリアクセスすべてが少しずつ遅くなり、それが積み重なってコンピューターの動き全体がとんでもなく遅くなってしまうからです。そのため、基本的に「for 文を回して検索する」ようなアルゴリズムは使えません。そのため「仮想アドレスと物理アドレスのペアを書き並べて、必要になったら使うべきペアを見つけ出す」といった方法は使えません。代わりに、仮想アドレスからテーブルのどこを読めばよいのか決め打ちできるしくみが利用されます。たとえば仮想アドレス 0x12345 を変換する際は、これは仮想アドレス空間を 4KiB 単位で区切った際に 0x12 番目注20 の領域に当たりますから、ページテーブルの 0x12 番目の要素を読めばよい、と決め打ちできるわけです。

そういうわけで、ページテーブルは基本的には「仮想アドレス（の一部）をインデックスとして、変換先のページの物理アドレスを書き並べた配列」のような

注19 「2.3.4. x64 Platforms」（[uefi_2_11]）
注20 最初の要素は「0 番目」と数えた場合。このような数え方を「0-indexed」と言います。ちなみに最初の要素を「1 番目」と数える方式は「1-indexed」と言います。日本語ではそれぞれ 0 オリジン、1 オリジンと言うこともあります。

ものと言えます。しかし、もう一点解決すべき問題があります。それはテーブルの大きさです。

たとえば 64 ビットの仮想アドレスを 4KiB 単位のページに切り分けてアドレス変換するとしたら、2 の 52 乗個の変換を書き並べる必要があります。一つのページのアドレス変換に必要な情報は、雑に見積もっても変換先のページの物理アドレスに 64 ビット、つまり 8 バイトほどの大きさがあります。したがって、ベタ書きの配列でページテーブルを実現しようとすると 2 の 55 乗バイトもの大きさになります。……大きすぎてピンと来ないかもしれませんが、2 の 10 乗がだいたい 1000 ですから、キロ、メガ、ギガ、テラ、ペタ……32 ペタバイトくらい、ですかね？ ところでみなさんのコンピューターのメインメモリのサイズはギガの単位で表現できるかと思いますので、全然足りません。

これを解決するために、ページテーブルは多段階の構造になっています。x86_64 では、一つのページテーブル構造体は 4KiB の大きさとアライメントを持ちます。それぞれの構造体は大雑把に言えば、次の段階のページテーブル（もしくはページ）への物理アドレスが格納された配列になっています。アドレスは 64 ビット、つまり 8 バイトなので、一つのページテーブルは次の段階へのポインタを 512 個書き並べたものになっている、ということです。

CPU がアドレス変換を行う際に起点として参照するページテーブルでは、仮想アドレス空間全体を大雑把に分割して管理します。そして、分割された各部分の管理は、さらに次の段階のページテーブルによってもう少し細かく管理されます。これを何回か繰り返して、最終的に管理する領域の範囲がページサイズになったら、そこで変換は終了です。

実際には次の段階のページ（もしくはページテーブル）が存在しているか否かやアクセス権などの情報もこの中に詰め込まれているのですが、おそらくコードとデータを直接見てもらったほうが早いと思うので、日本語での説明はこのあたりでいったん切り上げましょう。

まずは、起点となるページテーブルのバイト列を直接表示してみます。

```
src/main.rs
    )
    .unwrap();
    writeln!(w, "Hello, Non-UEFI world!").unwrap();
    let cr3 = wasabi::x86::read_cr3();
    println!("cr3 = {cr3:#p}");
    hexdump(unsafe { &*cr3 });
```

第3章 メモリ管理を実装しよう──限りある資源を効率良く使えるようにする

```
    loop {
        hlt()
    }
```

```rust
src/x86.rs
pub fn write_io_port_u8(port: u16, data: u8) {
    // << 中略 >>
            in("dx") port)
    }
}

pub fn read_cr3() -> *mut RootPageTable {
    let mut cr3: *mut RootPageTable;
    unsafe {
        asm!("mov rax, cr3",
            out("rax") cr3)
    }
    cr3
}

pub type RootPageTable = [u8; 1024];
```

これで cargo run とすると、以下のような出力が得られます。

```
cr3 = 0x00000000bfc01000
00000000: 23 20 C0 BF 00 00 00 00 00 00 00 00 00 00 00 00 |# ..............|
```

x86_64 では、起点となるページテーブルのアドレスを CR3 というレジスタに書き込んでおくことになっています。これにより、OS などのシステムソフトウェアが CPU にページテーブルのありかを伝えることができるようになっています。

今回、cr3 の値が 0xbfc01000 になっているので、このアドレスから 4KiB のバイト列が、起点となるページテーブルのデータに相当するわけです。ページテーブルには、8 バイトを 1 エントリとして、次のレベルのページテーブルへのポインタや、その属性（読み書き可能かなど）が記録されています。実際、一番初めのエントリは 23 20 C0 BF 00 00 00 00 となっていますが、これを手動で解釈してみることにしましょう。

```
23 20 C0 BF 00 00 00 00
=> 0x00000000_BFC02023
=> 0xBFC02000 | 0x23
=> 0xBFC02000 | 0b0010_0011
```

ページング ──より高度なメモリ管理を行う

Intel の仕様書[注21] を参照すると、**図3-2** のような記述があります。

図 3-2 Intel SDM Vol.3 - Figure 4-11. Formats of CR3 and Paging-Structure Entries with 4-Level Paging and 5-Level Paging

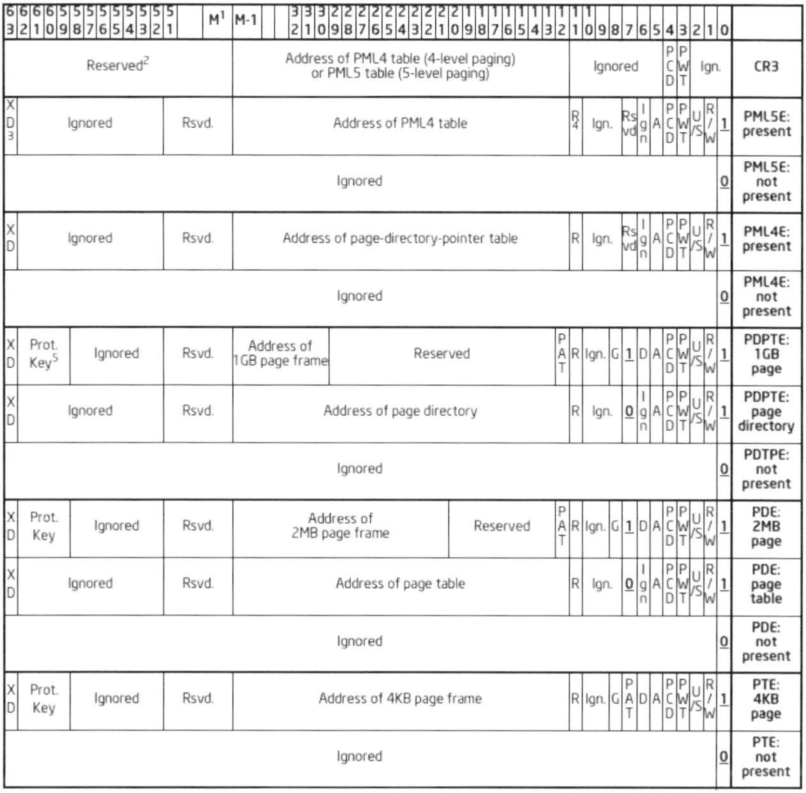

63...52	51...M	M-1...32	31...12	11...9	8	7	6	5	PCD	PWT	U/S	R/W	P	
Reserved²	Address of PML4 table (4-level paging) or PML5 table (5-level paging)			Ignored					P C D	P W T			Ign.	CR3
X D 3	Ignored	Rsvd.	Address of PML4 table	R 4	Ign.	Rs vd	Ign	A	P C D	P W T	U/S	R/W	1	PML5E: present
Ignored													0	PML5E: not present
X D	Ignored	Rsvd.	Address of page-directory-pointer table	R	Ign.	Rs vd	Ign	A	P C D	P W T	U/S	R/W	1	PML4E: present
Ignored													0	PML4E: not present
X D	Prot. Key⁵	Ignored	Rsvd.	Address of 1GB page frame / Reserved	PAT	R	Ign.	G 1 D A	P C D	P W T	U/S	R/W	1	PDPTE: 1GB page
X D	Ignored	Rsvd.	Address of page directory	R	Ign.	0 gn	A		P C D	P W T	U/S	R/W	1	PDPTE: page directory
Ignored													0	PDTPE: not present
X D	Prot. Key	Ignored	Rsvd.	Address of 2MB page frame / Reserved	PAT	R	Ign.	G 1 D A	P C D	P W T	U/S	R/W	1	PDE: 2MB page
X D	Ignored	Rsvd.	Address of page table	R	Ign.	0 gn	A		P C D	P W T	U/S	R/W	1	PDE: page table
Ignored													0	PDE: not present
X D	Prot. Key	Ignored	Rsvd.	Address of 4KB page frame	R	Ign.	G A D A		P C D	P W T	U/S	R/W	1	PTE: 4KB page
Ignored													0	PTE: not present

Figure 4-11. Formats of CR3 and Paging-Structure Entries with 4-Level Paging and 5-Level Paging

Intel 64 and IA-32 Architectures Software Developer's Manual Volume 3 (3A, 3B, 3C, & 3D): System Programming Guide, Order Number: 325384-084US, Dec 2024, https://cdrdv2.intel.com/v1/dl/getContent/671447, p.4-32 Vol. 3A, "Figure 5-11. Formats of CR3 and Paging-Structure Entries with 4-Level Paging and 5-Level Paging"

いろいろ書いてありますが、大雑把に言うと、今回は 4-level paging を使うので、一番根本の構造体は PML4 というテーブルになります。そのテーブルの要素 PML4 Entry（PML4E）は、次の Page-directory-pointer table（PDPT）

注21 「Figure 5-11. Formats of CR3 and Paging-Structure Entries with 4-Level Paging and 5-Level Paging」（[sdm_vol3]）

187

を指すアドレスが真ん中あたりにあり、LSB 側 8 ビットは以下のような構造に
なっています。

```
0b0XAC_TUWP
```

・ O：0 固定
・ X：無視される（なんでもよい）
・ A：このエントリがメモリアクセスに使われたときに CPU が 1 にする
・ C：このアドレス範囲のキャッシュの有効／無効を制御する
・ T：このアドレス範囲の書き込みキャッシュの挙動を制御する
・ U：このアドレス範囲のユーザーモードからのアクセスを制御する
・ W：このアドレス範囲への書き込みアクセスを制御する
・ P：このエントリの内容が有効な際は 1, そうでなければ 0

　これに従って先ほどの値を解釈してみると、

```
0b0010_0011
0b0XAC_TUWP
      │ │ │  └─ P == 1 ： このエントリの内容は有効
      │ │ └─── W == 1 ： 書き込みアクセスを許可する
      │ └───── A == 1 ： このエントリは使われたことがある（アクセス済み）
```

ということになります。

　さて、ではもう 1 段階深く潜ってみましょう。エントリのインデックスを
指定したら、次のページがある場合はそのアドレスを返してくれるような関数
next_level() と、それに必要な諸々を作りましょう。

```rust
// src/main.rs
    writeln!(w, "Hello, Non-UEFI world!").unwrap();
    let cr3 = wasabi::x86::read_cr3();
    println!("cr3 = {cr3:#p}");
    hexdump(unsafe { &*cr3 });
    let t = Some(unsafe { &*cr3 });
    println!("{t:?}");
    let t = t.and_then(|t| t.next_level(0));
    println!("{t:?}");
    let t = t.and_then(|t| t.next_level(0));
    println!("{t:?}");
    let t = t.and_then(|t| t.next_level(0));
```

ページング ── より高度なメモリ管理を行う

```rust
        println!("{t:?}");
        loop {
            hlt()
        }
```

src/x86.rs
```rust
use crate::result::Result;
use core::arch::asm;
use core::fmt;
use core::marker::PhantomData;

pub fn hlt() {
    unsafe { asm!("hlt") }
}

// << 中略 >>

pub fn write_io_port_u8(port: u16, data: u8) {
    // << 中略 >>
    }
}

pub fn read_cr3() -> *mut RootPageTable {
    let mut cr3: *mut RootPageTable;
pub fn read_cr3() -> *mut PML4 {
    let mut cr3: *mut PML4;
    unsafe {
        asm!("mov rax, cr3",
            out("rax") cr3)

// << 中略 >>

pub fn read_cr3() -> *mut RootPageTable {
    // << 中略 >>
    cr3
}

pub type RootPageTable = [u8; 1024];
pub const PAGE_SIZE: usize = 4096;
const ATTR_MASK: u64 = 0xFFF;
const ATTR_PRESENT: u64 = 1 << 0;
const ATTR_WRITABLE: u64 = 1 << 1;
const ATTR_WRITE_THROUGH: u64 = 1 << 3;
const ATTR_CACHE_DISABLE: u64 = 1 << 4;

#[derive(Debug, Copy, Clone)]
#[repr(u64)]
pub enum PageAttr {
    NotPresent = 0,
    ReadWriteKernel = ATTR_PRESENT | ATTR_WRITABLE,
    ReadWriteIo =
        ATTR_PRESENT | ATTR_WRITABLE | ATTR_WRITE_THROUGH | ATTR_CACHE_DISABLE,
}
```

第3章 メモリ管理を実装しよう──限りある資源を効率良く使えるようにする

```rust
#[derive(Debug, Eq, PartialEq)]
pub enum TranslationResult {
    PageMapped4K { phys: u64 },
    PageMapped2M { phys: u64 },
    PageMapped1G { phys: u64 },
}

#[repr(transparent)]
pub struct Entry<const LEVEL: usize, const SHIFT: usize, NEXT> {
    value: u64,
    next_type: PhantomData<NEXT>,
}
impl<const LEVEL: usize, const SHIFT: usize, NEXT> Entry<LEVEL, SHIFT, NEXT> {
    fn read_value(&self) -> u64 {
        self.value
    }
    fn is_present(&self) -> bool {
        (self.read_value() & (1 << 0)) != 0
    }
    fn is_writable(&self) -> bool {
        (self.read_value() & (1 << 1)) != 0
    }
    fn is_user(&self) -> bool {
        (self.read_value() & (1 << 2)) != 0
    }
    fn format(&self, f: &mut fmt::Formatter) -> fmt::Result {
        write!(
            f,
            "L{}Entry @ {:#p} {{ {:#018X} {}{}{} ",
            LEVEL,
            self,
            self.read_value(),
            if self.is_present() { "P" } else { "N" },
            if self.is_writable() { "W" } else { "R" },
            if self.is_user() { "U" } else { "S" }
        )?;
        write!(f, " }}")
    }
    fn table(&self) -> Result<&NEXT> {
        if self.is_present() {
            Ok(unsafe { &*((self.value & !ATTR_MASK) as *const NEXT) })
        } else {
            Err("Page Not Found")
        }
    }
}
impl<const LEVEL: usize, const SHIFT: usize, NEXT> fmt::Display
    for Entry<LEVEL, SHIFT, NEXT>
{
    fn fmt(&self, f: &mut fmt::Formatter) -> fmt::Result {
        self.format(f)
    }
}
```

```rust
impl<const LEVEL: usize, const SHIFT: usize, NEXT> fmt::Debug
    for Entry<LEVEL, SHIFT, NEXT>
{
    fn fmt(&self, f: &mut fmt::Formatter) -> fmt::Result {
        self.format(f)
    }
}

#[repr(align(4096))]
pub struct Table<const LEVEL: usize, const SHIFT: usize, NEXT> {
    entry: [Entry<LEVEL, SHIFT, NEXT>; 512],
}
impl<const LEVEL: usize, const SHIFT: usize, NEXT: core::fmt::Debug>
    Table<LEVEL, SHIFT, NEXT>
{
    fn format(&self, f: &mut fmt::Formatter) -> fmt::Result {
        writeln!(f, "L{}Table @ {:#p} {{", LEVEL, self)?;
        for i in 0..512 {
            let e = &self.entry[i];
            if !e.is_present() {
                continue;
            }
            writeln!(f, "  entry[{:3}] = {:?}", i, e)?;
        }
        writeln!(f, "}}")
    }
    pub fn next_level(&self, index: usize) -> Option<&NEXT> {
        self.entry.get(index).and_then(|e| e.table().ok())
    }
}
impl<const LEVEL: usize, const SHIFT: usize, NEXT: fmt::Debug> fmt::Debug
    for Table<LEVEL, SHIFT, NEXT>
{
    fn fmt(&self, f: &mut fmt::Formatter) -> fmt::Result {
        self.format(f)
    }
}

pub type PT = Table<1, 12, [u8; PAGE_SIZE]>;
pub type PD = Table<2, 21, PT>;
pub type PDPT = Table<3, 30, PD>;
pub type PML4 = Table<4, 39, PDPT>;
```

これで cargo run すると、以下のような出力が得られます。

```
cr3 = 0x00000000bfc01000
Some(L4Table @ 0x00000000bfc01000 {
  entry[  0] = L4Entry @ 0x00000000bfc01000 { 0x00000000BFC02023 PWS  }
}
)
Some(L3Table @ 0x00000000bfc02000 {
  entry[  0] = L3Entry @ 0x00000000bfc02000 { 0x00000000BFC03023 PWS  }
```

```
...
  entry[ 63] = L3Entry @ 0x00000000bfc021f8 { 0x00000000BFC42003 PWS  }
}
Some(L2Table @ 0x00000000bfc03000 {
  entry[  0] = L2Entry @ 0x00000000bfc03000 { 0x00000000000000E3 PWS  }
...
  entry[511] = L2Entry @ 0x00000000bfc03ff8 { 0x000000003FE00083 PWS  }
}
)
None
```

これを出力しているコードを再掲しておきますね。

src/x86.rs の変更箇所抜粋

```
    let t = Some(unsafe { &*cr3 });
    println!("{t:?}");
    let t = t.and_then(|t| t.next_level(0));
    println!("{t:?}");
    let t = t.and_then(|t| t.next_level(0));
    println!("{t:?}");
    let t = t.and_then(|t| t.next_level(0));
    println!("{t:?}");
```

つまり、ルートのページテーブルから順に、各テーブルのインデックス0の要素を
たどっていったものを表示しているわけです。図に示すと図3-3のような感じです。

今回の例では、CR3に設定されているアドレス0xbfc01000にルートの
ページテーブル（L4 Table）が存在します。その最初の要素entry[0]の値は
0xbfc02023となっていますが、下位12ビットはフラグなのでこれを無視した
0xbfc02000という値が、次の段階のページテーブル（L3 Table）のアドレスに
なります。同様にしてL3 Tableのentry[0]からは、さらに次のページテーブ
ル（L2 Table）のアドレス0xbfc03000が得られるので、今度はこれのentry[0]
を確認すると、次のアドレスは0x00000000となっています。

x86_64のページングでは4KiBが基本的なページの大きさです。しかし、実
は大きな範囲をマップする際にページテーブルをたくさん作らなくても済むよう
にする機能が存在します。これは、中間のページテーブルを何段階かスキップし
て、そのインデックスのために使われていた仮想アドレスのビットをページ内オ
フセットの拡張に使うことで実現されます。これは「Huge page」（直訳すると「巨
大なページ」）、もしくはより正確にその大きさをとって「2MiB page」とか「1GiB
page」と呼ばれています。このときの仮想アドレスのビット構造を図示すると、
図3-4のようになります。

ページング —— より高度なメモリ管理を行う

図 3-3 ページテーブルの各階層でインデックス 0 をたどった際の様子

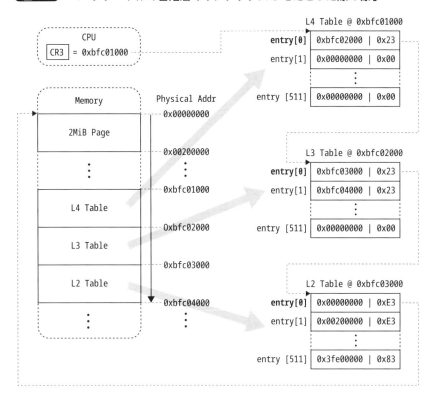

図 3-4 仮想アドレスの構造（通常の 4KiB page の場合と Huge page(2MiB, 1GiB) の場合）

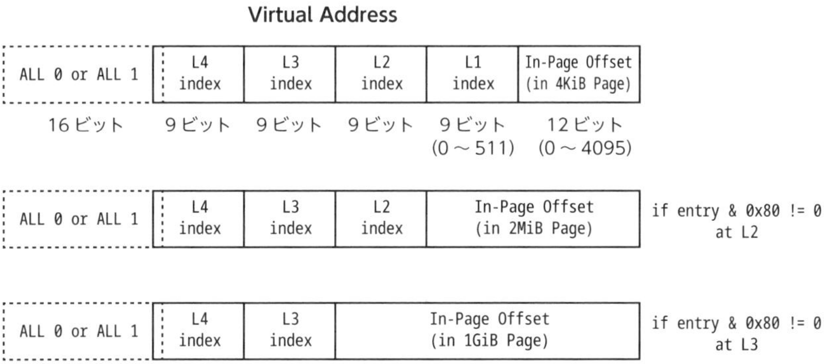

Huge page が用いられているか否かは、L2 もしくは L3 ページテーブルのエントリの 7 ビット目を参照するとわかるようになっています。今回の場合、L2 テーブルの entry[0] の bit7 が 1 でした[注22]から、このエントリが指す先は L1 テーブルではなく、2MiB page になるのです。

そういうわけで、ページテーブルの各段階で index 0 をずっとたどってきたら 2MiB page にたどり着きました。そして、この 2MiB page の物理アドレスは、L2 ページテーブルの entry[0] に書かれている情報から、0x00000000 であるとわかりました。言い換えれば、L4、L3、L2 のインデックスがすべて 0 になるような仮想アドレスは、物理アドレス 0x00000000 から始まる 2MiB の領域にマッピングされている、ということです。

たとえば仮想アドレス 0 は、L4、L3、L2 のインデックスがすべて 0 になる仮想アドレスです（全ビットが 0 なので当然ですね！）。そして、仮想アドレス 0 が含まれる 2MiB の領域（つまり 0 以上 ~2MiB 未満の範囲）が、物理アドレス 0 から始まる領域にマッピングされている、ということがわかったわけです。結局、仮想アドレス 0 は物理アドレス 0 に変換されるというわけですね。

……え、すごく大変な変換をしてきたのに、結局何も変わらないじゃないか！と思われたかもしれませんが、これで想定どおりです。UEFI の仕様では、ページテーブルが物理アドレスと仮想アドレスが等価になる、同値マップ（*Identity Mapping*）となるように設定されていると決められています[注23]。なので、間違ったことは何もしていません。安心してください。

まあ x86_64 の 64 ビットモードではページングが必須ですからね。しかたないのです。それでも CPU が完全に無駄なことをしているのかと言われるとそうではありません。次は、ページングと例外処理について見ていきましょう。

動作確認のために割り込み処理・例外処理を実装する

無事にページテーブルが読めたので、次は割り込み処理、もしくは例外処理と呼ばれるしくみを実装します。これを実装しておけばページングの動作確認も容易になるため、今のうちにやっておきましょう。

注 22 これはエントリの値と 0x80 の論理積が 0 でないことからわかります。0x80 == 1 << 7 だからです。
注 23 「2.3.4. x64 Platforms」（[uefi_2_11]）

ページング —— より高度なメモリ管理を行う

　プログラム実行中に予期せぬ事態が発生した場合、CPU は通常の命令実行の
流れを中断し、特定の処理ルーチン（割り込みハンドラ）に制御を移します。こ
れを（広義の）割り込みと言います。ここで言う「予期せぬ事態」にはさまざま
なものがあり、大きく分けて CPU の命令実行に伴って発生するものと、そうで
ないものの 2 通りに分けられます。前者は同期割り込み、後者は非同期割り込
みと言われることもあります。

　たとえば 0 で割り算をしようとすると、結果が未定義なので、x86_64 では「ゼ
ロ除算例外」が発生するようになっています。これは、0 で割るという命令を実
行したことが要因なので、同期割り込みに分類されます。同期割り込みは「例外」
（Exception）と呼ばれることもあります。一方、外部デバイス、たとえばキーボー
ドのキーが押されたということを知らせる割り込みは、CPU が実行している命
令とは関係なく発生する事象なので、非同期割り込みに分類されます。非同期割
り込みのことを、単に（狭義の）「割り込み」と呼ぶこともあります。

　いずれにせよ、割り込みには色々な要因があるので、その類型ごとに割り込み
番号という数値（0 ~ 255）が割り当てられています。そしてその番号ごとに、
異なる割り込みハンドラを設定できるようになっています。この、割り込み番号
ごとの設定を書き並べたデータ構造のことを、x86_64 では割り込み記述子テー
ブル（IDT：*Interrupt Descriptor Table*）と呼びます。

IDT の各エントリを表す構造体

```
pub struct IdtDescriptor {
    offset_low: u16,  // ❶
    segment_selector: u16,
    ist_index: u8,
    attr: IdtAttr,    // ❷
    offset_mid: u16,  // ❸
    offset_high: u32, // ❹
    _reserved: u32,
}
```

　実装の全体像は後ほど説明しますが、まずは IDT の各エントリを表す構造体
IdtDescriptor を見てみましょう。この構造体は、対応する割り込みが発生した
際に呼ばれるべき割り込みハンドラのアドレス（これは歴史的事情により❶❸❹
の 3 つに分割されて格納されています）や、そのハンドラの種類などの情報（❷）
が記述されています。この情報は CPU が割り込みを処理する際に参照され、そ
のエントリに書かれた内容に従ってレジスタなどの情報が設定されてから、例外

195

ハンドラへと処理が移ります。

OSはIDT（= `IdtDescriptor` の配列）をメモリ上に構築したあと、CPUに
IDTの場所を知らせる必要があります。このために用いられる命令がLIDT（*Load
Interrupt Descriptor Table*）です。この命令にIDTのベースアドレスとサイズを
記述したデータ構造 `IdtrParameters` へのポインタを渡すことで、CPUは以降
の例外や割り込みを処理する際に、ここで設定されたIDTを参照するようにな
ります。

```
IDT 初期化の大まかな流れ
        let mut entries = [IdtDescriptor::new(
            segment_selector,
            1,
            IdtAttr::IntGateDPL0,
            int_handler_unimplemented,
        ); 0x100];

        // << 中略 - 各割り込みごとに IdtDescriptor を設定する >>



        let limit = size_of_val(&entries) as u16;
        let entries = Box::pin(entries); // IDT を Pin してアドレスを固定する
        let params = IdtrParameters {
            limit,                 // IDT のサイズ
            base: entries.as_ptr(), // IDT のベースアドレス
        };
        unsafe {
            asm!("lidt [rcx]", // LIDT 命令で CPU に IDT の場所を教える
                in("rcx") &params);
        }
```

もう一点、IDTを設定するのに先立って設定する必要のあるものが存在しま
す。それが、GDT（*Global Descriptor Table*）です。

● GDT——コンピューター黎明期、8086 時代の遺物

GDTは、x86におけるセグメンテーションという機能に深く関係しています。
セグメンテーションは当初、16ビット時代（Intel 8086などの時代）のx86アー
キテクチャにおいて、16ビットで表現できるメモリアドレスよりも大きなメモ
リ領域にアクセスできるようにするためのしくみとして導入されました。このと
きのセグメンテーションでは、16ビットのセグメントレジスタの値が左に4ビッ
トシフトされて20ビットのベースアドレスが生成されました。そして、プログ

ラム中で指定される 16 ビットのアドレスは、この 20 ビットのベースアドレス
と足し合わされて 20 ビットの物理アドレスへと変換され、メモリアクセスに利
用される、というものでした[注24]。このしくみにより、単に 16 ビットのアドレス
では 2 の 16 乗、つまり 64KiB の物理アドレス空間しか扱えなかったのが、4 ビッ
ト増えて 16 倍、つまり 1MiB の物理アドレス空間を扱えるようになったのです。

　その後 x86 アーキテクチャが 32 ビット幅に拡張された際に、セグメンテーショ
ンは単なるアドレス拡張の機構ではなく、メモリ保護に関する役割も担うしくみ
へと進化しました。このとき、ついに GDT というものが導入されたのです。

　32 ビット時代のセグメンテーションでも、セグメントレジスタがメモリアド
レスの変換に関与していたという点は変わりません。しかし、セグメントレジス
タの値そのものがアドレス計算に使われたわけではありませんでした。32 ビッ
ト時代のセグメントレジスタには、GDT のインデックスとメモリ保護に関する
情報が詰まった「セグメントセレクタ」という 16 ビットの情報が格納されるよ
うになったのです。そして、セグメントセレクタの情報から GDT 内のエントリ
を参照し、そこに書かれたベースアドレスやメモリ保護に関する情報を利用して、
アドレス変換などが行われるようになったのです。

　GDT の各エントリには、ベースアドレス、リミット（サイズ）、アクセス権限（読
み取り専用、書き込み可能、実行可能など）、そして特権レベルなどが格納され
ています。セグメントレジスタは合計で 6 つ（CS、DS、ES、FS、GS、SS）存
在します。デフォルトでは、CS レジスタは CPU が命令をメモリから読むとき
に利用され、DS レジスタはそれ以外のデータアクセスに使われるようになって
いました。

　そして驚くべきことに、現代の 64 ビットロングモードにおいてもいまだにセ
グメントレジスタや GDT というしくみは存在します。しかし、その機能の大部
分は実質的に廃止され、ごく限られた部分だけが今も活用されています[注25]。

　今回、割り込み処理を実装するにあたって GDT を触る必要が出てくるのは、
TSS（*Task State Segment*）と呼ばれる構造体の設定と、コードセグメント／デー
タセグメントの設定になります。

注24 「21.1 REAL-ADDRESS MODE」（[sdm_vol3]）
注25 「7.7 TASK MANAGEMENT IN 64-BIT MODE」（[sdm_vol3]）

第3章 ┃ メモリ管理を実装しよう——限りある資源を効率良く使えるようにする

● TSS ——割り込み時のスタック切り替えを制御する

　TSS は、32 ビット時代に CPU の機能としてタスクスイッチ機構が導入された際に誕生しました。タスクスイッチ機構は、OS などが複数のプログラムを時分割で切り替えながら実行する際に、各プログラムが利用している CPU の状態をメモリに退避させたり、メモリから復元するのを支援したりする機構でした。たしかにこの機能は便利なのですが、ハードウェアで実装されているために制約も多く、64 ビットモードではセグメンテーションと同様に実質的に無効化されてしまいました。

　それでも、TSS がいまだに活用されている数少ない部分の一つに、割り込み発生時のスタック切り替え機構の設定があります。

　割り込みは CPU の中でもかなり重い処理の一つです。重いというのは時間がかかるという意味だけではなく、抽象的な役割としても重大なものであるという意味です。というのも、先ほど説明したとおり、割り込みはさまざまな状況で発生し、時にはハードウェア的もしくはソフトウェア的に危機的な状況で発生することも多々あります。それに外部割り込みにいたっては、それがいつ発生するか予想できません。というわけで、たとえ現在の CPU がどのような状態であっても、できる限り安全に割り込みハンドラを呼び出すためのしくみが必要となるのです。

　その安全策の一環として、スタックの自動切り替えという機能が存在します。スタックは、関数呼び出しが行われた際には戻り先のアドレスを保管するために使われますし、ローカル変数などを置く場所としても活用されます。しかし、スタックは常にアクセスできるものとは限りません。スタックの大きさには限りがありますし、スタックポインタ（RSP）の設定を間違えて、アクセスできないメモリにアクセスしようとしてしまう可能性だってあります。スタックを使い果たしたり、アクセスできないメモリにスタックが突入してしまったりした際にそれを検出して止めるのはいったい誰でしょうか？ そうです、CPU です。もっと言えば、そういうことが起きた際には CPU が割り込みを発生させて OS に判断を仰ぐわけです。

　さて、割り込みが発生した際、CPU の状態が保存されるという話をしましたが、これはどこに保存されるのでしょうか？ ……そうです、スタックに保存されます。

　おや？ スタックにアクセスできないのが原因で例外が発生したのに、例外処

ページング —— より高度なメモリ管理を行う

理の一環として CPU がスタックに書き込もうとすると、なんだか危険そうじゃ
ないですか？　はい。おそらくどうしようもなくなって、CPU がリセットされて
しまいます。それは困りますよね……。

そんなこともあろうかと！ Intel の人々はちゃんと解決策を用意してくれてい
ます。それが、IST（*Interrupt Stack Table*）と呼ばれるしくみです（今回テーブ
ルの話ばっかりしてますね……まあメモリも実質テーブルなので、コンピュー
ターはテーブルをいっぱい読み書きする機械だということで納得してくださ
い！）。

IST は 1 番から 7 番までの 7 つのスタックポインタを設定できる配列で、
TSS の中に存在します。実装から抜粋するとこんな感じです。

```
TSS64 の構造体とその中にある IST
struct TaskStateSegment64Inner {
    _reserved0: u32,
    _rsp: [u64; 3], // for switch into ring0-2
    _ist: [u64; 8], // ist[1]~ist[7] (ist[0] is reserved) << HERE!
    _reserved1: [u16; 5],
    _io_map_base_addr: u16,
}
```

なぜ IST の 0 番は使われていないのかと言うと、0 番が設定されていた場合
は「IST がなかった頃の挙動をする」という意味になっているためです。

ちょっと謎な仕様に一見見えますが、こうなったのには理由があります。ある
割り込みが起きた際に IST のどの要素を参照してスタックを切り替えるのかに
ついては、先ほどの IdtDescriptor の中にあった ist_index というメンバで設定
することになっています。

```
IST のどの要素を使うかは IDT のエントリで設定している
pub struct IdtDescriptor {
    offset_low: u16,
    segment_selector: u16,
    ist_index: u8, // << HERE!
    attr: IdtAttr,
    offset_mid: u16,
    offset_high: u32,
    _reserved: u32,
}
```

そしてこの ist_index がある場所は、IST のしくみがない 32 ビットモードの
頃までは予約（Reserved）された領域となっており、0 を入れることが仕様で

199

第3章 ▌メモリ管理を実装しよう──限りある資源を効率良く使えるようにする

定められていました。そのため、ここが0だったら旧来の動作をすると定義することで、過去の仕様との一貫性を維持したまま、新しい機能を追加することができたのです。これでみなさんも、仕様書で Reserved と書かれている領域には仕様書で定められているとおりの値を書き込むことの大切さがわかっていただけたのではないでしょうか？

話を戻して、ここまで来ればあとは TSS をよしなに作って CPU に設定してあげればよいわけです。具体的には、GDT の中に TSS を表現した `TaskStateSegment64Descriptor` というエントリを設定し、そのエントリに対応するセグメントセレクタ（要するに GDT の何番目の要素かという情報）を引数に渡して LTR（*Load Task Register*）命令を実行することで、TSS を CPU に設定できます。

```
TSS を CPU にロードするまでの大まかな流れ
impl GdtWrapper {
    pub fn load(&self) {

        // << 中略 - GDT を CPU に設定する >>


        info!("Loading TSS ( selector = {:#X} )", TSS64_SEL);
        unsafe {
            asm!("ltr cx", // << TSS が GDT の何番目にあるか CPU に教える
                in("cx") TSS64_SEL);
        }
    }
}
```

▌コードセグメントとデータセグメントの設定

もう1点、GDT で設定しなければならないのは、コードセグメントとデータセグメントになります。

64ビットモードになって、セグメンテーションの機能のうち、アドレス変換に関わる部分は無効化されました。というのも、もうアドレスが64ビット幅で扱えるようになったので、昔のレジスタ幅がメモリサイズより小さかった時代のように、なんとかやりくりしてより大きなビット幅のメモリアドレスを生成する必要などなくなったからです。

しかし、権限レベルや属性に基づいた保護を提供するという面でのセグメン

テーション機構はいまだに健在で、セグメントの種類や属性は適切に設定する必要があります。そのため、今回は OS 用のコードとデータそれぞれに対応するセグメントを作成し、先ほど解説した TSS とあわせて GDT を構成するようにしています。

GDT の初期化コード抜粋

```
pub const BIT_TYPE_DATA: u64 = 0b10u64 << 43; // データ領域
pub const BIT_TYPE_CODE: u64 = 0b11u64 << 43; // コード領域

pub const BIT_PRESENT: u64 = 1u64 << 47;       // このセグメントは存在する
pub const BIT_CS_LONG_MODE: u64 = 1u64 << 53; // ロングモード（64bit モード）
pub const BIT_CS_READABLE: u64 = 1u64 << 53;  // 読み込み可能
pub const BIT_DS_WRITABLE: u64 = 1u64 << 41;  // 書き込み可能

#[repr(u64)]
enum GdtAttr {
    KernelCode =
        BIT_TYPE_CODE | BIT_PRESENT | BIT_CS_LONG_MODE | BIT_CS_READABLE,
    KernelData = BIT_TYPE_DATA | BIT_PRESENT | BIT_DS_WRITABLE,
}

pub const KERNEL_CS: u16 = 1 << 3; // セグメントセレクタの LSB 3bit は
pub const KERNEL_DS: u16 = 2 << 3; // 別の情報 (RPL, TI) を入れる場所のため
pub const TSS64_SEL: u16 = 3 << 3; // GDT のインデックスは左に 3 ビットシフトする

#[repr(u64)]
enum GdtAttr {
    KernelCode =
        BIT_TYPE_CODE | BIT_PRESENT | BIT_CS_LONG_MODE | BIT_CS_READABLE,
    KernelData = BIT_TYPE_DATA | BIT_PRESENT | BIT_DS_WRITABLE,
}

impl Default for GdtWrapper {
    fn default() -> Self {
        let tss64 = TaskStateSegment64::new();
        let gdt = Gdt {
            null_segment: GdtSegmentDescriptor::null(),
            kernel_code_segment: GdtSegmentDescriptor::new(GdtAttr::KernelCode),
            kernel_data_segment: GdtSegmentDescriptor::new(GdtAttr::KernelData),
            task_state_segment: TaskStateSegment64Descriptor::new(
                tss64.phys_addr(),
            ),
        };
        let gdt = Box::pin(gdt);
        GdtWrapper { inner: gdt, tss64 }
    }
}
```

割り込み関連の初期化

　これで IDT と TSS、そして TSS を設定するために必要な GDT の作り方が大雑把にわかりました。あとは GDT をロードしてセグメントレジスタを適切に設定し IDT を初期化する関数 init_exceptions() を実装して、それを efi_main から呼び出すだけです。

```
割り込みの初期化抜粋
pub fn init_exceptions() -> (GdtWrapper, Idt) {
    let gdt = GdtWrapper::default();
    gdt.load();
    unsafe {
        write_cs(KERNEL_CS);
        write_ss(KERNEL_DS);
        write_es(KERNEL_DS);
        write_ds(KERNEL_DS);
        write_fs(KERNEL_DS);
        write_gs(KERNEL_DS);
    }
    let idt = Idt::new(KERNEL_CS);
    (gdt, idt)
}
```

　もう一度、ここまでの話をおさらいしておきましょう。

- 割り込みには要因に応じて異なる番号が割り当てられている（割り込み番号）
- 割り込み番号をもとに IDT を参照して、CPU は割り込み処理を行う
- IDT のエントリには、割り込みハンドラのアドレスとスタックの設定などが入っている
- GDT は 32 ビット時代に作られたものだが、64 ビット時代でも TSS のためにいまだに使われている
- TSS の中には IST があり、割り込み処理でスタックを切り替える際に参照される

　さらに細かい部分、たとえば割り込みハンドラを呼び出すまでのアセンブリコードなどは、実際のコードを見たほうがわかりやすいと思いますので、さっそく実装にとりかかりましょう。

```
src/main.rs
use wasabi::uefi::VramTextWriter;
```

ページング ──より高度なメモリ管理を行う

```rust
use wasabi::warn;
use wasabi::x86::hlt;
use wasabi::x86::init_exceptions;
use wasabi::x86::trigger_debug_interrupt;

#[no_mangle]
fn efi_main(image_handle: EfiHandle, efi_system_table: &EfiSystemTable) {

// << 中略 >>

    println!("{t:?}");
    let t = t.and_then(|t| t.next_level(0));
    println!("{t:?}");

    let (_gdt, _idt) = init_exceptions();
    info!("Exception initialized!");
    trigger_debug_interrupt();
    loop {
        hlt()
    }
```

`src/x86.rs`

```rust
extern crate alloc;

use crate::error;
use crate::info;
use crate::result::Result;
use alloc::boxed::Box;
use core::arch::asm;
use core::arch::global_asm;
use core::fmt;
use core::marker::PhantomData;
use core::mem::offset_of;
use core::mem::size_of;
use core::mem::size_of_val;
use core::pin::Pin;

pub fn hlt() {
    unsafe { asm!("hlt") }
}

// << 中略 >>

pub type PD = Table<2, 21, PT>;
pub type PDPT = Table<3, 30, PD>;
pub type PML4 = Table<4, 39, PDPT>;

/// # Safety
/// Anything can happen if the given selector is invalid.
pub unsafe fn write_es(selector: u16) {
    asm!(
  "mov es, ax",
                in("ax") selector)
}
```

203

第3章 | メモリ管理を実装しよう──限りある資源を効率良く使えるようにする

```rust
/// # Safety
/// Anything can happen if the CS given is invalid.
pub unsafe fn write_cs(cs: u16) {
    // The MOV instruction CANNOT be used to load the CS register.
    // Use far-jump(ljmp) instead.
    asm!(
  "lea rax, [rip + 2f]", // Target address (label 1 below)
  "push cx", // Construct a far pointer on the stack
  "push rax",
  "ljmp [rsp]",
        "2:",
        "add rsp, 8 + 2", // Cleanup the far pointer on the stack
                in("cx") cs)
}
/// # Safety
/// Anything can happen if the given selector is invalid.
pub unsafe fn write_ss(selector: u16) {
    asm!(
  "mov ss, ax",
                in("ax") selector)
}
/// # Safety
/// Anything can happen if the given selector is invalid.
pub unsafe fn write_ds(ds: u16) {
    asm!(
  "mov ds, ax",
                in("ax") ds)
}
/// # Safety
/// Anything can happen if the given selector is invalid.
pub unsafe fn write_fs(selector: u16) {
    asm!(
  "mov fs, ax",
                in("ax") selector)
}
/// # Safety
/// Anything can happen if the given selector is invalid.
pub unsafe fn write_gs(selector: u16) {
    asm!(
  "mov gs, ax",
                in("ax") selector)
}

#[allow(dead_code)]
#[repr(C)]
#[derive(Clone, Copy)]
struct FPUContext {
    data: [u8; 512],
}
#[allow(dead_code)]
#[repr(C)]
#[derive(Clone, Copy)]
struct GeneralRegisterContext {
```

ページング ── より高度なメモリ管理を行う

```rust
    rax: u64,
    rdx: u64,
    rbx: u64,
    rbp: u64,
    rsi: u64,
    rdi: u64,
    r8: u64,
    r9: u64,
    r10: u64,
    r11: u64,
    r12: u64,
    r13: u64,
    r14: u64,
    r15: u64,
    rcx: u64,
}
const _: () = assert!(size_of::<GeneralRegisterContext>() == (16 - 1) * 8);
#[allow(dead_code)]
#[repr(C)]
#[derive(Clone, Copy, Debug)]
struct InterruptContext {
    rip: u64,
    cs: u64,
    rflags: u64,
    rsp: u64,
    ss: u64,
}
const _: () = assert!(size_of::<InterruptContext>() == 8 * 5);
#[allow(dead_code)]
#[repr(C)]
#[derive(Clone, Copy)]
struct InterruptInfo {
    // This struct is placed at top of the interrupt stack.
    // Should be aligned on 16-byte boundaries to pass the
    // alignment checks done by FXSAVE / FXRSTOR
    fpu_context: FPUContext, // used by FXSAVE / FXRSTOR
    _dummy: u64,
    greg: GeneralRegisterContext,
    error_code: u64,
    ctx: InterruptContext,
}
const _: () = assert!(size_of::<InterruptInfo>() == (16 + 4 + 1) * 8 + 8 + 512);
impl fmt::Debug for InterruptInfo {
    fn fmt(&self, f: &mut fmt::Formatter) -> fmt::Result {
        write!(
            f,
            "
        {{
            rip: {:#018X}, CS: {:#06X},
            rsp: {:#018X}, SS: {:#06X},
            rbp: {:#018X},

            rflags:     {:#018X},
```

205

第 3 章 ┃ メモリ管理を実装しよう──限りある資源を効率良く使えるようにする

```
            error_code: {:#018X},

        rax: {:#018X}, rcx: {:#018X},
        rdx: {:#018X}, rbx: {:#018X},
        rsi: {:#018X}, rdi: {:#018X},
        r8:  {:#018X}, r9:  {:#018X},
        r10: {:#018X}, r11: {:#018X},
        r12: {:#018X}, r13: {:#018X},
        r14: {:#018X}, r15: {:#018X},
    }}",
        self.ctx.rip,
        self.ctx.cs,
        self.ctx.rsp,
        self.ctx.ss,
        self.greg.rbp,
        self.ctx.rflags,
        self.error_code,
        //
        self.greg.rax,
        self.greg.rcx,
        self.greg.rdx,
        self.greg.rbx,
        //
        self.greg.rsi,
        self.greg.rdi,
        //
        self.greg.r8,
        self.greg.r9,
        self.greg.r10,
        self.greg.r11,
        self.greg.r12,
        self.greg.r13,
        self.greg.r14,
        self.greg.r15,
    )
  }
}

// SDM Vol.3: 6.14.2 64-Bit Mode Stack Frame
// In IA-32e mode, the RSP is aligned to a 16-byte boundary
// before pushing the stack frame

/// This generates interrupt_entrypointN()
/// Generated asm will be looks like this:
/// ```
/// .global interrupt_entrypointN
///   interrupt_entrypointN:
///   push 0 // No error code
///   push rcx // Save rcx first to reuse
///   mov rcx, N // INT#
///   jmp inthandler_common
/// ```
macro_rules! interrupt_entrypoint {
```

ページング ── より高度なメモリ管理を行う

```rust
    ($index:literal) => {
        global_asm!(concat!(
            ".global interrupt_entrypoint",
            stringify!($index),
            "\n",
            "interrupt_entrypoint",
            stringify!($index),
            ":\n",
            "push 0 // No error code\n",
            "push rcx // Save rcx first to reuse\n",
            "mov rcx, ",
            stringify!($index),
            "\n",
            "jmp inthandler_common"
        ));
    };
}
macro_rules! interrupt_entrypoint_with_ecode {
    ($index:literal) => {
        global_asm!(concat!(
            ".global interrupt_entrypoint",
            stringify!($index),
            "\n",
            "interrupt_entrypoint",
            stringify!($index),
            ":\n",
            "push rcx // Save rcx first to reuse\n",
            "mov rcx, ",
            stringify!($index),
            "\n",
            "jmp inthandler_common"
        ));
    };
}

interrupt_entrypoint!(3);
interrupt_entrypoint!(6);
interrupt_entrypoint_with_ecode!(8);
interrupt_entrypoint_with_ecode!(13);
interrupt_entrypoint_with_ecode!(14);
interrupt_entrypoint!(32);

extern "sysv64" {
    fn interrupt_entrypoint3();
    fn interrupt_entrypoint6();
    fn interrupt_entrypoint8();
    fn interrupt_entrypoint13();
    fn interrupt_entrypoint14();
    fn interrupt_entrypoint32();
}

global_asm!(
    r#"
```

207

第3章 メモリ管理を実装しよう──限りある資源を効率良く使えるようにする

```
.global inthandler_common
inthandler_common:
    // General purpose registers (except rsp and rcx)
    push r15
    push r14
    push r13
    push r12
    push r11
    push r10
    push r9
    push r8
    push rdi
    push rsi
    push rbp
    push rbx
    push rdx
    push rax
    // FPU State
    sub rsp, 512 + 8
    fxsave64[rsp]
    // 1st parameter: pointer to the saved CPU state
    mov rdi, rsp
    // Align the stack to 16-bytes boundary
    mov rbp, rsp
    and rsp, -16
    // 2nd parameter: Int#
    mov rsi, rcx

    call inthandler

    mov rsp, rbp
    //
    fxrstor64[rsp]
    add rsp, 512 + 8
    //
    pop rax
    pop rdx
    pop rbx
    pop rbp
    pop rsi
    pop rdi
    pop r8
    pop r9
    pop r10
    pop r11
    pop r12
    pop r13
    pop r14
    pop r15
    //
    pop rcx
    add rsp, 8 // for Error Code
    iretq
```

ページング ── より高度なメモリ管理を行う

```rust
"#
);

pub fn read_cr2() -> u64 {
    let mut cr2: u64;
    unsafe {
        asm!("mov rax, cr2",
            out("rax") cr2)
    }
    cr2
}

#[no_mangle]
extern "sysv64" fn inthandler(info: &InterruptInfo, index: usize) {
    error!("Interrupt Info: {:?}", info);
    error!("Exception {index:#04X}: ");
    match index {
        3 => {
            error!("Breakpoint");
        }
        6 => {
            error!("Invalid Opcode");
        }
        8 => {
            error!("Double Fault");
        }
        13 => {
            error!("General Protection Fault");
            let rip = info.ctx.rip;
            error!("Bytes @ RIP({rip:#018X}):");
            let rip = rip as *const u8;
            let bytes = unsafe { core::slice::from_raw_parts(rip, 16) };
            error!("  = {bytes:02X?}");
        }
        14 => {
            error!("Page Fault");
            error!("CR2={:#018X}", read_cr2());
            error!(
                "Caused by: A {} mode {} on a {} page, page structures are {}",
                if info.error_code & 0b0000_0100 != 0 {
                    "user"
                } else {
                    "supervisor"
                },
                if info.error_code & 0b0001_0000 != 0 {
                    "instruction fetch"
                } else if info.error_code & 0b0010 != 0 {
                    "data write"
                } else {
                    "data read"
                },
                if info.error_code & 0b0001 != 0 {
                    "present"
```

第3章 ┃ メモリ管理を実装しよう──限りある資源を効率良く使えるようにする

```rust
                } else {
                    "non-present"
                },
                if info.error_code & 0b1000 != 0 {
                    "invalid"
                } else {
                    "valid"
                },
            );
        }
        _ => {
            error!("Not handled");
        }
    }
    panic!("fatal exception");
}

#[no_mangle]
extern "sysv64" fn int_handler_unimplemented() {
    panic!("unexpected interrupt!");
}

// PDDRTTTT (TTTT: type, R: reserved, D: DPL, P: present)
pub const BIT_FLAGS_INTGATE: u8 = 0b0000_1110u8;
pub const BIT_FLAGS_PRESENT: u8 = 0b1000_0000u8;
pub const BIT_FLAGS_DPL0: u8 = 0 << 5;
pub const BIT_FLAGS_DPL3: u8 = 3 << 5;

#[repr(u8)]
#[derive(Copy, Clone)]
enum IdtAttr {
    // Without _NotPresent value, MaybeUninit::zeroed() on
    // this struct will be undefined behavior.
    _NotPresent = 0,
    IntGateDPL0 = BIT_FLAGS_INTGATE | BIT_FLAGS_PRESENT | BIT_FLAGS_DPL0,
    IntGateDPL3 = BIT_FLAGS_INTGATE | BIT_FLAGS_PRESENT | BIT_FLAGS_DPL3,
}

#[repr(C, packed)]
#[allow(dead_code)]
#[derive(Copy, Clone)]
pub struct IdtDescriptor {
    offset_low: u16,
    segment_selector: u16,
    ist_index: u8,
    attr: IdtAttr,
    offset_mid: u16,
    offset_high: u32,
    _reserved: u32,
}
const _: () = assert!(size_of::<IdtDescriptor>() == 16);
impl IdtDescriptor {
    fn new(
```

ページング ── より高度なメモリ管理を行う

```rust
        segment_selector: u16,
        ist_index: u8,
        attr: IdtAttr,
        f: unsafe extern "sysv64" fn(),
    ) -> Self {
        let handler_addr = f as *const unsafe extern "sysv64" fn() as usize;
        Self {
            offset_low: handler_addr as u16,
            offset_mid: (handler_addr >> 16) as u16,
            offset_high: (handler_addr >> 32) as u32,
            segment_selector,
            ist_index,
            attr,
            _reserved: 0,
        }
    }
}

#[allow(dead_code)]
#[repr(C, packed)]
#[derive(Debug)]
struct IdtrParameters {
    limit: u16,
    base: *const IdtDescriptor,
}
const _: () = assert!(size_of::<IdtrParameters>() == 10);
const _: () = assert!(offset_of!(IdtrParameters, base) == 2);

pub struct Idt {
    #[allow(dead_code)]
    entries: Pin<Box<[IdtDescriptor; 0x100]>>,
}
impl Idt {
    pub fn new(segment_selector: u16) -> Self {
        let mut entries = [IdtDescriptor::new(
            segment_selector,
            1,
            IdtAttr::IntGateDPL0,
            int_handler_unimplemented,
        ); 0x100];
        entries[3] = IdtDescriptor::new(
            segment_selector,
            1,
            // Set DPL=3 to allow user land to make this interrupt (e.g. via
            // int3 op)
            IdtAttr::IntGateDPL3,
            interrupt_entrypoint3,
        );
        entries[6] = IdtDescriptor::new(
            segment_selector,
            1,
            IdtAttr::IntGateDPL0,
            interrupt_entrypoint6,
```

211

```
        );
        entries[8] = IdtDescriptor::new(
            segment_selector,
            2,
            IdtAttr::IntGateDPL0,
            interrupt_entrypoint8,
        );
        entries[13] = IdtDescriptor::new(
            segment_selector,
            1,
            IdtAttr::IntGateDPL0,
            interrupt_entrypoint13,
        );
        entries[14] = IdtDescriptor::new(
            segment_selector,
            1,
            IdtAttr::IntGateDPL0,
            interrupt_entrypoint14,
        );
        entries[32] = IdtDescriptor::new(
            segment_selector,
            1,
            IdtAttr::IntGateDPL0,
            interrupt_entrypoint32,
        );
        let limit = size_of_val(&entries) as u16;
        let entries = Box::pin(entries);
        let params = IdtrParameters {
            limit,
            base: entries.as_ptr(),
        };
        info!("Loading IDT: {params:?}");
        // SAFETY: This is safe since it loads a valid IDT that is constructed
        // in the code just above
        unsafe {
            asm!("lidt [rcx]",
                in("rcx") &params);
        }
        Self { entries }
    }
}

#[repr(C, packed)]
struct TaskStateSegment64Inner {
    _reserved0: u32,
    _rsp: [u64; 3], // for switch into ring0-2
    _ist: [u64; 8], // ist[1]~ist[7] (ist[0] is reserved)
    _reserved1: [u16; 5],
    _io_map_base_addr: u16,
}
const _: () = assert!(size_of::<TaskStateSegment64Inner>() == 104);

pub struct TaskStateSegment64 {
```

ページング —— より高度なメモリ管理を行う

```rust
        inner: Pin<Box<TaskStateSegment64Inner>>,
}
impl TaskStateSegment64 {
    pub fn phys_addr(&self) -> u64 {
        self.inner.as_ref().get_ref() as *const TaskStateSegment64Inner as u64
    }
    unsafe fn alloc_interrupt_stack() -> u64 {
        const HANDLER_STACK_SIZE: usize = 64 * 1024;
        let stack = Box::new([0u8; HANDLER_STACK_SIZE]);
        let rsp = unsafe { stack.as_ptr().add(HANDLER_STACK_SIZE) as u64 };
        core::mem::forget(stack);
        // now, no one except us own the region since it is forgotten by the
        // allocator ;)
        rsp
    }
    pub fn new() -> Self {
        let rsp0 = unsafe { Self::alloc_interrupt_stack() };
        let mut ist = [0u64; 8];
        for ist in ist[1..=7].iter_mut() {
            *ist = unsafe { Self::alloc_interrupt_stack() };
        }
        let tss64 = TaskStateSegment64Inner {
            _reserved0: 0,
            _rsp: [rsp0, 0, 0],
            _ist: ist,
            _reserved1: [0; 5],
            _io_map_base_addr: 0,
        };
        let this = Self {
            inner: Box::pin(tss64),
        };
        info!("TSS64 created @ {:#X}", this.phys_addr(),);
        this
    }
}
impl Drop for TaskStateSegment64 {
    fn drop(&mut self) {
        panic!("TSS64 being dropped!");
    }
}

pub fn init_exceptions() -> (GdtWrapper, Idt) {
    let gdt = GdtWrapper::default();
    gdt.load();
    unsafe {
        write_cs(KERNEL_CS);
        write_ss(KERNEL_DS);
        write_es(KERNEL_DS);
        write_ds(KERNEL_DS);
        write_fs(KERNEL_DS);
        write_gs(KERNEL_DS);
    }
    let idt = Idt::new(KERNEL_CS);
```

213

第3章 メモリ管理を実装しよう──限りある資源を効率良く使えるようにする

```rust
        (gdt, idt)
}

pub const BIT_TYPE_DATA: u64 = 0b10u64 << 43;
pub const BIT_TYPE_CODE: u64 = 0b11u64 << 43;

pub const BIT_PRESENT: u64 = 1u64 << 47;
pub const BIT_CS_LONG_MODE: u64 = 1u64 << 53;
pub const BIT_CS_READABLE: u64 = 1u64 << 41;
pub const BIT_DS_WRITABLE: u64 = 1u64 << 41;
pub const BIT_DPL0: u64 = 0u64 << 45;
pub const BIT_DPL3: u64 = 3u64 << 45;

#[repr(u64)]
enum GdtAttr {
    KernelCode =
        BIT_TYPE_CODE | BIT_PRESENT | BIT_CS_LONG_MODE | BIT_CS_READABLE,
    KernelData = BIT_TYPE_DATA | BIT_PRESENT | BIT_DS_WRITABLE,
}

#[allow(dead_code)]
#[repr(C, packed)]
struct GdtrParameters {
    limit: u16,
    base: *const Gdt,
}

pub const KERNEL_CS: u16 = 1 << 3;
pub const KERNEL_DS: u16 = 2 << 3;
pub const TSS64_SEL: u16 = 3 << 3;

#[allow(dead_code)]
#[repr(C, packed)]
pub struct Gdt {
    null_segment: GdtSegmentDescriptor,
    kernel_code_segment: GdtSegmentDescriptor,
    kernel_data_segment: GdtSegmentDescriptor,
    task_state_segment: TaskStateSegment64Descriptor,
}
const _: () = assert!(size_of::<Gdt>() == 40);

#[allow(dead_code)]
pub struct GdtWrapper {
    inner: Pin<Box<Gdt>>,
    tss64: TaskStateSegment64,
}

impl GdtWrapper {
    pub fn load(&self) {
        let params = GdtrParameters {
            limit: (size_of::<Gdt>() - 1) as u16,
            base: self.inner.as_ref().get_ref() as *const Gdt,
        };
```

214

ページング ―― より高度なメモリ管理を行う

```rust
        info!("Loading GDT @ {:#018X}", params.base as u64);
        // SAFETY: This is safe since it is loading a valid GDT just constructed
        // in the above
        unsafe {
            asm!("lgdt [rcx]",
                in("rcx") &params);
        }
        info!("Loading TSS ( selector = {:#X} )", TSS64_SEL);
        unsafe {
            asm!("ltr cx",
                in("cx") TSS64_SEL);
        }
    }
}
impl Default for GdtWrapper {
    fn default() -> Self {
        let tss64 = TaskStateSegment64::new();
        let gdt = Gdt {
            null_segment: GdtSegmentDescriptor::null(),
            kernel_code_segment: GdtSegmentDescriptor::new(GdtAttr::KernelCode),
            kernel_data_segment: GdtSegmentDescriptor::new(GdtAttr::KernelData),
            task_state_segment: TaskStateSegment64Descriptor::new(
                tss64.phys_addr(),
            ),
        };
        let gdt = Box::pin(gdt);
        GdtWrapper { inner: gdt, tss64 }
    }
}

pub struct GdtSegmentDescriptor {
    value: u64,
}
impl GdtSegmentDescriptor {
    const fn null() -> Self {
        Self { value: 0 }
    }
    const fn new(attr: GdtAttr) -> Self {
        Self { value: attr as u64 }
    }
}
impl fmt::Display for GdtSegmentDescriptor {
    fn fmt(&self, f: &mut fmt::Formatter) -> fmt::Result {
        write!(f, "{:#18X}", self.value)
    }
}

#[repr(C, packed)]
#[allow(dead_code)]
struct TaskStateSegment64Descriptor {
    limit_low: u16,
    base_low: u16,
    base_mid_low: u8,
```

215

第3章 | メモリ管理を実装しよう——限りある資源を効率良く使えるようにする

```
    attr: u16,
    base_mid_high: u8,
    base_high: u32,
    reserved: u32,
}
impl TaskStateSegment64Descriptor {
    const fn new(base_addr: u64) -> Self {
        Self {
            limit_low: size_of::<TaskStateSegment64Inner>() as u16,
            base_low: (base_addr & 0xffff) as u16,
            base_mid_low: ((base_addr >> 16) & 0xff) as u8,
            attr: 0b1000_0000_1000_1001,
            base_mid_high: ((base_addr >> 24) & 0xff) as u8,
            base_high: ((base_addr >> 32) & 0xffffffff) as u32,
            reserved: 0,
        }
    }
}
const _: () = assert!(size_of::<TaskStateSegment64Descriptor>() == 16);

pub fn trigger_debug_interrupt() {
    unsafe { asm!("int3") }
}
```

ここまでを実装すると、GDT と IDT が CPU に設定され、例外発生時に指定した例外ハンドラが呼ばれるようになります。ひとまず、わざと例外を起こすための命令 INT3 が存在するので、それを実行して割り込みを引き起こす関数 trigger_debug_interrupt() も実装して、割り込み関連の初期化が終わった直後に呼び出しています。これで、OS を実行すれば確実に例外が発生するはずです。

というわけで cargo run すると、以下のような出力を得られます。

```
[INFO]  src/x86.rs:778: TSS64 created @ 0x13FF7FE80
[INFO]  src/x86.rs:853: Loading GDT @ 0x000000013FF7FE20
[INFO]  src/x86.rs:859: Loading TSS ( selector = 0x30 )
[INFO]  src/x86.rs:726: Loading IDT: IdtrParameters { limit: 4096, base: 0x13ff7ee00 }
Exception initialized!
[ERROR] src/x86.rs:551: Interrupt Info:
        {
            rip: 0x00000000BE350BE5, CS: 0x0008,
            rsp: 0x00000000BFEB0850, SS: 0x0010,
            rbp: 0x00000000BFEB0850,

            rflags:     0x0000000000000006,
            error_code: 0x0000000000000000,

            rax: 0x0000000000000000, rcx: 0x00000000BFEB0500,
            rdx: 0x00000000BFEB04F8, rbx: 0x00000000BE4F60C8,
            rsi: 0x00000000BE63F918, rdi: 0x00000000BE63F918,
```

ページング ——より高度なメモリ管理を行う

```
         r8:  0x0000000000000001, r9:  0x0000000000000017,
         r10: 0x0000000000000000, r11: 0x00000000BE36FC90,
         r12: 0x0000000000000000, r13: 0x0000000000000000,
         r14: 0x00000000BE4F6018, r15: 0x0000000000000005,
    }
[ERROR] src/x86.rs:552: Exception 0x03:
[ERROR] src/x86.rs:555: Breakpoint

FAIL: QEMU returned 5
```

お、正しく INT3 命令が引き起こしたブレークポイント例外を、今回実装した
例外ハンドラが捕捉してくれたようです。

ではついでに、この例外が本当に我々の想定した INT3 命令によって引き起こ
されたものなのか、確認してみましょう。

多くの割り込みや例外は、適切に処理をすれば割り込まれる前の処理を再開す
ることが可能な場合があります。また、たとえ再開ができない場合でも、例外
発生時の CPU の状況がわかれば、デバッグに便利ですよね。そういうわけで、
CPU は割り込みハンドラを呼ぶ前に、そのときの CPU の状況を保存してくれ
ています。先ほどの実装でもすでに、その保存された CPU の状況を表示するよ
うなコードを書いていますので、それを見れば割り込みを引き起こしたのが想定
どおりの INT3 命令であるかどうか判断できます。

まず確認するべきは、上記のログの rip の値です。RIP レジスタは、CPU が
次に実行すべき命令のアドレスを保持しているレジスタです。今回の値を抜き出
すと、こうなります。

```
rip: 0x00000000BE350BE5
```

このアドレスは、私達が実装したプログラムのどこかを指しているはずです。
ということで、それを特定してみましょう。まずは、BOOTX64.EFI の機械語を表
示してみます。objdump というツールを cargo 経由で呼び出せば、バイナリファ
イルに含まれる機械語を表示できます。

この機能はデフォルトではインストールされていないため、初めて使う際は
rustup コマンドを使ってインストールする必要があります。

```
$ rustup component add llvm-tools-preview
```

cargo-objdump は cargo run の時と同様、cargo build で生成されたファイル

217

第3章 | メモリ管理を実装しよう──限りある資源を効率良く使えるようにする

を自動的に指定してくれるので、それ以外の引数だけ指定すればよいです。`--`のあとに続く引数は`cargo-objdump`自身への引数ではなく、内部的に呼ばれる`objdump`へと渡される引数になります。`-d`はディスアセンブル（disassemble）、つまり機械語をアセンブリ言語に変換して表示することを指示しています。また`--x86-asm-syntax=intel`という引数は、出力されるアセンブリ言語をintel記法という、Rustのインラインアセンブラと同様の書き方で出力するように指定しています。では実行結果を見てみましょう。

```
$ cargo-objdump -- -d --x86-asm-syntax=intel | head -n 10
    Finished `dev` profile [unoptimized + debuginfo] target(s) in 0.01s

wasabi.efi:     file format coff-x86-64

Disassembly of section .text:

0000000140001000 <.text>:
140001000: 55                           push    rbp
140001001: 48 83 ec 50                  sub     rsp, 0x50
140001005: 48 8d 6c 24 50               lea     rbp, [rsp + 0x50]
14000100a: 48 89 55 d8                  mov     qword ptr [rbp - 0x28], rdx
```

あれ？ このプログラムは`140001000`という見慣れないアドレスから始まっているようです……先ほど見た`rip`の値は`0xBE350BE5`でしたから、全然違いますね。

これはUEFIがOSをロードする際に、プログラムの中で仮に置かれているアドレスとは異なる場所にプログラムをロードしていることが原因です。

このずれを補正するために、UEFIの力をまた少し借りることにしましょう。

UEFIのLoaded Image Protocolという構造体の`image_base`、`image_size`を参照することで、読み込まれたUEFIアプリケーション（この場合はWasabiOS）のメモリへの配置先がわかります。さっそく実装してみましょう。

`src/main.rs`
```
use wasabi::qemu::exit_qemu;
use wasabi::qemu::QemuExitCode;
use wasabi::uefi::init_vram;
use wasabi::uefi::locate_loaded_image_protocol;
use wasabi::uefi::EfiHandle;
use wasabi::uefi::EfiMemoryType;
use wasabi::uefi::EfiSystemTable;

// << 中略 >>

    println!("Booting WasabiOS...");
```

ページング ―― より高度なメモリ管理を行う

```
    println!("image_handle: {:#018X}", image_handle);
    println!("efi_system_table: {:#p}", efi_system_table);
    let loaded_image_protocol =
        locate_loaded_image_protocol(image_handle, efi_system_table)
            .expect("Failed to get LoadedImageProtocol");
    println!("image_base: {:#018X}", loaded_image_protocol.image_base);
    println!("image_size: {:#018X}", loaded_image_protocol.image_size);
    info!("info");
    warn!("warn");
    error!("error");
```

`src/uefi.rs`

```
    data3: [0x96, 0xfb, 0x7a, 0xde, 0xd0, 0x80, 0x51, 0x6a],
};

const EFI_LOADED_IMAGE_PROTOCOL_GUID: EfiGuid = EfiGuid {
    data0: 0x5B1B31A1,
    data1: 0x9562,
    data2: 0x11d2,
    data3: [0x8E, 0x3F, 0x00, 0xA0, 0xC9, 0x69, 0x72, 0x3B],
};

#[derive(Debug, PartialEq, Eq, Copy, Clone)]
#[must_use]
#[repr(u64)]

// << 中略 >>

pub struct EfiBootServicesTable {
    // << 中略 >>
        descriptor_size: *mut usize,
        descriptor_version: *mut u32,
    ) -> EfiStatus,
    _reserved1: [u64; 21],
    _reserved2: [u64; 11],
    handle_protocol: extern "win64" fn(
        handle: EfiHandle,
        protocol: *const EfiGuid,
        interface: *mut *mut EfiVoid,
    ) -> EfiStatus,
    _reserved1: [u64; 9],
    exit_boot_services:
        extern "win64" fn(image_handle: EfiHandle, map_key: usize) -> EfiStatus,


// << 中略 >>

    Ok(unsafe { &*graphic_output_protocol })
}

pub struct EfiLoadedImageProtocol {
    _reserved: [u64; 8],
    pub image_base: u64,
    pub image_size: u64,
```

第3章 | メモリ管理を実装しよう——限りある資源を効率良く使えるようにする

```
}

pub fn locate_loaded_image_protocol(
    image_handle: EfiHandle,
    efi_system_table: &EfiSystemTable,
) -> Result<&EfiLoadedImageProtocol> {
    let mut graphic_output_protocol = null_mut::<EfiLoadedImageProtocol>();
    let status = (efi_system_table.boot_services.handle_protocol)(
        image_handle,
        &EFI_LOADED_IMAGE_PROTOCOL_GUID,
        &mut graphic_output_protocol as *mut *mut EfiLoadedImageProtocol
            as *mut *mut EfiVoid,
    );
    if status != EfiStatus::Success {
        return Err("Failed to locate graphics output protocol");
    }
    Ok(unsafe { &*graphic_output_protocol })
}

#[derive(Clone, Copy)]
pub struct VramBufferInfo {
    buf: *mut u8,
```

この変更を加えたうえで cargo run すると、冒頭のログに以下の2行が追加
で表示されるようになります。

```
image_base: 0x00000000BE33F000
image_size: 0x000000000006A000
```

これの意味するところは、OS のバイナリファイル（EFI/BOOT/BOOTX64.EFI）
の中身のデータが、メモリの image_base 番地から始まる領域に書き込まれて、
それが実行されているよ、ということです。

一方、BOOTX64.EFI の中には、ファイルの先頭がどこに配置されているものと
想定してプログラム中のアドレスが書かれているのかが記録されています。この
値は、以下のようにすれば確認できます。

```
$ cargo-objdump -- --all-headers | grep ImageBase
    Finished `dev` profile [unoptimized + debuginfo] target(s) in 0.01s
ImageBase                0000000140000000
```

さて、あとは算数の時間です。私達が求めているのは、例外発生時の rip の値
を objdump で表示されるアドレスに変換することです。

どちらも触っているバイナリファイルは同一ですから、イメージの先頭からの
オフセットはどちらの場合でも等しくなります。ということで、UEFI から取得

220

した image_base を RUNTIME_BASE とおけば、以下の計算式で RIP が指している命令の実行ファイル内オフセットが計算できます。

```
OFFSET = RIP - RUNTIME_BASE
       = 0xbe350be5 - 0xbe33f000
       = 0x11BE5
```

あとは、これを BOOTX64.EFI ファイルの中にある image_base（FILE_BASE）に足してあげれば、objdump で表示される際のアドレスが求まるはずです。

```
RIP_IN_OBJDUMP = FILE_BASE + OFFSET
               = 0x140000000 + 0x11BE5
               = 0x140011BE5
```

答えは 0x140011be5 になりました。では objdump の出力を grep してみましょう。

```
$ cargo-objdump -- -d | grep -1 140011be5
    Finished `dev` profile [unoptimized + debuginfo] target(s) in 0.01s
140011be4: cc                      int3
140011be5: 5d                      popq      %rbp
140011be6: c3                      retq
```

おー！！！ たしかに int3 が原因だったようですね！

……え、140011be5 は popq じゃないか、って？ 鋭いですね……。

実は x86_64 の例外は Fault、Trap、Abort の 3 種類に分類でき、ほとんどの例外は Fault に分類されます。Fault クラスの例外は、例外ハンドラが何らかの処理を行ったあとであれば、例外を引き起こした際に実行していた命令を安全に再実行できるかもしれない例外を指します。言い換えれば、例外処理が終わったあとにもともとのコードを再試行できる例外と言えます。そのため、CPU は「例外を引き起こした命令」のアドレスを保存します。

一方、INT3 命令が引き起こすブレークポイント例外は、Trap に分類される数少ない例外の一つです。Trap クラスの例外は、例外を引き起こした命令を再試行する必要がないと考えられる例外になります。実際、ブレークポイント命令は「そこを通ったときに動きを止めたい」ときに使うデバッグ用の命令ですが、割り込み処理が終わったあとはブレークポイント命令の次の命令から実行してほしいと思う人がほとんどでしょう。そのため CPU はこのクラスの例外が発生した際は「例外を引き起こした命令の次の命令」のアドレスを保存してくれます。

最後の Abort に分類される例外は、これが起きた際は「もう手遅れ」という

CPU の悲鳴になります。基本的にこのケースでは、例外を引き起こした処理を再開させることは絶望的な状況です。たとえば例外を処理している最中に、同時に処理できない例外が発生した際は、Double Fault という Abort に分類される例外が発生しますし、メモリの調子が悪くてビット化けが起きたことを検出はできたけれど修正できなかったときなどのハードウェアからの悲鳴は Machine Check 例外として報告されます。このような場合でも、最後の手段としてログメッセージを出したりできるチャンスを、CPU は OS に与えてくれているんですね！

ブレークポイント例外のあとに実行を継続する

さて、INT3 命令が引き起こす例外の種類は Trap ですから、例外ハンドラの処理を終了させれば元のコードの実行が再開されるはずです。例外ハンドラの処理を終了するには IRET という命令を使用します。実を言うと、IRET 命令はすでに先の実装で書いているので、ここでは単に Rust で書かれた例外ハンドラの関数からアセンブリ言語で書かれたコードに戻ってあげれば大丈夫です。ということで、実行がきちんと再開されるか確認してみましょう。

```
src/main.rs
    let (_gdt, _idt) = init_exceptions();
    info!("Exception initialized!");
    trigger_debug_interrupt();
    info!("Execution continued.");
    loop {
        hlt()
    }
```

```
src/x86.rs
    match index {
        3 => {
            error!("Breakpoint");
            return;
        }
        6 => {
            error!("Invalid Opcode");
```

上記の変更を加えてから cargo run を実行すると、以下のような出力が得られます。

```
[ERROR] src/x86.rs:563: Exception 0x03:
[ERROR] src/x86.rs:566: Breakpoint
[INFO]  src/main.rs:80 : Execution continued.
```

main.rs で例外を初期化したあとに trigger_debug_interrupt() 関数を呼ぶと、
その中で INT3 命令が実行されます。すると CPU のしくみによって実行が例外
ハンドラに移り、x86.rs で実装した、アセンブリ言語で書かれた例外ハンドラ
interrupt_entrypoint3() に処理が移ります。このハンドラはマクロで生成され
るアセンブリ列で、中身は inthandler_common() を呼び出すようになっています。
そして inthandler_common から Rust で書かれた関数 inthandler() が呼び出され
ます。そして今回の変更で追加した、INT3 命令だった際には return するという
行により inthandler_common() に処理が戻ります。inthandler_common() は保存
したレジスタの中身を復元して、最終的に IRET 命令を実行します。すると CPU
はスタックに保存された情報を利用して、CPU の内部状態を復元します。これに
より、何事もなかったかのように元のプログラムに実行が移り、main.rs に書か
れた処理が継続されて Execution continued と出力されている、というわけです。
　これで、ひとまずは無事にブレークポイント例外を処理できるようになりました。

■ ページテーブルを作って設定する

　それでは当初の目的である、ページングの実装を再開しましょう。すでにペー
ジング自体は UEFI によって有効化されていますが、そのページテーブルは
UEFI が作成したものなので、これを自分で用意したものに置き換えます。
　ひとまずは、UEFI が用意してくれたページテーブルと同様、仮想アドレスと
物理アドレスが同じ値になる、恒等マッピング（*Identity Mapping*）となるような
ページテーブルを作ります。

```
src/init.rs
extern crate alloc;

use crate::allocator::ALLOCATOR;
use crate::uefi::exit_from_efi_boot_services;
use crate::uefi::EfiHandle;
use crate::uefi::EfiMemoryType::*;
use crate::uefi::EfiSystemTable;
use crate::uefi::MemoryMapHolder;
use crate::x86::write_cr3;
```

223

第3章 メモリ管理を実装しよう──限りある資源を効率良く使えるようにする

```rust
use crate::x86::PageAttr;
use crate::x86::PAGE_SIZE;
use crate::x86::PML4;
use alloc::boxed::Box;
use core::cmp::max;

pub fn init_basic_runtime(
    image_handle: EfiHandle,

// << 中略 >>

    ALLOCATOR.init_with_mmap(&memory_map);
    memory_map
}

pub fn init_paging(memory_map: &MemoryMapHolder) {
    let mut table = PML4::new();
    let mut end_of_mem = 0x1_0000_0000u64;
    for e in memory_map.iter() {
        match e.memory_type() {
            CONVENTIONAL_MEMORY | LOADER_CODE | LOADER_DATA => {
                end_of_mem = max(
                    end_of_mem,
                    e.physical_start()
                        + e.number_of_pages() * (PAGE_SIZE as u64),
                );
            }
            _ => (),
        }
    }
    table
        .create_mapping(0, end_of_mem, 0, PageAttr::ReadWriteKernel)
        .expect("Failed to create initial page mapping");
    unsafe {
        write_cr3(Box::into_raw(table));
    }
}
```

`src/main.rs`

```rust
use wasabi::graphics::Bitmap;
use wasabi::info;
use wasabi::init::init_basic_runtime;
use wasabi::init::init_paging;
use wasabi::print::hexdump;
use wasabi::println;
use wasabi::qemu::exit_qemu;

// << 中略 >>

    info!("Exception initialized!");
    trigger_debug_interrupt();
    info!("Execution continued.");
    init_paging(&memory_map);
```

```
        info!("Now we are using our own page tables!");
        loop {
            hlt()
        }
```

`src/x86.rs`

```rust
use core::mem::offset_of;
use core::mem::size_of;
use core::mem::size_of_val;
use core::mem::MaybeUninit;
use core::pin::Pin;

pub fn hlt() {

// << 中略 >>

impl<const LEVEL: usize, const SHIFT: usize, NEXT> Entry<LEVEL, SHIFT, NEXT> {
    // << 中略 >>
            Err("Page Not Found")
        }
    }
    fn table_mut(&mut self) -> Result<&mut NEXT> {
        if self.is_present() {
            Ok(unsafe { &mut *((self.value & !ATTR_MASK) as *mut NEXT) })
        } else {
            Err("Page Not Found")
        }
    }
    fn set_page(&mut self, phys: u64, attr: PageAttr) -> Result<()> {
        if phys & ATTR_MASK != 0 {
            Err("phys is not aligned")
        } else {
            self.value = phys | attr as u64;
            Ok(())
        }
    }
    fn populate(&mut self) -> Result<&mut Self> {
        if self.is_present() {
            Err("Page is already populated")
        } else {
            let next: Box<NEXT> =
                Box::new(unsafe { MaybeUninit::zeroed().assume_init() });
            self.value =
                Box::into_raw(next) as u64 | PageAttr::ReadWriteKernel as u64;
            Ok(self)
        }
    }
    fn ensure_populated(&mut self) -> Result<&mut Self> {
        if self.is_present() {
            Ok(self)
        } else {
            self.populate()
        }
```

第3章 メモリ管理を実装しよう——限りある資源を効率良く使えるようにする

```
    }
}
impl<const LEVEL: usize, const SHIFT: usize, NEXT> fmt::Display
    for Entry<LEVEL, SHIFT, NEXT>

// << 中略 >>

    pub fn next_level(&self, index: usize) -> Option<&NEXT> {
        self.entry.get(index).and_then(|e| e.table().ok())
    }
    fn calc_index(&self, addr: u64) -> usize {
        ((addr >> SHIFT) & 0b1_1111_1111) as usize
    }
}
impl<const LEVEL: usize, const SHIFT: usize, NEXT: fmt::Debug> fmt::Debug
    for Table<LEVEL, SHIFT, NEXT>

// << 中略 >>

pub type PDPT = Table<3, 30, PD>;
pub type PML4 = Table<4, 39, PDPT>;

impl PML4 {
    pub fn new() -> Box<Self> {
        Box::new(Self::default())
    }
    fn default() -> Self {
        // This is safe since entries filled with 0 is valid.
        unsafe { MaybeUninit::zeroed().assume_init() }
    }
    pub fn create_mapping(
        &mut self,
        virt_start: u64,
        virt_end: u64,
        phys: u64,
        attr: PageAttr,
    ) -> Result<()> {
        if virt_start & ATTR_MASK != 0 {
            return Err("Invalid virt_start");
        }
        if virt_end & ATTR_MASK != 0 {
            return Err("Invalid virt_end");
        }
        if phys & ATTR_MASK != 0 {
            return Err("Invalid phys");
        }
        for addr in (virt_start..virt_end).step_by(PAGE_SIZE) {
            let index = self.calc_index(addr);
            let table = self.entry[index].ensure_populated()?.table_mut()?;
            let index = table.calc_index(addr);
            let table = table.entry[index].ensure_populated()?.table_mut()?;
            let index = table.calc_index(addr);
            let table = table.entry[index].ensure_populated()?.table_mut()?;
```

ページング —— より高度なメモリ管理を行う

```
            let index = table.calc_index(addr);
            let pte = &mut table.entry[index];
            pte.set_page(phys + addr - virt_start, attr)?;
        }
        Ok(())
    }
}

/// # Safety
/// Anything can happen if the given selector is invalid.
pub unsafe fn write_es(selector: u16) {

// << 中略 >>

pub fn trigger_debug_interrupt() {
    unsafe { asm!("int3") }
}

/// # Safety
/// Writing to CR3 can causes any exceptions so it is
/// programmer's responsibility to setup correct page tables.
#[no_mangle]
pub unsafe fn write_cr3(table: *const PML4) {
    asm!("mov cr3, rax",
            in("rax") table)
}
```

これで cargo run を実行すると、以下の出力が得られます。

```
[INFO]  src/main.rs:81 : Execution continued.
[INFO]  src/main.rs:83 : Now we are using our own page tables!
```

　見た目上は特に変化がありませんが、ページテーブルを差し替えたあとも無事に動作しているようです。よさそうですね！

ページングの動作確認をする

　さて、せっかくページテーブルを自前で準備したのですから、何かおもしろいことをやってみたいですよね。ということで、Null ポインタアクセス[26] を検出できるようにしてみましょう。

　Null ポインタというのは何も指していないポインタのことです。ポインタと

注26 null は 0 を意味する言葉で「ヌル」または「ナル」と発音します。

いうしくみがある言語の多くで、ポインタはメモリアドレス値として実行時には
表現されています。そのため、本質的に何も指していないアドレスというものを
作ることはできません（どのような値のアドレスであっても、アドレスであるこ
とに変わりはないため）。しかし、言語側の取り決めとして、あるアドレスを指
すポインタは、いかなるオブジェクトも指していない Null ポインタであるとい
うことになっています。そしてほとんどの場合、この「あるアドレス」には、ア
ドレス 0 が用いられます。

　実際 Rust にも `core::ptr::null()`[注27] という関数が存在し、この関数は常に
Null ポインタを返すことになっています。また Rust において Null ポインタとは、
0 で初期化されたポインタであるとも定義されています。

　ところがなんと、ほとんどの x86 マシンにおいて、物理アドレス 0 は普通に読
み書きできるメモリになっています。これは、昔のソフトウェアがアドレス 0 か
ら読み書き可能なメモリが存在することを前提に書かれていたことがあったため、
そのようなソフトウェアとの互換性を現在も維持しているのが原因の一つです。

　まずは実際に、ゼロ番地のメモリを読み出すコードを書いてみることにしま
しょう。

　ちなみに、ある特定のアドレスからデータを読み出すと言えば、`read_`
`volatile()`[注28] という関数が思い付くかもしれませんが、今回はこの関数は利
用しません。というのも `read_volatile()` には実行時チェックが入っており、
Rust ではアドレス 0 を指すポインタは無効であるという取り決めになっている
ため、この関数でアドレス 0 を読もうとすると Panic してしまうからです。

```
src/main.rs
    info!("Execution continued.");
    init_paging(&memory_map);
    info!("Now we are using our own page tables!");

    info!("Reading from memory address 0...");

    #[allow(clippy::zero_ptr)]
    #[allow(deref_nullptr)]
    let value_at_zero = unsafe { *(0 as *const u8) };
    info!("value_at_zero = {value_at_zero}");
```

注27 https://doc.rust-lang.org/beta/core/ptr/fn.null.html
注28 https://doc.rust-lang.org/std/ptr/fn.read_volatile.html

ページング──より高度なメモリ管理を行う

```
loop {
    hlt()
}
```

　これを回避するために、今回は無理やり生ポインタの指す先を読み出す
(dereference、デリファレンス）ことにします。ちなみに Rust コンパイラさ
んはさらに賢くて、単に * 演算子でアドレス0を dereference しようとしても、
Null ポインタを読もうとしてるが本当にいいのか？と警告を出してきます。

```
$ cargo build
warning: dereferencing a null pointer
  --> src/main.rs:83:34
   |
83 |     let value_at_zero = unsafe { *(0 as *const u8) };
   |                                  ^^^^^^^^^^^^^^^^^^ this code causes undefined↵
 behavior when executed
   |
   = note: `#[warn(deref_nullptr)]` on by default

warning: `wasabi` (bin "wasabi") generated 1 warning
    Finished `dev` profile [unoptimized + debuginfo] target(s) in 0.02s
```

　通常はこの警告が出たら、何か間違ったことをしようとしているはずなので
コードを修正するべきですが、今回に限っては意図的にやっていることなので、
コンパイラさんを黙らせておきます。この、コンパイラさんを黙らせるために使
われているのが、問題の式の直前の2行に書いている #[allow(~)] の意味です。
　さて、これで Rust コンパイラさんにも納得していただけたようなので、実行
してみましょうか。

```
$ cargo run
...
[INFO]  src/main.rs:82 : Reading from memory address 0...
[INFO]  src/main.rs:84 : value_at_zero = 0
```

　おお、特にクラッシュせずに読めてしまいました！
　実を言うと初期の x86 マシンでは0番地からメインメモリがあり、それを前
提として特にチェックをせずに0番地付近のメモリを利用するプログラムも存
在しました。その結果、現代でも物理アドレス0にはいまだにメモリが存在す

229

第3章 メモリ管理を実装しよう——限りある資源を効率良く使えるようにする

るのです[注29]。

とはいえ、0番地へのアクセスはRustでは未定義動作ということになっていますし、うっかりアクセスした際はたいていなにか良からぬことが起きている可能性が高いです。問題のあるコードを早めに見つけられるようにするためにも、0番地へのアクセスを検出できたら便利そうだとは思いませんか？

実はページング機構を活用すれば、このような「特定のアドレスへのアクセスを検出する」ことができます。具体的には、0番地を含むメモリページを「存在しない」ページである、とページテーブル上で設定すればよいのです。そうすれば、仮想アドレスの0番地に当たるページにアクセスしようとしたときに、仮想アドレスから物理アドレスへの変換に失敗するようになります。この際、CPUは「ページフォルト」という例外を発生させるので、それを捕まえてあげればよいわけです。

ではさっそく実装してみましょう。

```
src/main.rs
use wasabi::uefi::EfiSystemTable;
use wasabi::uefi::VramTextWriter;
use wasabi::warn;
use wasabi::x86::flush_tlb;
use wasabi::x86::hlt;
use wasabi::x86::init_exceptions;
use wasabi::x86::read_cr3;
use wasabi::x86::trigger_debug_interrupt;
use wasabi::x86::PageAttr;

#[no_mangle]
fn efi_main(image_handle: EfiHandle, efi_system_table: &EfiSystemTable) {

// << 中略 >>

    let value_at_zero = unsafe { *(0 as *const u8) };
    info!("value_at_zero = {value_at_zero}");

    let page_table = read_cr3();
    unsafe {
        (*page_table)
            .create_mapping(0, 4096, 0, PageAttr::NotPresent)
            .expect("Failed to unmap page 0");
    }
    flush_tlb();
```

注29 ちなみに本当に何も存在しないアドレスにアクセスしようとするとハードウェアレベルで未定義動作となり、謎の値が読めるか、例外が発生するか、突然再起動したりフリーズしたりする可能性があるので気を付けてください。

```
        info!("Reading from memory address 0... (again)");
        #[allow(clippy::zero_ptr)]
        #[allow(deref_nullptr)]
        let value_at_zero = unsafe { *(0 as *const u8) };
        info!("value_at_zero = {value_at_zero}");



        loop {
            hlt()
        }
    }
```

`src/x86.rs`
```
        asm!("mov cr3, rax",
              in("rax") table)
    }

    pub fn flush_tlb() {
        unsafe {
            write_cr3(read_cr3());
        }
    }
```

　この変更で追加された create_mapping() の呼び出しにより、仮想アドレ
ス0のページ（つまりアドレス0から始まる4096バイトの領域）の属性が
PageAttr::NotPresent に設定されます。結果として、以降のこのページへのア
クセスはページフォルト例外を引き起こすはずです。

　ちなみに、ページテーブルを書き換えたあとに flush_tlb() という関数を呼
び出していますが、これは結構重要な役割を果たしています。TLB（*Translation
Lookaside Buffer*）というのは、大まかに言えばページング機構のためのキャッシュ
メモリのようなものです。ページテーブルの内容に従って仮想アドレスが物理ア
ドレスに変換される過程を以前紹介したのを覚えているでしょうか。冷静に考え
てみると、CPU はアドレス変換をするたびに毎回ページテーブルを各階層分、
つまり最大で4回もメモリから取ってくる必要があります。メモリへのアクセ
スは CPU の時間軸から見ればとても遅い処理ですから、ページング機構による
アドレス変換の作業はとんでもなく時間がかかる重い処理だということが想像で
きると思います。

　この問題を緩和するために、CPU はアドレス変換の結果を TLB にキャッシュ
しておき、実際にページテーブルを読みに行く前にそちらの情報を参照すること
で、可能な限りページング機構由来のメモリアクセスを削減するようにしていま

第3章 ┃ メモリ管理を実装しよう──限りある資源を効率良く使えるようにする

す。賢いですね！

では今回のように、メモリ上にあるページテーブルの原本が OS によって書き換えられた際は何が起こるのでしょうか？ 残念ながら、CPU はページテーブルが変更されたことにまったく気づきません。たとえページテーブルの書き換えによってアドレス変換の結果が変わることが期待されていても、CPU は TLB にキャッシュされている古い情報を利用してアドレスを変換してしまう可能性があるのです。

この問題を回避するには、TLB の中身を消してあげれば OK です。この操作は TLB の無効化（Invalidation）と呼ばれています。TLB の無効化にはいろいろな方法が用意されており、特定の仮想アドレスに関わる TLB だけを無効化する命令も存在するのですが、最も簡単な方法は今回紹介した CR3 レジスタへの再代入になります。

CR3 レジスタの値が変更されたということは、今までとまったく異なるページテーブルのツリーを参照することになるわけですから、以前のページテーブル由来の変換はもう当てになりません。というわけで、CR3 レジスタへの代入が行われると、CPU は TLB の中身を消去することになっています[注30]。これにより、たとえ CPU が TLB を参照しても、再利用できる変換情報がキャッシュされていないので、素直にメモリにあるページテーブルを読むことになります。その結果、書き換えられたページテーブルの内容がアドレス変換に正しく反映されるようになるのです。

この問題のやっかいなところは、たとえ TLB の無効化をし忘れていても、運がよければ TLB に古い変換が記録されていないために期待どおりに動いてしまうこともありえる、という点です。TLB を含め、キャッシュ由来の一見不可解な動作が原因でデバッグに苦労するのは自作 OS 開発者にはよくあることですから、頭の片隅に入れておくと、いつか救われる日が来るかもしれませんよ！

説明が長くなりましたが、それでは実際の動作を見てみることにしましょう。

```
$ cargo run
...
[INFO]  src/main.rs:84 : Now we are using our own page tables!
[INFO]  src/main.rs:86 : Reading from memory address 0...
```

注30 ここでは TLB の中身がすべて消えるかのように書いていますが、厳密に言うとすべて消えるわけではなく、一部の TLB の中身が残ることもあります。詳細が気になる方は [sdm_vol3] の "4.10.4.1 Operations that Invalidate TLBs and Paging-Structure Caches" を参照してください。

ページング ── より高度なメモリ管理を行う

```
[INFO] src/main.rs:88 : value_at_zero = 0
[INFO] src/main.rs:98 : Reading from memory address 0... (again)
[ERROR] src/x86.rs:551: Interrupt Info:
       {
              rip: 0x00000000BE3517BB, CS: 0x0008,
              rsp: 0x00000000BFEAFD50, SS: 0x0010,
              rbp: 0x00000000BFEAFDD0,

              rflags:     0x0000000000000046,
              error_code: 0x0000000000000000,

              rax: 0x0000000000000000, rcx: 0x00000000BFEAF900,
              rdx: 0x00000000BFEAF9E8, rbx: 0x00000000BE5090C8,
              rsi: 0x00000000BE644918, rdi: 0x00000000BE644918,
              r8:  0x00000000BE381820, r9:  0x0000000000000001,
              r10: 0x00000000BE381800, r11: 0x00000000BE381800,
              r12: 0x0000000000000000, r13: 0x0000000000000000,
              r14: 0x00000000BE509018, r15: 0x0000000000000005,
       }
[ERROR] src/x86.rs:552: Exception 0x0E:
[ERROR] src/x86.rs:573: Page Fault
[ERROR] src/x86.rs:574: CR2=0x0000000000000000
[ERROR] src/x86.rs:575: Caused by: A supervisor mode data read on a non-present ↵
page, page structures are valid
[ERROR] src/main.rs:108: PANIC: PanicInfo { message: fatal exception, location: ↵
Location { file: "src/x86.rs", line: 605, col: 5 }, can_unwind: true, force_no_b↵
acktrace: false }

FAIL: QEMU returned 5
```

　ちゃんと Page Fault で落ちましたね！ ちなみに CR2 レジスタには、ページ
フォルトを引き起こした命令が参照しようとしていたアドレスが入っている
のでそれも表示しています。ちゃんと 0 になっていますね。用心深い方は、0 〜
4095 番地のどこでも例外が発生するはずですから、ぜひ一度コードを書き換え
て、CR2 の値が変わることを確認してみるとよいでしょう。

　これで、存在しないページにアクセスするとページフォルトが起きることが確
認できたので、先に進むためにページフォルトを発生させている Null ポインタ
参照は取り除いておきましょう。

src/main.rs
```
    init_paging(&memory_map);
    info!("Now we are using our own page tables!");

    info!("Reading from memory address 0...");

    #[allow(clippy::zero_ptr)]
    #[allow(deref_nullptr)]
```

第3章 メモリ管理を実装しよう──限りある資源を効率良く使えるようにする

```
let value_at_zero = unsafe { *(0 as *const u8) };
info!("value_at_zero = {value_at_zero}");

// Unmap page 0 to detect null ptr dereference
let page_table = read_cr3();
unsafe {
    (*page_table)

// << 中略 >>

}
flush_tlb();

info!("Reading from memory address 0... (again)");
#[allow(clippy::zero_ptr)]
#[allow(deref_nullptr)]
let value_at_zero = unsafe { *(0 as *const u8) };
info!("value_at_zero = {value_at_zero}");

loop {
    hlt()
}
```

cargo run して QEMU が落ちなければ、ページングの実装はここで一段落です。

Pin の落とし穴

Rust には Pin という型があり、本章以降でも何度か登場します。この型の意味や使い方は少し複雑ですが、せっかくなので、今のうちに理解してしまいましょう。

コンピューターは基本的に、CPU がメモリ上に置かれたデータを操作することで動作します。そして、メモリ上のデータは「アドレス」という数値で識別されます。これは、本書の冒頭でも説明したとおりです。

アドレスを意識してプログラムを書く必要性に迫られることは、一般的な計算を行うプログラムではあまり多くありません。というのも、ほとんどの計算は、データの中身、つまりバイト列が同一であれば、それで事足りるからです。データがどのアドレスに置かれていようと、0 は 0 だし、1 は 1 ですからね。

そういうわけで、変数などのデータをどこに置くかは、Rust を含む多くの高級言語では、言語側が勝手に面倒を見てくれます。その代わりに Rust では、すべての値は movable（移動可能）である、ということにしています。ここで言

う movable とは、ある値をメモリ上で任意のアドレスに再配置してよい、とい
う意味です。データの配置を Rust に任せたいなら、Rust が値を勝手に動かし
ていいよ、ってことにするのは自然な流れですよね。

　……ところが世の中には、データを勝手に動かされるとたいへん困るケースが
存在します。そう、OS を書くときがその一例です！

　本章では、GDT や IDT を作る際に、その中身のデータに対して Pin を使用
していますので、これを実例として考えてみましょう。GDT や IDT は、CPU
に対してその動作を指示するために作成されるデータ構造です。私たち OS は、
このデータをメモリ上に作成し、その物理アドレスを CPU に伝えることで、こ
のデータの存在を CPU に伝え、結果的に CPU が OS の期待したとおりに動作
してくれるわけです。もし、Pin を使わずにこれらのデータ構造を作ってしまっ
たら、いったいどうなるでしょうか？ 基本的に、GDT や IDT の初期化は、以
下のような流れで行っています。

❶ GDT や IDT の値を置く場所をメモリ上に確保する

❷ 中身を正しい値に設定する

❸ その値のアドレスを取得する

❹ 3 で取得したアドレスを CPU に伝える

　もし Pin を使っていなかったら、前述のとおり、Rust はある値を任意のタイ
ミングでメモリ上の別の場所に移動させることが許されます。つまり、以下のよ
うな挙動をしていたとしても、Rust から見た限りはまったく問題がないのです。

❶ GDT や IDT の値を置く場所をメモリ上に確保する（この場所が仮に 0x1000
　 だったとする）

❷ 中身を正しい値に設定する

❸ その値のアドレスを取得する（0x1000 がアドレスとして得られる）

❹ Rust が勝手に値の置き場所を変更する（0x1000 から 0x2000 に move した）

❺ 3 で取得したアドレスを CPU に伝える（ここでは 0x1000 が CPU に伝えられる）

　さて……気付いていただけたでしょうか？ そう、手順❺で CPU に伝えたア
ドレスには、もうもともとのデータは存在しないのです！ でも何も知らない

Rust コンパイラさんは、良かれと思って、許された範囲内の作業を粛々とやっていただけなのです。誰も悪くありません……。

結果として何が起こるか。それは誰にもわかりません。運良く正常に動くこともあります。なぜなら、もう手順❷で中身は正しい値になっているので、それがそのまま残っている限りは、CPU はそのデータを参照して動き続けることでしょう。もしくはあとあとになって、OS の動いている途中に GDT や IDT を変更したくなったときに、0x2000 番地に置かれたメモリ上の値を変更してもなぜか CPU にそのことが伝わらず、デバッグに頭を悩ませて眠れない夜を過ごすことになるかもしれません。一番あり得る可能性は、未使用になった 0x1000 番地が、この本の続きを実装している最中に不運にも別のデータ構造のために再利用されて上書きされてしまうことでしょう。結果的に壊れたテーブルを参照した CPU は期待どおりに動作しなくなるので、読者のみなさんは自分のタイプミスが原因なのではないかと目を皿にしてまったく関係ない実装のコードを何度も読み返し、存在しないミスを探す苦行を強いられるかもしれません。

ええ、筆者はやりました。何度もやりました。何時間もこのデバッグに費やしました。……でも、苦行は少ないほうがいいですよね？

そういうわけで、ある値が配置されているアドレスを利用する必要がある際には、その値がメモリ上で別のアドレスに移動しないことを保証したくなることがあります。そのときに利用できるのが、Pin というしくみです。

ただし、Pin の使い方には少しだけ落とし穴があります。

ある値がメモリ上を移動しないようにするためには、値の置かれている変数が動かないようにプログラマーがしたうえで、値に対する可変参照（&mut）を取れないようにすればよいことが知られています。したがって、Pin は内側の値に対して可変参照をとる safe な方法をなくすことで、内側の値が move されることを防ぎます。ただし、この効果は Unpin トレイトというものが実装されて**いない**型にしか有効ではありません。Pin という名前だけを見ると、Pin でくるむだけで値が「Pin」される、つまり動かなくなるように見えますが、実はそうではないのです。そして、この Unpin トレイトが曲者で、なんとほぼすべての型に**自動的に**実装されてしまう trait なのです。Unpin トレイトの実装を阻むためには、Unpin トレイトを実装していない型である PhantomPinned などを要素に持つ構造体を作ればよいのですが、言い換えればこれを忘れると Pin は何もしないただのポインタになってしまいます。

筆者は正直、このしくみに Pin という名前を付けてしまったのは失敗だったのではないかと思っていますが、将来的にドキュメントの改善や命名の変更、より新しい &pin 参照の実装などを通して、より洗練された誤用しづらい Pin のしくみが登場することを願っています。

……まあ、Rust はそれ以外の部分の出来が良すぎてあまりにも快適なので、こういう小さな不便さが気になってしまうのかもしれません。ローマは一日にしてならず、とも言いますし、Pin はそういうものだと今は飲み込んで、とりあえず先に進むことにしましょう（**図 3-5**）。

第3章 メモリ管理を実装しよう──限りある資源を効率良く使えるようにする

図 3-5 Rust における参照や Pin のおさらい

値と変数と参照

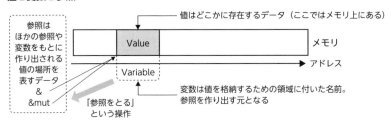

Clone/Copy/Move

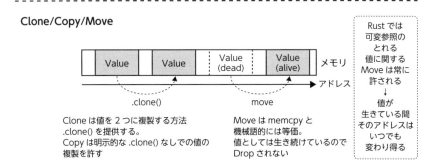

不変参照 & と可変参照 &mut

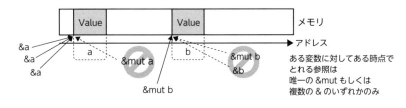

Pin の効果

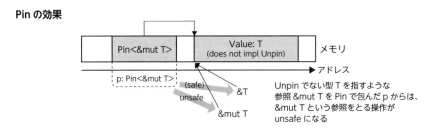

第4章

マルチタスクを
実装しよう

1つの CPU で
複数の作業を並行して
行う方法について知る

第**4**章 **マルチタスクを実装しよう**―― 1 つの CPU で複数の作業を並行して行う方法について知る

本章の目標

本章では CPU という計算資源の分配をテーマに、マルチタスクを実現するためのしくみについて扱います。具体的な目標は大きく分けて次の 3 点です。

・1 つの CPU で複数の作業を並行して行うマルチタスクという概念を理解する
・Rust の async/await を活用して、協調的なマルチタスクを実装する
・スレッド間で安全に変数を共有するためのしくみである Mutex を実装する

マルチタスクとは何か

ここまで、OS の資源管理の一例としてメモリ管理を扱ってきました。次は、少し違う軸の資源の管理として、マルチタスクについて見ていきましょう。

ここで言うタスクとは、あるまとまった何らかの処理を表します。そしてマルチタスクとは、複数のタスクを並行して進めることを言います。

本書の冒頭でも説明したとおり、初期のコンピューターは一組織に一台あるかないかの、本当に限られた資源でした。したがって、そのような共有の資源を効率良く分配するためのしくみとしてマルチタスクは誕生しました。現代では、コンピューターの台数が大幅に増えた結果、複数人で共有する場面はかなり少なくなりました。しかし、コンピューターでやりたいこと、つまりタスクの観点から見れば、1 つのコンピューターの上で同時にさまざまなことをしたいという要求は今も昔も変わりません。そういうわけで、マルチタスクの実現は OS の重要な仕事の一つになっているのです。

マルチタスクの例

言葉だけで説明してもわかりづらいと思うので、図に起こして考えてみましょう（**図 4-1**）。

マルチタスクとは、複数の処理を並行して進めることを指します。たとえばタスク A とタスク B があったときに、タスク A とタスク B の両方にある程度の期間（たとえば 1 秒の間）に進捗が生まれたら、これはマルチタスクであると言

COLUMN

並行と並列の違い

　本文で「並行」という言葉が出てきましたが、類似した言葉として「並列」も存在します。これらはよく混同される言葉なので、一度おさらいしておきましょう。
　筆者は、並行と並列を以下のように定義するとわかりやすいのではないかと考えています。

- 並行（concurrent）
  ある**期間**において複数の処理に進捗が発生すること
- 並列（parallel）
  ある**瞬間**において複数の処理に進捗が発生すること

　どちらも「複数の処理に進捗が発生すること」という点では同じですが、それを評価するのが時間軸上である程度の幅を持つ「期間」なのか、それとも点となる「瞬間」であるかが鍵となります。
　「あれ、瞬間は期間の特別な場合だから、並列は並行の特別な場合なんですか？」と思った方、大正解です。ある処理が並列処理ならば、それは並行処理だと言っても差し支えないと思います。
　ほかの例でも考えてみましょう。もしあなたがある仕事Aに取り組んでいる際に、上司がある仕事Bを持ってきてこう言ったとしましょう。
「仕事Aと仕事B、○○して進めておいてね！」
　さて、この○○には並行と並列、どちらが入るでしょうか？　おそらく自然に感じるのは「並行」でしょう。これは、ほとんどの人間はある瞬間に1つの物事に取り組むことしかできないので、並列処理は不可能だからです。これで並列と並行、もう間違えませんね！

図 4-1　現実世界におけるマルチタスクの例

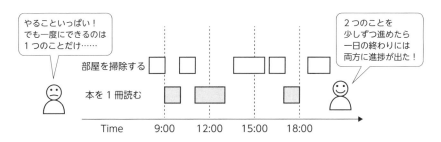

えそうです。

　問題は、CPU も人間と同様、ある瞬間に 1 つの作業しかできないという点です。このような状況下で両方のタスクの進捗を出す方法があるとすれば、短い時間間隔でそれぞれのタスクに交互に取り組むという方法が考えられます。そうすれば、ある程度の期間で見れば、2 つの作業が同時に進んでいるように見えるわけです。これが、時分割マルチタスクの基本的な考え方になります。

　たとえば、今日は部屋の掃除と読書をしたいと考えているとしましょう。一般にこの 2 つを同時にこなすのは難しいですから、あるタイミングで取り組めるのはどちらか 1 つだけになります。それでも朝から夜までこの 2 つのタスクに数十分か数時間ずつ取り組むことができれば、一日が終わった頃には両方のタスクが進んでいるはずです。

　コンピューターにおけるマルチタスクも、基本的なしくみは同じです。唯一違うのは、人間ではタスクの切り替えが時間や分といった人間が識別できる程度の粒度であったのに対して、コンピューターのタスクの切り替えはもっと高速にできるという点です。これにより、たとえ同時に 1 つの処理しかできないコンピューターを使っていたとしても、人間にはまるで同時に複数の作業をこなしているように見えるのです。

簡単にマルチタスクもどきを実装してみる

　では、実際に動くコードでマルチタスクを体感してみることにしましょう。

　ここでは、時間とともに横方向に伸びていく線を考えます。最初は赤い線が左から右に伸びていって、次はその線を緑色の線が左から右に上書きしていき、次は青色、そしてまた赤色に戻る……というサイクルを無限に繰り返すコードを用意しました。

```
fn pseudo_multitask() -> Result<()> {
    let mut vram = BootInfo::take().vram();
    let colors = [0xFF0000, 0x00FF00, 0x0000FF]; // RGB
    let y = vram.height() / 2;
    for color in colors.iter().cycle() {
        for x in 0..vram.width() {
            for _ in 0..10000 {
                os::arch::x86_64::busy_loop_hint();
            }
            draw_point(&mut vram, *color, x, y)?;
```

242

```
        }
    }
    Ok(())
}
```

では、これを 2 本同時に動かすにはどうすればよいでしょうか？ 1 つは、ある瞬間に線を 2 本同時に描画するように変更する方法が考えられます。

```
fn pseudo_multitask() -> Result<()> {
    let mut vram = BootInfo::take().vram();
    let colors = [0xFF0000, 0x00FF00, 0x0000FF];
    let h = 10;
    let y1 = vram.height() / 3; // Task 1
    let y2 = vram.height() / 3 * 2; // Task 2
    for color in colors.iter().cycle() {
        for x in 0..vram.width() {
            delay();
            draw_line(&mut vram, *color, x, y1, x, y1 + h)?;
            draw_line(&mut vram, *color, x, y2, x, y2 + h)?;
        }
    }
    Ok(())
}
```

単純なアイデアとしては、たしかにこれでも動作します。

しかし、それぞれの線の色を変えたり、それぞれの線が伸びていく速度を変えたりしようと思うと、この方法は適しません。それに、「線を描画する」というほぼ同じ作業をやるだけであればこの手法は使えますが、実際のマルチタスクではまったく異なる処理をすることもあります。そのため、それぞれの処理をするためのコードのほとんどの部分を共有するこの方法は汎用性に欠けます。

ということで、それぞれの線を描画するコードを if 文の各分岐に分割してその外側にループを追加し、一番外側のループが回るたびに if 文の true の場合と false の場合が交互に実行されるようにしてみたコードが以下になります。

```
fn pseudo_multitask() -> Result<()> {
    let mut vram = BootInfo::take().vram();
    let colors = [0xFF0000, 0x00FF00, 0x0000FF];
    let h = 10;
    // Task 0
    let y1 = vram.height() / 3;
    let mut x1 = 0;
    let mut c1 = 0;
    // Task 1
    let y2 = vram.height() / 3 * 2;
    let mut x2 = 0;
    let mut c2 = 0;
```

第4章 マルチタスクを実装しよう——1つのCPUで複数の作業を並行して行う方法について知る

```
    for t in 0.. {
        if t % 2 == 0 {
            // Do some work for task 0
            draw_line(&mut vram, colors[c1 % 3], x1, y1, x1, y1 + h)?;
            x1 += 1;
            if x1 >= vram.width() {
                x1 = 0;
                c1 += 1;
            }
        } else {
            // Do some work for task 1
            draw_line(&mut vram, colors[c2 % 3], x2, y2, x2, y2 + h)?;
            x2 += 1;
            if x2 >= vram.width() {
                x2 = 0;
                c2 += 1;
            }
        }
        delay();
    }
    Ok(())
}
```

　この方法では、それぞれのif文の分岐が実行されるたびに、それぞれのタスクの処理、つまり線が描画されるというタスクが少しずつ進んでいきます。各タスクの進捗は、その分岐が何回実行されたかという点のみに依存して決まるので、どちらのタスクを実行するかを決定するif文の条件を修正するだけで、タスク本体のコードには手を入れることなく、それぞれのタスクの進むスピードを変更できます。

　たとえば以下のようにif文の条件を t % 2 == 0 から t % 4 == 0 にすれば、この条件式は4回に1回しか true にならなくなります。結果として、下の棒の処理は上の棒の3倍の頻度で実行されますから、上の棒の3倍の速度で動くようになるわけです。

```
fn pseudo_multitask() -> Result<()> {
    // << 中略 >>
    for t in 0.. {
        if t % 2 == 0 {
        if t % 4 == 0 {
            // Do some work for task 0
            // Do some work for task 0 (when t == 0 under mod 4)
            draw_line(&mut vram, colors[c1 % 3], x1, y1, x1, y1 + h)?;
            x1 += 1;
            if x1 >= vram.width() {
                x1 = 0;
                c1 += 1;
```

244

```
        }
    } else {
        // Do some work for task 1
        // Do some work for task 1 (when t == 1, 2, 3 under mod 4)
        draw_line(&mut vram, colors[c2 % 3], x2, y2, x2, y2 + h)?;
        x2 += 1;
        if x2 >= vram.width() {
            x2 = 0;
            c2 += 1;
        }
    }
    delay();
}
Ok(())
}
```

さて、ここまでなんとか if 文と for 文でマルチタスクもどきを作ってきたわけ
ですが、このままだと切り替えのコードを手動で書かないといけないですし、タ
スクが増えたら手に負えなくなりそうです。どうしましょうか。

Rust の async/await で協調的マルチタスクをする

そうだ、面倒なことは Rust にやらせましょう！幸い Rust にはこのような場
面で便利に使えるしくみがあります。それが、async/await というしくみです。

async/await を使えるようにする

async/await は、Rust に限らずさまざまな言語に見られる、プログラムの実
行を時間軸から自由にしてくれるしくみです。

async（*asynchronous*、非同期）とは、ある処理をソースコード上で呼び出さ
れた順番に今すぐ実行しなくてもよいという性質を指します。たとえば、関数は
何らかの処理のまとまりを示すものですが、これを async にしたもの（async
関数）は、それを呼び出した時点で即座にその関数の処理が始まるのではなく、
必要になる際までその処理を先延ばしにできます。そして await は、何らかの
async な処理の完了を待機する、という操作のことを指します。大雑把に言えば、
async な処理というのは、await されるまで先延ばしされるのです。

async/await を活用することで、今までは基本的にソースコードに書かれた

245

とおりの順番で動作していたプログラムを、先延ばし可能な非同期（async）処理の集合体として扱うことができるようになるのです。

●Future trait

先ほど async な処理は await されるまで先延ばしにされると説明しましたが、先延ばしにしたタスクはどこかに記録しておかないとそれが何だったか忘れてしまいますよね。基本的に async な処理は、関数やブロックという、何らかの値を返す可能性のある処理として抽象化できます。ですから、async な処理が返す値を await する対象として定義し、そのような「await したら実際の値が得られるもの」のことは、一般に Future と呼ばれています。

ちなみに Future は「未来」と翻訳したくなるかもしれませんが、辞書を引くと「先物」という意味もあり、こちらのほうがより適切な翻訳となります。言うなれば、今は手元にないけれど、await したら値が手に入ることが約束されている手形、それが Future なのです。

具体的な実装についても見ていきましょう。Rust における Future[注1] は、それに対して await したときに得られる値の型を示す Output というメンバと、何回か呼び出すといつかその型の値を返してくれることが期待される poll メソッドとを持つ trait として定義されています。

```
pub trait Future {
    type Output;
    fn poll(self: Pin<&mut Self>, cx: &mut Context<'_>) -> Poll<Self::Output>;
}
```

poll() メソッドが返す Poll という型[注2] は 2 通りの値を持つ enum で、まだ Future の返す値が利用可能ではないことを示す Poll::Pending と、Future の返す値が利用可能になったことを示す Poll::Ready(T) のいずれかとなります。

Future が持つ poll メソッドが呼ばれるたびに、その Future は Output の値を得るべく処理を進めます。いうなれば、この Future に対応する async 関数や async ブロックのコードは、poll() が呼ばれると初めて実行が開始されるのです。このとき、await 以外の同期的に実行される処理については、通常どおり同期的

注1　https://doc.rust-lang.org/core/future/trait.Future.html
注2　https://doc.rust-lang.org/core/task/enum.Poll.html

に実行されます。しかし、ほかの Future を await している箇所については、さ
らにその Future の poll() メソッドが呼ばれていきます。このとき、await して
いる Future の poll が Poll::Ready を返した場合は await 以降の処理を進めるこ
とができますが、Poll::Pending が返ってきた際にはそれ以上処理を進めること
ができません。そのため、処理を進めることができなかった Future の結果に依
存している上位の Future の poll() 関数も、まだ結果が得られていないことを示
す Poll::Pending を返します。このようにして poll() 関数が繰り返し呼ばれる
ことにより、Future の処理、つまり async な処理は進んでいくのです。

● Waker と RawWaker

先ほど説明した poll() 関数の引数には、core::task::Context という値への
参照を渡す必要があります。この Context からは Waker という値への参照を取り
出すことができ、Waker::wake を呼び出すことで、Future を実際に poll() する
主体である Executor に、その Waker に対応する Future を起こすようリクエス
トできるようになっています[注3]。したがって Waker の実装は Executor の実装に
依存しますが、Executor の実装もまた OS やランタイムの実装に依存するため
core クレートでは提供されておらず、no_std な環境では自力で実装しないとい
けません。今回は Executor にタスクの起動タイミングを知らせる Waker の機能
については利用せず、単純にラウンドロビンで Future を poll() するため、何も
しない Waker を実装しておけば十分です。

ということで実際に Waker を作る方法について考えてみましょう。Waker は少
し複雑な構造をしており、RawWaker という構造体を内部に持っています。この
RawWaker を介して、何らかのデータを指すポインタ（data）と、それを第 1 引
数に取るような関数へのポインタのリスト（vtable）にアクセスできるようになっ
ています。この vtable には、Waker が clone() される際や drop() される際の処
理を行う関数と、Wake::wake もしくは Wake::wake_by_ref のいずれかが呼ばれ
たときにその処理を行う関数の、合計 4 つの関数ポインタが格納されています。

```
`RawWakerVTable::new()` の宣言はこうなっている
pub const fn new(
    clone: unsafe fn(_: *const ()) -> RawWaker,
    wake: unsafe fn(_: *const ()),
```

注3 https://rust-lang.github.io/async-book/02_execution/03_wakeups.html

第4章 ┃ マルチタスクを実装しよう──1つのCPUで複数の作業を並行して行う方法について知る

```
    wake_by_ref: unsafe fn(_: *const ()),
    drop: unsafe fn(_: *const ())
) -> Self
```

　何もしない RawWaker を作成するには、これを作成するために必要となる RawWakerVTable[注4] という型を作成する際に、自分自身を作成する no_op_raw_waker() を呼び出す関数を clone には指定しておき、それ以外のメンバには本当に何もしない関数を設定しておけば大丈夫です。RawWaker さえ作れてしまえば、あとは以下のようなコードで何もしない Waker を作る no_op_waker() という関数を実装できます[注5]。

```
fn no_op_raw_waker() -> RawWaker {
    fn no_op(_: *const ()) {}
    fn clone(_: *const ()) -> RawWaker {
        no_op_raw_waker()
    }
    let vtable = &RawWakerVTable::new(clone, no_op, no_op, no_op);
    RawWaker::new(null::<()>(), vtable)
}
pub fn no_op_waker() -> Waker {
    unsafe { Waker::from_raw(no_op_raw_waker()) }
}
```

●block_on の実装

　さて、これで RawWaker を作る no_op_raw_waker() と、それを利用して Waker を作る no_op_waker() が実装できました。ここまで来れば、以下のようにして Waker から Context を作ることができます。

```
let waker = no_op_waker();
let mut context = Context::from_waker(&waker);
```

　Context が作れたということは、Future::poll() を呼び出す準備が整ったということです。poll() したい Future を future とおいたとき、future.poll(&mut context) という形式で呼び出せば、その Future の処理を進めることができます。Future::poll() の戻り値は Poll::Ready(T) もしくは Poll::Pending ですから、Pending が返ってくる間ずっと poll を呼び続けていれば、いつか

注4　https://doc.rust-lang.org/nightly/core/task/struct.RawWakerVTable.html
注5　https://os.phil-opp.com/ja/async-await/#daminorawwaker

248

Poll::Ready(T) が返ってくることが期待できそうです。.await という記法で
Future の処理を待つことは async なコンテキスト、つまり async な関数やブロックの中でなければできませんが、このように poll() を繰り返し呼ぶという処理は async でないコンテキストからも実行できます。つまりこの方法を用いることで、async でない同期的な世界から、非同期の async 世界の Future を利用できるようになります。

このような関数は block_on() などと呼ばれることが多いので、そのように名付けることにしましょう。同期的に Future を待つので、Future が返ってくるまで実行を block する、そういう意味で block on (a Future) というわけです。

もう一点、これは必須ではないのですが、Future 周りのデバッグを容易にするために、Future のラッパを作成して、その Future がどこで定義されたものなのか識別できるようにしています。それが Task という構造体です。これは単に Future から Task を作るような関数 Task::new() があり、その中で呼び出し元のファイル名と行番号を Task 構造体の中に保存しているというものになります。また、直接この Task を poll できるように、Future トレイトも実装しています。

ここまでの内容を実装すると、以下のような変更になります。

```rust
// src/executor.rs
extern crate alloc;
use crate::result::Result;
use crate::x86::busy_loop_hint;
use alloc::boxed::Box;
use core::fmt::Debug;
use core::future::Future;
use core::panic::Location;
use core::pin::Pin;
use core::ptr::null;
use core::task::Context;
use core::task::Poll;
use core::task::RawWaker;
use core::task::RawWakerVTable;
use core::task::Waker;

pub struct Task<T> {
    future: Pin<Box<dyn Future<Output = Result<T>>>>,
    created_at_file: &'static str,
    created_at_line: u32,
}
impl<T> Task<T> {
    #[track_caller]
    pub fn new(future: impl Future<Output = Result<T>> + 'static) -> Task<T> {
```

第4章 マルチタスクを実装しよう —— 1つのCPUで複数の作業を並行して行う方法について知る

```rust
        Task {
            // Pin the task here to avoid invalidating the self references used
            // in  the future
            future: Box::pin(future),
            created_at_file: Location::caller().file(),
            created_at_line: Location::caller().line(),
        }
    }
    fn poll(&mut self, context: &mut Context) -> Poll<Result<T>> {
        self.future.as_mut().poll(context)
    }
}
impl<T> Debug for Task<T> {
    fn fmt(&self, f: &mut core::fmt::Formatter<'_>) -> core::fmt::Result {
        write!(f, "Task({}:{})", self.created_at_file, self.created_at_line)
    }
}

fn no_op_raw_waker() -> RawWaker {
    fn no_op(_: *const ()) {}
    fn clone(_: *const ()) -> RawWaker {
        no_op_raw_waker()
    }
    let vtable = &RawWakerVTable::new(clone, no_op, no_op, no_op);
    RawWaker::new(null::<()>(), vtable)
}
pub fn no_op_waker() -> Waker {
    unsafe { Waker::from_raw(no_op_raw_waker()) }
}

pub fn block_on<T>(
    future: impl Future<Output = Result<T>> + 'static,
) -> Result<T> {
    let mut task = Task::new(future);
    loop {
        let waker = no_op_waker();
        let mut context = Context::from_waker(&waker);
        match task.poll(&mut context) {
            Poll::Ready(result) => {
                break result;
            }
            Poll::Pending => busy_loop_hint(),
        }
    }
}
```

`src/lib.rs`

```rust
#![reexport_test_harness_main = "run_unit_tests"]
#![no_main]
pub mod allocator;
pub mod executor;
pub mod graphics;
pub mod init;
```

Rust の async/await で協調的マルチタスクをする

```
pub mod print;
```

src/main.rs
```
use core::panic::PanicInfo;
use core::writeln;
use wasabi::error;
use wasabi::executor::block_on;
use wasabi::graphics::draw_test_pattern;
use wasabi::graphics::fill_rect;
use wasabi::graphics::Bitmap;

// << 中略 >>

fn efi_main(image_handle: EfiHandle, efi_system_table: &EfiSystemTable) {
    // << 中略 >>
    }
    flush_tlb();

    let result = block_on(async {
        info!("Hello from the async world!");
        Ok(())
    });
    info!("block_on completed! result = {result:?}");


    loop {
        hlt()
    }
```

これで cargo run を実行すると、以下のような出力が得られるはずです。

実行結果
```
[INFO]  src/main.rs:97 : Hello from the async world!
[INFO]  src/main.rs:100: block_on completed! result = Ok(())
```

これで、ある1つの Future の実行が終わるのを待つことができるようになりました。……え、これじゃあ手間のかかった関数呼び出しじゃないかって？ そうですね、本題はここからです。

● Executor

Executor の役割は、並行で処理を進めたい Future を良い感じに poll して進捗を出してあげることです。今回は、実行すべき Future のリストを最初から最後まで順番に実行していくことにします。このように、あるリストの要素を順番に処理していくことをラウンドロビン方式と言います。

251

第4章 **マルチタスクを実装しよう**——1つのCPUで複数の作業を並行して行う方法について知る

基本的には、先ほどの block_on() の実装をベースに実装すればよいでしょう。

```rust
src/executor.rs
extern crate alloc;
use crate::info;
use crate::result::Result;
use crate::x86::busy_loop_hint;
use alloc::boxed::Box;
use alloc::collections::VecDeque;
use core::fmt::Debug;
use core::future::Future;
use core::panic::Location;

// << 中略 >>

        }
    }
}

pub struct Executor {
    task_queue: Option<VecDeque<Task<()>>>,
}
impl Executor {
    pub const fn new() -> Self {
        Self { task_queue: None }
    }
    fn task_queue(&mut self) -> &mut VecDeque<Task<()>> {
        if self.task_queue.is_none() {
            self.task_queue = Some(VecDeque::new());
        }
        self.task_queue.as_mut().unwrap()
    }
    pub fn enqueue(&mut self, task: Task<()>) {
        self.task_queue().push_back(task)
    }
    pub fn run(mut executor: Self) -> ! {
        info!("Executor starts running...");
        loop {
            let task = executor.task_queue().pop_front();
            if let Some(mut task) = task {
                let waker = no_op_waker();
                let mut context = Context::from_waker(&waker);
                match task.poll(&mut context) {
                    Poll::Ready(result) => {
                        info!("Task completed: {:?}: {:?}", task, result);
                    }
                    Poll::Pending => {
                        executor.task_queue().push_back(task);
                    }
                }
            }
        }
    }
}
```

Rust の async/await で協調的マルチタスクをする

```rust
}
impl Default for Executor {
    fn default() -> Self {
        Self::new()
    }
}
```

`src/main.rs`

```rust
use core::panic::PanicInfo;
use core::writeln;
use wasabi::error;
use wasabi::executor::block_on;
use wasabi::executor::Executor;
use wasabi::executor::Task;
use wasabi::graphics::draw_test_pattern;
use wasabi::graphics::fill_rect;
use wasabi::graphics::Bitmap;

// << 中略 >>

use wasabi::uefi::VramTextWriter;
use wasabi::warn;
use wasabi::x86::flush_tlb;
use wasabi::x86::hlt;
use wasabi::x86::init_exceptions;
use wasabi::x86::read_cr3;
use wasabi::x86::trigger_debug_interrupt;

// << 中略 >>

fn efi_main(image_handle: EfiHandle, efi_system_table: &EfiSystemTable) {
    // << 中略 >>
    }
    flush_tlb();

    let result = block_on(async {
    let task = Task::new(async {
        info!("Hello from the async world!");
        Ok(())
    });
    info!("block_on completed! result = {result:?}");

    loop {
        hlt()
    }
    let mut executor = Executor::new();
    executor.enqueue(task);
    Executor::run(executor)
}

#[panic_handler]
```

第4章 マルチタスクを実装しよう──1つのCPUで複数の作業を並行して行う方法について知る

cargo run の結果は以下のようになります。

```
[INFO]  src/main.rs:97 : Hello from the async world!
[INFO]  src/executor.rs:93 : Task completed: Task(src/main.rs:96): Ok(())
```

● ほかのタスクに処理を譲る (yield する)

では、せっかくなので2つのタスクをExecutorに登録して動作させてみましょう。1つ目のタスクは、100から103までを順に出力するプログラムで、2つ目のタスクは同じことを200から203までするプログラムにします。

```
src/main.rs
fn efi_main(image_handle: EfiHandle, efi_system_table: &EfiSystemTable) {
    // << 中略 >>
    }
    flush_tlb();

    let task = Task::new(async {
        info!("Hello from the async world!");
    });
    let task1 = Task::new(async {
        for i in 100..=103 {
            info!("{i}");
        }
        Ok(())
    });
    let task2 = Task::new(async {
        for i in 200..=203 {
            info!("{i}");
        }
        Ok(())
    });
    let mut executor = Executor::new();
    executor.enqueue(task);
    executor.enqueue(task1);
    executor.enqueue(task2);
    Executor::run(executor)
}
```

この出力はこうなります。

```
[INFO]  src/executor.rs:86 : Executor starts running...
[INFO]  src/main.rs:98 : 100
[INFO]  src/main.rs:98 : 101
[INFO]  src/main.rs:98 : 102
[INFO]  src/main.rs:98 : 103
[INFO]  src/executor.rs:94 : Task completed: Task(src/main.rs:96): Ok(())
[INFO]  src/main.rs:104: 200
[INFO]  src/main.rs:104: 201
```

```
[INFO]  src/main.rs:104: 202
[INFO]  src/main.rs:104: 203
[INFO]  src/executor.rs:94 : Task completed: Task(src/main.rs:102): Ok(())
```

あれ、順番に実行されていますね……まあそれはそうです。それぞれの async
ブロックは、最後に到達するまで一度も await を呼んでいないため、ひとつづ
きの実行が終わるまで Executor に処理が戻らないからです。

さて、ではこの数字を、たとえば 100、200、101、201... のように、交互に
出力するにはどうすればよいでしょうか？ 言い換えれば、あるタスクを実行し
ている間に、Executor に登録されている別の Future の実行を進めてほしくなっ
た場合は、どうすればよいのでしょうか？

1 つの方法は、Executor が呼び出す Future::poll が Poll::Pending を返すよ
うにすることです。pending が返ってくれば、Executor は次のタスクを実行し
てくれます。

これを実現するためには、初めて poll されたときには Pending を返し、2 回
目以降に poll されたときには Ready を返すような Future を作り、それに対し
て await してあげればよいです。

```
src/executor.rs
use core::panic::Location;
use core::pin::Pin;
use core::ptr::null;
use core::sync::atomic::AtomicBool;
use core::sync::atomic::Ordering;
use core::task::Context;
use core::task::Poll;
use core::task::RawWaker;

// << 中略 >>

impl Default for Executor {
    // << 中略 >>
        Self::new()
    }
}

#[derive(Default)]
pub struct Yield {
    polled: AtomicBool,
}
impl Future for Yield {
    type Output = ();
    fn poll(self: Pin<&mut Self>, _: &mut Context) -> Poll<()> {
```

255

第4章 マルチタスクを実装しよう——1つのCPUで複数の作業を並行して行う方法について知る

```
        if self.polled.fetch_or(true, Ordering::SeqCst) {
            Poll::Ready(())
        } else {
            Poll::Pending
        }
    }
}
pub async fn yield_execution() {
    Yield::default().await
}
```

src/main.rs

```
use core::panic::PanicInfo;
use core::writeln;
use wasabi::error;
use wasabi::executor::yield_execution;
use wasabi::executor::Executor;
use wasabi::executor::Task;
use wasabi::graphics::draw_test_pattern;

// << 中略 >>

fn efi_main(image_handle: EfiHandle, efi_system_table: &EfiSystemTable) {
    // << 中略 >>
    let task1 = Task::new(async {
        for i in 100..=103 {
            info!("{i}");
            yield_execution().await;
        }
        Ok(())
    });
    let task2 = Task::new(async {
        for i in 200..=203 {
            info!("{i}");
            yield_execution().await;
        }
        Ok(())
    });
```

```
[INFO]  src/executor.rs:88 : Executor starts running...
[INFO]  src/main.rs:99 : 100
[INFO]  src/main.rs:106: 200
[INFO]  src/main.rs:99 : 101
[INFO]  src/main.rs:106: 201
[INFO]  src/main.rs:99 : 102
[INFO]  src/main.rs:106: 202
[INFO]  src/main.rs:99 : 103
[INFO]  src/main.rs:106: 203
[INFO]  src/executor.rs:96 : Task completed: Task(src/main.rs:97): Ok(())
[INFO]  src/executor.rs:96 : Task completed: Task(src/main.rs:104): Ok(())
```

256

無事に別の task に実行が移っていますね！

時間経過を計る

段々とマルチタスクの基礎が整ってきたところで、いったん基礎に立ち返って、OS の役割を思い出してみましょう。OS の主な役割は、資源の分配とハードウェアの制御であると最初に述べたのを覚えているでしょうか？ 前の章で実装したメモリ管理も、本章で実装するマルチタスクも、大雑把に言えば資源の分配を行うためのしくみです。しかし、この 2 つは資源のタイプとしては少し異なるものに感じられると思います。その要因は、これら 2 つの資源は、ある意味で異なる次元の資源だからです。

OS は、物理的な世界の存在であるハードウェアと、概念的な世界の存在であるソフトウェアをつなぎます。そして、物理的な世界は、ご存じのとおり、空間と時間で構成されています。

雑な抽象化をすれば、メモリは空間の資源です。というのも、データを記録するための素子は、一定の空間を物理的に占めるからです。つまり、メモリ管理は「空間」を分配するしくみであると言えます。

一方マルチタスクは、CPU 時間という「時間」の資源を分配するためのしくみです。もし時間経過がなければ、いくらメモリがあっても「計算」はできません。コンピューターが計算を行うためには、空間と時間、両方の資源が必要なのです。

さて前置きが長くなりましたが、そういうわけで時間というものは OS が管理する重要な対象の一つです。ということで、時間経過を計る方法について見ていきましょう。

● タイマー──時間を計るデバイス

カップラーメンを調理するのに 3 分待ちたいとき、みなさんはタイマーや時計を利用すると思います。タイマーも時計もどちらも、ある一定時間に数値が一定量変化していくカウンタであると言えます。タイマーの場合は音が鳴りますが、それはあくまでも「カウンタが特定の値になったときに音を鳴らす」という機能が付加されているだけです。コンピューターが時間を計る場合も、同様にタイマーを利用します。そして、キッチンタイマーと同様、コンピューターにおけるタイマーにもさまざまなものが存在します。

第**4**章 ┃ マルチタスクを実装しよう──1つのCPUで複数の作業を並行して行う方法について知る

　今回は数あるタイマーの中で、2020年代のx86_64マシンの大半で利用可能であると思われるHPETと呼ばれるタイマーを利用することにします。

　HPET（*High Precision Event Timer*）は、x86マシンの多くに搭載されている高精度なタイマーデバイスです。このデバイスにはMemory-mapped I/Oでアクセスできます[注6] が、そのためにはHPETがメモリ上のどこに存在するのかを知る必要があります。

　ここでまたまた再登場するのがUEFIさんです。より正確には、UEFIを介してACPIからハードウェアの情報を得ます。その情報の中にはHPETの置かれているメモリ上の場所が書かれているので、あとはHPETの仕様書[hpet_1_0a] をもとにタイマーを制御してあげればよいのです。

● ACPIからHPETの場所を教えてもらう

　ACPI（*Advanced Configuration and Power Interface*）は、コンピューターにおける電源管理のしくみとして作られた規格です。電源管理と言えばコンピューターのシャットダウンやスリープ、省電力モードなどが思い浮かびますが、コンピューターは電気で動く機械であるために、ありとあらゆるものが電源管理と何らかの関連を持っています。また、コンピューターをシャットダウンするというのは、単に電気のスイッチをOFFにすればよい、というわけではありません。突然電源を切ると壊れてしまうようなデバイスもある[注7] かもしれないので、電源を管理するためにはデバイスのことも把握する必要があったのです。結果として、ACPIはコンピューターのデバイスに関する情報も取り扱うようになったのです。

　さて、具体的な話に戻りましょう。ACPIはざっくり言えば、ACPIテーブルと呼ばれる構造体をたくさん抱えています。この構造体は、4文字の`signature`という文字列で識別されます。HPETに関する情報は`HPET`というシグネチャを持つテーブルに格納されています（わかりやすいですね！）。

　この、HPETに関する情報が格納されたACPIテーブルは、以下のような構造をしています。

注6　Memory-mapped I/Oなど、デバイスの制御については第5章でより詳しく説明しています。
注7　昔のハードディスクがそうでした。ハードディスクは高速回転する円盤の上を、その回転する気流によってわずかに浮かび上がった磁気ヘッドが動くことでデータを読み書きしていました。なので、もし円盤が急に止まったら気流がなくなって、ヘッドがディスクに衝突して傷付けてしまうことがあったのです。

Rust の async/await で協調的マルチタスクをする

```
#[repr(packed)]
pub struct AcpiHpetDescriptor {
    _header: SystemDescriptionTableHeader,
    _reserved0: u32,
    address: GenericAddress,
    _reserved1: u32,
}
```

ここで言う address というのが、HPET を操作するためのメモリ上の場所を示す情報です。GenericAddress という構造体は、今回必要な最低限の実装をすると、以下のようになります。

```
#[repr(packed)]
pub struct GenericAddress {
    address_space_id: u8,
    _unused: [u8; 3],
    address: u64,
}
const _: () = assert!(size_of::<GenericAddress>() == 12);
impl GenericAddress {
    pub fn address_in_memory_space(&self) -> Result<usize> {
        if self.address_space_id == 0 {
            Ok(self.address as usize)
        } else {
            Err("ACPI Generic Address is not in system memory space")
        }
    }
}
```

GenericAddress は、メモリだけでなくさまざまなアドレス空間を表現できる汎用的なものなので、どのアドレス空間を示しているのかという情報が address_space_id に入っています[8]。この値が 0 であれば、メモリアドレス空間の情報であることがわかるので、一応それを検証しつつアドレス情報を読み出す関数 address_in_memory_space() を実装してあります。

さて、これで HPET テーブルから HPET のメモリアドレスを特定する方法はわかりました。次は、UEFI から ACPI を経由して HPET テーブルを手に入れる方法を見ていきましょう。

UEFI には Configuration Table というしくみがあり、UEFI 仕様の外で定義されているテーブルを取得できるようになっています。それぞれのテーブルには

注8 https://uefi.org/htmlspecs/ACPI_Spec_6_4_html/05_ACPI_Software_Programming_Model/ACPI_
    Software_Programming_Model.html#generic-address-structure

第4章 ┃ マルチタスクを実装しよう──1つのCPUで複数の作業を並行して行う方法について知る

毎度お馴染み GUID が割り当てられており[注9]、今回必要な ACPI のテーブルには次の GUID が割り当てられています。

```
const EFI_ACPI_TABLE_GUID: EfiGuid = EfiGuid {
    data0: 0x8868e871,
    data1: 0xe4f1,
    data2: 0x11d3,
    data3: [0xbc, 0x22, 0x00, 0x80, 0xc7, 0x3c, 0x88, 0x81],
};
```

　そして、GUID とテーブルの置いてあるアドレスの紐付けは、以下のような構造体の配列で管理されています。

```
#[repr(C)]
#[derive(Copy, Clone)]
pub struct EfiConfigurationTable {
    vendor_guid: EfiGuid,
    pub vendor_table: *const u8,
}
```

　この EfiConfigurationTable が並べられた配列へのポインタは、EfiSystemTable からたどることができます。

```
#[repr(C)]
pub struct EfiSystemTable {
    _reserved0: [u64; 12],
    boot_services: &'static EfiBootServicesTable,
    number_of_table_entries: usize,
    configuration_table: *const EfiConfigurationTable,
}
```

　実際にテーブルを検索するコードは EfiSystemTable::lookup_config_table() に実装しましたので、あとでソースコード全体を確認する際に読んでみてください。

　さて、これで UEFI から ACPI まではたどり着きました。残りは、ACPI から HPET のテーブルを見つける部分を見ていきましょう。

　ACPI はそこそこ歴史の長い規格です。歴史が長いということは……積み上げられた過去の遺産がたくさんあります！（オブラートに包まれた表現）そういうわけで、HPET のテーブルへ到達する方法が少しばかり複雑になっています。

注9　https://uefi.org/specs/UEFI/2.10_A/04_EFI_System_Table.html#industry-standard-configuration-tables

260

Rust の async/await で協調的マルチタスクをする

　まず、先ほどのしくみで UEFI から取得されたポインタは、ACPI の RSDP Struct という構造体を指しています。

```
#[repr(C)]
#[derive(Debug)]
pub struct AcpiRsdpStruct {
    signature: [u8; 8],
    checksum: u8,
    oem_id: [u8; 6],
    revision: u8,
    rsdt_address: u32,
    length: u32,
    xsdt: u64,
}
```

　RSDP というのは「Root System Description Pointer」の略で、ここから実際のテーブルが並んだ場所へのポインタが得られます[注10]。

　構造体のメンバを見ていると rsdt_address というメンバが見えます。RSDT は「Root System Description Table」の略で、この下にいっぱいテーブルがあるようです。ではこちらを見に行く……のは間違いです。というのも、このテーブルは 32 ビット時代に作られたもので、アドレスが 32 ビットの大きさしかありません。実際 rsdt_address も u32 で定義してありますからね。

　ということでその下にある xsdt というのが、今回の本丸です。XSDT は「Extended System Description Table」の略で、まさに拡張版の RSDT となっています。機能としては RSDT と同等なのですが、両方ある場合は XSDT を使いなさい、と仕様書[acpi_6_5a]にも書いてあります[注11]ので、素直に従うことにしましょう。こういった拡張された形跡が透けて見えるのも、低レイヤのおもしろポイントだと筆者は思います。

　さて、やっと XSDT にまでたどり着いたわけですが、なんと XSDT は可変長の構造体として定義されています。というのも、XSDT の末尾には各テーブルへのポインタが書き並べてあるのですが、このポインタが何個あるのかは直接書いてあるわけではなく、XSDT 自体の合計サイズしかわからないようになっています。これは……ちょっと設計者とお話してみたいものですね。

注 10 https://uefi.org/htmlspecs/ACPI_Spec_6_4_html/05_ACPI_Software_Programming_Model/ACPI_
　　　Software_Programming_Model.html#root-system-description-pointer-rsdp

注 11 https://uefi.org/htmlspecs/ACPI_Spec_6_4_html/05_ACPI_Software_Programming_Model/ACPI_
　　　Software_Programming_Model.html#extended-system-description-table-xsdt

第4章 マルチタスクを実装しよう──1つのCPUで複数の作業を並行して行う方法について知る

　まあ、仕様は仕様なのでしかたありません。こういった可変長の物体を扱うのは Rust はあまり得意ではないというか、unsafe になりがちなのですが、これを良い感じに扱えるように今回は Iterator を実装することにしました。実装については変更箇所のソースコードから Xsdt と XsdtIterator のあたりを読んでください。

　Iterator トレイトを実装すると、XSDT からたどれるテーブルを簡単に巡回できるようになるので、あとはその中からシグネチャが HPET となっているテーブルを見つけ出すことができれば OK です。この検索コードは AcpiRsdpStruct::hpet() に実装しました。

　実装をまとめると、以下のような感じになります。

```rust
// src/acpi.rs
use crate::result::Result;
use core::mem::size_of;

#[repr(packed)]
#[derive(Clone, Copy, Debug)]
struct SystemDescriptionTableHeader {
    // 5.2. ACPI System Description Tables
    // Table 5.4: DESCRIPTION_HEADER Fields
    signature: [u8; 4],
    length: u32,
    _unused: [u8; 28],
}
const _: () = assert!(size_of::<SystemDescriptionTableHeader>() == 36);

impl SystemDescriptionTableHeader {
    fn expect_signature(&self, sig: &'static [u8; 4]) {
        assert_eq!(self.signature, *sig);
    }
    fn signature(&self) -> &[u8; 4] {
        &self.signature
    }
}

struct XsdtIterator<'a> {
    table: &'a Xsdt,
    index: usize,
}

impl<'a> XsdtIterator<'a> {
    pub fn new(table: &'a Xsdt) -> Self {
        XsdtIterator { table, index: 0 }
    }
}
impl<'a> Iterator for XsdtIterator<'a> {
```

262

```rust
        // The item will have a static lifetime
        // since it will be allocated on
        // ACPI_RECLAIM_MEMORY region.
        type Item = &'static SystemDescriptionTableHeader;
        fn next(&mut self) -> Option<Self::Item> {
            if self.index >= self.table.num_of_entries() {
                None
            } else {
                self.index += 1;
                Some(unsafe {
                    &*(self.table.entry(self.index - 1)
                        as *const SystemDescriptionTableHeader)
                })
            }
        }
    }
}

#[repr(packed)]
struct Xsdt {
    header: SystemDescriptionTableHeader,
}
const _: () = assert!(size_of::<Xsdt>() == 36);

impl Xsdt {
    fn find_table(
        &self,
        sig: &'static [u8; 4],
    ) -> Option<&'static SystemDescriptionTableHeader> {
        self.iter().find(|&e| e.signature() == sig)
    }
    fn header_size(&self) -> usize {
        size_of::<Self>()
    }
    fn num_of_entries(&self) -> usize {
        (self.header.length as usize - self.header_size())
            / size_of::<*const u8>()
    }
    unsafe fn entry(&self, index: usize) -> *const u8 {
        ((self as *const Self as *const u8).add(self.header_size())
            as *const *const u8)
            .add(index)
            .read_unaligned()
    }
    fn iter(&self) -> XsdtIterator {
        XsdtIterator::new(self)
    }
}

trait AcpiTable {
    const SIGNATURE: &'static [u8; 4];
    type Table;
    fn new(header: &SystemDescriptionTableHeader) -> &Self::Table {
        header.expect_signature(Self::SIGNATURE);
```

第4章 マルチタスクを実装しよう──1つのCPUで複数の作業を並行して行う方法について知る

```rust
            // This is safe as far as phys_addr points to a valid MCFG table and it
            // alives forever.
            let mcfg: &Self::Table = unsafe {
                &*(header as *const SystemDescriptionTableHeader
                    as *const Self::Table)
            };
            mcfg
        }
}

#[repr(packed)]
pub struct GenericAddress {
    address_space_id: u8,
    _unused: [u8; 3],
    address: u64,
}
const _: () = assert!(size_of::<GenericAddress>() == 12);
impl GenericAddress {
    pub fn address_in_memory_space(&self) -> Result<usize> {
        if self.address_space_id == 0 {
            Ok(self.address as usize)
        } else {
            Err("ACPI Generic Address is not in system memory space")
        }
    }
}

#[repr(packed)]
pub struct AcpiHpetDescriptor {
    _header: SystemDescriptionTableHeader,
    _reserved0: u32,
    address: GenericAddress,
    _reserved1: u32,
}
impl AcpiTable for AcpiHpetDescriptor {
    const SIGNATURE: &'static [u8; 4] = b"HPET";
    type Table = Self;
}
impl AcpiHpetDescriptor {
    pub fn base_address(&self) -> Result<usize> {
        self.address.address_in_memory_space()
    }
}
const _: () = assert!(size_of::<AcpiHpetDescriptor>() == 56);

#[repr(C)]
#[derive(Debug)]
pub struct AcpiRsdpStruct {
    signature: [u8; 8],
    checksum: u8,
    oem_id: [u8; 6],
    revision: u8,
    rsdt_address: u32,
```

Rust の async/await で協調的マルチタスクをする

```rust
    length: u32,
    xsdt: u64,
}
impl AcpiRsdpStruct {
    fn xsdt(&self) -> &Xsdt {
        unsafe { &*(self.xsdt as *const Xsdt) }
    }
    pub fn hpet(&self) -> Option<&AcpiHpetDescriptor> {
        let xsdt = self.xsdt();
        xsdt.find_table(b"HPET").map(AcpiHpetDescriptor::new)
    }
}
```

`src/lib.rs`

```rust
#![test_runner(crate::test_runner::test_runner)]
#![reexport_test_harness_main = "run_unit_tests"]
#![no_main]
pub mod acpi;
pub mod allocator;
pub mod executor;
pub mod graphics;
```

`src/main.rs`

```rust
fn efi_main(image_handle: EfiHandle, efi_system_table: &EfiSystemTable) {
    // << 中略 >>
    fill_rect(&mut vram, 0x000000, 0, 0, vw, vh).expect("fill_rect failed");
    draw_test_pattern(&mut vram);
    let mut w = VramTextWriter::new(&mut vram);
    let acpi = efi_system_table.acpi_table().expect("ACPI table not found");


    let memory_map = init_basic_runtime(image_handle, efi_system_table);
    let mut total_memory_pages = 0;
    for e in memory_map.iter() {

// << 中略 >>

    }
    flush_tlb();

    let task1 = Task::new(async {
    let hpet = acpi.hpet().expect("Failed to get HPET from ACPI");
    let hpet = hpet
        .base_address()
        .expect("Failed to get HPET base address");
    info!("HPET is at {hpet:#018X}");
    let task1 = Task::new(async move {
        for i in 100..=103 {
            info!("{i}");
            yield_execution().await;
```

第4章 | マルチタスクを実装しよう——1つのCPUで複数の作業を並行して行う方法について知る

```rust
src/uefi.rs
use crate::acpi::AcpiRsdpStruct;
use crate::graphics::draw_font_fg;
use crate::graphics::Bitmap;
use crate::result::Result;

// << 中略 >>

const EFI_LOADED_IMAGE_PROTOCOL_GUID: EfiGuid = EfiGuid {
    // << 中略 >>
    data3: [0x8E, 0x3F, 0x00, 0xA0, 0xC9, 0x69, 0x72, 0x3B],
};

const EFI_ACPI_TABLE_GUID: EfiGuid = EfiGuid {
    data0: 0x8868e871,
    data1: 0xe4f1,
    data2: 0x11d3,
    data3: [0xbc, 0x22, 0x00, 0x80, 0xc7, 0x3c, 0x88, 0x81],
};

#[derive(Debug, PartialEq, Eq, Copy, Clone)]
#[must_use]
#[repr(u64)]

// << 中略 >>

    assert!(offset_of!(EfiBootServicesTable, exit_boot_services) == 232);
const _: () = assert!(offset_of!(EfiBootServicesTable, locate_protocol) == 320);

#[repr(C)]
#[derive(Copy, Clone)]
pub struct EfiConfigurationTable {
    vendor_guid: EfiGuid,
    pub vendor_table: *const u8,
}

#[repr(C)]
pub struct EfiSystemTable {
    _reserved0: [u64; 12],
    boot_services: &'static EfiBootServicesTable,
    number_of_table_entries: usize,
    configuration_table: *const EfiConfigurationTable,
}
const _: () = assert!(offset_of!(EfiSystemTable, boot_services) == 96);
impl EfiSystemTable {
    pub fn boot_services(&self) -> &EfiBootServicesTable {
        self.boot_services
    }
    fn lookup_config_table(
        &self,
        guid: &EfiGuid,
    ) -> Option<EfiConfigurationTable> {
```

Rust の async/await で協調的マルチタスクをする

```
        for i in 0..self.number_of_table_entries {
            let ct = unsafe { &*self.configuration_table.add(i) };
            if ct.vendor_guid == *guid {
                return Some(*ct);
            }
        }
        None
    }
    pub fn acpi_table(&self) -> Option<&'static AcpiRsdpStruct> {
        self.lookup_config_table(&EFI_ACPI_TABLE_GUID)
            .map(|t| unsafe { &*(t.vendor_table as *const AcpiRsdpStruct) })
    }
}

#[repr(C)]
```

これで cargo run すると、以下のような出力が得られます。

```
[INFO]  src/main.rs:104: HPET is at 0x00000000FED00000
```

なるほど、HPET は 0xFED00000 番地にあるようです。うまく発見できました
ね！

● **HPET を初期化する**

では HPET の実装のほうを説明します。Hpet という構造がタイマー実装の本
体になりますが、先にコードを見ていただいたほうがわかりやすいと思いますの
で、まず実装のほうをお見せしますね。

src/acpi.rs
```
use crate::hpet::HpetRegisters;
use crate::result::Result;
use core::mem::size_of;


// << 中略 >>

impl AcpiTable for AcpiHpetDescriptor {
    // << 中略 >>
    type Table = Self;
}
impl AcpiHpetDescriptor {
    pub fn base_address(&self) -> Result<usize> {
        self.address.address_in_memory_space()
    pub fn base_address(&self) -> Result<&'static mut HpetRegisters> {
        unsafe {
            self.address
```

267

第4章 ┃ マルチタスクを実装しよう——1つのCPUで複数の作業を並行して行う方法について知る

```rust
                .address_in_memory_space()
                .map(|addr| &mut *(addr as *mut HpetRegisters))
        }
    }
}
const _: () = assert!(size_of::<AcpiHpetDescriptor>() == 56);
```

```rust
src/hpet.rs
use core::mem::size_of;
use core::ptr::read_volatile;
use core::ptr::write_volatile;

const TIMER_CONFIG_LEVEL_TRIGGER: u64 = 1 << 1;
const TIMER_CONFIG_INT_ENABLE: u64 = 1 << 2;
const TIMER_CONFIG_USE_PERIODIC_MODE: u64 = 1 << 3;

#[repr(C)]
struct TimerRegister {
    configuration_and_capability: u64,
    _reserved: [u64; 3],
}
const _: () = assert!(size_of::<TimerRegister>() == 0x20);
impl TimerRegister {
    unsafe fn write_config(&mut self, config: u64) {
        write_volatile(&mut self.configuration_and_capability, config);
    }
}

#[repr(C)]
pub struct HpetRegisters {
    capabilities_and_id: u64,
    _reserved0: u64,
    configuration: u64,
    _reserved1: [u64; 27],
    main_counter_value: u64,
    _reserved2: u64,
    timers: [TimerRegister; 32],
}
const _: () = assert!(size_of::<HpetRegisters>() == 0x500);

pub struct Hpet {
    registers: &'static mut HpetRegisters,
    #[allow(unused)]
    num_of_timers: usize,
    freq: u64,
}
impl Hpet {
    pub fn new(registers: &'static mut HpetRegisters) -> Self {
        let fs_per_count = registers.capabilities_and_id >> 32;
        let num_of_timers =
            ((registers.capabilities_and_id >> 8) & 0b11111) as usize + 1;
        let freq = 1_000_000_000_000_000 / fs_per_count;
        let mut hpet = Self {
```

268

Rust の async/await で協調的マルチタスクをする

```
                registers,
                num_of_timers,
                freq,
            };
            unsafe {
                hpet.globally_disable();
                for i in 0..hpet.num_of_timers {
                    let timer = &mut hpet.registers.timers[i];
                    let mut config =
                        read_volatile(&timer.configuration_and_capability);
                    config &= !(TIMER_CONFIG_INT_ENABLE
                        | TIMER_CONFIG_USE_PERIODIC_MODE
                        | TIMER_CONFIG_LEVEL_TRIGGER
                        | (0b11111 << 9));
                    timer.write_config(config);
                }
                write_volatile(&mut hpet.registers.main_counter_value, 0);
                hpet.globally_enable();
            }
            hpet
        }
        unsafe fn globally_disable(&mut self) {
            let config = read_volatile(&self.registers.configuration) & !0b11;
            write_volatile(&mut self.registers.configuration, config);
        }
        unsafe fn globally_enable(&mut self) {
            let config = read_volatile(&self.registers.configuration) | 0b01;
            write_volatile(&mut self.registers.configuration, config);
        }
        pub fn main_counter(&self) -> u64 {
            unsafe { read_volatile(&self.registers.main_counter_value) }
        }
        pub fn freq(&self) -> u64 {
            self.freq
        }
    }
```

`src/lib.rs`

```
pub mod allocator;
pub mod executor;
pub mod graphics;
pub mod hpet;
pub mod init;
pub mod print;
pub mod qemu;
```

`src/main.rs`

```
use wasabi::graphics::draw_test_pattern;
use wasabi::graphics::fill_rect;
use wasabi::graphics::Bitmap;
use wasabi::hpet::Hpet;
use wasabi::info;
```

第4章 マルチタスクを実装しよう——1つのCPUで複数の作業を並行して行う方法について知る

```
use wasabi::init::init_basic_runtime;
use wasabi::init::init_paging;

// << 中略 >>

fn efi_main(image_handle: EfiHandle, efi_system_table: &EfiSystemTable) {
    // << 中略 >>
    let hpet = hpet
        .base_address()
        .expect("Failed to get HPET base address");
    info!("HPET is at {hpet:#018X}");
    info!("HPET is at {hpet:#p}");
    let hpet = Hpet::new(hpet);
    let task1 = Task::new(async move {
        for i in 100..=103 {
            info!("{i}");
            info!("{i} hpet.main_counter = {}", hpet.main_counter());
            yield_execution().await;
        }
        Ok(())
```

　それでは実装の解説です。先ほど得られたHPETのアドレスには
HpetRegisters 構造体に示したようなレジスタ群が存在しています。

```
#[repr(C)]
pub struct HpetRegisters {
    capabilities_and_id: u64,
    _reserved0: u64,
    configuration: u64,
    _reserved1: [u64; 27],
    main_counter_value: u64,
    _reserved2: u64,
    timers: [TimerRegister; 32],
}
```

　このレジスタ群への参照を受け取って Hpet のインスタンスを初期化するコー
ドを Hpet::new に実装してあります。

　基本的な処理としてはまず、HPET を無効化する関数 globally_disable() を
呼び、それからタイマーの各レジスタに値を設定します。HPET には、タイマー
のカウントが設定した値になったら割り込みを発生させる機能が存在するのです
が、今回はこれを使用しないので無効にするよう設定しています。また、HPET
の各タイマーで利用される大元のカウント main_counter_value を 0 に初期化し
ています。このカウンタは HPET が有効になっている間、一定の周期でカウン
トアップしていくようになっています。この周期は capabilities_and_id レジス

270

タの上位 32 ビットに記録されていて、1fs（femto seconds、フェムト秒）つまり 10 の 15 乗分の 1 秒あたりにカウントがどれだけ増加するかが書かれています。これをもとに 1 秒でどれだけカウントが進むのか、つまりこのタイマーの周波数を計算して self.freq に格納しておきます。この値は、あとでタイマーのカウントを実時間の単位に変換するうえで必要となります。

すべての設定が終わったら globally_enable() を呼び出して、HPET を有効化します。これにより、HPET のカウントアップが始まります。

実際に cargo run してみると、次のような出力が得られます。

```
実行結果
[INFO]  src/main.rs:105: HPET is at 0x00000000fed00000
[INFO]  src/executor.rs:91 : Executor starts running...
[INFO]  src/main.rs:109: 100 hpet.main_counter = 364568
[INFO]  src/main.rs:116: 200
[INFO]  src/main.rs:109: 101 hpet.main_counter = 570686
[INFO]  src/main.rs:116: 201
[INFO]  src/main.rs:109: 102 hpet.main_counter = 651805
[INFO]  src/main.rs:116: 202
[INFO]  src/main.rs:109: 103 hpet.main_counter = 706213
[INFO]  src/main.rs:116: 203
```

たしかに hpet.main_counter() の数値が増えているのがわかりますね！

● static mut を使って HPET を共有する

とりあえず task1 から無事に HPET のカウンタの値が読めるようになったので、task2 からも同様にして HPET のカウンタを読んでみましょう。そのためには Hpet のインスタンスを 2 つのタスクから共有してアクセスできるようにしなければいけません。また、各タスクはいつ終了するか Rust コンパイラには明らかでないため、タスクに渡す値を、十分なライフタイムを持つどこかに格納してあげる必要があります。ここではとりあえず、グローバルに見える静的で可変な static mut 変数を使ってみましょう。

```
src/main.rs
use wasabi::x86::trigger_debug_interrupt;
use wasabi::x86::PageAttr;

static mut GLOBAL_HPET: Option<Hpet> = None;

#[no_mangle]
fn efi_main(image_handle: EfiHandle, efi_system_table: &EfiSystemTable) {
```

第4章 | マルチタスクを実装しよう──1つのCPUで複数の作業を並行して行う方法について知る

```
    println!("Booting WasabiOS...");
// << 中略 >>

        .expect("Failed to get HPET base address");
    info!("HPET is at {hpet:#p}");
    let hpet = Hpet::new(hpet);
    let task1 = Task::new(async move {
    let hpet = unsafe { GLOBAL_HPET.insert(hpet) };
    let task1 = Task::new(async {
        for i in 100..=103 {
            info!("{i} hpet.main_counter = {}", hpet.main_counter());
            yield_execution().await;

// << 中略 >>

    });
    let task2 = Task::new(async {
        for i in 200..=203 {
            info!("{i}");
            info!("{i} hpet.main_counter = {}", hpet.main_counter());
            yield_execution().await;
        }
        Ok(())
```

スレッド間で安全にデータを共有する

さて、実装例で示したとおり、static mut な変数へアクセスする際は該当箇所を unsafe ブロックで囲まないといけません。なぜ static mut な変数へのアクセスは unsafe な操作になってしまうのでしょうか？

●データ競合とは

ここで鍵となるのは、データ競合 (data race) という概念です。データ競合は、あるデータに対する読み書きなどの操作が、その実行タイミングによってプログラマーの意図しない結果を生み出してしまうという現象を指します。

よくある例としては、特急列車や映画館の席の予約システムなどが挙げられます。たとえば、ある座席を X としたときに、予約が以下のようなコードで行われるとしましょう。

❶座席 X が予約済みかどうか確認する。もし予約済みならエラーで終了する

❷座席 X に予約済みの印を付ける

❸座席 X のチケットを発行する

手順❶があるのは、ある席の予約を取れるのは一人だけであることを確実にするためです。1 つの席に 2 人が同時に座ることはできないですからね。お客さんが困ってしまいます。

　さて、一見このコードは意図したとおりに動作するように見えますが、実は同時に複数の人が同じ席を予約しようとすると、運悪くダブルブッキングしてしまう可能性があります。例として、A さんと B さんが同時に予約しようとしている場合に、A さんの手順❶が完了した直後に、A さんの手順❷が実行されるよりも前に B さんの手順❶が実行されてしまったらどうなるでしょうか？　どちらの処理もまだ手順❷に到達していませんから、座席は予約されていない状態のままです。結果として、A さんも B さんも手順❶のチェックを無事に通過してしまい、まったく同じ席のチケットが 2 人に発行されてしまうのです。当日現地でダブルブッキングに気付いた A さんと B さんは困惑するでしょう。これが、データ競合の恐いところです。

　このようなバグは実際に数多く発生しており、よくあるプログラムのミスと言えます。もちろん、人間が十分に気を付ければ防げるミスかもしれませんが、プログラミング言語のレベルでそれを防ぐことができればより安全ですよね。

●Rust における参照のルール

　というわけで、Rust では、データ競合を防ぐために、各変数へアクセスできる参照の種類や数をコンパイル時に厳密にチェックしています注12。具体的には、プログラム上のある瞬間において、ある変数にアクセスできる参照の種類と数が以下のいずれかを満たす場合のみ、コンパイルが通るようになっています。

・1 個の可変参照（&mut）と 0 個の不変参照（&）があること
・0 個の可変参照（&mut）と 0 個以上の不変参照（&）があること

　大雑把に言えば、値を書き換えたいなら（&mut で参照するなら）ほかの誰も見ていないときだけにしましょう（ほかの参照があってはいけない）ということ

注12 https://doc.rust-jp.rs/book-ja/ch04-02-references-and-borrowing.html

第4章 マルチタスクを実装しよう——1つの CPU で複数の作業を並行して行う方法について知る

です。

　このルールがあれば、あるコードである &mut な参照を扱っている間は、その
コードがその参照の指している値にアクセスできる唯一の主体であることが保証
されます。これにより、先ほど説明した「チェックしてから値を書き換える」操
作のように、プログラム的に隣接した行や同一の関数で行われることが多い作業
を行う間は、その参照が指す先をほかの誰も書き換えたり読み取ったりしないこ
とが保証でき、よくあるデータ競合の可能性を大いに減らすことができるのです。

　さて、static mut な変数の話に戻りましょう。ローカル変数と異なり static
mut な変数は、その変数が見えるスコープのどこからでも参照を取れてしまいま
す。ローカル変数の場合は、複数の関数から参照を取られるというケースについ
ては想定しなくてもよかったのですが、static な変数の場合はそうではありま
せん。また、&mut な参照を取ることが許されていない mut なしの static 変数で
あれば、複数の不変参照 & を取ることは許されているためまだなんとかなるので
すが、&mut な参照を取ることができ、かつ static な変数となると、いつどれだ
け可変参照 &mut が発生するのか特定することが困難です。したがって、安全に
不変参照を取ることすらできない（なぜなら &mut がそのタイミングでほかに存
在しないことを保証できない）ため、読み書きのどちらに関しても unsafe な操
作とされているのです。

　とはいえ書き換え可能なグローバル変数という存在は、OS や組込みソフト
ウェアなどのシステム全体の状態を保持しておきたい用途では必要不可欠です。
グローバルにアクセス可能な状態を維持しつつデータ競合を防いでくれる、そん
な便利なしくみはないのでしょうか？

● Mutex ——実行時にメモリ競合を回避するしくみ

　実は、データ競合の回避をコンパイル時にではなく、実行時に動的に行う方
法が存在します[注13]。その一つが Mutex と呼ばれるしくみです。Mutex は Mutual
exclusion（相互排他）の略で、ある資源に対して同時にアクセスできる主体を
1つに制限します。std が利用できる環境であれば std::sync::Mutex に実装が
用意されていますが、no_std な環境では残念ながら用意されていません。これ

注13 むしろ Rust 以外の言語では、実行時チェックしかできない場合や、そもそもチェックなんてしていない
　　 ことが多々あります。無法地帯だったんですね……。

はなぜかと言うと、Mutex を効率良く実装しようとするとマルチスレッドのしく
みと協調して動作する必要があるのですが、以前解説したとおりマルチスレッド
を司る Executor の実装は OS や環境に依存するので、no_std な環境では Mutex
自体が提供されていないのです。

　今回、我々は効率は無視して、とりあえず本書の範囲で必要となる相互排他を
実現できる程度の Mutex を実装します。というわけで、以下のようなメンバを持
つ Mutex を考えます。

```
pub struct Mutex<T> {
    data: SyncUnsafeCell<T>,
    is_taken: AtomicBool,
}
```

　ここで新しく登場した SyncUnsafeCell^{注 14} という型は、Sync な UnsafeCell で
す。……と言われても意味不明だと思うので、もう少し詳しく説明します。

　Sync はマーカートレイトの一種で、このトレイトを実装している型が Sync と
いう性質を満たしているということを表します。そして Sync という性質は何か
と言うと、スレッド間でその型のデータをやりとりしても未定義動作を引き起こ
さない、というものです^{注 15}。

　そして UnsafeCell は、先ほどまで説明してきた Rust の基本ルールの一つ「不
変参照が 1 つでも存在するなら可変参照を取ってはいけない」を破るために用
意された型です。具体的には、UnsafeCell でくるまれた型であれば、不変参照
& からその中身の可変な参照 &mut T を取ることができる .get_mut() というメ
ソッドが利用できるようになります。また、&mut T を取ることができる型であ
ることを示す BorrowMut というトレイトも実装されているため、明示的に .get_
mut() と呼ばなくても、まるで mut な変数であるかのように振る舞います。これが、
内部可変性（inner mutability）と呼ばれる挙動になります^{注 16}。

　ええっ、そんなの未定義動作まっしぐらでは……と思われるかもしれませんが、
正しく使っている限りは未定義動作にならないように、UnsafeCell は特別な配

注 14　https://doc.rust-lang.org/beta/core/cell/struct.SyncUnsafeCell.html
注 15　https://doc.rust-lang.org/nightly/core/marker/trait.Sync.html
注 16　https://doc.rust-lang.org/nightly/book/ch04-02-references-and-borrowing.html
　　　https://doc.rust-lang.org/nightly/nomicon/send-and-sync.html
　　　https://doc.rust-lang.org/nightly/core/marker/trait.Sync.html

慮をコンパイラから受けています。たとえばコンパイラは通常、不変参照 & が生きている間は、その指している値が一切変化しないということを前提に最適化をかけますが、UnsafeCell に対する不変参照はこのような最適化の対象外となります注17。

そして UnsafeCell を正しく使うことが利用者の責務となるよう、上記のような危険なメソッドを呼び出す際は unsafe なブロックから呼び出す必要があります。

では、UnsafeCell の「正しい」使い方とはいったいどのようなものでしょうか？

正確な解説はドキュメントに譲るとして、大雑把に言うと私達が守るべきことは以下の2点です。

- &UnsafeCell からその中身を指す可変参照（&mut）を作ったら、それが消滅するまでは &UnsafeCell からその中身の可変参照も不変参照も作ってはいけない
- &UnsafeCell からその中身を指す不変参照を作ったら、そのすべてが消滅するまでは &UnsafeCell からその中身の可変参照を作ってはいけない

……あれ、これってさっきまで言っていたコンパイラによる参照チェックのルールに似ていませんか？　ええ、そうです。要するに、UnsafeCell を使ってその内部に対する参照を作る際は、コンパイル時に要求されるのと同様の制約を実行時に保証してねというのが、UnsafeCell を使う際にプログラマーに求められていることなのです。

さて、Mutex は「ある時点でその中身にアクセスできる主体を最大で1つに制限する」という機能を持つ型になりますが、これは実質的に「ある時点でその中身に対する参照を最大で1つに制限する」というしくみとして実装することになります。この制約は UnsafeCell が課す制約よりも厳しいものですから、なんとかして「1つに制限する」ことが実現できれば、UnsafeCell を正しく、つまり安全に扱うことができるわけです。

というわけでこの「1つに制限する」という部分を実現するのが、is_taken: AtomicBool というメンバになります。

core::sync::atomic:: には AtomicBool だけでなく、ほかにもさまざまなアトミック型が用意されています。アトミック型とは、**正しく**使えばその型の値への

注17 https://doc.rust-lang.org/beta/core/cell/struct.UnsafeCell.html

アクセスがスレッドセーフになる、という型です。つまり、複数の主体が同時に読み書きをしても、データ競合を起こさないようにできる型であると言えます。

　えー、そんなことができるなら、もう何もかもアトミック型にしてくれればいいのに……と思われるかもしれませんが、残念ながらそれはハードウェア的に困難です。

　メモリアクセスの項でも触れましたが、CPU がデータを扱う際は、ある程度のバイト数をまとめて扱うことになります。これは、バス幅などのハードウェアの条件によって制約されます。基本的に、CPU はバス幅を超える大きさのデータの読み書きをアトミックに行うことはできません。ですから、この観点から言えば、アトミックにできる操作は明らかにバス幅（たとえば 64 バイト）よりも小さくなります。また、キャッシュの存在や、CPU による命令の投機的実行、命令の実行順の入れ替え（リオーダリング）、マルチコアによる並列処理など、さまざまな要素がアトミック性には影響します。結果として、現代の CPU アーキテクチャで共通して利用できるアトミックな読み書き操作というのは、だいたい 64 ビット程度が上限となっているわけです。実際、`AtomicU64` などはあるのに `AtomicU128` などが存在しないのは、そういうわけなのです（もちろん、将来的にはもう少し大きくなるかもしれませんが……）。

　少し話がそれましたが、とにかく `AtomicBool` を**正しく**使えば、先ほど説明した座席のダブルブッキングのような不幸な自体を防げるのです。

　さて、ここまで何度も「正しく」を強調してきましたが、実はめちゃくちゃ性能を良くしたいとか複雑なことをしたいというわけでなければ、そんなに難しい話ではありません。アトミックな変数の読み書きには、常に `Ordering` というものを指定するのですが、これを最も厳しい `SeqCst` にしておけばよいのです[注18]。

　これは大雑把に言うと、プログラムに書かれたとおり、つまりは実行される命令の順番どおりに、その読み書きの効果が観測される、ということです。これを指定すると、先ほど説明したアトミック性に影響する要素のうち、命令順の入れ替えなどの挙動が抑制されます[注19]。

　具体的にどのような命令列に変換されるのかについては、実は Rust のレイヤでは扱わず、Rust が実際に機械語を生成する際に依存している LLVM のほうで

注 18 https://doc.rust-lang.org/beta/core/sync/atomic/enum.Ordering.html
注 19 https://llvm.org/docs/Atomics.html#sequentiallyconsistent

第4章 ■ マルチタスクを実装しよう——1つのCPUで複数の作業を並行して行う方法について知る

処理されています。

　本当はもっと踏み込みたいところですが、これ以上レイヤの沼に足を踏み入れてしまうといつまで経ってもOSができあがらないので、いったんここまでの知識をもとにMutexを実装して、これまでstatic mutでお茶を濁してきた部分を置き換えることにしましょう。

　基本的なMutexの動作としては、中身の参照を得たい際にMutex::lock()を呼び出すと、そのMutexの内部にあるAtomicBool型のis_takenの値を参照して、すでに参照が取られているか否かをチェックします。このとき、.compare_exchange(false, true, Ordering::SeqCst, Ordering::SeqCst)という AtomicBoolのメソッドを利用することで、is_takenがfalseだったらtrueに差し替えるという操作をアトミックに実行します。言い換えれば、この差し替えの間にほかの誰かがis_takenがfalseという状態を観測できないようにすることで、ダブルブッキングを防ぎます。

　うまくis_takenをtrueにできたら、既存の参照は0個であることが確約されたので、SyncUnsafeCellから中身への参照を取得しても安全な状態であることが保証されます。この、安全な状態を持っている主体を追跡するためにMutexGuardという型の値を生成して、それを呼び出し元に返します。呼び出し元はこのMutexGuardを介して、SyncUnsafeCellの中身の参照を取り出すことができるようになります。

　一方、もしもis_takenをfalseからtrueにすることに失敗したら、それはis_takenがtrueであったということ、言い換えれば、既存の参照が1つ以上存在するということなので、中身への参照を取得させてはいけません。ですからis_takenがfalseになるまでcompare_exchangeを再試行します[注20]。

　さて、ではどのタイミングでis_takenがtrueからfalseになるのかというと、先ほど生成したMutexGuardが鍵となります。MutexGuardのdrop()は、MutexGuardのライフタイムが尽きるときに呼び出されます。MutexGuardのライフタイムが尽きたとき、それはつまり、もう誰もそのMutexGuardを用いてMutexの中身に対する参照を取得しない（そしてMutexGuardから生成された参照はRustコンパイラによってMutexGuardよりも短いライフタイムしか持っていないことが保証されるため、Mutexの中身に対するすべての参照のライフタイ

注20 ここでめっちゃループが回ることになるので、この実装はスピンロック（Spin lock）と呼ばれることがあります。

278

ムが尽きている）ということが言えるため、Mutex を解放しても SyncUnsafeCell
の要求する「正しさ」に反することは発生しません。というわけで、MutexGuard
が drop() された際に、対応する Mutex の is_taken を false にするようにしてい
ます。

　長くなりましたが、このようなしくみにより、ある値に対する参照について満
たされるべき制約を、コンパイル時ではなく実行時に保証できるようになります。
これにより、static 変数のように、コンパイル時には参照の満たすべき制約を
検証しきれない変数に対しても、似たような安全性を提供できるのです。これが
Mutex というしくみです。

　というわけで、ここまでの解説を実装に落とし込むと、以下のようになります。

```
src/lib.rs
#![no_std]
#![feature(offset_of)]
#![feature(custom_test_frameworks)]
#![feature(sync_unsafe_cell)]
#![feature(const_caller_location)]
#![feature(const_location_fields)]
#![test_runner(crate::test_runner::test_runner)]
#![reexport_test_harness_main = "run_unit_tests"]
#![no_main]

// << 中略 >>

pub mod graphics;
pub mod hpet;
pub mod init;
pub mod mutex;
pub mod print;
pub mod qemu;
pub mod result;
```

```
src/mutex.rs
//! Simple thread-safe mutex
//!
//! As the doc of SyncUnsafeCell says,
//! `SyncUnsafeCell::get()` can be used to get
//! `*mut T` from `&SyncUnsafeCell<T>` but we must
//! ensure that the access to the object pointed
//! is unique before dereferencing it.
//!
//! This mutex protects the data with AtomicBool
//! to ensure that the access to the contents
//! is unique so taking a mutable reference
//! to it will be safe.
```

第4章 マルチタスクを実装しよう——1つのCPUで複数の作業を並行して行う方法について知る

```rust
use crate::result::Result;
use core::cell::SyncUnsafeCell;
use core::fmt::Debug;
use core::ops::Deref;
use core::ops::DerefMut;
use core::panic::Location;
use core::sync::atomic::AtomicBool;
use core::sync::atomic::AtomicU32;
use core::sync::atomic::Ordering;

pub struct MutexGuard<'a, T> {
    mutex: &'a Mutex<T>,
    data: &'a mut T,
    location: Location<'a>,
}
impl<'a, T> MutexGuard<'a, T> {
    #[track_caller]
    unsafe fn new(mutex: &'a Mutex<T>, data: &SyncUnsafeCell<T>) -> Self {
        Self {
            mutex,
            data: &mut *data.get(),
            location: *Location::caller(),
        }
    }
}
unsafe impl<'a, T> Sync for MutexGuard<'a, T> {}
impl<'a, T> Deref for MutexGuard<'a, T> {
    type Target = T;

    fn deref(&self) -> &Self::Target {
        self.data
    }
}
impl<'a, T> DerefMut for MutexGuard<'a, T> {
    fn deref_mut(&mut self) -> &mut Self::Target {
        self.data
    }
}
impl<'a, T> Drop for MutexGuard<'a, T> {
    fn drop(&mut self) {
        self.mutex.is_taken.store(false, Ordering::SeqCst)
    }
}
impl<'a, T> Debug for MutexGuard<'a, T> {
    fn fmt(&self, f: &mut core::fmt::Formatter<'_>) -> core::fmt::Result {
        write!(f, "MutexGuard {{ location: {:?} }}", self.location)
    }
}

pub struct Mutex<T> {
    data: SyncUnsafeCell<T>,
    is_taken: AtomicBool,
    taker_line_num: AtomicU32,
```

Rust の async/await で協調的マルチタスクをする

```rust
        created_at_file: &'static str,
        created_at_line: u32,
}
impl<T: Sized> Debug for Mutex<T> {
    fn fmt(&self, f: &mut core::fmt::Formatter<'_>) -> core::fmt::Result {
        write!(
            f,
            "Mutex @ {}:{}",
            self.created_at_file, self.created_at_line
        )
    }
}
impl<T: Sized> Mutex<T> {
    #[track_caller]
    pub const fn new(data: T) -> Self {
        Self {
            data: SyncUnsafeCell::new(data),
            is_taken: AtomicBool::new(false),
            taker_line_num: AtomicU32::new(0),
            created_at_file: Location::caller().file(),
            created_at_line: Location::caller().line(),
        }
    }
    #[track_caller]
    fn try_lock(&self) -> Result<MutexGuard<T>> {
        if self
            .is_taken
            .compare_exchange(false, true, Ordering::SeqCst, Ordering::SeqCst)
            .is_ok()
        {
            self.taker_line_num
                .store(Location::caller().line(), Ordering::SeqCst);
            Ok(unsafe { MutexGuard::new(self, &self.data) })
        } else {
            Err("Lock failed")
        }
    }
    #[track_caller]
    pub fn lock(&self) -> MutexGuard<T> {
        for _ in 0..10000 {
            if let Ok(locked) = self.try_lock() {
                return locked;
            }
        }
        panic!(
            "Failed to lock Mutex at {}:{}, caller: {:?}, taker_line_num: {}",
            self.created_at_file,
            self.created_at_line,
            Location::caller(),
            self.taker_line_num.load(Ordering::SeqCst),
        )
    }
    pub fn under_locked<R: Sized>(
```

281

第4章 マルチタスクを実装しよう──1つのCPUで複数の作業を並行して行う方法について知る

```
        &self,
        f: &dyn Fn(&mut T) -> Result<R>,
    ) -> Result<R> {
        let mut locked = self.lock();
        f(&mut *locked)
    }
}
unsafe impl<T> Sync for Mutex<T> {}
impl<T: Default> Default for Mutex<T> {
    #[track_caller]
    fn default() -> Self {
        Self::new(T::default())
    }
}
```

●Mutex を使って HPET のインスタンスを OS 全体で共有する

Mutex が実装されたことで、変更される可能性のある変数に対してのアクセスが、同時に実行される可能性のある複数のコードからできるようになりました。これを利用して、タイマーを引数で引き回すことなく、グローバルにどこからでも利用できるようにしてみましょう。

具体的には、HPET のインスタンスを初期化したらすぐにそれを Mutex でくるんでグローバル変数に格納します。そして HPET のカウンタにアクセスする必要が発生したら、その変数の Mutex を lock() してから利用することにします。こうすることで、static mut な変数を使う必要がなくなるため、HPET にアクセスする際に毎回 unsafe ブロックで囲む必要がなくなります（もちろん Mutex の中に unsafe ブロックが存在しているのは事実ですが、unsafe というのはあくまでも「コンパイラから見たときに安全とは言い切れない操作をプログラマーの責任でやります」という宣言なので、unsafe ブロックの存在自体が常に危険というわけではないのです。unsafe ブロックを使うことで「コンパイラでは検証しきれない、使い方を誤れば危険かもしれない操作」を閉じ込めて抽象化することで、プログラマーがメモリ安全性について本腰を入れて思考するべき箇所を最小化して、思考リソースを効率的に使えるようにしてくれる、そんなしくみが Rust の unsafe なのです）。

ついでに、core::time::Duration を使って、HPET のカウンタ値という単位のない生の値を直接提供するのではなく、ある時点からの経過秒数という単位のある値として読めるようにもしておきましょう。これも大事な抽象化ですね！

というわけで、実装はこんな感じになります。

Rust の async/await で協調的マルチタスクをする

`src/hpet.rs`
```rust
use crate::mutex::Mutex;
use core::mem::size_of;
use core::ptr::read_volatile;
use core::ptr::write_volatile;
use core::time::Duration;

const TIMER_CONFIG_LEVEL_TRIGGER: u64 = 1 << 1;
const TIMER_CONFIG_INT_ENABLE: u64 = 1 << 2;

// << 中略 >>

impl Hpet {
    // << 中略 >>
        self.freq
    }
}
static HPET: Mutex<Option<Hpet>> = Mutex::new(None);
pub fn set_global_hpet(hpet: Hpet) {
    assert!(HPET.lock().is_none());
    *HPET.lock() = Some(hpet);
}
pub fn global_timestamp() -> Duration {
    if let Some(hpet) = &*HPET.lock() {
        let ns =
            hpet.main_counter() as u128 * 1_000_000_000 / hpet.freq() as u128;
        Duration::from_nanos(ns as u64)
    } else {
        Duration::ZERO
    }
}
```

`src/main.rs`
```rust
use wasabi::graphics::draw_test_pattern;
use wasabi::graphics::fill_rect;
use wasabi::graphics::Bitmap;
use wasabi::hpet::global_timestamp;
use wasabi::hpet::set_global_hpet;
use wasabi::hpet::Hpet;
use wasabi::info;
use wasabi::init::init_basic_runtime;

// << 中略 >>

use wasabi::x86::trigger_debug_interrupt;
use wasabi::x86::PageAttr;

static mut GLOBAL_HPET: Option<Hpet> = None;

#[no_mangle]
fn efi_main(image_handle: EfiHandle, efi_system_table: &EfiSystemTable) {
    println!("Booting WasabiOS...");
```

283

第4章 ┃ マルチタスクを実装しよう──1つのCPUで複数の作業を並行して行う方法について知る

```
// << 中略 >>

        .expect("Failed to get HPET base address");
    info!("HPET is at {hpet:#p}");
    let hpet = Hpet::new(hpet);
    let hpet = unsafe { GLOBAL_HPET.insert(hpet) };
    let task1 = Task::new(async {
    set_global_hpet(hpet);
    let t0 = global_timestamp();
    let task1 = Task::new(async move {
        for i in 100..=103 {
            info!("{i} hpet.main_counter = {}", hpet.main_counter());
            info!("{i} hpet.main_counter = {:?}", global_timestamp() - t0);
            yield_execution().await;
        }
        Ok(())
    });
    let task2 = Task::new(async {
    let task2 = Task::new(async move {
        for i in 200..=203 {
            info!("{i} hpet.main_counter = {}", hpet.main_counter());
            info!("{i} hpet.main_counter = {:?}", global_timestamp() - t0);
            yield_execution().await;
        }
        Ok(())
```

　これで cargo run を実行すると、きちんと秒の単位でタイマーの出力が得られ
るようになります。わかりやすいですね！

```
[INFO]  src/main.rs:112: 100 hpet.main_counter = 6.14582ms
[INFO]  src/main.rs:119: 200 hpet.main_counter = 13.48698ms
[INFO]  src/main.rs:112: 101 hpet.main_counter = 14.24989ms
[INFO]  src/main.rs:119: 201 hpet.main_counter = 15.14073ms
[INFO]  src/main.rs:112: 102 hpet.main_counter = 15.73864ms
[INFO]  src/main.rs:119: 202 hpet.main_counter = 16.29421ms
[INFO]  src/main.rs:112: 103 hpet.main_counter = 16.98617ms
[INFO]  src/main.rs:119: 203 hpet.main_counter = 17.55549ms
```

■ タスクの実行を一定時間止める Future を作る

　秒単位でタイマーの表示が出てくるようになったのはうれしいですが、ms と
いう単位は人間には短すぎて、本当に表示されている時間が正しいのかどうかわ
かりませんよね。
　ということで、一定時間タスクの実行を止める Future を実装して、それぞれ
のカウント出力がもう少しゆっくり行われるようにしましょう。

284

実装としてはこんな感じです。

```rust
// src/executor.rs
extern crate alloc;
use crate::hpet::global_timestamp;
use crate::info;
use crate::result::Result;
use crate::x86::busy_loop_hint;

// << 中略 >>

use core::task::RawWaker;
use core::task::RawWakerVTable;
use core::task::Waker;
use core::time::Duration;

pub struct Task<T> {
    future: Pin<Box<dyn Future<Output = Result<T>>>>,

// << 中略 >>

pub async fn yield_execution() {
    Yield::default().await
}

pub struct TimeoutFuture {
    time_out: Duration,
}
impl TimeoutFuture {
    pub fn new(duration: Duration) -> Self {
        Self {
            time_out: global_timestamp() + duration,
        }
    }
}
impl Future for TimeoutFuture {
    type Output = ();
    fn poll(self: Pin<&mut Self>, _: &mut Context) -> Poll<()> {
        if self.time_out < global_timestamp() {
            Poll::Ready(())
        } else {
            Poll::Pending
        }
    }
}
```

```rust
// src/main.rs

use core::fmt::Write;
use core::panic::PanicInfo;
use core::time::Duration;
use core::writeln;
```

第4章 | マルチタスクを実装しよう──1つのCPUで複数の作業を並行して行う方法について知る

```
use wasabi::error;
use wasabi::executor::yield_execution;
use wasabi::executor::Executor;
use wasabi::executor::Task;
use wasabi::executor::TimeoutFuture;
use wasabi::graphics::draw_test_pattern;
use wasabi::graphics::fill_rect;
use wasabi::graphics::Bitmap;

// << 中略 >>

fn efi_main(image_handle: EfiHandle, efi_system_table: &EfiSystemTable) {
    // << 中略 >>
    let task1 = Task::new(async move {
        for i in 100..=103 {
            info!("{i} hpet.main_counter = {:?}", global_timestamp() - t0);
            yield_execution().await;
            TimeoutFuture::new(Duration::from_secs(1)).await;
        }
        Ok(())
    });
    let task2 = Task::new(async move {
        for i in 200..=203 {
            info!("{i} hpet.main_counter = {:?}", global_timestamp() - t0);
            yield_execution().await;
            TimeoutFuture::new(Duration::from_secs(2)).await;
        }
        Ok(())
    });
```

これで cargo run すると、以下のような出力が得られます。

```
[INFO]  src/executor.rs:90 : Executor starts running...
[INFO]  src/main.rs:112: 100 hpet.main_counter = 4.51615ms
[INFO]  src/main.rs:119: 200 hpet.main_counter = 9.31773ms
[INFO]  src/main.rs:112: 101 hpet.main_counter = 1.00848607s
[INFO]  src/main.rs:112: 102 hpet.main_counter = 2.00903116s
[INFO]  src/main.rs:119: 201 hpet.main_counter = 2.01016804s
[INFO]  src/main.rs:112: 103 hpet.main_counter = 3.00978533s
[INFO]  src/executor.rs:98 : Task completed: Task(src/main.rs:110): Ok(())
[INFO]  src/main.rs:119: 202 hpet.main_counter = 4.01307157s
[INFO]  src/main.rs:119: 203 hpet.main_counter = 6.01362809s
[INFO]  src/executor.rs:98 : Task completed: Task(src/main.rs:117): Ok(())
```

　OS が起動してから、task1 は 1 秒ごとに 100、101、102、103 と表示して起動から 3 秒後に終了し、並行して task2 は起動してから 2 秒ごとに 200、201、202、203 と表示して 6 秒後に終了していることがわかります。体感とも合っていますから、タイマーの実装はちゃんと動いてそうですね。それに、異なる間隔で動作するタスクも async/await の機能のおかげですっきりと書けまし

286

た。これで、独立して書かれた複数の処理を並行して実行したり、ほかのタスクの実行を妨げることなく、あるタスクの処理を一定時間停止させたりすることができるようになりました。便利ですね！

協調的マルチタスクの問題点

さて、ここまで実装してきた async/await を用いたマルチタスクは、マルチタスクの分類としては協調的マルチタスク（*cooperative multitasking*）に分類されます。

実際に、このようなマルチタスクの手法は古い OS ではよく利用されていました。しかし、協調的マルチタスクでは、すべてのタスクが自発的に処理をほかのタスクに譲ってくれるだろうという信頼のもとで成り立っています。もしもこの前提が崩れて、たとえば無限ループするようなタスクが追加されてしまうと、永遠にほかのタスクが実行されないことになります。そういうわけで、協調的マルチタスクには、資源の分配を強制するのが難しいという問題があります。

（発展）非協調的マルチタスク

この問題を解決するため、現代のほとんどの OS では非協調的マルチタスク（*preemptive multitasking*）という手法を採用していることが多くなっています。

非協調的マルチタスクでは、基本的に各タスクが自発的にほかのタスクにCPU を譲ってあげる必要はありません。その代わり、前章で説明した割り込みという機構を活用して、強制的にタスクの切り替えを行います。割り込みは何でもよいのですが、時分割による資源の分離という観点から、タイマーデバイスを定期的に割り込みが発生するように設定して利用するのが一般的です。

この手法は各タスクの自発的なタスク切り替えに依存しないため、頑健性が高いということが利点として挙げられます。あるタスクがバグって無限ループに突入してしまっても、割り込みによってタスク切り替えが発生するため、ほかのプログラムの実行が妨げられることはないのです。

もちろん難点もあります。1 つは、タスク切り替えが任意のタイミングで発生するために、あらゆる状況を想定してタスクの状態を保存・復元するコードを書かなければいけない点です。これはたいてい、CPU のレジスタを全部メモリに

第4章 マルチタスクを実装しよう——1つのCPUで複数の作業を並行して行う方法について知る

書き出す、もしくはメモリから読み込む、といった力技で実現されます。CPU
に近い部分を触るのは高級言語だけでは難しいため、アセンブリ言語レベルで
色々と記述する必要があります（実際、割り込み処理の実装もそうでしたよね）。
そのため、うっかりバグを埋め込んでしまった場合のデバッグが非常に難しくな
りがちです。また非協調的マルチタスクでは、あらゆる場面で動くように「全部
保存して全部戻す」という作業がどうしても必要です。しかし、もう一方の協調
的マルチタスクであればコンパイラの助けを得ることで「必要なデータだけ保存
する」もしくは「壊れてもいいデータは保存しない」という最適化が可能になり
ます。したがって、一般的には非協調的マルチタスクのほうが「重い」実装になっ
てしまいます。

　そこで本書では、現段階ではOSの一部として書かれたタスクしか存在しない
ことを踏まえ、ひとまずは協調的マルチタスクのみで実装を進めていくことにし
ます。

ソースコードの整理

　さて、async/await関連の諸々やMutex、HPETなどの実装が追加されたこ
とで、またmain.rsが長くなってしまいました。いったんここで、リファクタリ
ング祭りを開催することにしましょう。

HPETの初期化処理をリファクタリングする

　まずは簡単なところから始めましょうか。HPETの初期化に関わるコードを
新たな関数init_hpet()に切り出してinit.rsに移動させます。

```
src/init.rs
extern crate alloc;

use crate::acpi::AcpiRsdpStruct;
use crate::allocator::ALLOCATOR;
use crate::hpet::set_global_hpet;
use crate::hpet::Hpet;
use crate::info;
use crate::uefi::exit_from_efi_boot_services;
use crate::uefi::EfiHandle;
```

ソースコードの整理

```
use crate::uefi::EfiMemoryType::*;

// << 中略 >>

pub fn init_paging(memory_map: &MemoryMapHolder) {
    // << 中略 >>
        write_cr3(Box::into_raw(table));
    }
}

pub fn init_hpet(acpi: &AcpiRsdpStruct) {
    let hpet = acpi.hpet().expect("Failed to get HPET from ACPI");
    let hpet = hpet
        .base_address()
        .expect("Failed to get HPET base address");
    info!("HPET is at {hpet:#p}");
    let hpet = Hpet::new(hpet);
    set_global_hpet(hpet);
}
```

`src/main.rs`
```
use wasabi::graphics::fill_rect;
use wasabi::graphics::Bitmap;
use wasabi::hpet::global_timestamp;
use wasabi::hpet::set_global_hpet;
use wasabi::hpet::Hpet;
use wasabi::info;
use wasabi::init::init_basic_runtime;
use wasabi::init::init_hpet;
use wasabi::init::init_paging;
use wasabi::print::hexdump;
use wasabi::println;

// << 中略 >>

fn efi_main(image_handle: EfiHandle, efi_system_table: &EfiSystemTable) {
    // << 中略 >>
            .expect("Failed to unmap page 0");
    }
    flush_tlb();

    let hpet = acpi.hpet().expect("Failed to get HPET from ACPI");
    let hpet = hpet
        .base_address()
        .expect("Failed to get HPET base address");
    info!("HPET is at {hpet:#p}");
    let hpet = Hpet::new(hpet);
    set_global_hpet(hpet);
    init_hpet(acpi);
    let t0 = global_timestamp();
    let task1 = Task::new(async move {
        for i in 100..=103 {
```

289

第4章 マルチタスクを実装しよう──1つのCPUで複数の作業を並行して行う方法について知る

メモリアロケータの初期化を関数に切り出す

同様にして、メモリアロケータの初期化コードも init_allocator() という関数を作成して切り出してあげます。

```
src/init.rs
use crate::info;
use crate::uefi::exit_from_efi_boot_services;
use crate::uefi::EfiHandle;
use crate::uefi::EfiMemoryType;
use crate::uefi::EfiMemoryType::*;
use crate::uefi::EfiSystemTable;
use crate::uefi::MemoryMapHolder;

// << 中略 >>

pub fn init_hpet(acpi: &AcpiRsdpStruct) {
    // << 中略 >>
    let hpet = Hpet::new(hpet);
    set_global_hpet(hpet);
}

pub fn init_allocator(memory_map: &MemoryMapHolder) {
    let mut total_memory_pages = 0;
    for e in memory_map.iter() {
        if e.memory_type() != EfiMemoryType::CONVENTIONAL_MEMORY {
            continue;
        }
        total_memory_pages += e.number_of_pages();
        info!("{e:?}");
    }
    let total_memory_size_mib = total_memory_pages * 4096 / 1024 / 1024;
    info!("Total: {total_memory_pages} pages = {total_memory_size_mib} MiB");
}
```

```
src/main.rs
use wasabi::graphics::Bitmap;
use wasabi::hpet::global_timestamp;
use wasabi::info;
use wasabi::init::init_allocator;
use wasabi::init::init_basic_runtime;
use wasabi::init::init_hpet;
use wasabi::init::init_paging;

// << 中略 >>

use wasabi::uefi::init_vram;
use wasabi::uefi::locate_loaded_image_protocol;
use wasabi::uefi::EfiHandle;
use wasabi::uefi::EfiMemoryType;
```

290

ソースコードの整理

```rust
use wasabi::uefi::EfiSystemTable;
use wasabi::uefi::VramTextWriter;
use wasabi::warn;

// << 中略 >>

fn efi_main(image_handle: EfiHandle, efi_system_table: &EfiSystemTable) {
    // << 中略 >>
    let acpi = efi_system_table.acpi_table().expect("ACPI table not found");

    let memory_map = init_basic_runtime(image_handle, efi_system_table);
    let mut total_memory_pages = 0;
    for e in memory_map.iter() {
        if e.memory_type() != EfiMemoryType::CONVENTIONAL_MEMORY {
            continue;
        }
        total_memory_pages += e.number_of_pages();
        writeln!(w, "{e:?}").unwrap();
    }
    let total_memory_size_mib = total_memory_pages * 4096 / 1024 / 1024;
    writeln!(
        w,
        "Total: {total_memory_pages} pages = {total_memory_size_mib} MiB"
    )
    .unwrap();
    writeln!(w, "Hello, Non-UEFI world!").unwrap();
    init_allocator(&memory_map);
    let cr3 = wasabi::x86::read_cr3();
    println!("cr3 = {cr3:#p}");
    let t = Some(unsafe { &*cr3 });
```

ページング関連のコードを整理する

さらにページング関連のデモとして実装したコードについては、今まで正しく
動いていて問題ないと思いますので削除しちゃいましょう。

Null ポインタアクセスを検出するために 0 番地から始まるページを unmap
している箇所については、この後も役に立つと思うので init_paging() 関数にお
引越しです。

`src/init.rs`
```rust
pub fn init_paging(memory_map: &MemoryMapHolder) {
    // << 中略 >>
    table
        .create_mapping(0, end_of_mem, 0, PageAttr::ReadWriteKernel)
        .expect("Failed to create initial page mapping");
    // Unmap page 0 to detect null ptr dereference
    table
```

第4章 マルチタスクを実装しよう——1つのCPUで複数の作業を並行して行う方法について知る

```
        .create_mapping(0, 4096, 0, PageAttr::NotPresent)
        .expect("Failed to unmap page 0");
    unsafe {
        write_cr3(Box::into_raw(table));
    }
```

`src/main.rs`

```
use wasabi::uefi::EfiSystemTable;
use wasabi::uefi::VramTextWriter;
use wasabi::warn;
use wasabi::x86::flush_tlb;
use wasabi::x86::init_exceptions;
use wasabi::x86::read_cr3;
use wasabi::x86::trigger_debug_interrupt;
use wasabi::x86::PageAttr;

#[no_mangle]
fn efi_main(image_handle: EfiHandle, efi_system_table: &EfiSystemTable) {

// << 中略 >>

    let memory_map = init_basic_runtime(image_handle, efi_system_table);
    writeln!(w, "Hello, Non-UEFI world!").unwrap();
    init_allocator(&memory_map);
    let cr3 = wasabi::x86::read_cr3();
    println!("cr3 = {cr3:#p}");
    let t = Some(unsafe { &*cr3 });
    println!("{t:?}");
    let t = t.and_then(|t| t.next_level(0));
    println!("{t:?}");
    let t = t.and_then(|t| t.next_level(0));
    println!("{t:?}");
    let t = t.and_then(|t| t.next_level(0));
    println!("{t:?}");

    let (_gdt, _idt) = init_exceptions();
    info!("Exception initialized!");
    trigger_debug_interrupt();
    info!("Execution continued.");
    init_paging(&memory_map);
    info!("Now we are using our own page tables!");

    // Unmap page 0 to detect null ptr dereference
    let page_table = read_cr3();
    unsafe {
        (*page_table)
            .create_mapping(0, 4096, 0, PageAttr::NotPresent)
            .expect("Failed to unmap page 0");
    }
    flush_tlb();
    init_hpet(acpi);
    let t0 = global_timestamp();
    let task1 = Task::new(async move {
```

ソースコードの整理

画面描画周りの初期化を別の関数に切り出す

あとは些細な部分ではありますが、起動直後に画面を塗りつぶしたりテスト用の図形を描画したりする部分を init_display() という関数に切り出しておくことにしましょう。たとえ 1 回しか呼ばれないコードであっても、関数に切り出して意味のわかりやすい関数名にしておけば、あとでソースコードを読み返す際の苦労が段違いに減りますからね。

`src/init.rs`

```rust
use crate::acpi::AcpiRsdpStruct;
use crate::allocator::ALLOCATOR;
use crate::graphics::draw_test_pattern;
use crate::graphics::fill_rect;
use crate::graphics::Bitmap;
use crate::hpet::set_global_hpet;
use crate::hpet::Hpet;
use crate::info;

// << 中略 >>

use crate::uefi::EfiMemoryType::*;
use crate::uefi::EfiSystemTable;
use crate::uefi::MemoryMapHolder;
use crate::uefi::VramBufferInfo;
use crate::x86::write_cr3;
use crate::x86::PageAttr;
use crate::x86::PAGE_SIZE;

// << 中略 >>

pub fn init_allocator(memory_map: &MemoryMapHolder) {
    // << 中略 >>
    let total_memory_size_mib = total_memory_pages * 4096 / 1024 / 1024;
    info!("Total: {total_memory_pages} pages = {total_memory_size_mib} MiB");
}

pub fn init_display(vram: &mut VramBufferInfo) {
    let vw = vram.width();
    let vh = vram.height();
    fill_rect(vram, 0x000000, 0, 0, vw, vh).expect("fill_rect failed");
    draw_test_pattern(vram);
}
```

`src/main.rs`

```rust
use wasabi::executor::Executor;
use wasabi::executor::Task;
use wasabi::executor::TimeoutFuture;
use wasabi::graphics::draw_test_pattern;
```

293

第4章 マルチタスクを実装しよう──1つのCPUで複数の作業を並行して行う方法について知る

```
use wasabi::graphics::fill_rect;
use wasabi::graphics::Bitmap;
use wasabi::hpet::global_timestamp;
use wasabi::info;
use wasabi::init::init_allocator;
use wasabi::init::init_basic_runtime;
use wasabi::init::init_display;
use wasabi::init::init_hpet;
use wasabi::init::init_paging;
use wasabi::print::hexdump;

// << 中略 >>

fn efi_main(image_handle: EfiHandle, efi_system_table: &EfiSystemTable) {
    // << 中略 >>
    error!("error");
    hexdump(efi_system_table);
    let mut vram = init_vram(efi_system_table).expect("init_vram failed");
    let vw = vram.width();
    let vh = vram.height();
    fill_rect(&mut vram, 0x000000, 0, 0, vw, vh).expect("fill_rect failed");
    draw_test_pattern(&mut vram);
    init_display(&mut vram);
    let mut w = VramTextWriter::new(&mut vram);
    let acpi = efi_system_table.acpi_table().expect("ACPI table not found");
```

VramTextWriter を BitmapTextWriter に一般化する

もう一つ、これは少し先を見据えた修正ですが、VramTextWriter の機能を一般化してすべての Bitmap で使えるようにしましょう。最初に VramTextWriter を実装した際は VRAM に文字を書くことに集中していたので VramBufferInfo を直接利用していました。しかし冷静に考えるといまや VramBufferInfo は Bitmap を実装していて、さらに文字を描画するという機能は VRAM に限らず Bitmap であれば利用できるべき機能なので、より一般化された形に書き換えておいたほうがよいでしょう。さらに言えば、もはやこれは UEFI に限ったコードではなくなるので graphics.rs にお引越しするのが自然です。ということで、コードの移動とジェネリクス化を両方やっておきます。

`src/graphics.rs`
```
use crate::result::Result;
use core::cmp::min;
use core::fmt;

pub trait Bitmap {
    fn bytes_per_pixel(&self) -> i64;
```

ソースコードの整理

```
// << 中略 >>

pub fn draw_test_pattern<T: Bitmap>(buf: &mut T) {
    // << 中略 >>
    draw_str_fg(buf, left, h * colors.len() as i64, 0x00ff00, "0123456789");
    draw_str_fg(buf, left, h * colors.len() as i64 + 16, 0x00ff00, "ABCDEF");
}

pub struct BitmapTextWriter<'a, T> {
    buf: &'a mut T,
    cursor_x: i64,
    cursor_y: i64,
}
impl<'a, T: Bitmap> BitmapTextWriter<'a, T> {
    pub fn new(buf: &'a mut T) -> Self {
        Self {
            buf,
            cursor_x: 0,
            cursor_y: 0,
        }
    }
}
impl<'a, T: Bitmap> fmt::Write for BitmapTextWriter<'a, T> {
    fn write_str(&mut self, s: &str) -> fmt::Result {
        for c in s.chars() {
            if c == '\n' {
                self.cursor_y += 16;
                self.cursor_x = 0;
                continue;
            }
            draw_font_fg(self.buf, self.cursor_x, self.cursor_y, 0xffffff, c);
            self.cursor_x += 8;
        }
        Ok(())
    }
}
```

`src/main.rs`

```
use wasabi::executor::Executor;
use wasabi::executor::Task;
use wasabi::executor::TimeoutFuture;
use wasabi::graphics::BitmapTextWriter;
use wasabi::hpet::global_timestamp;
use wasabi::info;
use wasabi::init::init_allocator;

// << 中略 >>

use wasabi::uefi::locate_loaded_image_protocol;
use wasabi::uefi::EfiHandle;
use wasabi::uefi::EfiSystemTable;
use wasabi::uefi::VramTextWriter;
```

第4章 マルチタスクを実装しよう──1つのCPUで複数の作業を並行して行う方法について知る

```
use wasabi::warn;
use wasabi::x86::init_exceptions;


// << 中略 >>

fn efi_main(image_handle: EfiHandle, efi_system_table: &EfiSystemTable) {
    // << 中略 >>
    hexdump(efi_system_table);
    let mut vram = init_vram(efi_system_table).expect("init_vram failed");
    init_display(&mut vram);
    let mut w = VramTextWriter::new(&mut vram);
    let mut w = BitmapTextWriter::new(&mut vram);
    let acpi = efi_system_table.acpi_table().expect("ACPI table not found");

    let memory_map = init_basic_runtime(image_handle, efi_system_table);
```

`src/uefi.rs`

```
use crate::acpi::AcpiRsdpStruct;
use crate::graphics::draw_font_fg;
use crate::graphics::Bitmap;
use crate::result::Result;
use core::fmt;
use core::mem::offset_of;
use core::mem::size_of;
use core::ptr::null_mut;

// << 中略 >>

pub fn init_vram(efi_system_table: &EfiSystemTable) -> Result<VramBufferInfo> {
    // << 中略 >>
    })
}

pub struct VramTextWriter<'a> {
    vram: &'a mut VramBufferInfo,
    cursor_x: i64,
    cursor_y: i64,
}
impl<'a> VramTextWriter<'a> {
    pub fn new(vram: &'a mut VramBufferInfo) -> Self {
        Self {
            vram,
            cursor_x: 0,
            cursor_y: 0,
        }
    }
}
impl fmt::Write for VramTextWriter<'_> {
    fn write_str(&mut self, s: &str) -> fmt::Result {
        for c in s.chars() {
            if c == '\n' {
                self.cursor_y += 16;
```

```
                self.cursor_x = 0;
                continue;
            }
            draw_font_fg(self.vram, self.cursor_x, self.cursor_y, 0xffffff, c);
            self.cursor_x += 8;
        }
        Ok(())
    }
}

pub fn exit_from_efi_boot_services(
    image_handle: EfiHandle,
    efi_system_table: &EfiSystemTable,
```

print 系マクロの出力を QEMU の画面上にも表示する

もう一点、少し前に実装した println!() 系のデバッグに便利なマクロたちで
すが、この出力は現在のところシリアルポートにしか出力されていません。これ
では実機で起動した際にシリアルポートをつながないとデバッグメッセージが見
れなくて悲しいので、シリアルポートと画面の両方に文字列が出るようにしてあ
げましょう。

実を言うと今までこうなっていたのは VramBufferInfo ひいては
BitmapTextWriter を複数の関数から共有してアクセスできるようにするのが面
倒だったからなのですが、Mutex が実装されたおかげで、ここらへんを比較的
楽に実現できるようになりました。

というわけで、HPET のときと同様に GLOBAL_VRAM_WRITER という static 変
数を定義して、これを println!() 系のマクロで文字列を出す際に呼ばれる
global_print() から利用するようにしましょう。

```
src/graphics.rs
pub fn draw_test_pattern<T: Bitmap>(buf: &mut T) {
    // << 中略 >>
    draw_str_fg(buf, left, h * colors.len() as i64 + 16, 0x00ff00, "ABCDEF");
}

pub struct BitmapTextWriter<'a, T> {
    buf: &'a mut T,
pub struct BitmapTextWriter<T> {
    buf: T,
    cursor_x: i64,
    cursor_y: i64,
}
```

第4章 | マルチタスクを実装しよう── 1つのCPUで複数の作業を並行して行う方法について知る

```rust
impl<'a, T: Bitmap> BitmapTextWriter<'a, T> {
    pub fn new(buf: &'a mut T) -> Self {
impl<T: Bitmap> BitmapTextWriter<T> {
    pub fn new(buf: T) -> Self {
        Self {
            buf,
            cursor_x: 0,

// << 中略 >>

impl<'a, T: Bitmap> BitmapTextWriter<'a, T> {
    // << 中略 >>
        }
    }
}
impl<'a, T: Bitmap> fmt::Write for BitmapTextWriter<'a, T> {
impl<T: Bitmap> fmt::Write for BitmapTextWriter<T> {
    fn write_str(&mut self, s: &str) -> fmt::Result {
        for c in s.chars() {
            if c == '\n' {

// << 中略 >>

impl<'a, T: Bitmap> fmt::Write for BitmapTextWriter<'a, T> {
    // << 中略 >>
                self.cursor_x = 0;
                continue;
            }
            draw_font_fg(self.buf, self.cursor_x, self.cursor_y, 0xffffff, c);
            draw_font_fg(
                &mut self.buf,
                self.cursor_x,
                self.cursor_y,
                0xffffff,
                c,
            );
            self.cursor_x += 8;
        }
        Ok(())
```

src/main.rs

```rust
#![no_main]
#![feature(offset_of)]

use core::fmt::Write;
use core::panic::PanicInfo;
use core::time::Duration;
use core::writeln;
use wasabi::error;
use wasabi::executor::Executor;
use wasabi::executor::Task;
use wasabi::executor::TimeoutFuture;
use wasabi::graphics::BitmapTextWriter;
```

298

ソースコードの整理

```
use wasabi::hpet::global_timestamp;
use wasabi::info;
use wasabi::init::init_allocator;

// << 中略 >>

use wasabi::init::init_hpet;
use wasabi::init::init_paging;
use wasabi::print::hexdump;
use wasabi::print::set_global_vram;
use wasabi::println;
use wasabi::qemu::exit_qemu;
use wasabi::qemu::QemuExitCode;

// << 中略 >>

fn efi_main(image_handle: EfiHandle, efi_system_table: &EfiSystemTable) {
    // << 中略 >>
    hexdump(efi_system_table);
    let mut vram = init_vram(efi_system_table).expect("init_vram failed");
    init_display(&mut vram);
    let mut w = BitmapTextWriter::new(&mut vram);
    set_global_vram(vram);
    let acpi = efi_system_table.acpi_table().expect("ACPI table not found");

    let memory_map = init_basic_runtime(image_handle, efi_system_table);
    writeln!(w, "Hello, Non-UEFI world!").unwrap();
    info!("Hello, Non-UEFI world!");
    init_allocator(&memory_map);
    let (_gdt, _idt) = init_exceptions();
    init_paging(&memory_map);
```

`src/print.rs`

```
use crate::graphics::BitmapTextWriter;
use crate::mutex::Mutex;
use crate::serial::SerialPort;
use crate::uefi::VramBufferInfo;
use core::fmt;
use core::mem::size_of;
use core::slice;

static GLOBAL_VRAM_WRITER: Mutex<Option<BitmapTextWriter<VramBufferInfo>>> =
    Mutex::new(None);
pub fn set_global_vram(vram: VramBufferInfo) {
    assert!(GLOBAL_VRAM_WRITER.lock().is_none());
    let w = BitmapTextWriter::new(vram);
    *GLOBAL_VRAM_WRITER.lock() = Some(w);
}
pub fn global_print(args: fmt::Arguments) {
    let mut writer = SerialPort::default();
    fmt::write(&mut writer, args).unwrap();
    if let Some(w) = &mut *GLOBAL_VRAM_WRITER.lock() {
        fmt::write(w, args).expect("Failed to write to GLOBAL_VRAM_WRITER");
```

299

第4章 ■ マルチタスクを実装しよう —— 1つのCPUで複数の作業を並行して行う方法について知る

```
    }
}

#[macro_export]
```

　ここまでの実装が終わったら cargo build、cargo clippy、cargo test そして cargo run のいずれもが問題なく通ることを確認しておいてください。最後の print!() マクロの変更も加えたことで、シリアルポート出力だけでなく QEMU の画面の方にもテキストが出力されるようになったのが確認できるかと思います。

　リファクタリングをしていてコードをうっかり壊してしまうことはよくありますので、動作チェックはビルドが通るタイミングで頻繁に実施するよう心がけておくとよいです。また、一人で開発している場合は、コミット履歴のきれいさよりもとにかく動く状態に到達したらこまめに git commit する習慣を付けておくとコードを破壊してもダメージが少なくて済むので、ぜひ心がけてみてください。

　さて、ソースコードの整理も終わり、非同期的にタスクを実行する方法と Mutex を手に入れたところで、次章からは OS の大切な（そして大変な）お仕事の一つ、ハードウェアの制御に取りかかっていきましょう。

第5章

ハードウェアを
制御する (1)
デバイスを動かす方法を
知る

第 **5** 章 ┃ ハードウェアを制御する (1) ──デバイスを動かす方法を知る

> ### 本章の目標
>
> 本章では「ハードウェアの制御」をテーマに、以下の内容について扱います。

・OS とハードウェアの関係を理解する

・シリアルポート入力を実装する

・USB コントローラのドライバを実装する

　次の第 6 章では引き続き、USB デバイスの制御について解説しますので、まずはそこにたどり着くための準備を本章で進めることにしましょう。

OS とハードウェアの関係

　OS にとって、ハードウェアの存在は、切っても切り離せない重要なものです。というのも、あらゆるコンピューターは、物理的な実体、つまりハードウェアの上に成り立っており、そのコンピューターが持つ計算資源を管理するソフトウェアを OS と我々は呼んでいるためです。

　一方で、OS 開発者を悩ませる最大のものもまた、ハードウェアかもしれません。ハードウェアはソフトウェアと異なり容易に変更できません。また、多くの場合、ソフトウェアとハードウェアは別々の人々によって設計されます。そのため、時々刻々と変化するアプリケーション側の機能要求をすぐには変化しないハードウェアの上でも実現可能にするためには、ハードウェアとソフトウェアをつなぐ OS に頑張ってもらう必要があります。さらに、世の中に溢れる多種多様なハードウェアに対して統一的なインタフェースを提供したいという一見相反する問題を解かなければいけない点も OS のつらいところであり、同時に楽しくやりがいのある部分でもあります。

　本章では、OS がハードウェアとやりとりをする基本的な方法について説明し、現代のコンピューターで広く用いられている USB 機器を制御するために必要なドライバを実装することを目標とします。これにより、できることが一気に増える分、実装しなければいけないコード量も多くなるので大変ですが、みなさん遅れずについてきてくださいね！

OS とハードウェアの関係

Port Mapped I/O と Memory Mapped I/O

CPU がメモリとやりとりをする際は、メモリバスと呼ばれる信号線を利用してデータをやりとりすると以前説明しましたが、実はハードウェアも似たような方法で制御されます。単純なメモリへのアクセスと外部デバイスとのやりとりで異なる点は、それが「コンピューター」の内部状態を変化させるだけなのか、それとも「コンピューター」の外側の世界に対して副作用を与えたりその影響を受けたりするのか、という点です。しかし、それを除けば、基本的にはハードウェアとのやりとり、つまり I/O の制御は、メモリの書き込みと非常に類似しています。

I/O には、大きく分けて Port Mapped I/O と Memory Mapped I/O の 2 種類があります。

Port Mapped I/O は、メモリバスとは別に存在する I/O バスを介して、ポート番号とデータをやりとりする方式です。x86 の場合、in 命令と out 命令がこのやりとりのために利用されます。CPU は、out 命令で指定したポート番号に指定したデータを送り、逆に in 命令で指定したポート番号からデータを読み込むことができます。Port Mapped I/O では、限られたポート番号を複数のデバイスで共有するため、デバイスごとに異なるポート番号を割り当てる必要があります。

一方、Memory Mapped I/O は、メインメモリと同様にメモリバスとメモリアドレスを使って CPU とデバイスがデータをやりとりする方式です。つまり、あるデバイスが担当するメモリ領域がアドレスとして割り当てられており、CPU はそのアドレスにデータを書き込むことでデバイスにデータを送信し、そのアドレスからデータを読み込むことでデバイスからデータを受信できます。Memory Mapped I/O では、メモリアドレス空間の一部をデバイスに割り当てるため、Port Mapped I/O とは違ってポート番号をデバイスごとに管理する必要はありません。

CPU のメモリアドレス幅が 16 ビット前後だった時代には、限られたメモリアドレス空間を有効活用するために Port Mapped I/O が利用されることが多かったのですが、32 ビット以上にアドレス空間が広がった現代では、Memory Mapped I/O のほうが主流となっています。なぜなら、Memory Mapped I/O では、メモリアクセス用の命令をそのまま使えるため、I/O 用の特別な命令を用

303

第5章 ┃ ハードウェアを制御する (1)──デバイスを動かす方法を知る

意する必要がなく、CPUの設計がシンプルになるからです。また、DMAコントローラによる高速なデータ転送も容易になるため、近年のOSではMemory Mapped I/Oが広く採用されています。

Port Mapped I/O の例──シリアル入力を実装する

それでは、Port Mapped I/Oの実例として、シリアルポートからの入力を受け取るコードを書いてみましょう。シリアルポートへの出力についてはすでに実装しましたが、その中身についてはまだ解説していなかったので、ここでデバイスの制御という視点から見ていくことにします。

シリアルポートの制御に用いるI/Oポートのアドレスは、x86_64アーキテクチャではデファクトスタンダードとなっています。複数のシリアルポートが搭載されている場合、それぞれのシリアルポートに番号をふってCOM1、COM2などと呼ぶことがあります。それぞれのシリアルポートの制御に使用するI/Oポートのベースアドレスは次のとおりです[注1]。

```
COM1 = 0x3F8
COM2 = 0x2F8
COM3 = 0x3E8
COM4 = 0x2E8
COM5 = 0x5F8
COM6 = 0x4F8
COM7 = 0x5E8
COM8 = 0x4E8
```

今回はCOM1 (0x03F8) に読み書きすることで制御を行います。データの送受信、ボーレートの設定、FIFOバッファの制御などの様々な操作が、このアドレスから始まる一連のレジスタへとアクセスすることで行えます。

今回使用する各レジスタのオフセットとその大まかな機能は次のとおりです[注2]。

注1　シリアルポートをたくさん積んでいるマシンはそう多くないため、COM3以降のデータは参考程度と思ってください。実際、Linuxカーネルが起動時に利用するシリアルポートも、決め打ちのものはttyS0（COM1）とttyS1（COM2）しか書かれていません。
　　　https://elixir.bootlin.com/linux/v6.13.6/source/arch/x86/boot/early_serial_console.c#L77

注2　詳細な設定項目はosdev.orgのページを参照してください。
　　　https://wiki.osdev.org/Serial_Ports

OS とハードウェアの関係

```
+0: 受信バッファ (Read) / 送信バッファ (Write)
+1: 割り込みの設定
+2: バッファの設定 (Write)
+3: ボーレート ( 通信速度 ) やデータ形式の設定
+4: モデムの設定
+5: モデムの状態
```

　ここで Read や Write と書いているのは、同じアドレスに対する読み込みと書き込みでそれぞれ異なる機能を持つことを意味します。デバイスの制御に用いるレジスタは、それが Port-mapped I/O か Memory-mapped I/O かにかかわらず、書き込んだ直後に同じ場所からデータを読み出しても同じデータが返ってくるとは限りません。もっと言えば、読み込みを行ったということがトリガーとなって何かが起きてしまうこともありますので、気を付けるようにしましょう。

　すでにシリアルポートの初期化コードは書いてありますので、以降はデータの受信に関わる実装について解説します。変更点は次のとおりです。

`src/main.rs`

```rust
use wasabi::println;
use wasabi::qemu::exit_qemu;
use wasabi::qemu::QemuExitCode;
use wasabi::serial::SerialPort;
use wasabi::uefi::init_vram;
use wasabi::uefi::locate_loaded_image_protocol;
use wasabi::uefi::EfiHandle;

// << 中略 >>

fn efi_main(image_handle: EfiHandle, efi_system_table: &EfiSystemTable) {
    // << 中略 >>
        }
        Ok(())
    });
    let serial_task = Task::new(async {
        let sp = SerialPort::default();
        if let Err(e) = sp.loopback_test() {
            error!("{e:?}");
            return Err("serial: loopback test failed");
        }
        info!("Started to monitor serial port");
        loop {
            if let Some(v) = sp.try_read() {
                let c = char::from_u32(v as u32);
                info!("serial input: {v:#04X} = {c:?}");
            }
            TimeoutFuture::new(Duration::from_millis(20)).await;
        }
```

305

第5章 ハードウェアを制御する (1) ──デバイスを動かす方法を知る

```
    });
    let mut executor = Executor::new();
    executor.enqueue(task1);
    executor.enqueue(task2);
    executor.enqueue(serial_task);
    Executor::run(executor)
}
```

src/serial.rs

```rust
use crate::result::Result;
use crate::x86::busy_loop_hint;
use crate::x86::read_io_port_u8;
use crate::x86::write_io_port_u8;

// << 中略 >>

impl SerialPort {
    // << 中略 >>
        // IRQs enabled, RTS/DSR set
        write_io_port_u8(self.base + 4, 0x0B);
    }
    pub fn loopback_test(&self) -> Result<()> {
        // Set in loopback mode
        write_io_port_u8(self.base + 4, 0x1e);
        self.send_char('T');
        if self.try_read().ok_or("loopback_test failed: No response")? != b'T' {
            return Err("loopback_test failed: wrong data received");
        }
        // Return to the normal mode
        write_io_port_u8(self.base + 4, 0x0f);
        Ok(())
    }
    pub fn send_char(&self, c: char) {
        while (read_io_port_u8(self.base + 5) & 0x20) == 0 {
            busy_loop_hint();

// << 中略 >>

            self.send_char(sc.next().unwrap());
        }
    }
    pub fn try_read(&self) -> Option<u8> {
        if read_io_port_u8(self.base + 5) & 0x01 == 0 {
            None
        } else {
            let c = read_io_port_u8(self.base);
            // Enable FIFO, clear them, with 14-byte threshold
            write_io_port_u8(self.base + 2, 0xC7);
            Some(c)
        }
    }
}
impl fmt::Write for SerialPort {
```

306

OS とハードウェアの関係

```
fn write_str(&mut self, s: &str) -> fmt::Result {
```

try_read() メソッドは、受信データを読み出す関数です。self.base + 5 番地
（*Line Status Register*）の bit0 が 1 になっていればデータが届いているというこ
とを意味するので、その場合は self.base 番地（*Receiver Buffer Register*）からデー
タを読んで呼び出し元に返します。もしデータが届いていなければ、None を返
します。

loopback_test() 関数は、シリアルポートが正しく動作していることを確認す
るための関数です。self.base + 4 番地に 0x1e という値を書き込むと、シリア
ルポートが loopback モードになります。このモードでは、送信したデータが
相手に届くのではなく、自分自身に届くようになります。シリアルポートが正し
く動作していれば、送信した文字が即座に読めるはずなので、ためしに文字 T を
送信してみて、それを先ほど実装した try_read() 関数で受け取れるかどうかを
チェックします。もし受け取れなかった場合は何らかの理由でシリアルポートが
正しく動いていないため、エラーを返します[注3]。

実装できたら、cargo run を実行したあと、そのコマンドを入力したターミナ
ルをクリックしてから hello, world! と打ち込んでみてください。すでに、ター
ミナルへの入力はシリアルポートへとつながるように QEMU の設定をしていま
すから、打ち込んだ文字が私達の OS に届いて以下のような出力が得られるはず
です。

```
実行結果
[INFO]  src/main.rs:75 : serial input: 0x68 = Some('h')
[INFO]  src/main.rs:75 : serial input: 0x65 = Some('e')
[INFO]  src/main.rs:75 : serial input: 0x6C = Some('l')
[INFO]  src/main.rs:75 : serial input: 0x6C = Some('l')
[INFO]  src/main.rs:75 : serial input: 0x6F = Some('o')
[INFO]  src/main.rs:75 : serial input: 0x2C = Some(',')
[INFO]  src/main.rs:75 : serial input: 0x20 = Some(' ')
[INFO]  src/main.rs:75 : serial input: 0x77 = Some('w')
[INFO]  src/main.rs:75 : serial input: 0x6F = Some('o')
[INFO]  src/main.rs:75 : serial input: 0x72 = Some('r')
[INFO]  src/main.rs:75 : serial input: 0x6C = Some('l')
[INFO]  src/main.rs:75 : serial input: 0x64 = Some('d')
[INFO]  src/main.rs:75 : serial input: 0x21 = Some('!')
```

注3　このコードは、あるハードウェアで実装されていないシリアルポートにアクセスしようとすると謎の文
字が延々と入力され続ける症状があったため、それを回避するために追加されました。現実世界は難し
いですね……。

第5章 ハードウェアを制御する(1) ——デバイスを動かす方法を知る

おお、ついにOSが外部からの入力に反応するようになりましたね！ こんにちは外の世界！

PCIとは

それではこの調子で、もっと複雑なデバイスを扱ってみることにしましょう。そのためにはいくつか背景知識が必要なので、順番に解説していきます。

PCI（*Peripheral Component Interconnect*）とは、コンピューターに周辺機器を接続するためのバス規格です。PCIバスは、グラフィックスカード（GPU）、ネットワークカード（NIC）などの周辺機器を接続するために使用されます。

コンピューターのふたを開けたことがある、もしくは自作PCをしたことがある方であれば、図5-1のような接続端子をメインボード上に見つけたことがあるかもしれません。これこそが、PCIデバイスを物理的に接続するためのインタフェースであるPCIスロットです。

図5-1 PCIe スロットの写真 （撮影：hikalium、被写体：Milk-V Megrez）

現代のコンピューターでは、PCI規格をさらに拡張したPCI Express（PCIe）が主流となっていますが、本書ではPCIとPCIeを厳密に区別せずPCIと呼称します。

PCI の概要

PCI は、周辺機器をコンピューターに接続するための標準的な方法を提供します。PCI バスに接続されたデバイスは、バスを介して CPU やメモリと通信できます。

PCI はプラグアンドプレイをサポートしているため、OS が自動的に接続されている PCI デバイスの存在を検出して、それがどのようなデバイスであるかを判断します。もし OS が対応しているドライバを持っていれば、そのデバイスが使えるように設定できます。

これは現代では当たり前のしくみに思えるかもしれませんが、昔のコンピューターではデバイスの種類が現代ほどは多くなかったこと、また共通化されたデバイス用のバス仕様がなく、つながっているデバイスが何者かを OS が判断する標準的な方法がなかったために、どのデバイスがどのポートに接続されていて、どのドライバを使用すべきかをユーザーが OS に手動で指定する必要がありました。面倒な時代もあったんですね。

また、PCI はバスマスタリングをサポートしているため、PCI デバイスは CPU を介さずにバスを制御して、コンピューターのメインメモリに直接アクセスできます。これにより、高速なデータ転送が可能になるほか、データ転送のためだけに CPU を動かす必要がなく、CPU 時間を効率的に利用できます。

Bus、Device、Function

PCI デバイスは Bus、Device、Function という 3 つの整数の組でデバイスを識別します。Bus は 8 ビット、Device は 5 ビット、Function は 3 ビットの値になります。

Linux では lspci というコマンドを実行すると、コンピューターに接続されている PCI デバイスの一覧を表示できます。

筆者が持っているコンピューターの一つで lspci を実行すると、以下のような出力が得られました。

```
$ lspci
00:00.0 Host bridge: Intel Corporation Broadwell-U Host Bridge -OPI (rev 09)
00:02.0 VGA compatible controller: Intel Corporation HD Graphics 5500 (rev 09)
```

第5章 | ハードウェアを制御する (1) ――デバイスを動かす方法を知る

```
00:03.0 Audio device: Intel Corporation Broadwell-U Audio Controller (rev 09)
00:14.0 USB controller: Intel Corporation Wildcat Point-LP USB xHCI Controller (rev 03)
00:16.0 Communication controller: Intel Corporation Wildcat Point-LP MEI Controller #1 (rev 03)
00:19.0 Ethernet controller: Intel Corporation Ethernet Connection (3) I218-V (rev 03)
00:1b.0 Audio device: Intel Corporation Wildcat Point-LP High Definition Audio Controller (rev 03)
00:1c.0 PCI bridge: Intel Corporation Wildcat Point-LP PCI Express Root Port #1 (rev e3)
00:1c.3 PCI bridge: Intel Corporation Wildcat Point-LP PCI Express Root Port #4 (rev e3)
00:1c.4 PCI bridge: Intel Corporation Wildcat Point-LP PCI Express Root Port #5 (rev e3)
00:1d.0 USB controller: Intel Corporation Wildcat Point-LP USB EHCI Controller (rev 03)
00:1f.0 ISA bridge: Intel Corporation Wildcat Point-LP LPC Controller (rev 03)
00:1f.3 SMBus: Intel Corporation Wildcat Point-LP SMBus Controller (rev 03)
02:00.0 Network controller: Intel Corporation Wireless 7265 (rev 59)
03:00.0 Non-Volatile memory controller: KIOXIA Corporation Exceria Pro NVMe SSD (rev 01)
```

　左側に表示されている3つの数値が、それぞれ Bus、Device、Function の
インデックスです。たとえば 00:1f.3 というのは Bus = 0x00、Device = 0x1f、
Function = 0x3 という意味になります。

　右側のデバイス名を見てみると、実際に VGA コントローラ――これは画面
表示を司ります――であったり、USB コントローラ、Ethernet コントローラ、
Audio デバイス、無線 LAN のカード、NVMe SSD であったりなど、さまざま
なデバイスが PCI を介して接続されていることがわかります。

ベンダー ID、デバイス ID

　それぞれの PCI デバイスには、ベンダー ID やデバイス ID と呼ばれる値が割
り振られています。ベンダー ID はベンダーごとに被らないように PCI 規格を
管理している団体が管理・発行しています。各ベンダーはデバイス ID を製品ご
とに異なるものに設定しているため、この数値を読み出すことにより、OS は各
デバイスに対してどのドライバを使うべきか判断できます。

　ちなみに lspci コマンドのソースコードには、PCI デバイスのベンダー ID や
デバイス ID から人間が読んで理解できる文字列に変換するためのデータベース
の元となるテキストファイルが存在しています。

https://github.com/pciutils/pciutils/blob/master/pci.ids

　また、このデータを閲覧するための Web サイトも存在しています。

https://pci-ids.ucw.cz/

PCI デバイスの一覧を取得する

　コンピューターの世界は、こうした地道で涙ぐましいボランティアの努力で成り立っているんですね！

PCI デバイスの一覧を取得する

　ではさっそく、接続されている PCI デバイスの一覧を私達の OS でも表示できるようにしてみましょう。

PCI Configuration 空間

　デバイスの一覧表示をする方法はいろいろありますが、最も簡単な方法は、すべての Bus、Device、Function に対して PCI Configuration 空間のデータを読み出してみることです。PCI Configuration 空間は、PCI 規格で定義された情報を読み出したり、設定を書き込んだりするためのインタフェースです。Port Mapped I/O、Memory Mapped I/O のいずれの方法でもアクセスできますが、Memory Mapped I/O のほうが便利で現代的なのでそれを使うことにしましょう！

ECAM —— Enhanced Configuration Access Method

　さて、この Memory Mapped I/O を介して PCI Configuration 空間にアクセスする方法は、PCIe の仕様的には ECAM（*Enhanced Configuration Access Method*）と呼ばれています。

　仕様書「PCI Express 2.0 Base Specification」を確認すると、ECAM の正式な定義が発見できるはずです[注4]。

　ECAM の基本的なアイデアとしては、PCIe の各デバイスに対応する Configuration 空間がメモリ上のどこかに配列のような形でずらっと並んでいるのでそこを読み書きすればよいというものです。

注4　PCIe の仕様書は、正式には https://pcisig.com/specifications/order-form から購入して閲覧する必要があります。しかしインターネットで "PCIe spec pdf" と調べると、インターネットの海のどこかに古いバージョンの PDF が転がっているのを発見できるかもしれません。

311

第5章 ハードウェアを制御する (1)──デバイスを動かす方法を知る

　ということで、まずは物理アドレス空間上のどのアドレスから ECAM 領域が始まるのかを知る必要があります。ECAM 領域の開始アドレスを取得する方法はアーキテクチャによりさまざまですが、x86 の場合は ACPI の MCFG というテーブルを読むのが定石なので、今回はその方法を説明します。

　実装を始める前に、まず QEMU の起動引数を少し修正します。というのも、QEMU の場合 -machine というオプションを q35 にしないと MCFG が取得できないためです。

```
scripts/launch_qemu.sh
qemu-system-x86_64 \
  -m 4G \
  -bios third_party/ovmf/RELEASEX64_OVMF.fd \
  -machine q35 \
  -drive format=raw,file=fat:rw:mnt \
  -chardev stdio,id=char_com1,mux=on,logfile=log/com1.txt \
  -serial chardev:char_com1 \
```

　これは、QEMU を引数なしで実行した際にエミュレートされるマシンが ECM をサポートしていない頃の古いものになっているためです[注5]。

```
$ qemu-system-x86_64 -machine '?' | grep default
pc-i440fx-9.1        Standard PC (i440FX + PIIX, 1996) (default)
```

　デフォルトのマシンの構成は以下の URL から確認できます。

https://www.qemu.org/docs/master/system/i386/pc.html

　この資料によれば、PCI 周りの構成としては「i440FX host PCI bridge and PIIX3 PCI to ISA bridge」が採用されているようです。i440FX というのは Intel の 440FX というチップのことを指し、このチップが PCI バスとメモリバスを制御しています。1996 年に発表されたものなのでかなり古いですね[注6]。

　一方、これ以降利用する q35 というマシンは以下のような構成となっています。

```
$ qemu-system-x86_64 -machine '?' | grep q35 | head -n 1
q35                 Standard PC (Q35 + ICH9, 2009) (alias of pc-q35-9.1)
```

注5　ここで ? をシングルクオートで囲んでいるのは、zsh を利用している場合に ? がワイルドカードとして解釈されるのを防ぐためです。bash の場合はクオートしなくても期待どおりに動作します。

注6　https://en.wikipedia.org/wiki/Intel_440FX

PCI デバイスの一覧を取得する

より詳細なハードウェア構成は、QEMU の Wiki で確認できます。

https://wiki.qemu.org/Features/Q35

また、こちらの PDF を見ると、注目すべき点がまとまっているのでお勧めです。

https://wiki.qemu.org/images/4/4e/Q35.pdf

q35 というマシンは大雑把にいうと、Q35 という Graphics and Memory Controller Hub（GMCH）の下に、ICH9 という IO Controller Hub がぶら下がっているマシンになります。

https://www.intel.com/Assets/PDF/datasheet/316966.pdf

こちらの仕様書を見ると「4.3.2 PCI Express Enhanced Configuration Mechanism」に書いてあるとおり、GMCH の PCIEXBAR というレジスタを読むことでも ECAM 領域の先頭を取得できることがわかります（今回は利用しませんが）。

一応、ICH9 の仕様書へのリンクも掲載しておきます。

https://www.intel.com/content/dam/doc/datasheet/io-controller-hub-9-datasheet.pdf

ACPI や UEFI の仕様というのは、その名のとおりインタフェースの仕様となります。そのためそれらが実装されている環境一般について言えることしか書かれておらず、具体性に欠けるときがあります。そういうときは実際に動かしたいハードウェア（もしくは今回のように利用しているエミュレーターが模倣しているハードウェア）の仕様書を眺めてみると具体的な情報が得られることもあります。もし OS 自作に慣れてきて、より深みを目指したくなった際にはぜひ試してみてください。

話を戻します。とにかく q35 というマシンを利用すれば、ACPI の MCFG というテーブルが生えてそこから ECAM の開始アドレスを取得できるはずです。

ところで、MCFG というテーブルの構造は ACPI の仕様書に定義されていま……せん！これは ACPI 仕様書の「21.1 Types of ACPI Data Tables」[acpi_6_5a]を読むとわかるのですが、MCFG の定義は ACPI 仕様の範囲外なのです。

「じゃあどうすればいいんだよ！」と ACPI の仕様書の PDF を開いて「MCFG」

313

第5章 ┃ ハードウェアを制御する (1) ──デバイスを動かす方法を知る

を検索すると、以下のような記述が見つかります。

> "MCFG" PCI Express Memory-mapped Configuration Space base address
> description table.PCI Firmware Specification, Revision 3.0.

　ああ、また PCI の仕様書です！ もちろんインターネットの海に潜れば PDF
を見つけることはできますが、こういう「OS 開発者あるある」な知識は、
osdev.org というサイトに書いてあることがよくあります。

　実際、https://wiki.osdev.org/PCI_Express にアクセスすると、MCFG の構
造が書かれた表を発見できるので読んでみてください。英語で書かれてはいます
が、表などの部分はなんとなくでわかるので、そこまで心配しなくても大丈夫で
すよ。

　ここらへんの知識を総動員してコードに落とし込むと、以下のような感じにな
ります。

```rust
src/acpi.rs
use crate::hpet::HpetRegisters;
use crate::result::Result;
use core::fmt;
use core::mem::size_of;

#[repr(packed)]

// << 中略 >>

impl AcpiRsdpStruct {
    // << 中略 >>
        let xsdt = self.xsdt();
        xsdt.find_table(b"HPET").map(AcpiHpetDescriptor::new)
    }
    pub fn mcfg(&self) -> Option<&AcpiMcfgDescriptor> {
        let xsdt = self.xsdt();
        xsdt.find_table(b"MCFG").map(AcpiMcfgDescriptor::new)
    }
}

#[repr(C, packed)]
#[derive(Debug)]
#[allow(dead_code)]
pub struct AcpiMcfgDescriptor {
    // https://wiki.osdev.org/PCI_Express
    header: SystemDescriptionTableHeader,
    _unused: [u8; 8],
    // 44 + (16 * n) -> Configuration space base address allocation structures
    // [EcamEntry; ?]
```

PCI デバイスの一覧を取得する

```rust
}
impl AcpiTable for AcpiMcfgDescriptor {
    const SIGNATURE: &'static [u8; 4] = b"MCFG";
    type Table = Self;
}
const _: () = assert!(size_of::<AcpiMcfgDescriptor>() == 44);
impl AcpiMcfgDescriptor {
    pub fn header_size(&self) -> usize {
        size_of::<Self>()
    }
    pub fn num_of_entries(&self) -> usize {
        (self.header.length as usize - self.header_size())
            / size_of::<EcamEntry>()
    }
    pub fn entry(&self, index: usize) -> Option<&EcamEntry> {
        if index >= self.num_of_entries() {
            None
        } else {
            Some(unsafe {
                &*((self as *const Self as *const u8).add(self.header_size())
                    as *const EcamEntry)
                    .add(index)
            })
        }
    }
}


#[repr(packed)]
pub struct EcamEntry {
    ecm_base_addr: u64,
    _pci_segment_group: u16,
    start_pci_bus: u8,
    end_pci_bus: u8,
    _reserved: u32,
}
impl EcamEntry {
    pub fn base_address(&self) -> u64 {
        self.ecm_base_addr
    }
}
impl fmt::Display for EcamEntry {
    fn fmt(&self, f: &mut fmt::Formatter<'_>) -> fmt::Result {
        // To avoid "error: reference to packed field is unaligned"
        let base = self.ecm_base_addr;
        let bus_start = self.start_pci_bus;
        let bus_end = self.end_pci_bus;
        write!(
            f,
            "ECAM: Bus [{}..={}] is mapped at {:#X}",
            bus_start, bus_end, base
        )
    }
}
```

315

第5章 ハードウェアを制御する (1) ──デバイスを動かす方法を知る

```
src/init.rs
pub fn init_display(vram: &mut VramBufferInfo) {
    // << 中略 >>
    fill_rect(vram, 0x000000, 0, 0, vw, vh).expect("fill_rect failed");
    draw_test_pattern(vram);
}

pub fn init_pci(acpi: &AcpiRsdpStruct) {
    if let Some(mcfg) = acpi.mcfg() {
        for i in 0..mcfg.num_of_entries() {
            if let Some(e) = mcfg.entry(i) {
                info!("{}", e)
            }
        }
    }
}
```

```
src/main.rs
use wasabi::init::init_display;
use wasabi::init::init_hpet;
use wasabi::init::init_paging;
use wasabi::init::init_pci;
use wasabi::print::hexdump;
use wasabi::print::set_global_vram;
use wasabi::println;

// << 中略 >>

fn efi_main(image_handle: EfiHandle, efi_system_table: &EfiSystemTable) {
    // << 中略 >>
    let (_gdt, _idt) = init_exceptions();
    init_paging(&memory_map);
    init_hpet(acpi);
    init_pci(acpi);
    let t0 = global_timestamp();
    let task1 = Task::new(async move {
        for i in 100..=103 {
```

　さて、これで ECAM のマッピングされている場所を発見できるはずです。
cargo run してみましょう。以下のような出力が得られたら成功です！

```
実行結果
[INFO]  src/init.rs:96 : ECAM: Bus [0..=255] is mapped at 0xB0000000
```

　これはつまり、ECAM 領域がアドレス 0xB0000000 から始まっているというこ
とです。よし、やっと PCI の世界にやってきました。次は、この領域から得ら

316

PCI デバイスの一覧を取得する

れる情報をもとに、つながっている PCI デバイスの一覧を表示することにしましょう。

PCI デバイスの一覧を表示するコードを実装する

ECAM 領域には、PCI デバイスの Configuration 空間がずらっと配列のように並んでおり、それぞれの Bus、Device、Function ごとに 4,096 バイトの Configuration 空間が存在しています。したがって、各 Configuration 空間の開始オフセット（ECAM 領域先頭からのバイト数）は bus、device、function それぞれのインデックスを用いて (((bus * 256) + (device * 8) + function) * 4096) と表現できます。

また、それぞれの Configuration 空間の先頭には、u16 の値が 2 つ並んでいます。それぞれの数値はベンダー ID とデバイス ID を表しており、これらを利用してどのベンダーのどのデバイスがその PCI スロットに存在しているのか判定できるようになっています。

このベンダー ID とデバイス ID は、デバイスが PCI スロットに刺さっているときにはデバイスに記録されている情報が見えるわけですが、デバイスが刺さっていないときには全ビットが 1、つまりどちらも 0xffff が見えるということが仕様で定義されています。

そこで、すべての (bus, device, function) について、ベンダー ID とデバイス ID を読み出してみて、その値が 0xffff でなければ、そこにデバイスがあると判定できるわけです。

これをコードに落とし込んで、マシンに接続されている PCI デバイスのベンダー ID とデバイス ID の一覧を出力するコードを実装すると、以下のような感じになります。

```
src/init.rs
use crate::hpet::set_global_hpet;
use crate::hpet::Hpet;
use crate::info;
use crate::pci::Pci;
use crate::uefi::exit_from_efi_boot_services;
use crate::uefi::EfiHandle;
use crate::uefi::EfiMemoryType;

// << 中略 >>
```

317

第5章 ハードウェアを制御する (1) ──デバイスを動かす方法を知る

```
pub fn init_pci(acpi: &AcpiRsdpStruct) {
    // << 中略 >>
                info!("{}", e)
            }
        }
        let pci = Pci::new(mcfg);
        pci.probe_devices();
    }
}
```

`src/lib.rs`

```
pub mod hpet;
pub mod init;
pub mod mutex;
pub mod pci;
pub mod print;
pub mod qemu;
pub mod result;
```

`src/pci.rs`

```
use crate::acpi::AcpiMcfgDescriptor;
use crate::info;
use crate::result::Result;
use core::fmt;
use core::marker::PhantomData;
use core::mem::size_of;
use core::ops::Range;
use core::ptr::read_volatile;

#[derive(Copy, Clone, PartialEq, Eq)]
pub struct VendorDeviceId {
    pub vendor: u16,
    pub device: u16,
}
impl VendorDeviceId {
    pub fn fmt_common(&self, f: &mut fmt::Formatter) -> fmt::Result {
        write!(
            f,
            "(vendor: {:#06X}, device: {:#06X})",
            self.vendor, self.device,
        )
    }
}
impl fmt::Debug for VendorDeviceId {
    fn fmt(&self, f: &mut fmt::Formatter) -> fmt::Result {
        self.fmt_common(f)
    }
}
impl fmt::Display for VendorDeviceId {
    fn fmt(&self, f: &mut fmt::Formatter) -> fmt::Result {
        self.fmt_common(f)
```

PCI デバイスの一覧を取得する

```rust
        }
    }

    #[derive(Copy, Clone, PartialEq, Eq, PartialOrd, Ord)]
    pub struct BusDeviceFunction {
        id: u16,
    }
    const MASK_BUS: usize = 0b1111_1111_0000_0000;
    const SHIFT_BUS: usize = 8;
    const MASK_DEVICE: usize = 0b0000_0000_1111_1000;
    const SHIFT_DEVICE: usize = 3;
    const MASK_FUNCTION: usize = 0b0000_0000_0000_0111;
    const SHIFT_FUNCTION: usize = 0;
    impl BusDeviceFunction {
        pub fn new(bus: usize, device: usize, function: usize) -> Result<Self> {
            if !(0..256).contains(&bus)
                || !(0..32).contains(&device)
                || !(0..8).contains(&function)
            {
                Err("PCI bus device function out of range")
            } else {
                Ok(Self {
                    id: ((bus << SHIFT_BUS)
                        | (device << SHIFT_DEVICE)
                        | (function << SHIFT_FUNCTION)) as u16,
                })
            }
        }
        pub fn bus(&self) -> usize {
            ((self.id as usize) & MASK_BUS) >> SHIFT_BUS
        }
        pub fn device(&self) -> usize {
            ((self.id as usize) & MASK_DEVICE) >> SHIFT_DEVICE
        }
        pub fn function(&self) -> usize {
            ((self.id as usize) & MASK_FUNCTION) >> SHIFT_FUNCTION
        }
        pub fn iter() -> BusDeviceFunctionIterator {
            BusDeviceFunctionIterator { next_id: 0 }
        }
        pub fn fmt_common(&self, f: &mut fmt::Formatter) -> fmt::Result {
            write!(
                f,
                "/pci/bus/{:#04X}/device/{:#04X}/function/{:#03X})",
                self.bus(),
                self.device(),
                self.function()
            )
        }
    }
    impl fmt::Debug for BusDeviceFunction {
        fn fmt(&self, f: &mut fmt::Formatter) -> fmt::Result {
            self.fmt_common(f)
```

第5章 ┃ ハードウェアを制御する (1) ──デバイスを動かす方法を知る

```rust
    }
}
impl fmt::Display for BusDeviceFunction {
    fn fmt(&self, f: &mut fmt::Formatter) -> fmt::Result {
        self.fmt_common(f)
    }
}
pub struct BusDeviceFunctionIterator {
    next_id: usize,
}
impl Iterator for BusDeviceFunctionIterator {
    type Item = BusDeviceFunction;
    fn next(&mut self) -> Option<Self::Item> {
        let id = self.next_id;
        if id > 0xffff {
            None
        } else {
            self.next_id += 1;
            let id = id as u16;
            Some(BusDeviceFunction { id })
        }
    }
}

struct ConfigRegisters<T> {
    access_type: PhantomData<T>,
}
impl<T> ConfigRegisters<T> {
    fn read(ecm_base: *mut T, byte_offset: usize) -> Result<T> {
        if !(0..256).contains(&byte_offset) || byte_offset % size_of::<T>() != 0
        {
            Err("PCI ConfigRegisters read out of range")
        } else {
            unsafe {
                Ok(read_volatile(ecm_base.add(byte_offset / size_of::<T>())))
            }
        }
    }
}

pub struct Pci {
    ecm_range: Range<usize>,
}
impl Pci {
    pub fn new(mcfg: &AcpiMcfgDescriptor) -> Self {
        // To simplify, assume that there is one mcfg entry that maps all the
        // pci configuration spaces.
        assert!(mcfg.num_of_entries() == 1);
        let pci_config_space_base =
            mcfg.entry(0).expect("Out of range").base_address() as usize;
        let pci_config_space_end = pci_config_space_base + (1 << 24);
        Self {
            ecm_range: pci_config_space_base..pci_config_space_end,
```

PCI デバイスの一覧を取得する

```
        }
    }
    pub fn ecm_base<T>(&self, id: BusDeviceFunction) -> *mut T {
        (self.ecm_range.start + ((id.id as usize) << 12)) as *mut T
    }
    pub fn read_register_u16(
        &self,
        bdf: BusDeviceFunction,
        byte_offset: usize,
    ) -> Result<u16> {
        ConfigRegisters::read(self.ecm_base(bdf), byte_offset)
    }
    pub fn read_vendor_id_and_device_id(
        &self,
        id: BusDeviceFunction,
    ) -> Option<VendorDeviceId> {
        let vendor = self.read_register_u16(id, 0).ok()?;
        let device = self.read_register_u16(id, 2).ok()?;
        if vendor == 0xFFFF || device == 0xFFFF {
            // Not connected
            None
        } else {
            Some(VendorDeviceId { vendor, device })
        }
    }
    pub fn probe_devices(&self) {
        for bdf in BusDeviceFunction::iter() {
            if let Some(vd) = self.read_vendor_id_and_device_id(bdf) {
                info!("{vd}");
            }
        }
    }
}
```

　ここまでを実装して cargo run してみると、以下のような出力が得られるはず
です。

```
実行結果
[INFO]  src/pci.rs:149: (vendor: 0x8086, device: 0x29C0)
[INFO]  src/pci.rs:149: (vendor: 0x1234, device: 0x1111)
[INFO]  src/pci.rs:149: (vendor: 0x8086, device: 0x10D3)
[INFO]  src/pci.rs:149: (vendor: 0x8086, device: 0x2918)
[INFO]  src/pci.rs:149: (vendor: 0x8086, device: 0x2922)
[INFO]  src/pci.rs:149: (vendor: 0x8086, device: 0x2930)
```

　この情報は、QEMU のモニタからも確認できます。QEMU のモニタは、
QEMU 内部の状態を知ることができる便利なツールです。これにアクセスでき
るようにするには -monitor オプションを QEMU の起動引数に追加します。

第5章 ┃ ハードウェアを制御する (1) ——デバイスを動かす方法を知る

```
scripts/launch_qemu.sh
 -bios third_party/ovmf/RELEASEX64_OVMF.fd \
 -machine q35 \
 -drive format=raw,file=fat:rw:mnt \
 -monitor telnet:0.0.0.0:2345,server,nowait,logfile=log/qemu_monitor.txt \
 -chardev stdio,id=char_com1,mux=on,logfile=log/com1.txt \
 -serial chardev:char_com1 \
 -device isa-debug-exit,iobase=0xf4,iosize=0x01
```

　この変更を加えてから再度 cargo run すると、localhost の 2345 番に TCP で
接続することで QEMU のモニタにアクセスできるようになります。QEMU を
起動したのとは別のターミナル画面を開いて、telnet や nc、socat など、お好
みのプログラムでアクセスしてみてください[注7]。ちなみに、モニタから抜けたい
場合は、モニタの画面に q もしくは quit と入力して Enter を押すと、QEMU
自体を終了させて抜けることができます。

```
telnet コマンドを利用する場合
$ telnet localhost 2345
Trying 127.0.0.1...
Connected to localhost.
Escape character is '^]'.
QEMU 9.0.50 monitor - type 'help' for more information
(qemu)
```

```
nc コマンドを利用する場合
$ nc localhost 2345
QEMU 9.0.50 monitor - type 'help' for more information
(qemu)
```

```
socat コマンドを利用する場合
$ socat - TCP:localhost:2345
QEMU 9.0.50 monitor - type 'help' for more information
(qemu)
```

　それでは QEMU モニタで PCI デバイスの情報を表示させて、答え合わせを
してみましょう。

```
(qemu) info pci
  Bus  0, device   0, function 0:
    Host bridge: PCI device 8086:29c0
```

注7　それぞれのプログラムはデフォルトでインストールされていることもありますし、手動で入れる必要が
　　あることもあります。例:sudo apt install telnet、sudo apt install socat など

322

```
      PCI subsystem 1af4:1100
      id ""
  Bus  0, device   1, function 0:
    VGA controller: PCI device 1234:1111
      PCI subsystem 1af4:1100
      BAR0: 32 bit prefetchable memory at 0xc0000000 [0xc0ffffff].
      BAR2: 32 bit memory at 0xc1085000 [0xc1085fff].
      BAR6: 32 bit memory at 0xffffffffffffffff [0x0000fffe].
      id ""
  Bus  0, device   2, function 0:
    Ethernet controller: PCI device 8086:10d3
      PCI subsystem 8086:0000
      IRQ 11, pin A
      BAR0: 32 bit memory at 0xc1060000 [0xc107ffff].
      BAR1: 32 bit memory at 0xc1040000 [0xc105ffff].
      BAR2: I/O at 0x6060 [0x607f].
      BAR3: 32 bit memory at 0xc1080000 [0xc1083fff].
      BAR6: 32 bit memory at 0xffffffffffffffff [0x0003fffe].
      id ""
  Bus  0, device  31, function 0:
    ISA bridge: PCI device 8086:2918
      PCI subsystem 1af4:1100
      id ""
  Bus  0, device  31, function 2:
    SATA controller: PCI device 8086:2922
      PCI subsystem 1af4:1100
      IRQ 10, pin A
      BAR4: I/O at 0x6040 [0x605f].
      BAR5: 32 bit memory at 0xc1084000 [0xc1084fff].
      id ""
  Bus  0, device  31, function 3:
    SMBus: PCI device 8086:2930
      PCI subsystem 1af4:1100
      IRQ 10, pin A
      BAR4: I/O at 0x6000 [0x603f].
      id ""
```

　おー、たしかに6個のPCIデバイスがあり、それぞれのベンダーIDとデバイスIDが正しく認識できているようです。いいですね！

　ちなみに豆知識ですが、ベンダーIDが0x8086となっているのはIntel社製のデバイスであることを示しています。8086というのはIntelが1978年に発表した、最初のx86アーキテクチャCPUの型番です。まさにIntel社の代名詞と言えるプロセッサの名前をベンダーIDにするとは、とてもおしゃれですね！[注8]

注8　このようなイケてる16進数の使い方は、いろいろな場所で見ることができます。もっと知りたい方は「hexspeak」で検索すると幸せになれるかもしれません。
　　　https://en.wikipedia.org/wiki/Hexspeak

第5章 ハードウェアを制御する (1) ——デバイスを動かす方法を知る

USBコントローラ (xHCI) のドライバを実装する

PCIデバイスの一覧を出せるようになったので、次はその中のあるデバイスのドライバを実装してみることにしましょう。今回の目標は、USBコントローラ（xHCI）のドライバを実装することです！

USBとは

USB（*Universal Serial Bus*）はその名のとおり「なんでも（Universal）つながるシリアル通信バス」のことを指します。USB接続でデータを記録して持ち運ぶことができる、USBフラッシュドライブのことを略して「USB」と呼んでいる方も多いのではないでしょうか。それ以外にも、キーボードやマウス、画面出力、ネットワーク、モバイルデバイスなど、ありとあらゆるものがUSBを介してつながっています。このように、多彩なデバイスを同一のインタフェース（ユーザーから見れば接続コネクタやケーブル、OSから見れば制御方法）でつなぐことができるUSBは、現代のコンピューターにはほぼ必ず搭載されている重要なコンポーネントです。

そんなUSBを使えるようにするためには、USBを制御するコントローラのドライバを実装する必要があります。USBの制御コントローラはさまざまなものがありますが、ここではUSB3.0に対応したxHCIと呼ばれる仕様に沿って実装されたUSBコントローラの制御を実装してみることにします。

xHCIとは

xHCIはeXtended Host Controller Interfaceの略で、従来あったUHCI、OHCI、EHCIに比べると比較的制御が楽になっています。xHCIは、USBコントローラとやりとりをするための規格のことを指す名前ですので、コントローラというデバイスを指す場合には以後xHCと呼ぶことにします。

324

USB コントローラ（xHCI）のドライバを実装する

xHC の検出

今回の環境では、xHC は PCI デバイスの一種として実装されています。その
ため、先ほど実装した PCI デバイスの一覧をチェックすることでどの場所（Bus、
Device、Function）に xHC が存在するか確認できます。

QEMU はデフォルトでは USB コントローラを VM につないでくれないので、
以下のようなオプションを起動引数に追加して USB コントローラを有効化します。

```
scripts/launch_qemu.sh
  -monitor telnet:0.0.0.0:2345,server,nowait,logfile=log/qemu_monitor.txt \
  -chardev stdio,id=char_com1,mux=on,logfile=log/com1.txt \
  -serial chardev:char_com1 \
  -device qemu-xhci \
  -device isa-debug-exit,iobase=0xf4,iosize=0x01
RETCODE=$?
set -e
```

すると、先ほど実装した PCI デバイスの一覧に以下の行が増えます。

```
[INFO]  src/pci.rs:149: (vendor: 0x1B36, device: 0x000D)
```

このデバイスが USB コントローラであることは、QEMU のモニタからも確
かめることができます。

```
(qemu) info pci
...
  Bus  0, device   3, function 0:
    USB controller: PCI device 1b36:000d
    PCI subsystem 1af4:1100
    IRQ 11, pin A
    BAR0: 64 bit memory at 0x800000000 [0x800003fff].
    id ""
...
```

ということで、このベンダー ID とデバイス ID の組み合わせを持つ PCI デバ
イスを発見したら、それを xHC とみなして制御することにしましょう。

ちょっと脱線——諸々の改良

ここから先の USB コントローラのドライバを書く過程では、非同期のタスク
を新たに起動したくなる場面が多々発生します。

第5章 ハードウェアを制御する(1) ──デバイスを動かす方法を知る

これはデバイスドライバというものが、外部の世界につながっているデバイス
を制御しているために、いつ発生するかわからない外部のデバイスの状態変化に
臨機応変に対応する必要があるためです。

せっかく先の章で async/await の機構を実装したので、さらに少しコードを
追加して、OS のソースコードのどこからでも async タスクを起動できるよう
にしましょう。そうすることでこういったドライバを記述する作業が容易になる
ので、今のうちにやっておきましょう。

鍵となるのは、新たに実装する `spawn_global()` という関数です。システム全
体の Executor インスタンスを Mutex でくるんで GLOBAL_EXECUTOR とい
う static 変数を新たに定義し、この Executor を利用してタスクを起動するよう
にします。

```
pub fn spawn_global(future: impl Future<Output = Result<()>> + 'static) {
    let task = Task::new(future);
    GLOBAL_EXECUTOR.lock().get_or_insert_default().enqueue(task);
}
```

この Executor を実行するのは `efi_main()` の末尾で呼び出される `start_global_executor()` の役割です。この関数が呼ばれたあとは、すべてのコードが
Executor 経由で async に実行されることになりますから、`efi_main()` ですべ
ての初期化を終わらせたあとに呼ぶようにします。

```
pub fn start_global_executor() -> ! {
    info!("Starting global executor loop");
    Executor::run(&GLOBAL_EXECUTOR);
}
```

全体の実装としては、以下のような感じになります。

```
src/executor.rs
extern crate alloc;
use crate::hpet::global_timestamp;
use crate::info;
use crate::mutex::Mutex;
use crate::result::Result;
use crate::x86::busy_loop_hint;
use alloc::boxed::Box;

// << 中略 >>

use core::task::Waker;
```

USB コントローラ（xHCI）のドライバを実装する

```rust
use core::time::Duration;

pub struct Task<T> {
struct Task<T> {
    future: Pin<Box<dyn Future<Output = Result<T>>>>,
    created_at_file: &'static str,
    created_at_line: u32,
}
impl<T> Task<T> {
    #[track_caller]
    pub fn new(future: impl Future<Output = Result<T>> + 'static) -> Task<T> {
    fn new(future: impl Future<Output = Result<T>> + 'static) -> Task<T> {
        Task {
            // Pin the task here to avoid invalidating the self references used
            // in  the future

// << 中略 >>

fn no_op_raw_waker() -> RawWaker {
    // << 中略 >>
    let vtable = &RawWakerVTable::new(clone, no_op, no_op, no_op);
    RawWaker::new(null::<()>(), vtable)
}
pub fn no_op_waker() -> Waker {
fn no_op_waker() -> Waker {
    unsafe { Waker::from_raw(no_op_raw_waker()) }
}


// << 中略 >>

pub struct Executor {
    task_queue: Option<VecDeque<Task<()>>>,
}
impl Executor {
    pub const fn new() -> Self {
    const fn new() -> Self {
        Self { task_queue: None }
    }
    fn task_queue(&mut self) -> &mut VecDeque<Task<()>> {

// << 中略 >>

impl Executor {
    // << 中略 >>
        }
        self.task_queue.as_mut().unwrap()
    }
    pub fn enqueue(&mut self, task: Task<()>) {
    fn enqueue(&mut self, task: Task<()>) {
        self.task_queue().push_back(task)
    }
    pub fn run(mut executor: Self) -> ! {
```

327

第5章 ┃ ハードウェアを制御する (1) ── デバイスを動かす方法を知る

```
        fn run(executor: &Mutex<Option<Self>>) -> ! {
            info!("Executor starts running...");
            loop {
                let task = executor.task_queue().pop_front();
                if let Some(mut task) = task {
                let task =
                    executor.lock().as_mut().map(|e| e.task_queue().pop_front());
                if let Some(Some(mut task)) = task {
                    let waker = no_op_waker();
                    let mut context = Context::from_waker(&waker);
                    match task.poll(&mut context) {

// << 中略 >>

                            info!("Task completed: {:?}: {:?}", task, result);
                        }
                        Poll::Pending => {
                            executor.task_queue().push_back(task);
                            if let Some(e) = executor.lock().as_mut() {
                                e.task_queue().push_back(task)
                            }
                        }
                    }
                }
            }

// << 中略 >>

}

#[derive(Default)]
pub struct Yield {
struct Yield {
    polled: AtomicBool,
}
impl Future for Yield {

// << 中略 >>

pub async fn yield_execution() {
    Yield::default().await
}

pub struct TimeoutFuture {
struct TimeoutFuture {
    time_out: Duration,
}
impl TimeoutFuture {
    pub fn new(duration: Duration) -> Self {
    fn new(duration: Duration) -> Self {
        Self {
            time_out: global_timestamp() + duration,
        }
```

328

USB コントローラ（xHCI）のドライバを実装する

```
// << 中略 >>

impl Future for TimeoutFuture {
    // << 中略 >>
        }
    }
}
pub async fn sleep(duration: Duration) {
    TimeoutFuture::new(duration).await
}

static GLOBAL_EXECUTOR: Mutex<Option<Executor>> = Mutex::new(None);
#[track_caller]
pub fn spawn_global(future: impl Future<Output = Result<()>> + 'static) {
    let task = Task::new(future);
    GLOBAL_EXECUTOR.lock().get_or_insert_default().enqueue(task);
}
pub fn start_global_executor() -> ! {
    info!("Starting global executor loop");
    Executor::run(&GLOBAL_EXECUTOR);
}
```

`src/lib.rs`

```
#![feature(sync_unsafe_cell)]
#![feature(const_caller_location)]
#![feature(const_location_fields)]
#![feature(option_get_or_insert_default)]
#![test_runner(crate::test_runner::test_runner)]
#![reexport_test_harness_main = "run_unit_tests"]
#![no_main]
```

`src/main.rs`

```
use core::panic::PanicInfo;
use core::time::Duration;
use wasabi::error;
use wasabi::executor::Executor;
use wasabi::executor::Task;
use wasabi::executor::TimeoutFuture;
use wasabi::executor::sleep;
use wasabi::executor::spawn_global;
use wasabi::executor::start_global_executor;
use wasabi::hpet::global_timestamp;
use wasabi::info;
use wasabi::init::init_allocator;

// << 中略 >>

fn efi_main(image_handle: EfiHandle, efi_system_table: &EfiSystemTable) {
    // << 中略 >>
    init_hpet(acpi);
    init_pci(acpi);
    let t0 = global_timestamp();
```

第5章 ハードウェアを制御する (1) —— デバイスを動かす方法を知る

```rust
let task1 = Task::new(async move {
let task1 = async move {
    for i in 100..=103 {
        info!("{i} hpet.main_counter = {:?}", global_timestamp() - t0);
        TimeoutFuture::new(Duration::from_secs(1)).await;
        sleep(Duration::from_secs(1)).await;
    }
    Ok(())
});
let task2 = Task::new(async move {
};
let task2 = async move {
    for i in 200..=203 {
        info!("{i} hpet.main_counter = {:?}", global_timestamp() - t0);
        TimeoutFuture::new(Duration::from_secs(2)).await;
        sleep(Duration::from_secs(2)).await;
    }
    Ok(())
});
let serial_task = Task::new(async {
};
let serial_task = async {
    let sp = SerialPort::default();
    if let Err(e) = sp.loopback_test() {
        error!("{e:?}");

// << 中略 >>

            let c = char::from_u32(v as u32);
            info!("serial input: {v:#04X} = {c:?}");
        }
        TimeoutFuture::new(Duration::from_millis(20)).await;
        sleep(Duration::from_millis(20)).await;
    }
});
let mut executor = Executor::new();
executor.enqueue(task1);
executor.enqueue(task2);
executor.enqueue(serial_task);
Executor::run(executor)
};
spawn_global(task1);
spawn_global(task2);
spawn_global(serial_task);
start_global_executor()
}

#[panic_handler]
```

cargo run を実行してみて、今までと同様に動作していることを確認しておい
てください。

起動時のページテーブル初期化の高速化

　もうひとつ、ついでに直しておきたいところがあります。`cargo run` を実行したときに OS の起動が途中で一瞬止まっているのに気付いていたでしょうか？ よく見てみると、この謎のフリーズは、ページテーブルの初期化作業のタイミングで発生していることがわかります。数秒待っているとすぐに起動処理が続くので、これはおそらくページテーブルの初期化作業に時間がかかっているのでしょう。

　現時点のページテーブルの初期化コードを読んでみると、各 4KiB ページをマッピングするたびに、毎回ページテーブルをルートからたどって途中の階層のテーブルの有無をチェックしています。しかし冷静に考えると、連続したアドレス領域をマッピングする際は、途中のテーブルは毎回変化するわけではありません。末端に近い側のテーブルを順番に参照していき、それが溢れたら 1 つ上の階層のテーブルを参照して次のテーブルを取得し、その先頭からまた設定していく、という作業をしているはずです。ですから、毎回ページテーブルの根から枝まで移動する必要はなく、最も直近の枝分かれまで戻ればよいだけなのです。

　というわけで、その部分を直しましょう。

　ちなみになぜ最初からそうしなかったのかと言うと、次に実装する高速な方法ではループのネストが深くなりコードも長くなるため、初めてページングを実装する際にはタイプミスなどを発生させやすいかもしれないな、と思ったからでした。というか、私もよく実装をバグらせることがあるので、最初は愚直でシンプルだけど確実に動く方法を採用したかったのです。速度とわかりやすさを両立するのは難しいんですね。でも、きっと今のみなさんなら問題なく実装できるでしょう。

　まずは、何ヵ所かリファクタリングをします。冷静に考えるとページテーブルエントリのインデックスがアドレスの何ビット目にあるかを表す数値 SHIFT は LEVEL から計算できるので、プログラムを見やすくするためにも書き換えておきましょう。

```
src/x86.rs
}

#[repr(transparent)]
pub struct Entry<const LEVEL: usize, const SHIFT: usize, NEXT> {
pub struct Entry<const LEVEL: usize, NEXT> {
    value: u64,
    next_type: PhantomData<NEXT>,
```

第5章 ハードウェアを制御する (1) ──デバイスを動かす方法を知る

```rust
}
impl<const LEVEL: usize, const SHIFT: usize, NEXT> Entry<LEVEL, SHIFT, NEXT> {
impl<const LEVEL: usize, NEXT> Entry<LEVEL, NEXT> {
    fn read_value(&self) -> u64 {
        self.value
    }

// << 中略 >>

impl<const LEVEL: usize, const SHIFT: usize, NEXT> Entry<LEVEL, SHIFT, NEXT> {
    // << 中略 >>
        }
    }
}
impl<const LEVEL: usize, const SHIFT: usize, NEXT> fmt::Display
    for Entry<LEVEL, SHIFT, NEXT>
{
impl<const LEVEL: usize, NEXT> fmt::Display for Entry<LEVEL, NEXT> {
    fn fmt(&self, f: &mut fmt::Formatter) -> fmt::Result {
        self.format(f)
    }
}
impl<const LEVEL: usize, const SHIFT: usize, NEXT> fmt::Debug
    for Entry<LEVEL, SHIFT, NEXT>
{
impl<const LEVEL: usize, NEXT> fmt::Debug for Entry<LEVEL, NEXT> {
    fn fmt(&self, f: &mut fmt::Formatter) -> fmt::Result {
        self.format(f)
    }
}

#[repr(align(4096))]
pub struct Table<const LEVEL: usize, const SHIFT: usize, NEXT> {
    entry: [Entry<LEVEL, SHIFT, NEXT>; 512],
pub struct Table<const LEVEL: usize, NEXT> {
    entry: [Entry<LEVEL, NEXT>; 512],
}
impl<const LEVEL: usize, const SHIFT: usize, NEXT: core::fmt::Debug>
    Table<LEVEL, SHIFT, NEXT>
{
impl<const LEVEL: usize, NEXT: core::fmt::Debug> Table<LEVEL, NEXT> {
    fn format(&self, f: &mut fmt::Formatter) -> fmt::Result {
        writeln!(f, "L{}Table @ {:#p} {{", LEVEL, self)?;
        for i in 0..512 {

// << 中略 >>

        }
        writeln!(f, "}}")
    }
    const fn index_shift() -> usize {
        (LEVEL - 1) * 9 + 12
    }
```

332

USB コントローラ（xHCI）のドライバを実装する

```
    pub fn next_level(&self, index: usize) -> Option<&NEXT> {
        self.entry.get(index).and_then(|e| e.table().ok())
    }
    fn calc_index(&self, addr: u64) -> usize {
        ((addr >> SHIFT) & 0b1_1111_1111) as usize
        ((addr >> Self::index_shift()) & 0b1_1111_1111) as usize
    }
}
impl<const LEVEL: usize, const SHIFT: usize, NEXT: fmt::Debug> fmt::Debug
    for Table<LEVEL, SHIFT, NEXT>
{
impl<const LEVEL: usize, NEXT: fmt::Debug> fmt::Debug for Table<LEVEL, NEXT> {
    fn fmt(&self, f: &mut fmt::Formatter) -> fmt::Result {
        self.format(f)
    }
}

pub type PT = Table<1, 12, [u8; PAGE_SIZE]>;
pub type PD = Table<2, 21, PT>;
pub type PDPT = Table<3, 30, PD>;
pub type PML4 = Table<4, 39, PDPT>;
pub type PT = Table<1, [u8; PAGE_SIZE]>;
pub type PD = Table<2, PT>;
pub type PDPT = Table<3, PD>;
pub type PML4 = Table<4, PDPT>;

impl PML4 {
    pub fn new() -> Box<Self> {
```

1 回保存して `cargo run` してみてください。大丈夫ですか？ 動きますか？

では本題の高速化です。入れ子になっていますが、再帰的な構造でパターンが
あるので、それを理解しつつ打ち込むとミスを減らせると思います。

`src/x86.rs`

```
impl PML4 {
    // << 中略 >>
        phys: u64,
        attr: PageAttr,
    ) -> Result<()> {
        if virt_start & ATTR_MASK != 0 {
            return Err("Invalid virt_start");
        }
        if virt_end & ATTR_MASK != 0 {
            return Err("Invalid virt_end");
        }
        if phys & ATTR_MASK != 0 {
            return Err("Invalid phys");
        }
        for addr in (virt_start..virt_end).step_by(PAGE_SIZE) {
            let index = self.calc_index(addr);
```

第5章 ハードウェアを制御する (1) ── デバイスを動かす方法を知る

```rust
        let table = self.entry[index].ensure_populated()?.table_mut()?;
    let table = self;
    let mut addr = virt_start;
    loop {
        let index = table.calc_index(addr);
        let table = table.entry[index].ensure_populated()?.table_mut()?;
        let index = table.calc_index(addr);
        let table = table.entry[index].ensure_populated()?.table_mut()?;
        let index = table.calc_index(addr);
        let pte = &mut table.entry[index];
        pte.set_page(phys + addr - virt_start, attr)?;
        loop {
            let index = table.calc_index(addr);
            let table =
                table.entry[index].ensure_populated()?.table_mut()?;
            loop {
                let index = table.calc_index(addr);
                let table =
                    table.entry[index].ensure_populated()?.table_mut()?;
                loop {
                    let index = table.calc_index(addr);
                    let pte = &mut table.entry[index];
                    let phys_addr = phys + addr - virt_start;
                    pte.set_page(phys_addr, attr)?;
                    addr = addr.wrapping_add(PAGE_SIZE as u64);
                    if index + 1 >= (1 << 9) || addr >= virt_end {
                        break;
                    }
                }
                if index + 1 >= (1 << 9) || addr >= virt_end {
                    break;
                }
            }
            if index + 1 >= (1 << 9) || addr >= virt_end {
                break;
            }
        }
        if index + 1 >= (1 << 9) || addr >= virt_end {
            break;
        }
    }
    Ok(())
}
```

　これで cargo run してみると……おお！ 起動時の引っかかりがなくなりましたね！

　こういった高速化は、開発者にとっても開発効率を高めるうえで非常に大事です。今後ももし「なんかこの処理遅いな……」と感じた際には、積極的に高速化してストレスを減らしていくと、結果的にほかの部分の開発も高速になるかもし

USB コントローラ（xHCI）のドライバを実装する

れません（とはいえ、どこまでやるか、どこで妥協するかは非常に難しい問題で
すが……）。

Memory mapped I/O で xHC とやりとりをする

さて、気分良く開発するための準備も整ったところで、xHC と実際にやりと
りをしてみましょう。

PCIe につながっているデバイスの一覧に xHC と思われるベンダー ID とデ
バイス ID を発見したら、そのデバイスに対応する PCI Configuration 空間を
読み出します。そうすることで、xHC と Memory Mapped I/O をするための
領域が物理アドレス上のどこにあるかを知ることができます。具体的には、PCI
Configuration 空間の中にある BAR と呼ばれるレジスタを読み出すことで、そ
の PCI デバイスとやりとりをするためのメモリ領域や I/O ポートの領域を知る
ことができます。

`src/lib.rs`
```
pub mod serial;
pub mod uefi;
pub mod x86;
pub mod xhci;

#[cfg(test)]
pub mod test_runner;
```

`src/pci.rs`
```
use crate::acpi::AcpiMcfgDescriptor;
use crate::info;
use crate::result::Result;
use crate::xhci::PciXhciDriver;
use core::fmt;
use core::marker::PhantomData;
use core::mem::size_of;

// << 中略 >>

impl Pci {
    // << 中略 >>
        for bdf in BusDeviceFunction::iter() {
            if let Some(vd) = self.read_vendor_id_and_device_id(bdf) {
                info!("{vd}");
                if PciXhciDriver::supports(vd) {
                    PciXhciDriver::attach(bdf)
                }
```

335

第5章 ┃ ハードウェアを制御する (1) ──デバイスを動かす方法を知る

```
            }
        }
    }
```

```
src/xhci.rs
use crate::info;
use crate::pci::BusDeviceFunction;
use crate::pci::VendorDeviceId;

pub struct PciXhciDriver {}
impl PciXhciDriver {
    pub fn supports(vp: VendorDeviceId) -> bool {
        const VDI_LIST: [VendorDeviceId; 3] = [
            VendorDeviceId {
                vendor: 0x1b36,
                device: 0x000d,
            },
            VendorDeviceId {
                vendor: 0x8086,
                device: 0x31a8,
            },
            VendorDeviceId {
                vendor: 0x8086,
                device: 0x02ed,
            },
        ];
        VDI_LIST.contains(&vp)
    }
    pub fn attach(bdf: BusDeviceFunction) {
        info!("Xhci found at: {bdf:?}")
    }
}
```

これで cargo run をすると、以下のように PCI バス上に xHC があることが確認できます。

```
[INFO]  src/xhci.rs:25 : Xhci found at: /pci/bus/0x00/device/0x03/function/0x0
```

次は BAR にアクセスしてみましょう。

BAR（*Base Address Register*）は、PCI デバイスが利用するホストの資源、具体的には物理アドレス空間や I/O 空間の範囲を設定したり取得したりするためのレジスタです。

先ほど解説したとおり、どの PCI デバイスにも存在する PCI Configuration Space はデバイスごとに 4,096 バイト分しかありませんが、デバイスによってはもっとたくさんのデータをホストとやりとりしたい場合があります。また、各デバイスに固有の機能を設定するためのレジスタ空間がもっとたくさん欲しい可

336

USB コントローラ（xHCI）のドライバを実装する

能性もありますよね。

そういうわけで、PCI の仕様を超えて各デバイス固有の使われ方をするアドレス空間の位置を、PCI 仕様の中に含まれている BAR レジスタを介して設定できるようになっているのです。

先ほど言及したとおり、BAR レジスタは物理アドレス空間だけでなく I/O アドレス空間を表現することもできたりするので少々複雑です。

厳密な定義は「PCI Local Bus Specification Revision 2.2」[pci_22] の「6.2.5. Base Addresses」に記されていますが、今回は実装に必要な箇所を抜粋して解説します[注9]。

BAR は、デバイスごとに存在する PCI Configuration 空間の中にマップされています。PCI Configuration 空間のオフセット 0x10、0x14、0x18、0x1C、0x20、0x24 にマップされている 6 つの 32 ビットの値が BAR を構成する要素になります。以後、便宜上これを BAR のエントリと呼びます。BAR には、32 ビットの大きさのものと 64 ビットの大きさのものがあります。前者は 1 エントリに収まりますが、後者はそのままでは収まらないため、隣接する 2 エントリを用いて表現されます。各 BAR のビット 0 は、その BAR に設定されるべき資源の種類を示しています。0 であればメモリ空間、1 であれば I/O 空間の資源をデバイスが要求していることになります。今回はメモリ空間しか扱わないので、以後はビット 0 が 0 である場合について説明します。ビット 1 とビット 2 の値を読むと、BAR の大きさを特定できます。この 2 ビットの値が 0b00 ならば BAR の大きさは 32 ビットになり、0b10 ならば BAR の大きさは 64 ビットになります。BAR の大きさが 32 ビットの場合は、そのエントリのビット 0 ～ 3 を 0 とみなしたときの値が、その BAR の示すメモリ領域の開始アドレスになります。BAR の大きさが 64 ビットの場合はこれに加えて、隣接する次のエントリの 32 ビットの値を MSB 側に付け足すことで、64 ビットのアドレスが構成されます。

さて、これで BAR が示す領域の開始アドレスは取得できましたが、メモリ領域には始まりだけでなく終わりもあるはずですよね。BAR の示す領域の大きさは、いったいどのように取得するのでしょうか？

BAR の基本的なアイデアは、デバイス内部で利用されている N ビットのアドレス空間を、コンピューターのアドレス空間に良い感じにマッピングしてあげる

注9　仕様書とあわせて https://wiki.osdev.org/PCI のページも読むと理解しやすいでしょう。

第5章 ┃ ハードウェアを制御する(1)——デバイスを動かす方法を知る

ためのしくみを提供するというものです。これをハードウェアで簡単に実現する
ために、デバイス内部のNビットのアドレスをコンピューターの側の物理アド
レスに変換する際には、BARに設定されたアドレスの下位Nビットを、デバイ
ス内部で使われているNビットのアドレスにつなぎかえてしまうことで、コン
ピューターの側のメモリ空間におけるアドレス計算(というかもはやただの配線)
をしているわけです。つまり、BARに設定されるアドレスのうち、デバイス内
部のアドレス空間の幅である下位Nビットは完全に無視されます(だって回路
的につながっていないわけですからね!)。このことは、BARのうちアドレス計
算で無視されるビットは0に固定されるという挙動にも反映されています。

　言い換えれば、BARの値のうち、書き換えができない連続する下位ビットの
数が、デバイス内部のアドレスの幅(つまりN)になるわけです。そして、Nビッ
トのアドレス空間に対応するバイト範囲、つまり2のN乗バイトが、そのBAR
に設定される領域の大きさとなります。このようにしてBARの指し示す領域の
大きさを取得する方法は、仕様書[pci_22]の「Implementation Note: Sizing a
32 bit Base Address Register Example」にも書かれています。

　長々と説明しましたが、とりあえず下記のようなコードを実装すれば、メモリ
資源を表現するBARレジスタの情報を表示できるようになります。

```
src/pci.rs
use crate::acpi::AcpiMcfgDescriptor;
use crate::error;
use crate::info;
use crate::result::Result;
use crate::x86::with_current_page_table;
use crate::x86::PageAttr;
use crate::xhci::PciXhciDriver;
use core::fmt;
use core::marker::PhantomData;
use core::mem::size_of;
use core::ops::Range;
use core::ptr::read_volatile;
use core::ptr::write_volatile;

#[derive(Copy, Clone, PartialEq, Eq)]
pub struct VendorDeviceId {

// << 中略 >>

impl<T> ConfigRegisters<T> {
    // << 中略 >>
        }
        }
```

USB コントローラ（xHCI）のドライバを実装する

```
    }
    fn write(ecm_base: *mut T, byte_offset: usize, data: T) -> Result<()> {
        if !(0..256).contains(&byte_offset) || byte_offset % size_of::<T>() != 0
        {
            Err("PCI ConfigRegisters write out of range")
        } else {
            unsafe {
                write_volatile(ecm_base.add(byte_offset / size_of::<T>()), data)
            }
            Ok(())
        }
    }
}

pub struct Pci {

// << 中略 >>

impl Pci {
    // << 中略 >>
            if let Some(vd) = self.read_vendor_id_and_device_id(bdf) {
                info!("{vd}");
                if PciXhciDriver::supports(vd) {
                    PciXhciDriver::attach(bdf)
                    if let Err(e) = PciXhciDriver::attach(self, bdf) {
                        error!("PCI: driver attach() failed: {e:?}")
                    } else {
                        continue;
                    }
                }
            }
        }
    }
    pub fn read_register_u32(
        &self,
        bdf: BusDeviceFunction,
        byte_offset: usize,
    ) -> Result<u32> {
        ConfigRegisters::read(self.ecm_base(bdf), byte_offset)
    }
    pub fn write_register_u32(
        &self,
        bdf: BusDeviceFunction,
        byte_offset: usize,
        data: u32,
    ) -> Result<()> {
        ConfigRegisters::write(self.ecm_base(bdf), byte_offset, data)
    }
    pub fn read_register_u64(
        &self,
        bdf: BusDeviceFunction,
        byte_offset: usize,
    ) -> Result<u64> {
```

339

第5章 ハードウェアを制御する(1)──デバイスを動かす方法を知る

```
        let lo = self.read_register_u32(bdf, byte_offset)?;
        let hi = self.read_register_u32(bdf, byte_offset + 4)?;
        Ok(((hi as u64) << 32) | (lo as u64))
    }
    pub fn write_register_u64(
        &self,
        bdf: BusDeviceFunction,
        byte_offset: usize,
        data: u64,
    ) -> Result<()> {
        let lo: u32 = data as u32;
        let hi: u32 = (data >> 32) as u32;
        self.write_register_u32(bdf, byte_offset, lo)?;
        self.write_register_u32(bdf, byte_offset + 4, hi)?;
        Ok(())
    }
    pub fn try_bar0_mem64(&self, bdf: BusDeviceFunction) -> Result<BarMem64> {
        let bar0 = self.read_register_u64(bdf, 0x10)?;
        if bar0 & 0b0111 == 0b0100
        /* Memory, 64bit, Non-prefetchable */
        {
            let addr = (bar0 & !0b1111) as *mut u8;
            // Write all-1s to get the size of the region
            self.write_register_u64(bdf, 0x10, !0u64)?;
            let size = 1 + !(self.read_register_u64(bdf, 0x10)? & !0b1111);
            // Restore the original value
            self.write_register_u64(bdf, 0x10, bar0)?;
            Ok(BarMem64 { addr, size })
        } else {
            Err("Unexpected BAR0 Type")
        }
    }
    pub fn set_command_and_status_flags(
        &self,
        bdf: BusDeviceFunction,
        flags: u32,
    ) -> Result<()> {
        let cmd_and_status =
            self.read_register_u32(bdf, 0x04 /* Command and status */)?;
        self.write_register_u32(
            bdf,
            0x04, /* Command and status */
            flags | cmd_and_status,
        )
    }
    pub fn enable_bus_master(&self, bdf: BusDeviceFunction) -> Result<()> {
        self.set_command_and_status_flags(
            bdf,
            1 << 2, /* Bus Master Enable */
        )
    }
    pub fn disable_interrupt(&self, bdf: BusDeviceFunction) -> Result<()> {
        self.set_command_and_status_flags(
```

USB コントローラ（xHCI）のドライバを実装する

```
            bdf,
            1 << 10, /* Interrupt Disable */
        )
    }
}
pub struct BarMem64 {
    addr: *mut u8,
    size: u64,
}
impl BarMem64 {
    pub fn addr(&self) -> *mut u8 {
        self.addr
    }
    pub fn size(&self) -> u64 {
        self.size
    }
    pub fn disable_cache(&self) {
        let vstart = self.addr() as u64;
        let vend = self.addr() as u64 + self.size();
        unsafe {
            with_current_page_table(|pt| {
                pt.create_mapping(vstart, vend, vstart, PageAttr::ReadWriteIo)
                    .expect("Failed to create mapping")
            })
        }
    }
}
impl fmt::Debug for BarMem64 {
    fn fmt(&self, f: &mut fmt::Formatter) -> fmt::Result {
        write!(
            f,
            "BarMem64[{:#018X}..{:#018X}]",
            self.addr as u64,
            self.addr as u64 + self.size()
        )
    }
}
```

`src/x86.rs`

```
use core::mem::offset_of;
use core::mem::size_of;
use core::mem::size_of_val;
use core::mem::ManuallyDrop;
use core::mem::MaybeUninit;
use core::pin::Pin;


// << 中略 >>

pub fn flush_tlb() {
    // << 中略 >>
        write_cr3(read_cr3());
    }
```

341

第5章 ┃ ハードウェアを制御する (1) ──デバイスを動かす方法を知る

```rust
}

/// # Safety
/// This will create a mutable reference to the page table structure
/// So is is programmer's responsibility to ensure that at most one
/// instance of the reference exist at every moment.
pub unsafe fn take_current_page_table() -> ManuallyDrop<Box<PML4>> {
    ManuallyDrop::new(Box::from_raw(read_cr3()))
}
/// # Safety
/// This function sets the CR3 value so that anything bad can happen.
pub unsafe fn put_current_page_table(mut table: ManuallyDrop<Box<PML4>>) {
    // Set CR3 to reflect the updates and drop TLB caches.
    write_cr3(Box::into_raw(ManuallyDrop::take(&mut table)))
}
/// # Safety
/// This function modifies the page table as callback does, so
/// anything bad can happen if there are some mistakes.
pub unsafe fn with_current_page_table<F>(callback: F)
where
    F: FnOnce(&mut PML4),
{
    let mut table = take_current_page_table();
    callback(&mut table);
    put_current_page_table(table)
}
```

`src/xhci.rs`
```rust
use crate::info;
use crate::pci::BusDeviceFunction;
use crate::pci::Pci;
use crate::pci::VendorDeviceId;
use crate::result::Result;

pub struct PciXhciDriver {}
impl PciXhciDriver {

// << 中略 >>

impl PciXhciDriver {
    // << 中略 >>
        ];
        VDI_LIST.contains(&vp)
    }
    pub fn attach(bdf: BusDeviceFunction) {
        info!("Xhci found at: {bdf:?}")
    pub fn attach(pci: &Pci, bdf: BusDeviceFunction) -> Result<()> {
        info!("Xhci found at: {bdf:?}");
        pci.disable_interrupt(bdf)?;
        pci.enable_bus_master(bdf)?;
        let bar0 = pci.try_bar0_mem64(bdf)?;
        bar0.disable_cache();
        info!("xhci: {bar0:?}");
```

```
        Err("wip")
    }
}
```

　ちなみに PCI だけでなくページング周りにも手を入れていますが、これ
は BAR が表現するアドレス範囲がメモリではなくデバイスのレジスタに対す
る読み書きなので、CPU からの読み書きがきちんとデバイスまで到達するよ
う、キャッシュの無効化を行うようにしているためです。BarMem64::disable_
cache() という関数が、その BAR の示すメモリ範囲についてキャッシュを無効
化する処理をする関数です。

　これで cargo run すると、以下のように BAR0 の情報が出力されます。

```
[INFO]  src/xhci.rs:32 : xhci: BarMem64[0x0000000800000000..0x0000000800004000]
```

　これはつまり、0x800000000 ～ 0x800004000 の物理アドレス範囲が先ほ
ど検出した xHCI コントローラというデバイスで利用されている、ということ
です。

　この情報は、QEMU のモニタからも見ることができます。

```
(qemu) info pci
...
  Bus  0, device   3, function 0:
    USB controller: PCI device 1b36:000d
      PCI subsystem 1af4:1100
      IRQ 11, pin A
      BAR0: 64 bit memory at 0x800000000 [0x800003fff].
      id ""
...
```

　BAR0: 64 bit memory at 0x800000000 [0x800003fff] と書いてあるとおり、
0x800000000 から始まる合計 0x4000 バイトの領域が、この xHC との Memory-
mapped I/O に利用されることがわかります。

　正しく情報が取得できているようですね！

▌ xHC のレジスタ

　xHC は、先ほど確認した物理アドレス範囲を用いて、xHC とのやりとりに使
うレジスタを読み書きできるようにしてくれています。つまり、このアドレス空

第5章 ハードウェアを制御する(1) ――デバイスを動かす方法を知る

間にマッピングされたレジスタを読み書きすることで、OS は xHC とやりとりできるのです。仕様書[xhci_1_2] を読むと、**図 5-2** のような図とともに、どのようなレジスタが存在するのか記載されているのがわかります。

図 5-2 General Architecture of the eXtensible Host Controller Interface (xHCI の仕様書より引用)

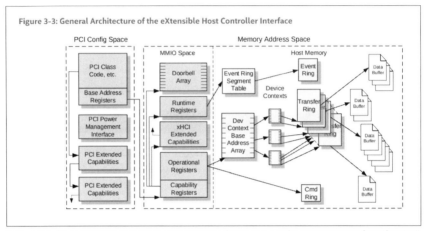

"eXtensible Host Controller Interface for Universal Serial Bus (xHCI) Requirements Specification", May 2019, Revision 1.2, p.57

xHC には、大きく分けて3つのレジスタの集合が存在します。

・Capability Registers
・Operational Registers
・Runtime Registers

まずはこれらのレジスタからいくつか値を読み出してみて、xHC とやりとりができているか、実装しているコードが合っているか確かめてみましょう。

xHCI 仕様書[xhci_1_2] セクション 5.3 によれば、BAR から取得したベースアドレス + 4 の位置には、HCSPARAMS1 という 32 ビットの値が置かれており、その LSB 側 1 バイトは Number of Device Slots という、大雑把に言えば最大でいくつの USB デバイスを制御できるかという値が記載されているようです。この値は 0 になることはありませんから、実際にこのフィールドの値を読んで最大のスロット数を表示してみることにしましょう。

また、Operational Registers は、BAR から取得したベースアドレスに、Capability Registers の中にある CAPLENGTH という値を足した位置から始まると仕様書 [xhci_1_2] のセクション 5.4 に記載されています。

そして、そこからさらに 4 バイト進んだところには、USBSTS という 32 ビットの値が格納されており、USB コントローラの状態に関するさまざまな情報を得ることができます。こちらも一応表示してみましょう。

最後の Runtime Registers ですが、こちらは BAR から取得したベースアドレスに、Capability Registers の中にある RTSOFF という値を足した位置から始まることになっています。この領域の一番初めの 32 ビットの値は、MFINDEX という、125 マイクロ秒ごとにカウントアップする値になっているようです。このカウンタはコントローラが動いていないと変化しないようですが、せっかくなので一応読み出して表示しておきましょう。

`src/bits.rs`

```rust
use core::cmp::min;

pub fn extract_bits<T>(value: T, shift: usize, width: usize) -> T
where
    T: TryFrom<u64> + From<u8>,
    u64: TryInto<T> + From<T>,
{
    let mask = (1u64 << min(63, width)) - 1;
    let value = u64::from(value);
    let value = value.checked_shr(shift as u32).unwrap_or(0) & mask;
    TryInto::try_into(value).unwrap_or_else(|_| T::from(0u8))
}

#[test_case]
fn extract_bits_tests() {
    assert_eq!(extract_bits(30u32 << 24, 24, 8), 30u32);
    assert_eq!(extract_bits(0x123u64, 0, 12), 0x123u64);
    assert_eq!(extract_bits(0x123u64, 4, 12), 0x12u64);
    assert_eq!(extract_bits(0x123u64, 4, 8), 0x12u64);
    assert_eq!(extract_bits(0x123u64, 4, 4), 0x2u64);
    assert_eq!(extract_bits(0x123u64, 4, 0), 0x0u64);
    assert_eq!(extract_bits(0x1234_5678_1234_5678u64, 60, 4), 0x1u64);
    assert_eq!(extract_bits(0x1234_5678_1234_5678u64, 64, 0), 0x0u64);
    assert_eq!(
        extract_bits(0x1234_5678_1234_5678u64, 0, 64),
        0x1234_5678_1234_5678u64
    );
    assert_eq!(
        extract_bits(0x1234_5678_1234_5678u64, 0, 65),
        0x1234_5678_1234_5678u64
    );
```

第5章 ハードウェアを制御する (1) ──デバイスを動かす方法を知る

```
}
```

src/lib.rs
```rust
#![no_main]
pub mod acpi;
pub mod allocator;
pub mod bits;
pub mod executor;
pub mod graphics;
pub mod hpet;
pub mod init;
pub mod mmio;
pub mod mutex;
pub mod pci;
pub mod print;

// << 中略 >>

pub mod result;
pub mod serial;
pub mod uefi;
pub mod volatile;
pub mod x86;
pub mod xhci;
```

src/mmio.rs
```rust
extern crate alloc;

use alloc::boxed::Box;
use core::mem::ManuallyDrop;
use core::pin::Pin;

pub struct Mmio<T: Sized> {
    inner: ManuallyDrop<Pin<Box<T>>>,
}
impl<T: Sized> Mmio<T> {
    /// # Safety
    /// Caller must ensure:
    /// - *ptr is valid
    /// - CPU Caches for the range pointed by ptr are disabled
    /// - No other party in this program have the ownership of *ptr
    pub unsafe fn from_raw(ptr: *mut T) -> Self {
        Self {
            inner: ManuallyDrop::new(Box::into_pin(Box::from_raw(ptr))),
        }
    }
    /// # Safety
    /// Same rules as Pin::get_unchecked_mut() applies.
    pub unsafe fn get_unchecked_mut(&mut self) -> &mut T {
        self.inner.as_mut().get_unchecked_mut()
    }
}
```

USB コントローラ（xHCI）のドライバを実装する

```rust
impl<T> AsRef<T> for Mmio<T> {
    fn as_ref(&self) -> &T {
        self.inner.as_ref().get_ref()
    }
}
```

src/volatile.rs

```rust
use crate::result::Result;
use core::mem::MaybeUninit;
use core::ops::BitAnd;
use core::ops::BitOr;
use core::ops::Not;
use core::ops::Shl;
use core::ops::Shr;
use core::ops::Sub;
use core::ptr::read_volatile;
use core::ptr::write_volatile;

#[repr(transparent)]
#[derive(Debug)]
pub struct Volatile<T> {
    value: T,
}
impl<T: Default> Default for Volatile<T> {
    fn default() -> Self {
        Self {
            value: T::default(),
        }
    }
}
impl<T: Clone> Clone for Volatile<T> {
    fn clone(&self) -> Self {
        let this = MaybeUninit::uninit();
        let mut this: Self = unsafe { this.assume_init() };
        this.write(self.read());
        this
    }
}
impl<T> Volatile<T> {
    pub fn read(&self) -> T {
        unsafe { read_volatile(&self.value) }
    }
    pub fn write(&mut self, new_value: T) {
        unsafe { write_volatile(&mut self.value, new_value) }
    }
}
impl<
        T: Shl<usize, Output = T>
            + Shr<usize, Output = T>
            + BitOr<Output = T>
            + BitAnd<Output = T>
            + Not<Output = T>
            + From<u8>
```

347

第5章 ハードウェアを制御する (1)——デバイスを動かす方法を知る

```rust
                + Sub<T, Output = T>
                + PartialEq<T>
                + Copy,
        > Volatile<T>
{
    pub fn write_bits(
        &mut self,
        shift: usize,
        width: usize,
        value: T,
    ) -> Result<()> {
        let mask = (T::from(1) << width) - T::from(1);
        if mask & value != value {
            return Err("Value out of range");
        }
        let mask = mask << shift;
        self.write((value << shift) | (self.read() & !mask));
        Ok(())
    }
    pub fn read_bits(&self, shift: usize, width: usize) -> T {
        let mask = (T::from(1) << width) - T::from(1);
        (self.read() >> shift) & mask
    }
}
#[test_case]
fn write_bits_tests() {
    let mut v: Volatile<u16> = Volatile::default();
    assert_eq!(v.read(), 0b0000_0000_0000_0000);
    assert!(v.write_bits(0, 1, 0b00).is_ok());
    assert_eq!(v.read(), 0b0000_0000_0000_0000);
    assert!(v.write_bits(0, 1, 0b01).is_ok());
    assert_eq!(v.read(), 0b0000_0000_0000_0001);
    assert!(v.write_bits(0, 1, 0b10).is_err());
    assert_eq!(v.read(), 0b0000_0000_0000_0001);
    assert!(v.write_bits(1, 1, 0b00).is_ok());
    assert_eq!(v.read(), 0b0000_0000_0000_0001);
    assert!(v.write_bits(1, 1, 0b01).is_ok());
    assert_eq!(v.read(), 0b0000_0000_0000_0011);
    assert!(v.write_bits(1, 1, 0b00).is_ok());
    assert_eq!(v.read(), 0b0000_0000_0000_0001);
    assert!(v.write_bits(1, 1, 0b10).is_err());
    assert_eq!(v.read(), 0b0000_0000_0000_0001);
    assert!(v.write_bits(8, 4, 0b1010).is_ok());
    assert_eq!(v.read(), 0b0000_1010_0000_0001);
    assert_eq!(v.read_bits(8, 4), 0b1010);
    let mut v: Volatile<u32> = Volatile::default();
    assert_eq!(v.read(), 0x0000_0000);
    assert!(v.write_bits(24, 8, 0xAA).is_ok());
    assert_eq!(v.read(), 0xAA00_0000);
}
```

`src/xhci.rs`

```rust
use crate::bits::extract_bits;
```

USB コントローラ（xHCI）のドライバを実装する

```rust
use crate::info;
use crate::mmio::Mmio;
use crate::pci::BarMem64;
use crate::pci::BusDeviceFunction;
use crate::pci::Pci;
use crate::pci::VendorDeviceId;
use crate::result::Result;
use crate::volatile::Volatile;
use core::marker::PhantomPinned;
use core::mem::size_of;

pub struct PciXhciDriver {}
impl PciXhciDriver {

// << 中略 >>

impl PciXhciDriver {
    // << 中略 >>
        ];
        VDI_LIST.contains(&vp)
    }
    pub fn setup_xhc_registers(
        bar0: &BarMem64,
    ) -> Result<(
        Mmio<CapabilityRegisters>,
        Mmio<OperationalRegisters>,
        Mmio<RuntimeRegisters>,
    )> {
        let cap_regs =
            unsafe { Mmio::from_raw(bar0.addr() as *mut CapabilityRegisters) };
        let op_regs = unsafe {
            Mmio::from_raw(bar0.addr().add(cap_regs.as_ref().caplength())
                as *mut OperationalRegisters)
        };
        let rt_regs = unsafe {
            Mmio::from_raw(bar0.addr().add(cap_regs.as_ref().rtsoff())
                as *mut RuntimeRegisters)
        };
        Ok((cap_regs, op_regs, rt_regs))
    }
    pub fn attach(pci: &Pci, bdf: BusDeviceFunction) -> Result<()> {
        info!("Xhci found at: {bdf:?}");
        pci.disable_interrupt(bdf)?;

// << 中略 >>

        let bar0 = pci.try_bar0_mem64(bdf)?;
        bar0.disable_cache();
        info!("xhci: {bar0:?}");
        let (cap_regs, op_regs, rt_regs) = Self::setup_xhc_registers(&bar0)?;
        info!(
            "xhci: cap_regs.MaxSlots = {}",
            cap_regs.as_ref().num_of_device_slots()
```

349

第5章 ┃ ハードウェアを制御する (1) ──デバイスを動かす方法を知る

```rust
        );
        info!("xhci: op_regs.USBSTS = {}", op_regs.as_ref().usbsts());
        info!("xhci: rt_regs.MFINDEX = {}", rt_regs.as_ref().mfindex());
        Err("wip")
    }
}

#[repr(C)]
pub struct CapabilityRegisters {
    caplength: Volatile<u8>,
    reserved: Volatile<u8>,
    version: Volatile<u16>,
    hcsparams1: Volatile<u32>,
    hcsparams2: Volatile<u32>,
    hcsparams3: Volatile<u32>,
    hccparams1: Volatile<u32>,
    dboff: Volatile<u32>,
    rtsoff: Volatile<u32>,
    hccparams2: Volatile<u32>,
}
const _: () = assert!(size_of::<CapabilityRegisters>() == 0x20);
impl CapabilityRegisters {
    pub fn caplength(&self) -> usize {
        self.caplength.read() as usize
    }
    pub fn rtsoff(&self) -> usize {
        self.rtsoff.read() as usize
    }
    pub fn num_of_device_slots(&self) -> usize {
        extract_bits(self.hcsparams1.read(), 0, 8) as usize
    }
}

// [xhci_1_2] p.31
// The Device Context Base Address Array contains 256 Entries
// and supports up to 255 USB devices or hubs
// [xhci_1_2] p.59
// the first entry (SlotID = '0') in the Device Context Base
// Address Array is utilized by the xHCI Scratchpad mechanism.
#[repr(C, align(64))]
pub struct RawDeviceContextBaseAddressArray {
    context: [u64; 256],
    _pinned: PhantomPinned,
}
const _: () = assert!(size_of::<RawDeviceContextBaseAddressArray>() == 2048);
#[repr(C)]
pub struct OperationalRegisters {
    usbcmd: Volatile<u32>,
    usbsts: Volatile<u32>,
    pagesize: Volatile<u32>,
    rsvdz1: [u32; 2],
    dnctrl: Volatile<u32>,
    crcr: Volatile<u64>,
```

USB コントローラ（xHCI）のドライバを実装する

```
    rsvdz2: [u64; 2],
    dcbaap: Volatile<*mut RawDeviceContextBaseAddressArray>,
    config: Volatile<u64>,
}
const _: () = assert!(size_of::<OperationalRegisters>() == 0x40);
impl OperationalRegisters {
    fn usbsts(&self) -> u32 {
        self.usbsts.read()
    }
}

#[repr(C)]
struct InterrupterRegisterSet {
    management: u32,
    moderation: u32,
    erst_size: u32,
    rsvdp: u32,
    erst_base: u64,
    erdp: u64,
}
const _: () = assert!(size_of::<InterrupterRegisterSet>() == 0x20);

#[repr(C)]
pub struct RuntimeRegisters {
    mfindex: Volatile<u32>,
    rsvdz: [u32; 7],
    irs: [InterrupterRegisterSet; 1024],
}
const _: () = assert!(size_of::<RuntimeRegisters>() == 0x8020);
impl RuntimeRegisters {
    fn mfindex(&self) -> u32 {
        self.mfindex.read()
    }
}
```

これで cargo run すると、以下のような出力が得られます。

```
[INFO]  src/xhci.rs:57 : xhci: cap_regs.MaxSlots = 64
[INFO]  src/xhci.rs:61 : xhci: op_regs.USBSTS = 1
[INFO]  src/xhci.rs:62 : xhci: rt_regs.MFINDEX = 12199
```

おお、すべて 0 とかの変な値ではなく、それっぽいデータが読み出せていますね！

MaxSlots が 64 というのは、この xHC がサポートする Slot の個数が最大で 64 個という意味です（ここで言う Slot は xHC 仕様における Slot であって、PCI の Slot などではないので注意！）。ですから、この xHC は最大で 64 個の USB デバイスを制御できるってことですね。

USBSTS が 1 となっているのは、「Table 5-21: USB Status Register Bit

351

第5章 ┃ ハードウェアを制御する (1) ──デバイスを動かす方法を知る

Definitions (USBSTS)」を参照すると、0 ビット目の HCHalted というフラグが 1 になっていることを意味しています。つまり、現在 xHC は停止している状態だということを意味しています。良さそうですね！

MFINDEX は、「5.5.1 Microframe Index Register (MFINDEX)」を参照すると、これは 125 ミリ秒ごとにインクリメントされる値らしいので、まあこんなものでしょう。

というわけで、各レジスタに関しては問題なくアクセスできているようです。では、これらのレジスタにアクセスしつつ、xHC の初期化処理を書いていくことにしましょう。

xHC の初期化

どのようなデバイスも、見つけたらすぐに使えるわけではありません。各デバイスは複雑な内部状態を持っており、同じ操作をしても内部状態が異なればまったく違う動作をしてしまうかもしれません。xHC は USB キーボードなどの基本的なデバイスとやりとりするために必要ですから、OS が起動する前に UEFI によって制御されていた可能性も考えられますし、ほかにも不確定要素はたくさんあります。そのため、ほとんどのデバイスには、その内部状態を初期化する手順というのが定義されており、それ以外の操作を行うよりも真っ先にこれを行うことが推奨されています。

xHCI 仕様書の「4.2 Host Controller Initialization」[xhci_1_2] に、xHC を初期化する手順が記載されています。この手順に従って、まずは xHC を初期化することにしましょう。

xHC 初期化の大まかな手順は以下のとおりです。

❶ xHC をリセットする

❷ Scratchpad Buffers のためのメモリ領域を確保して設定する

❸ DCBAA（*Device Context Base Address Array*）のためのメモリ領域を確保して設定する

❹ Primary Event Ring を確保して初期化する

❺ Command Ring を確保して初期化する

USB コントローラ（xHCI）のドライバを実装する

❻ xHC をスタートする

　いくつか見慣れない単語が出てきたと思いますが、それらも含めて順に見ていくことにしましょう。

● xHC をリセットする

　最初のステップは、xHC をリセットすることです。「え、まだ設定もしていないのに初期化する必要なんてあるの？」と思われるかもしれませんが、コンピューターの調子が悪いときは再起動すると直ることがあるのと同様に、複雑なシステムは複雑な内部状態を持っているので、いったんリセットを実行して内部状態を予測可能なものにするというのは非常に大事なことです。

　また現実問題として、ファームウェア（UEFI）が USB デバイスを制御するために xHC をすでに設定している可能性も十分に考えられます。これは、設定画面のために USB キーボードを使える状態にしたかったり、USB キーボードのみしかない環境でも古い PS/2 キーボードの動作をエミュレーションするためだったりなどさまざまな事情が存在します。

　そういった OS よりも前に動いていた存在たちの影響を排除するためにも、リセットは大切な手順の一つです。

　具体的な方法は、「Table 5-20: USB Command Register Bit Definitions (USBCMD)」の「Host Controller Reset (HCRST)」の項に書かれています。基本的には、このビット（HCRST @ USBCMD[1]）に 1 を書き込んでから、このビットが 0 になるまで待ってあげるという流れになります。

● Scratchpad Buffer を確保して設定する

　xHC がリセットできたら、以降は xHC とやりとりをするためのデータ構造をメモリ上に確保して設定する作業が続きます。これらのデータ構造は xHC をスタートするまではアクセスされないため、xHC をスタートするよりも前に準備が完了する限り、特に初期化の順序などは存在しません。ですから、最初はシンプルなものから始めることにします。

　Scratchpad Buffer というのは、xHC が作業するうえでさまざまなデータを置いておくためのメモリ領域のことで、どのようなデータが置かれるのかは OS にはわかりません。なので、OS としては、とりあえずどこかのメモリ領域を確

第**5**章 ┃ ハードウェアを制御する (1) ──デバイスを動かす方法を知る

保してそのアドレスを伝えてあげればよいというものになります。

具体的な初期化手順は「4.20 Scratchpad Buffers」に書かれています。

基 本 的 な 作 業 と し て は、HCSPARAMS2 と い う レ ジ ス タ か ら Max Scratchpad Buffers Hi / Lo というフィールドを読み出して、そこから何枚の Scratchpad Buffer が必要かを計算します。

そして、その枚数分の PAGESIZE バイトの領域をメモリ上に確保します。も ちろん確保しただけでは xHC はどこにそれらの Scratchpad Buffer があるかど うかわからないので、Scratchpad Buffer Array という配列を確保して、それ ぞれの Scratchpad Buffer へのポインタを格納し、そして Scratchpad Buffer Array のアドレスを、後述する DCBAA という配列の 0 番目の要素に格納して あげます。こうすることで、xHC が Scratchpad Buffer の場所を見つけること ができ、うまく動作するようになるのです。

ち な み に QEMU で は 1 つ 落 と し 穴 が あ り、QEMU の xHCI 実 装 は Scratchpad Buffer を 1 枚も必要としません。私は当初、すべての Scratchpad Buffer を連続したメモリ領域として確保したあとに、`core::slice::from_raw_parts()`[注10] を使って各ページへのポインタが並んだ配列を作ろうとしていまし た。しかし Rust では Null ポインタを指すような slice はたとえ長さが 0 であっ ても作成できない（未定義動作になる）という制約があり、そのチェックに引っ かかってクラッシュさせてしまいました。

長さ 0 の配列を作ろうとする際は、みなさん気を付けましょうね。

● **DCBAA を確保して設定する**

次は、先ほど言及した DCBAA（*Device Context Base Address Array*）を確保し て設定します。

DCBAA は、それぞれの USB デバイスとやりとりをするうえで必要となる設 定などを、OS と xHC の間でやりとりするための Device Context という構造 体を列挙した配列です。

この Device Context という構造体は少し複雑ですが、xHCI 仕様書の「Figure 3-3: General Architecture of the eXtensible Host Controller Interface」[xhci_1_2] および「Figure 6-1: Device Context Data Structure」[xhci_1_2] を参照すると、

注 10 https://doc.rust-lang.org/core/slice/fn.from_raw_parts.html

354

イメージがつかめるかもしれません。

Device Context は、0x20 バイトのコンテキストが 0x20 個並んだ、最大 0x400 の大きさを持つ配列です。Device Context の 0 番目は Slot Context という構造体で、デバイス全体に関わる情報と Device Context 自体に関わる情報を含んでいます。そして 1 番目以降は Endpoint Context（EP Context）という構造体が並んでいます。USB においてエンドポイントというのは、デバイスとホストがやりとりをする端点のことです。実際にデバイスと通信するにあたっては、エンドポイントごとの種類や速度、最大のパケットサイズなどの様々なパラメータが必要となるので、これらの情報を xHC に教えてあげるのが EP Context の役目です。

そして、この Device Context へのポインタを並べた配列が、DCBAA というわけです。

この DCBAA のインデックスは、xHCI の文脈で言う slot 番号に相当します。そして、slot 番号 0 は利用されていないため、DCBAA のインデックス 0 は、DeviceContext ではなく、先ほど確保した Scratchpad Buffer Array へのポインタを格納することになっています。

こういった、配列の最初の要素だけ別のデータを指すという機構は、できる限りいろいろなものを小さくまとめたいハードウェアの世界ではよく見られるものです。とはいえ Rust のように型に厳しい言語だと、こういったデータ構造は少々扱いにくいのが玉にキズですね……。

さて、ここまでの実装をいったんコードに落としたものがこちらになります。

```
src/xhci.rs
extern crate alloc;

use crate::allocator::ALLOCATOR;
use crate::bits::extract_bits;
use crate::executor::spawn_global;
use crate::info;
use crate::mmio::Mmio;
use crate::mutex::Mutex;
use crate::pci::BarMem64;
use crate::pci::BusDeviceFunction;
use crate::pci::Pci;
use crate::pci::VendorDeviceId;
use crate::result::Result;
use crate::volatile::Volatile;
use alloc::boxed::Box;
use alloc::vec::Vec;
```

第5章 ハードウェアを制御する (1) ──デバイスを動かす方法を知る

```rust
use core::alloc::Layout;
use core::cmp::max;
use core::marker::PhantomPinned;
use core::mem::size_of;
use core::mem::MaybeUninit;
use core::pin::Pin;
use core::slice;

pub struct PciXhciDriver {}
impl PciXhciDriver {

// << 中略 >>

impl PciXhciDriver {
    // << 中略 >>
        pci.enable_bus_master(bdf)?;
        let bar0 = pci.try_bar0_mem64(bdf)?;
        bar0.disable_cache();
        info!("xhci: {bar0:?}");
        let (cap_regs, op_regs, rt_regs) = Self::setup_xhc_registers(&bar0)?;
        let scratchpad_buffers =
            ScratchpadBuffers::alloc(cap_regs.as_ref(), op_regs.as_ref())?;
        let device_context_base_array =
            DeviceContextBaseAddressArray::new(scratchpad_buffers);
        let xhc = Controller::new(
            cap_regs,
            op_regs,
            rt_regs,
            device_context_base_array,
        );
        spawn_global(Self::run(xhc));
        Ok(())
    }
    async fn run(xhc: Controller) -> Result<()> {
        info!(
            "xhci: cap_regs.MaxSlots = {}",
            cap_regs.as_ref().num_of_device_slots()
            xhc.cap_regs.as_ref().num_of_device_slots()
        );
        info!("xhci: op_regs.USBSTS = {}", op_regs.as_ref().usbsts());
        info!("xhci: rt_regs.MFINDEX = {}", rt_regs.as_ref().mfindex());
        Err("wip")
        info!("xhci: op_regs.USBSTS = {}", xhc.op_regs.as_ref().usbsts());
        info!("xhci: rt_regs.MFINDEX = {}", xhc.rt_regs.as_ref().mfindex());
        Ok(())
    }
}


// << 中略 >>

impl CapabilityRegisters {
    // << 中略 >>
```

USB コントローラ（xHCI）のドライバを実装する

```rust
    pub fn num_of_device_slots(&self) -> usize {
        extract_bits(self.hcsparams1.read(), 0, 8) as usize
    }
    pub fn num_scratchpad_bufs(&self) -> usize {
        (extract_bits(self.hcsparams2.read(), 21, 5) << 5
            | extract_bits(self.hcsparams2.read(), 27, 5)) as usize
    }
}

// [xhci_1_2] p.31

// << 中略 >>

// Address Array is utilized by the xHCI Scratchpad mechanism.
#[repr(C, align(64))]
pub struct RawDeviceContextBaseAddressArray {
    context: [u64; 256],
    scratchpad_table_ptr: *const *const u8,
    context: [u64; 255],
    _pinned: PhantomPinned,
}
const _: () = assert!(size_of::<RawDeviceContextBaseAddressArray>() == 2048);
impl RawDeviceContextBaseAddressArray {
    fn new() -> Self {
        unsafe { MaybeUninit::zeroed().assume_init() }
    }
}

#[repr(C)]
pub struct OperationalRegisters {
    usbcmd: Volatile<u32>,

// << 中略 >>

impl OperationalRegisters {
    fn usbsts(&self) -> u32 {
        self.usbsts.read()
    }
    pub fn page_size(&self) -> Result<usize> {
        let page_size_bits = self.pagesize.read() & 0xFFFF;
        // bit[n] of page_size_bits is set => PAGE_SIZE will be 2^(n+12).
        if page_size_bits.count_ones() != 1 {
            return Err("PAGE_SIZE has multiple bits set");
        }
        let page_size_shift = page_size_bits.trailing_zeros();
        Ok(1 << (page_size_shift + 12))
    }
}

#[repr(C)]

// << 中略 >>
```

357

第5章 ハードウェアを制御する(1)——デバイスを動かす方法を知る

```rust
impl RuntimeRegisters {
    // << 中略 >>
        self.mfindex.read()
    }
}

struct ScratchpadBuffers {
    table: Pin<Box<[*const u8]>>,
    _bufs: Vec<Pin<Box<[u8]>>>,
}
impl ScratchpadBuffers {
    fn alloc(
        cap_regs: &CapabilityRegisters,
        op_regs: &OperationalRegisters,
    ) -> Result<Self> {
        let page_size = op_regs.page_size()?;
        info!("xhci: page_size = {page_size}");
        let num_scratchpad_bufs = cap_regs.num_scratchpad_bufs();
        info!("xhci: original num_scratchpad_bufs = {num_scratchpad_bufs}");

        let num_scratchpad_bufs = max(cap_regs.num_scratchpad_bufs(), 1);
        let table = ALLOCATOR.alloc_with_options(
            Layout::from_size_align(
                size_of::<usize>() * num_scratchpad_bufs,
                page_size,
            )
            .map_err(|_| "could not allocate scratchpad buffer table")?,
        );
        let table = unsafe {
            slice::from_raw_parts(table as *mut *const u8, num_scratchpad_bufs)
        };
        let mut table = Pin::new(Box::<[*const u8]>::from(table));
        let mut bufs = Vec::new();
        for sb in table.iter_mut() {
            let buf = ALLOCATOR.alloc_with_options(
                Layout::from_size_align(page_size, page_size)
                    .map_err(|_| "could not allocated a scratchpad buffer")?,
            );
            let buf =
                unsafe { slice::from_raw_parts(buf as *const u8, page_size) };
            let buf = Pin::new(Box::<[u8]>::from(buf));
            *sb = buf.as_ref().as_ptr();
            bufs.push(buf);
        }
        Ok(Self { table, _bufs: bufs })
    }
}

#[repr(C, align(32))]
#[derive(Default, Debug)]
pub struct EndpointContext {
    data: [u32; 2],
    tr_dequeue_ptr: Volatile<u64>,
```

358

USB コントローラ（xHCI）のドライバを実装する

```rust
        average_trb_length: u16,
        max_esit_payload_low: u16,
        _reserved: [u32; 3],
}
const _: () = assert!(size_of::<EndpointContext>() == 0x20);

#[repr(C, align(32))]
#[derive(Default)]
pub struct DeviceContext {
        slot_ctx: [u32; 8],
        ep_ctx: [EndpointContext; 2 * 15 + 1],
}
const _: () = assert!(size_of::<DeviceContext>() == 0x400);

const _: () = assert!(size_of::<DeviceContext>() == 0x400);
#[repr(C, align(4096))]
#[derive(Default)]
pub struct OutputContext {
        device_ctx: DeviceContext,
        _pinned: PhantomPinned,
}
const _: () = assert!(size_of::<OutputContext>() <= 4096);

struct DeviceContextBaseAddressArray {
        _inner: Pin<Box<RawDeviceContextBaseAddressArray>>,
        _context: [Option<Pin<Box<OutputContext>>>; 255],
        _scratchpad_buffers: ScratchpadBuffers,
}
impl DeviceContextBaseAddressArray {
        pub fn new(scratchpad_buffers: ScratchpadBuffers) -> Self {
            let mut inner = RawDeviceContextBaseAddressArray::new();
            inner.scratchpad_table_ptr = scratchpad_buffers.table.as_ref().as_ptr();
            Self {
                _inner: Box::pin(inner),
                _context: unsafe { MaybeUninit::zeroed().assume_init() },
                _scratchpad_buffers: scratchpad_buffers,
            }
        }
}

struct Controller {
        cap_regs: Mmio<CapabilityRegisters>,
        op_regs: Mmio<OperationalRegisters>,
        rt_regs: Mmio<RuntimeRegisters>,
        _device_context_base_array: Mutex<DeviceContextBaseAddressArray>,
}
impl Controller {
        pub fn new(
            cap_regs: Mmio<CapabilityRegisters>,
            op_regs: Mmio<OperationalRegisters>,
            rt_regs: Mmio<RuntimeRegisters>,
            device_context_base_array: DeviceContextBaseAddressArray,
        ) -> Self {
```

359

第**5**章 ┃ ハードウェアを制御する (1) ──デバイスを動かす方法を知る

```
        let device_context_base_array = Mutex::new(device_context_base_array);
        Self {
            cap_regs,
            op_regs,
            rt_regs,
            _device_context_base_array: device_context_base_array,
        }
    }
}
```

　今はまだデータ構造を確保しただけなので、特に挙動には変化がありませんが、問題なく cargo run や cargo clippy が通ることを確認しておいてください。

●**Primary Event Ring を用意する**

　さて、ここまでのデータ構造は xHC と USB デバイスがやりとりするためのものでしたが、ここからは xHC と OS（仕様書的にはシステムソフトウェア）がやりとりをするためのデータ構造について話します。

　Primary Event Ring は、xHC がイベントを OS に通知するためのしくみです。イベントにはさまざまな種類があり、USB デバイスの抜き差しなどの状態変化や、データ転送が完了したことの通知、後述するコマンド実行が完了したことの通知などがあります。

　このイベントを受け取るためのキューとして利用されるのが Event Ring と呼ばれる構造体です。

　この Event Ring は、後述する Command Ring および Transfer Ring と共通のデータ構造を持ちます。このデータ構造は TRB Ring と呼ばれており、xHCI 仕様書の「4.9 TRB Ring」[xhci_1_2] に詳しい解説があります。

　TRB Ring は TRB（*Transfer Request Block*）と呼ばれるデータ構造を要素に持つリングバッファとして定義されており、その Ring を共有して使う 2 つの主体の間で情報をやりとりするために利用されます。

　TRB Ring を利用したデータの転送には方向があります。つまり、ある 1 つの Ring を使ってやりとりする 2 つの主体は、片方が Producer、もう片方が Consumer の役割を持ちます。前者は Ring にデータを追加し、後者は Ring からデータを取り出すことになります。

　Event Ring の場合、xHC が Producer, OS が Consumer となるわけです。

　xHCI 仕様書の「Figure 4-11: Segmented Event Ring Example」[xhci_1_2] と

360

いう図には Event Ring の構造が解説されています。この例では Event Ring を
3つの非連続なメモリ領域を使って構成している少し複雑な例となっています。
複数の非連続なメモリ領域を利用して Event Ring を構成できると、たとえメモ
リが断片化していたとしても巨大な Event Ring を容易に構成できるというメ
リットがあります。しかし今回は、最もシンプルな連続した1つのメモリ領域
だけを利用する Event Ring を実装することにしましょう。

ERST（*Event Ring Segment Table*）という構造体は、先ほど説明した「Event
Ring を構成する複数の非連続なメモリ領域」を列挙するためのテーブルです。
このテーブルの要素（ERST Entry）は、今回以下のような内容で定義しました。
仕様書としては「6.5 Event Ring Segment Table」[xhci_1_2] の中にある「Figure
6-40: Event Ring Segment Table Entry」がその定義になっています。

```
#[repr(C, align(4096))]
struct EventRingSegmentTableEntry {
    ring_segment_base_address: u64,
    ring_segment_size: u16,
    _rsvdz: [u16; 3],
}
```

ring_segment_base_address は、このエントリが示す連続した物理メモリ領域
の開始アドレスを格納します。そして ring_segment_size には、このエントリが
示す領域に格納できる TRB の個数（バイト数ではないので注意！）を設定しま
す。ちなみに仕様書 [xhci_1_2] を読むと、ring_segment_size に設定できる有効な
値は 16 から 4096 であると書かれています。こういった制約を見落として「ま
あとりあえず8要素の Event Ring でも作るか～」としてしまうと、うまく動か
なくて頭を捻ることになるので気を付けましょう（自戒）。

本来は、Event Ring を構成するメモリ領域1つにつき、これを1つ持つよう
な配列を ERST として利用するわけですが、今回は1要素しかないので、ERST
Entry と ERST を同一視しています。

また、こういったハードウェアとやりとりをするためのデータ構造というのは、
メモリ上に自由に配置できるわけではなく、アライメントに関する制約がありま
す。

xHC の場合、この制約は「6: Data Structures」の「Table 6-1: Data
Structure Max Size, Boundary, and Alignment Requirement Summary」と
いう表にまとめられており、ERST は 64 バイト境界にアラインされている必要

第5章 ┃ ハードウェアを制御する (1) ──デバイスを動かす方法を知る

がある、ということがわかります。ですから、これを満たすようなアライメント制約[注11] を #[repr(C, align(4096))] のようなディレクティブを構造体に付けることで、Rust コンパイラに指示しています。

さて、次は Event Ring を介してやりとりされるデータである TRB について解説します。

TRB は固定長の構造で、その定義は仕様書の「6.4: Transfer Request Block (TRB)」[xhci_1_2] に定義されています。TRB にはさまざまな種類がありますが、どれも大きさは 16 バイトで同一ですし、基本的な部分は共通しています。汎用的な構造は「4.11.1: TRB Template」に示されており、最初の 8 バイトが Parameter、次の 4 バイトが Status、最後の 4 バイトが Control となっています。Control の中には TRB Type という値が入っており、この値をもとに TRB の種類が決定できるようになっています。

それぞれの種類の Ring について、どの TRB をやりとりすることが許されているのかについては、仕様書の「6.4.6 TRB Types」にある「Table 6-91: TRB Type Definitions」[xhci_1_2] にまとめられています。

Event Ring の場合、「6.4.2 Event TRBs」で説明されている TRB がその対象になります。とはいえ、これらのすべてを最初から実装していたら日が暮れてしまうので(もしくは朝になってしまうので)、都度必要なものを実装していくことにしましょう。幸い、TRB Type はすべての TRB で共通の位置にありますから、未知の TRB が来てもそれの正体を出力することは簡単にできます。

さて、Event Ring の構造についてはだいたい解説が終わりましたが、問題はこの Ring にデータを出し入れする際の手順です。「4.9.4: Event Ring Management」を参照すると長々と書いてあるのですが、おそらくこれを読んでコードにバグなく落とし込むのは難しいと思いますので、とりあえず動くことがわかっているサンプルコードを読みながら、仕様書と照らし合わせてたしかに同じ挙動をするなあ、という気分になっていただくのが安全だと思います。

一応、大雑把に説明します。まず、Event Ring の Producer は xHC、そして Consumer は OS です。私たちは OS なので、基本的には Event Ring の中身を触るのは初期化の際だけで、それ以降は Ring の要素を消費していく、つまり読んでいくだけになります。

注11 今回はメモリ確保の都合上、より厳しい制約となる 4096 バイトに設定しています。

USB コントローラ（xHCI）のドライバを実装する

　Ring の要素をどこまで読んでよいか、つまり Ring 中のどの要素まで xHC によってイベントが書き込まれているのかを判断するためには、各要素つまり TRB の中にある Cycle ビットというフラグを利用します。Cycle ビットは TRB Template でいう Control フィールドの 0 ビット目にあたり、最初は OS が 0 に初期化しておくことになっています。そして、Ring が最初に 1 周するまでの間、xHC が書き込んだ TRB に関しては、このフラグが 1 にセットされることになっています。したがって、OS は Ring の最初にある TRB の Cycle ビットを見張っておき、それが 1 になったらイベントが来た！ と判断すればよいのです。これで、1 周目は無事に最後の TRB までイベントを読むことができます。Ring は OS が確保して初期化したものですから、いくつの TRB を読んだか覚えておけば、この Ring が 1 周したことはわかります。

　問題は 2 周目ですが、今度は xHC がデータを書き込むたびに、Cycle ビットを 0 にセットしてくれます。ですから、今度は OS は TRB の Cycle ビットが 1 から 0 に変化したのを観測したら、新しいイベントが来た！ と判断すればよいのです。

　もう一つだけ注意すべきコーナーケースがあります。それは、OS がイベントを読むのが間に合わなくて、Ring がいっぱいになってしまった場合にどうするかです。これについて Event Ring では、Consumer である OS が、TRB を読み出すたびに「ここまでは読んだから上書きしていいよ！」ということを Producer である xHC に伝達してあげることになっています。この通知は、ERDP（*Event Ring Dequeue Pointer*）というレジスタを介して行われます。このレジスタは Host Controller Runtimer Registers の中にある Interrupter Register Set というレジスタ群の中にあります。仕様書では「5.5.2 Interrupter Register Set」[xhci_1_2] に解説があります。

　xHC では、イベント通知は Interrupter という概念で抽象化されています。この Interrupter と Event Ring が 1 対 1 対応するため、適切な Interrupter の ERDP レジスタにデータを書き込むことで、対応する Event Ring の読み出しがどこまで進んだかを OS が xHC に伝えてあげることができるのです。

　ちなみに xHC では、パフォーマンス向上や OS の管理を容易にするため、複数の Event Ring を作成できることになっています（これが、Interrupter Register Set が配列になっている理由です）。とはいえ、xHC 全体のイベントの通知をするために最低でも 1 つは Event Ring が必要になるため、最初の

363

第**5**章 **┃ ハードウェアを制御する (1)**──デバイスを動かす方法を知る

Interrupter Register Set 0 に対応する Event Ring のことを、Primary Event Ring と呼び、これがデフォルトの Event Ring として利用されているのです。

ERDP には、OS が確認し終わった（もうその中身を読み出す必要はない）TRB のアドレスを書き込むことになっています。xHC は新たなイベントを書き込む直前にこのアドレスを確認することで、OS がまだ読んでいないデータを上書きすることを防いでいます。

● Command Ring を用意する

さて、Event Ring の説明が終わったので、TRB Ring つながりで Command Ring についてもここで確認しておきましょう。

Command Ring は Event Ring とは逆方向の、OS から xHC に対する指示を伝達するための TRB Ring となります。こちらは、Event Ring とは異なり、1 つの xHC に対して 1 つしか存在しません。

Command Ring の要素となる TRB は Command TRBs と呼ばれ、「6.4.3: Command TRBs」[xhci_1_2] に仕様が定義されています。

Command Ring の処理方法に関しては、残りもう 1 種類の Ring である Transfer Ring とほぼ同様なため、仕様書上は先に解説されている Transfer Ring に関する解説も読むと理解がスムーズになります。特に、「4.9.2: Transfer Ring Management」[xhci_1_2] の中にある「Figure 4-6: Index Management」という図は必見です。

この図をもとに、Transfer Ring や Command Ring に対する TRB の出し入れについて解説します。

基本的には、先ほど解説した Event Ring と同様、Producer 側が Ring に TRB を書き込むたびに Cycle ビットを適切にセットすることで、Consumer 側が追加された TRB を判別できるようになります。ただし、今回の場合は Producer 側は OS に当たるため、Cycle ビットをセットするのは私たちの責任であるということに留意してください。

Event Ring と大きく異なるのは、どのようにメモリ上で不連続となる TRB を扱うのか、という点です。先ほどの Event Ring では、ERST というテーブルに連続した Event Ring のための領域を列挙して、それを参照する、という手法を利用していました。しかし Transfer Ring や Command Ring では、Link TRB というものを代わりに使用します。Link TRB はある意味機械語の分岐命

令のようなものであり、これを xHC が読んだ際は、xHC が次に読み出す TRB のアドレスを Link TRB が指す TRB に変更する、という機能を持ちます。これにより、柔軟に Ring のサイズを変更したり、小さな連続した物理領域をつなげたりすることで大きな Ring を構成できるようになります。詳細については「4.11.5.1: Link TRB」や、その中にある「Figure 4-15: Link TRB Example」という図を参照するとよいでしょう。

また、「6.4.4.1: Link TRB」に Link TRB のデータ構造の詳細が解説されています。Toggle Cycle(TC) というフラグが 1 になっていると、Event Ring と同様、Ring の終端に到達したとみなして、以降の TRB の Cycle フラグの解釈を反転させるようになります。

今回の場合は先ほどと同様、最もシンプルなケース、つまり連続したメモリ領域 1 つだけで Ring を構成します。したがって、`TC=1` で、つながる先が領域の開始アドレスとなるような Link TRB をその領域の末尾の TRB に設定してあげることで、そのメモリ領域を繰り返し利用する Ring として動かすことができます。

さて、あとはこうやって構成した Ring の場所を xHC に教えてあげる必要があるわけですが、Command Ring の場合は Host Controller Operational Registers の中にある CRCR（*Command Ring Control Register*）がそのインタフェースになります。

CRCR の構造は「5.4.5: Command Ring Control Register(CRCR)」に記載がありますが、Command Ring の先頭アドレスと、下位ビットにはいくつかの制御用のフラグがあるので、それをセットしてあげれば大丈夫です。

bit0 は RCS（*Ring Cycle State*）を表しており、xHC がアクセスしてもよい TRB の Cycle ビットの値の初期値がここに指定されます。Ring の中身を 0 クリアする場合、Cycle ビットが 0 だったらまだその TRB は読んではいけないわけですが、OS が TRB を書き込んで Cycle ビットが 1 になったら xHC が読んでもよい、ということになるので、このビットは 1 に設定しておくとよいです。この作業はサンプルコード中では `OperationalRegisters::set_cmd_ring_ctrl()` 関数で行っています。

●xHC をスタートする

さて、ここまでの構造体の準備と初期化、および xHC のレジスタへの設定が

365

第**5**章 ┃ ハードウェアを制御する (1)──デバイスを動かす方法を知る

すべて完了したら、ついに xHC の動作を開始させることができます！（長かったですね……！）

「4.2: Host Controller Initialization」の末尾を参照すると、USBCMD レジスタの Run/Stop（R/S）ビットを 1 にするといいよ、と書いてあります。このビットをセットして xHC が無事に動き出したら、ずーっと前に確認した USBSTS レジスタの bit0（HC Halted）の値が 1 になっていたのが 0 になってくれるはずなので、それもチェックしましょう。この部分は `OperationalRegisters::start_xhc()` 関数に実装したので、うまく動けば「xHC started running!」という文字列が表示されるはずです。ということで、あとはこの関数を実装して呼び出すだけです！

IoBox──CPU のキャッシュと Memory-mapped I/O の関係

ああ、忘れるところでした、あともう一つ。今回の実装では `IoBox` という構造体を追加しています。これはいったい何者かと言うと、Rust に標準で用意されている `Box` とほとんど一緒です。実際、この構造体のメンバに `Box` 型が登場していることが確認できると思います。

唯一違うのは、この `IoBox` は `Box` の中身が置かれたメモリ領域をキャッシュしないように設定する点です。以前、CPU のキャッシュはデータ転送の高速化のために利用されていると説明しました。キャッシュは CPU から見たメモリの読み書きを、メモリよりも CPU に近い場所にある高速なキャッシュメモリで覚えておくことで、直近にアクセスした（もしくは近辺にアクセスした）過去の記憶を、遅いメモリに依存せずに返すことができるというしくみでした。なぜ、こんなに便利なしくみをわざわざオフにしてしまうのでしょうか？

Memory-mapped I/O は、CPU から見た表面上の挙動としてはメモリアクセスと同じですが、メモリ（DRAM）さんは実は一切関わっていません。概念としてはどちらもメモリバスという同じ空間の上で起きていることなのですが、アクセスしているアドレスの範囲がメモリさんの担当箇所ではないため、メモリさんは黙ったままなのです。代わりに、今回の例では xHC さんが、メモリアクセスに対する応答を返しているのです。

さて、xHC さんの返答を、キャッシュが記憶してしまっていたらどうなるでしょうか？ たとえば、xHC の実行を開始する前後の USBSTS レジスタへのア

クセスをキャッシュさんが記憶してしまったと仮定しましょう。xHC の実行を開始する前、USBSTS レジスタの HCHalted ビットは 1 でした。このときのデータをキャッシュさんが記憶しています。さて、xHC の実行がうまく開始できたとして、もう一度 USBSTS レジスタを読み出してみましょう。このとき USBSTS の HCHalted ビットは 0 になっていてほしいです。しかし、キャッシュさんが USBSTS レジスタにあたるメモリ領域を覚えていてしまったら、先ほどのデータをそのまま返してきてしまいます。すると、本当は xHC が正しく実行されているのに、HCHalted は 1 のままになっているように CPU から見えてしまいます。これは大問題です！

　実を言うと問題はもっと深刻で、CPU のキャッシュは書き込みについてもキャッシュのレベルでとどめておき、あとでどうしようもなくなったらメモリに実際に書き込む、という挙動をすることがあります。このような挙動をライトバック（Write-back）キャッシュと呼びます。

　もしこれが xHC のレジスタへの書き込みで発生すると、そもそも今まで設定していた値すべてが、実は xHC さんには一切届いていなくてキャッシュにしか届いていなかった！ ということも起こり得るのです。これでは Memory-mapped I/O なんて使い物にならなくなってしまいますね！

　もちろん、そんなこともあろうかと、CPU には特定のアドレス範囲に対するアクセスについてはキャッシュを適用しないように設定できる機能があります。今回のサンプルコードでは、ページング機構の機能でページごとにキャッシュの無効化ができるため、それを活用しています。ページング機構を活用している関係上、ページ単位でしかキャッシュの有効／無効を切り替えることができません。そこで、Box の中身を格納するメモリを確保する際に、領域の開始アドレスとサイズをページサイズ、今回の場合は 4096 バイトの倍数に設定するため、アラインを 4096 に設定したラッパ `IoBoxInner` を定義して利用しています。

　また、Event Ring のように、今回は CPU 以外のデバイス、たとえば xHC などによって書き換えられる可能性のあるデータ構造も扱っています。これらのデータ構造は、アドレスをデバイス側に渡して、そしてデバイス側がそこに書き込むことになるため、急にデータの置かれたメモリアドレスが変わったりしてしまうとたいへん困ります。そこで `IoBoxInner` については Unpin を実装しないようにするため `PhantomPinned` をメンバに含めることで、Pin の保護機能が働くようにしています。この `IoBoxInner` を利用して `IoBox` は実装されています。

第5章 ┃ ハードウェアを制御する (1) ──デバイスを動かす方法を知る

さて、今度こそ解説はいったんお休みして、サンプルコードを示します。

```rust
src/mmio.rs
extern crate alloc;

use crate::x86::disable_cache;
use alloc::boxed::Box;
use core::marker::PhantomPinned;
use core::mem::ManuallyDrop;
use core::mem::MaybeUninit;
use core::pin::Pin;

pub struct Mmio<T: Sized> {

// << 中略 >>

impl<T> AsRef<T> for Mmio<T> {
    // << 中略 >>
        self.inner.as_ref().get_ref()
    }
}

#[repr(align(4096))]
pub struct IoBoxInner<T: Sized> {
    data: T,
    _pinned: PhantomPinned,
}
impl<T: Sized> IoBoxInner<T> {
    pub fn new(data: T) -> Self {
        Self {
            data,
            _pinned: PhantomPinned,
        }
    }
}

pub struct IoBox<T: Sized> {
    inner: Pin<Box<IoBoxInner<T>>>,
}
impl<T: Sized> IoBox<T> {
    pub fn new() -> Self {
        let inner = Box::pin(IoBoxInner::new(unsafe {
            MaybeUninit::<T>::zeroed().assume_init()
        }));
        let this = Self { inner };
        disable_cache(&this);
        this
    }
    /// # Safety
    /// Same rules as Pin::get_unchecked_mut() applies.
    pub unsafe fn get_unchecked_mut(&mut self) -> &mut T {
        &mut self.inner.as_mut().get_unchecked_mut().data
    }
```

368

USB コントローラ（xHCI）のドライバを実装する

```rust
}
impl<T> AsRef<T> for IoBox<T> {
    fn as_ref(&self) -> &T {
        &self.inner.as_ref().get_ref().data
    }
}
impl<T: Sized> Default for IoBox<T> {
    fn default() -> Self {
        Self::new()
    }
}

#[test_case]
fn io_box_new() {
    IoBox::<u64>::new();
}
```

`src/x86.rs`

```rust
use crate::error;
use crate::info;
use crate::mmio::IoBox;
use crate::result::Result;
use alloc::boxed::Box;
use core::arch::asm;

// << 中略 >>

    callback(&mut table);
    put_current_page_table(table)
}

pub fn disable_cache<T: Sized>(io_box: &IoBox<T>) {
    let region = io_box.as_ref();
    let vstart = region as *const T as u64;
    let vend = vstart + size_of_val(region) as u64;
    unsafe {
        with_current_page_table(|pt| {
            pt.create_mapping(vstart, vend, vstart, PageAttr::ReadWriteIo)
                .expect("Failed to create mapping")
        })
    }
}
```

`src/xhci.rs`

```rust
use crate::bits::extract_bits;
use crate::executor::spawn_global;
use crate::info;
use crate::mmio::IoBox;
use crate::mmio::Mmio;
use crate::mutex::Mutex;
use crate::pci::BarMem64;
```

第5章 ┃ ハードウェアを制御する (1) ──デバイスを動かす方法を知る

```rust
// << 中略 >>

use crate::pci::VendorDeviceId;
use crate::result::Result;
use crate::volatile::Volatile;
use crate::x86::busy_loop_hint;
use alloc::boxed::Box;
use alloc::vec::Vec;
use core::alloc::Layout;

// << 中略 >>

use core::mem::size_of;
use core::mem::MaybeUninit;
use core::pin::Pin;
use core::ptr::write_volatile;
use core::slice;

pub struct PciXhciDriver {}

// << 中略 >>

impl PciXhciDriver {
    // << 中略 >>
        ];
        VDI_LIST.contains(&vp)
    }
    pub fn setup_xhc_registers(
    fn setup_xhc_registers(
        bar0: &BarMem64,
    ) -> Result<(
        Mmio<CapabilityRegisters>,

// << 中略 >>

        let bar0 = pci.try_bar0_mem64(bdf)?;
        bar0.disable_cache();
        let (cap_regs, op_regs, rt_regs) = Self::setup_xhc_registers(&bar0)?;
        let scratchpad_buffers =
            ScratchpadBuffers::alloc(cap_regs.as_ref(), op_regs.as_ref())?;
        let device_context_base_array =
            DeviceContextBaseAddressArray::new(scratchpad_buffers);
        let xhc = Controller::new(
            cap_regs,
            op_regs,
            rt_regs,
            device_context_base_array,
        );
        let xhc = Controller::new(cap_regs, op_regs, rt_regs)?;
        spawn_global(Self::run(xhc));
        Ok(())
    }
```

370

USB コントローラ（xHCI）のドライバを実装する

```rust
// << 中略 >>

}

#[repr(C)]
pub struct CapabilityRegisters {
struct CapabilityRegisters {
    caplength: Volatile<u8>,
    reserved: Volatile<u8>,
    version: Volatile<u16>,

// << 中略 >>

}
const _: () = assert!(size_of::<CapabilityRegisters>() == 0x20);
impl CapabilityRegisters {
    pub fn caplength(&self) -> usize {
    fn caplength(&self) -> usize {
        self.caplength.read() as usize
    }
    pub fn rtsoff(&self) -> usize {
    fn rtsoff(&self) -> usize {
        self.rtsoff.read() as usize
    }
    pub fn num_of_device_slots(&self) -> usize {
    fn num_of_device_slots(&self) -> usize {
        extract_bits(self.hcsparams1.read(), 0, 8) as usize
    }
    pub fn num_scratchpad_bufs(&self) -> usize {
    fn num_scratchpad_bufs(&self) -> usize {
        (extract_bits(self.hcsparams2.read(), 21, 5) << 5
            | extract_bits(self.hcsparams2.read(), 27, 5)) as usize
    }

// << 中略 >>

// the first entry (SlotID = '0') in the Device Context Base
// Address Array is utilized by the xHCI Scratchpad mechanism.
#[repr(C, align(64))]
pub struct RawDeviceContextBaseAddressArray {
struct RawDeviceContextBaseAddressArray {
    scratchpad_table_ptr: *const *const u8,
    context: [u64; 255],
    _pinned: PhantomPinned,

// << 中略 >>

}

#[repr(C)]
pub struct OperationalRegisters {
struct OperationalRegisters {
    usbcmd: Volatile<u32>,
```

371

第5章 ハードウェアを制御する (1) ── デバイスを動かす方法を知る

```rust
    usbsts: Volatile<u32>,
    pagesize: Volatile<u32>,

// << 中略 >>

pub struct OperationalRegisters {
    // << 中略 >>
    dnctrl: Volatile<u32>,
    crcr: Volatile<u64>,
    rsvdz2: [u64; 2],
    dcbaap: Volatile<*mut RawDeviceContextBaseAddressArray>,
    dcbaap: Volatile<*const RawDeviceContextBaseAddressArray>,
    config: Volatile<u64>,
}
const _: () = assert!(size_of::<OperationalRegisters>() == 0x40);
impl OperationalRegisters {
    const STATUS_HC_HALTED: u32 = 0b0001;
    const CMD_RUN_STOP: u32 = 0b0001;
    const CMD_HC_RESET: u32 = 0b0010;
    fn usbsts(&self) -> u32 {
        self.usbsts.read()
    }
    pub fn page_size(&self) -> Result<usize> {
    fn page_size(&self) -> Result<usize> {
        let page_size_bits = self.pagesize.read() & 0xFFFF;
        // bit[n] of page_size_bits is set => PAGE_SIZE will be 2^(n+12).
        if page_size_bits.count_ones() != 1 {

// << 中略 >>

impl OperationalRegisters {
    // << 中略 >>
        let page_size_shift = page_size_bits.trailing_zeros();
        Ok(1 << (page_size_shift + 12))
    }
    fn reset_xhc(&mut self) {
        self.clear_command_bits(Self::CMD_RUN_STOP);
        while self.usbsts.read() & Self::STATUS_HC_HALTED == 0 {
            busy_loop_hint();
        }
        self.set_command_bits(Self::CMD_HC_RESET);
        while self.usbcmd.read() & Self::CMD_HC_RESET != 0 {
            busy_loop_hint();
        }
    }
    fn start_xhc(&mut self) {
        self.set_command_bits(Self::CMD_RUN_STOP);
        while self.usbsts() & Self::STATUS_HC_HALTED != 0 {
            busy_loop_hint();
        }
    }
    fn set_cmd_ring_ctrl(&mut self, ring: &CommandRing) {
        self.crcr.write(
```

USB コントローラ（xHCI）のドライバを実装する

```
                ring.ring_phys_addr() | 1, /* Consumer Ring Cycle State */
            )
        }
        fn set_dcbaa_ptr(
            &mut self,
            dcbaa: &mut DeviceContextBaseAddressArray,
        ) -> Result<()> {
            self.dcbaap.write(dcbaa.inner_mut_ptr());
            Ok(())
        }
        fn set_num_device_slots(&mut self, num: usize) -> Result<()> {
            let c = self.config.read();
            let c = c & !0xFF;
            let c = c | num as u64;
            self.config.write(c);
            Ok(())
        }
        fn set_command_bits(&mut self, bits: u32) {
            self.usbcmd.write(self.usbcmd.read() | bits)
        }
        fn clear_command_bits(&mut self, bits: u32) {
            self.usbcmd.write(self.usbcmd.read() & !bits)
        }
    }
}

#[repr(C)]

// << 中略 >>

const _: () = assert!(size_of::<InterrupterRegisterSet>() == 0x20);

#[repr(C)]
pub struct RuntimeRegisters {
struct RuntimeRegisters {
    mfindex: Volatile<u32>,
    rsvdz: [u32; 7],
    irs: [InterrupterRegisterSet; 1024],

// << 中略 >>

impl RuntimeRegisters {
    fn mfindex(&self) -> u32 {
        self.mfindex.read()
    }
    fn init_irs(&mut self, index: usize, ring: &mut EventRing) -> Result<()> {
        let irs = self.irs.get_mut(index).ok_or("Index out of range")?;
        irs.erst_size = 1;
        irs.erdp = ring.ring_phys_addr();
        irs.erst_base = ring.erst_phys_addr();
        irs.management = 0;
        ring.set_erdp(&mut irs.erdp as *mut u64);
        Ok(())
    }
```

373

```rust
}

struct ScratchpadBuffers {

// << 中略 >>


#[repr(C, align(32))]
#[derive(Default, Debug)]
~~pub struct EndpointContext {~~
struct EndpointContext {
    data: [u32; 2],
    tr_dequeue_ptr: Volatile<u64>,
    average_trb_length: u16,

// << 中略 >>


#[repr(C, align(32))]
#[derive(Default)]
~~pub struct DeviceContext {~~
struct DeviceContext {
    slot_ctx: [u32; 8],
    ep_ctx: [EndpointContext; 2 * 15 + 1],
}

// << 中略 >>

const _: () = assert!(size_of::<DeviceContext>() == 0x400);
#[repr(C, align(4096))]
#[derive(Default)]
~~pub struct OutputContext {~~
struct OutputContext {
    device_ctx: DeviceContext,
    _pinned: PhantomPinned,
}
const _: () = assert!(size_of::<OutputContext>() <= 4096);

struct DeviceContextBaseAddressArray {
    ~~_inner: Pin<Box<RawDeviceContextBaseAddressArray>>,~~
    inner: Pin<Box<RawDeviceContextBaseAddressArray>>,
    _context: [Option<Pin<Box<OutputContext>>>; 255],
    _scratchpad_buffers: ScratchpadBuffers,
}
impl DeviceContextBaseAddressArray {
    ~~pub fn new(scratchpad_buffers: ScratchpadBuffers) -> Self {~~
    fn new(scratchpad_buffers: ScratchpadBuffers) -> Self {
        let mut inner = RawDeviceContextBaseAddressArray::new();
        inner.scratchpad_table_ptr = scratchpad_buffers.table.as_ref().as_ptr();
        let inner = Box::pin(inner);
        Self {
            ~~_inner: Box::pin(inner),~~
            inner,
```

USB コントローラ（xHCI）のドライバを実装する

```rust
                _context: unsafe { MaybeUninit::zeroed().assume_init() },
                _scratchpad_buffers: scratchpad_buffers,
            }
        }
        fn inner_mut_ptr(&mut self) -> *const RawDeviceContextBaseAddressArray {
            self.inner.as_ref().get_ref() as *const RawDeviceContextBaseAddressArray
        }
    }

    struct Controller {
        cap_regs: Mmio<CapabilityRegisters>,
        op_regs: Mmio<OperationalRegisters>,
        rt_regs: Mmio<RuntimeRegisters>,
        device_context_base_array: Mutex<DeviceContextBaseAddressArray>,
        device_context_base_array: Mutex<DeviceContextBaseAddressArray>,
        primary_event_ring: Mutex<EventRing>,
        command_ring: Mutex<CommandRing>,
    }
    impl Controller {
        pub fn new(
        fn new(
            cap_regs: Mmio<CapabilityRegisters>,
            op_regs: Mmio<OperationalRegisters>,
            mut op_regs: Mmio<OperationalRegisters>,
            rt_regs: Mmio<RuntimeRegisters>,
            device_context_base_array: DeviceContextBaseAddressArray,
        ) -> Self {
        ) -> Result<Self> {
            unsafe {
                op_regs.get_unchecked_mut().reset_xhc();
            }
            let scratchpad_buffers =
                ScratchpadBuffers::alloc(cap_regs.as_ref(), op_regs.as_ref())?;
            let device_context_base_array =
                DeviceContextBaseAddressArray::new(scratchpad_buffers);
            let device_context_base_array = Mutex::new(device_context_base_array);
            Self {
            let primary_event_ring = Mutex::new(EventRing::new()?);
            let command_ring = Mutex::new(CommandRing::default());
            let mut xhc = Self {
                cap_regs,
                op_regs,
                rt_regs,
                _device_context_base_array: device_context_base_array,
                device_context_base_array,
                primary_event_ring,
                command_ring,
            };
            xhc.init_primary_event_ring()?;
            xhc.init_slots_and_contexts()?;
            xhc.init_command_ring();
            info!("Starting xHC...");
            unsafe { xhc.op_regs.get_unchecked_mut() }.start_xhc();
```

第5章 ハードウェアを制御する (1) ――デバイスを動かす方法を知る

```rust
            info!("xHC started running!");
            Ok(xhc)
        }
    fn init_primary_event_ring(&mut self) -> Result<()> {
        let eq = &mut self.primary_event_ring;
        unsafe { self.rt_regs.get_unchecked_mut() }.init_irs(0, &mut eq.lock())
    }
    fn init_command_ring(&mut self) {
        unsafe { self.op_regs.get_unchecked_mut() }
            .set_cmd_ring_ctrl(&self.command_ring.lock());
    }
    fn init_slots_and_contexts(&mut self) -> Result<()> {
        let num_slots = self.cap_regs.as_ref().num_of_device_slots();
        unsafe { self.op_regs.get_unchecked_mut() }
            .set_num_device_slots(num_slots)?;
        unsafe { self.op_regs.get_unchecked_mut() }
            .set_dcbaa_ptr(&mut self.device_context_base_array.lock())
    }
}

struct EventRing {
    ring: IoBox<TrbRing>,
    erst: IoBox<EventRingSegmentTableEntry>,
    _cycle_state_ours: bool,
    erdp: Option<*mut u64>,
}
impl EventRing {
    fn new() -> Result<Self> {
        let ring = TrbRing::new();
        let erst = EventRingSegmentTableEntry::new(&ring)?;
        Ok(Self {
            ring,
            erst,
            _cycle_state_ours: true,
            erdp: None,
        })
    }
    fn ring_phys_addr(&self) -> u64 {
        self.ring.as_ref() as *const TrbRing as u64
    }
    fn set_erdp(&mut self, erdp: *mut u64) {
        self.erdp = Some(erdp);
    }
    fn erst_phys_addr(&self) -> u64 {
        self.erst.as_ref() as *const EventRingSegmentTableEntry as u64
    }
}
#[repr(C, align(4096))]
struct EventRingSegmentTableEntry {
    ring_segment_base_address: u64,
    ring_segment_size: u16,
    _rsvdz: [u16; 3],
}
```

USB コントローラ（xHCI）のドライバを実装する

```rust
const _: () = assert!(size_of::<EventRingSegmentTableEntry>() == 4096);
impl EventRingSegmentTableEntry {
    fn new(ring: &IoBox<TrbRing>) -> Result<IoBox<Self>> {
        let mut erst: IoBox<Self> = IoBox::new();
        {
            let erst = unsafe { erst.get_unchecked_mut() };
            erst.ring_segment_base_address =
                ring.as_ref() as *const TrbRing as u64;
            erst.ring_segment_size = ring
                .as_ref()
                .num_trbs()
                .try_into()
                .or(Err("Too large num trbs"))?;
        }
        Ok(erst)
    }
}
#[repr(C, align(4096))]
struct TrbRing {
    trb: [GenericTrbEntry; Self::NUM_TRB],
    current_index: usize,
    _pinned: PhantomPinned,
}
// Limiting the size of TrbRing to be equal or less than 4096
// to avoid crossing 64KiB boundaries. See Table 6-1 of xhci spec.
const _: () = assert!(size_of::<TrbRing>() <= 4096);
impl TrbRing {
    const NUM_TRB: usize = 16;
    fn new() -> IoBox<Self> {
        IoBox::new()
    }
    const fn num_trbs(&self) -> usize {
        Self::NUM_TRB
    }
    fn write(&mut self, index: usize, trb: GenericTrbEntry) -> Result<()> {
        if index < self.trb.len() {
            unsafe {
                write_volatile(&mut self.trb[index], trb);
            }
            Ok(())
        } else {
            Err("TrbRing Out of Range")
        }
    }
    fn phys_addr(&self) -> u64 {
        &self.trb[0] as *const GenericTrbEntry as u64
    }
}

#[derive(Debug, Copy, Clone)]
#[repr(u32)]
#[non_exhaustive]
#[derive(PartialEq, Eq)]
```

377

第5章 ハードウェアを制御する (1) ――デバイスを動かす方法を知る

```rust
#[allow(unused)]
enum TrbType {
    Normal = 1,
    SetupStage = 2,
    DataStage = 3,
    StatusStage = 4,
    Link = 6,
    EnableSlotCommand = 9,
    AddressDeviceCommand = 11,
    ConfigureEndpointCommand = 12,
    EvaluateContextCommand = 13,
    NoOpCommand = 23,
    TransferEvent = 32,
    CommandCompletionEvent = 33,
    PortStatusChangeEvent = 34,
    HostControllerEvent = 37,
}

#[derive(Default, Clone)]
#[repr(C, align(16))]
struct GenericTrbEntry {
    data: Volatile<u64>,
    option: Volatile<u32>,
    control: Volatile<u32>,
}
const _: () = assert!(size_of::<GenericTrbEntry>() == 16);
impl GenericTrbEntry {
    fn trb_link(ring: &TrbRing) -> Self {
        let mut trb = GenericTrbEntry::default();
        trb.set_trb_type(TrbType::Link);
        trb.data.write(ring.phys_addr());
        trb.set_toggle_cycle(true);
        trb
    }
    fn set_trb_type(&mut self, trb_type: TrbType) {
        self.control.write_bits(10, 6, trb_type as u32).unwrap()
    }
    fn set_toggle_cycle(&mut self, value: bool) {
        self.control.write_bits(1, 1, value.into()).unwrap()
    }
}

struct CommandRing {
    ring: IoBox<TrbRing>,
    _cycle_state_ours: bool,
}
impl CommandRing {
    fn ring_phys_addr(&self) -> u64 {
        self.ring.as_ref() as *const TrbRing as u64
    }
}
impl Default for CommandRing {
    fn default() -> Self {
```

USB コントローラ（xHCI）のドライバを実装する

```
        let mut this = Self {
            ring: TrbRing::new(),
            _cycle_state_ours: false,
        };
        let link_trb = GenericTrbEntry::trb_link(this.ring.as_ref());
        unsafe { this.ring.get_unchecked_mut() }
            .write(TrbRing::NUM_TRB - 1, link_trb)
            .expect("failed to write a link trb");
        this
    }
}
```

さて、これで cargo run してあげれば、以下のような出力が得られるはずです。

```
[INFO]  src/xhci.rs:66 : Xhci found at: /pci/bus/0x00/device/0x03/function/0x0)
[INFO]  src/xhci.rs:251: xhci: page_size = 4096
[INFO]  src/xhci.rs:253: xhci: original num_scratchpad_bufs = 0
[INFO]  src/xhci.rs:367: Starting xHC...
[INFO]  src/xhci.rs:369: xHC started running!
```

無事に xHC が走り始めたみたいですね！ やった〜！

USB デバイス接続時の処理を実装する

xHC が動き始めたので、次は実際に USB デバイスが接続されたことを検知して、そのデバイスとやりとりをするために必要となる初期化処理を行うことにしましょう。

● イベントのポーリングをする

さて、xHC が走り始めたので、次は xHC からイベントを受け取るしくみを作りましょう。Event Ring 自体は先ほど実装したので、これを読み出す部分のコードと、あとは async な関数としてイベントを取り出すしくみを実装します。

EventFuture というのが、イベントの到着を async に待つための Future になります（これは特に xHCI で規定されているものではなく、WasabiOS の xHC ドライバ独自のものです）。

```
#[derive(Clone)]
struct EventFuture {
    wait_on: Rc<EventWaitInfo>,
    _pinned: PhantomPinned,
}
```

379

第 **5** 章 ┃ ハードウェアを制御する (1) ──デバイスを動かす方法を知る

どのようなイベントが来るまで await するかという条件は、EventWaitCond という構造体で指定します。EventWaitCond には条件を複数設定でき、その EventTRB の type を表す **trb_type**、EventTRB に紐付いている TRB（たとえば CommandCompletionEvent のときは、その完了したコマンドの TRB）のアドレス **trb_addr**、もしくは特定の **slot**（つまりは初期化の済んだ USB デバイス）に対応するイベントを待つことができるようにしています。

```
struct EventWaitCond {
    trb_type: Option<TrbType>,
    trb_addr: Option<u64>,
    slot: Option<u8>,
}
```

それぞれの条件は AND で評価され、すべての条件が満たされたイベントに対して **EventWaitCond::matches()** が true を返すことで、その Future が待っていたイベントが判定できるようになっています。

実際に **EventRing** からデータを取り出す処理は **EventRing::poll()** に実装されており、これを永遠にぐるぐる回すタスクを xHC ドライバの初期化時に spawn することで、イベントの監視を行っています。

```
spawn_global(async move {
    loop {
        xhc.primary_event_ring.lock().poll().await?;
        yield_execution().await;
    }
})
```

このように、割り込みなどのハードウェア的なしくみを利用せず、イベントの発生を自発的に定期的にチェックすることは、ポーリングと呼ばれます。

EventRing::poll() 自体の実装は少し長いので、さっさと今回のコード全体を貼っておきましょう。

src/xhci.rs
```
use crate::allocator::ALLOCATOR;
use crate::bits::extract_bits;
use crate::executor::spawn_global;
use crate::executor::yield_execution;
use crate::info;
use crate::mmio::IoBox;
use crate::mmio::Mmio;
```

USB コントローラ（xHCI）のドライバを実装する

```
// << 中略 >>

use crate::volatile::Volatile;
use crate::x86::busy_loop_hint;
use alloc::boxed::Box;
use alloc::collections::VecDeque;
use alloc::rc::Rc;
use alloc::rc::Weak;
use alloc::vec::Vec;
use core::alloc::Layout;
use core::cmp::max;

// << 中略 >>

use core::mem::size_of;
use core::mem::MaybeUninit;
use core::pin::Pin;
use core::ptr::read_volatile;
use core::ptr::write_volatile;
use core::slice;


// << 中略 >>

impl PciXhciDriver {
    // << 中略 >>
        );
        info!("xhci: op_regs.USBSTS = {}", xhc.op_regs.as_ref().usbsts());
        info!("xhci: rt_regs.MFINDEX = {}", xhc.rt_regs.as_ref().mfindex());
        let xhc = Rc::new(xhc);
        {
            let xhc = xhc.clone();
            spawn_global(async move {
                loop {
                    xhc.primary_event_ring.lock().poll().await?;
                    yield_execution().await;
                }
            })
        }
        Ok(())
    }
}

// << 中略 >>

struct EventRing {
    ring: IoBox<TrbRing>,
    erst: IoBox<EventRingSegmentTableEntry>,
    _cycle_state_ours: bool,
    cycle_state_ours: bool,
    erdp: Option<*mut u64>,
    wait_list: VecDeque<Weak<EventWaitInfo>>,
```

第5章 ハードウェアを制御する (1) ──デバイスを動かす方法を知る

```rust
}
impl EventRing {
    fn new() -> Result<Self> {

// << 中略 >>

impl EventRing {
    // << 中略 >>
        Ok(Self {
            ring,
            erst,
            cycle_state_ours: true,
            cycle_state_ours: true,
            erdp: None,
            wait_list: Default::default(),
        })
    }
    fn ring_phys_addr(&self) -> u64 {

// << 中略 >>

    fn erst_phys_addr(&self) -> u64 {
        self.erst.as_ref() as *const EventRingSegmentTableEntry as u64
    }
    /// Non-blocking
    fn pop(&mut self) -> Result<Option<GenericTrbEntry>> {
        if !self.has_next_event() {
            return Ok(None);
        }
        let e = self.ring.as_ref().current();
        let eptr = self.ring.as_ref().current_ptr() as u64;
        unsafe { self.ring.get_unchecked_mut() }
            .advance_index_notoggle(self.cycle_state_ours)?;
        unsafe {
            let erdp = self.erdp.expect("erdp is not set");
            write_volatile(erdp, eptr | (*erdp & 0b1111));
        }
        if self.ring.as_ref().current_index() == 0 {
            self.cycle_state_ours = !self.cycle_state_ours;
        }
        Ok(Some(e))
    }
    async fn poll(&mut self) -> Result<()> {
        if let Some(e) = self.pop()? {
            let mut consumed = false;
            for w in &self.wait_list {
                if let Some(w) = w.upgrade() {
                    let w: &EventWaitInfo = w.as_ref();
                    if w.matches(&e) {
                        w.resolve(&e)?;
                        consumed = true;
                    }
                }
```

USB コントローラ（xHCI）のドライバを実装する

```
                }
                if !consumed {
                    info!("unhandled event: {e:?}");
                }
                // cleanup stale waiters
                let stale_waiter_indices = self
                    .wait_list
                    .iter()
                    .enumerate()
                    .rev()
                    .filter_map(|e| -> Option<usize> {
                        if e.1.strong_count() == 0 {
                            Some(e.0)
                        } else {
                            None
                        }
                    })
                    .collect::<Vec<usize>>();
                for k in stale_waiter_indices {
                    self.wait_list.remove(k);
                }
            }
            Ok(())
        }
    fn has_next_event(&self) -> bool {
        self.ring.as_ref().current().cycle_state() == self.cycle_state_ours
    }
}
#[repr(C, align(4096))]
struct EventRingSegmentTableEntry {

// << 中略 >>

impl TrbRing {
    // << 中略 >>
    fn phys_addr(&self) -> u64 {
        &self.trb[0] as *const GenericTrbEntry as u64
    }
    fn current_index(&self) -> usize {
        self.current_index
    }
    fn advance_index_notoggle(&mut self, cycle_ours: bool) -> Result<()> {
        if self.current().cycle_state() != cycle_ours {
            return Err("cycle state mismatch");
        }
        self.current_index = (self.current_index + 1) % self.trb.len();
        Ok(())
    }
    fn current(&self) -> GenericTrbEntry {
        self.trb(self.current_index)
    }
    fn trb(&self, index: usize) -> GenericTrbEntry {
        unsafe { read_volatile(&self.trb[index]) }
```

383

第5章 ハードウェアを制御する (1) ──デバイスを動かす方法を知る

```rust
    }
    fn current_ptr(&self) -> usize {
        &self.trb[self.current_index] as *const GenericTrbEntry as usize
    }
}

#[derive(Debug, Copy, Clone)]

// << 中略 >>

enum TrbType {
    // << 中略 >>
    HostControllerEvent = 37,
}

#[derive(Default, Clone)]
#[derive(Default, Clone, Debug)]
#[repr(C, align(16))]
struct GenericTrbEntry {
    data: Volatile<u64>,

// << 中略 >>

impl GenericTrbEntry {
    // << 中略 >>
    fn set_toggle_cycle(&mut self, value: bool) {
        self.control.write_bits(1, 1, value.into()).unwrap()
    }
    fn data(&self) -> u64 {
        self.data.read()
    }
    fn slot_id(&self) -> u8 {
        self.control.read_bits(24, 8).try_into().unwrap()
    }
    fn trb_type(&self) -> u32 {
        self.control.read_bits(10, 6)
    }
    fn cycle_state(&self) -> bool {
        self.control.read_bits(0, 1) != 0
    }
}

struct CommandRing {

// << 中略 >>

impl Default for CommandRing {
    // << 中略 >>
        this
    }
}

#[derive(Debug)]
```

384

USB コントローラ（xHCI）のドライバを実装する

```
struct EventWaitCond {
    trb_type: Option<TrbType>,
    trb_addr: Option<u64>,
    slot: Option<u8>,
}

#[derive(Debug)]
struct EventWaitInfo {
    cond: EventWaitCond,
    trbs: Mutex<VecDeque<GenericTrbEntry>>,
}
impl EventWaitInfo {
    fn matches(&self, trb: &GenericTrbEntry) -> bool {
        if let Some(trb_type) = self.cond.trb_type {
            if trb.trb_type() != trb_type as u32 {
                return false;
            }
        }
        if let Some(slot) = self.cond.slot {
            if trb.slot_id() != slot {
                return false;
            }
        }
        if let Some(trb_addr) = self.cond.trb_addr {
            if trb.data() != trb_addr {
                return false;
            }
        }
        true
    }
    fn resolve(&self, trb: &GenericTrbEntry) -> Result<()> {
        self.trbs.under_locked(&|trbs| -> Result<()> {
            trbs.push_back(trb.clone());
            Ok(())
        })
    }
}
```

　ここまでの内容を実装して cargo run を実行すると、前回と同様の出力が得られるはずです。これはまだ、イベントが発生するような状態変化が起こっていないためです。次は実際にイベントが飛んでくるようなことをしてみて、今回実装したコードがうまく動いていることを確認しましょう。

● USB デバイスの検出

　PORTSC レジスタは xHC のレジスタの一つで、Port Status and Control の略称です。名前のとおり、USB ルートハブの各ポートの接続状態を取得したり、電源供給などの制御を行ったりするためのインタフェースとなっています。

385

第5章 ハードウェアを制御する (1)——デバイスを動かす方法を知る

PORTSC レジスタの詳細な説明は仕様書の「5.4.8: Port Status and Control Register (PORTSC)」[xhci_1_2] にありますが、百聞は一見にしかず、まずは PORTSC レジスタの値をざっと表示してみることにしましょう。

実装としてはこんな感じになります。

```rust
src/xhci.rs
use core::marker::PhantomPinned;
use core::mem::size_of;
use core::mem::MaybeUninit;
use core::ops::Range;
use core::pin::Pin;
use core::ptr::read_volatile;
use core::ptr::write_volatile;
use core::slice;

struct XhcRegisters {
    cap_regs: Mmio<CapabilityRegisters>,
    op_regs: Mmio<OperationalRegisters>,
    rt_regs: Mmio<RuntimeRegisters>,
    portsc: PortSc,
}

pub struct PciXhciDriver {}
impl PciXhciDriver {
    pub fn supports(vp: VendorDeviceId) -> bool {

// << 中略 >>

impl PciXhciDriver {
    // << 中略 >>
        ];
        VDI_LIST.contains(&vp)
    }
    fn setup_xhc_registers(
        bar0: &BarMem64,
    ) -> Result<(
        Mmio<CapabilityRegisters>,
        Mmio<OperationalRegisters>,
        Mmio<RuntimeRegisters>,
    )>{
    fn setup_xhc_registers(bar0: &BarMem64) -> Result<XhcRegisters> {
        let cap_regs =
            unsafe { Mmio::from_raw(bar0.addr() as *mut CapabilityRegisters) };
        let op_regs = unsafe {

// << 中略 >>

            Mmio::from_raw(bar0.addr().add(cap_regs.as_ref().rtsoff())
                as *mut RuntimeRegisters)
        };
        Ok((cap_regs, op_regs, rt_regs))
```

USB コントローラ（xHCI）のドライバを実装する

```
            let portsc = PortSc::new(bar0, cap_regs.as_ref());
            Ok(XhcRegisters {
                cap_regs,
                op_regs,
                rt_regs,
                portsc,
            })
        }
    pub fn attach(pci: &Pci, bdf: BusDeviceFunction) -> Result<()> {
        info!("Xhci found at: {bdf:?}");

// << 中略 >>

        pci.enable_bus_master(bdf)?;
        let bar0 = pci.try_bar0_mem64(bdf)?;
        bar0.disable_cache();
        let (cap_regs, op_regs, rt_regs) = Self::setup_xhc_registers(&bar0)?;
        let xhc = Controller::new(cap_regs, op_regs, rt_regs)?;
        let regs = Self::setup_xhc_registers(&bar0)?;
        let xhc = Controller::new(regs)?;
        spawn_global(Self::run(xhc));
        Ok(())
    }
    async fn run(xhc: Controller) -> Result<()> {
        info!(
            "xhci: cap_regs.MaxSlots = {}",
            xhc.cap_regs.as_ref().num_of_device_slots()
            xhc.regs.cap_regs.as_ref().num_of_device_slots()
        );
        info!("xhci: op_regs.USBSTS = {}", xhc.op_regs.as_ref().usbsts());
        info!("xhci: rt_regs.MFINDEX = {}", xhc.rt_regs.as_ref().mfindex());
        info!(
            "xhci: op_regs.USBSTS = {}",
            xhc.regs.op_regs.as_ref().usbsts()
        );
        info!(
            "xhci: rt_regs.MFINDEX = {}",
            xhc.regs.rt_regs.as_ref().mfindex()
        );
        info!("PORTSC values for port {:?}", xhc.regs.portsc.port_range());
        for port in xhc.regs.portsc.port_range() {
            if let Some(e) = xhc.regs.portsc.get(port) {
                info!("  {port:3}: {:#010X}", e.value())
            }
        }
        let xhc = Rc::new(xhc);
        {
            let xhc = xhc.clone();

// << 中略 >>

impl CapabilityRegisters {
    // << 中略 >>
```

第 5 章 ┃ ハードウェアを制御する (1) ── デバイスを動かす方法を知る

```rust
                (extract_bits(self.hcsparams2.read(), 21, 5) << 5
                    | extract_bits(self.hcsparams2.read(), 27, 5)) as usize
        }
        fn num_of_ports(&self) -> usize {
            extract_bits(self.hcsparams1.read(), 24, 8) as usize
        }
    }

    // [xhci_1_2] p.31

    // << 中略 >>

    }

    struct Controller {
        cap_regs: Mmio<CapabilityRegisters>,
        op_regs: Mmio<OperationalRegisters>,
        rt_regs: Mmio<RuntimeRegisters>,
        regs: XhcRegisters,
        device_context_base_array: Mutex<DeviceContextBaseAddressArray>,
        primary_event_ring: Mutex<EventRing>,
        command_ring: Mutex<CommandRing>,
    }
    impl Controller {
        fn new(
            cap_regs: Mmio<CapabilityRegisters>,
            mut op_regs: Mmio<OperationalRegisters>,
            rt_regs: Mmio<RuntimeRegisters>,
        ) -> Result<Self> {
        fn new(mut regs: XhcRegisters) -> Result<Self> {
            unsafe {
                op_regs.get_unchecked_mut().reset_xhc();
                regs.op_regs.get_unchecked_mut().reset_xhc();
            }
            let scratchpad_buffers =
                ScratchpadBuffers::alloc(cap_regs.as_ref(), op_regs.as_ref())?;
            let scratchpad_buffers = ScratchpadBuffers::alloc(
                regs.cap_regs.as_ref(),
                regs.op_regs.as_ref(),
            )?;
            let device_context_base_array =
                DeviceContextBaseAddressArray::new(scratchpad_buffers);
            let device_context_base_array = Mutex::new(device_context_base_array);
            let primary_event_ring = Mutex::new(EventRing::new()?);
            let command_ring = Mutex::new(CommandRing::default());
            let mut xhc = Self {
                cap_regs,
                op_regs,
                rt_regs,
                regs,
                device_context_base_array,
                primary_event_ring,
                command_ring,
```

```
// << 中略 >>

impl Controller {
    // << 中略 >>
        xhc.init_slots_and_contexts()?;
        xhc.init_command_ring();
        info!("Starting xHC...");
        unsafe { xhc.op_regs.get_unchecked_mut() }.start_xhc();
        unsafe { xhc.regs.op_regs.get_unchecked_mut() }.start_xhc();
        info!("xHC started running!");
        Ok(xhc)
    }
    fn init_primary_event_ring(&mut self) -> Result<()> {
        let eq = &mut self.primary_event_ring;
        unsafe { self.rt_regs.get_unchecked_mut() }.init_irs(0, &mut eq.lock())
        unsafe { self.regs.rt_regs.get_unchecked_mut() }
            .init_irs(0, &mut eq.lock())
    }
    fn init_command_ring(&mut self) {
        unsafe { self.op_regs.get_unchecked_mut() }
        unsafe { self.regs.op_regs.get_unchecked_mut() }
            .set_cmd_ring_ctrl(&self.command_ring.lock());
    }
    fn init_slots_and_contexts(&mut self) -> Result<()> {
        let num_slots = self.cap_regs.as_ref().num_of_device_slots();
        unsafe { self.op_regs.get_unchecked_mut() }
        let num_slots = self.regs.cap_regs.as_ref().num_of_device_slots();
        unsafe { self.regs.op_regs.get_unchecked_mut() }
            .set_num_device_slots(num_slots)?;
        unsafe { self.op_regs.get_unchecked_mut() }
        unsafe { self.regs.op_regs.get_unchecked_mut() }
            .set_dcbaa_ptr(&mut self.device_context_base_array.lock())
    }
}

// << 中略 >>

impl EventWaitInfo {
    // << 中略 >>
        })
    }
}

// Interface to access PORTSC registers
//
// [xhci] 5.4.8: PORTSC
// OperationalBase + (0x400 + 0x10 * (n - 1))
// where n = Port Number (1, 2, ..., MaxPorts)
struct PortSc {
    entries: Vec<Rc<PortScEntry>>,
}
impl PortSc {
```

第5章 ハードウェアを制御する (1) ──デバイスを動かす方法を知る

```rust
    fn new(bar: &BarMem64, cap_regs: &CapabilityRegisters) -> Self {
        let base = unsafe { bar.addr().add(cap_regs.caplength()).add(0x400) }
            as *mut u32;
        let num_ports = cap_regs.num_of_ports();
        let mut entries = Vec::new();
        for port in 1..=num_ports {
            // SAFETY: This is safe since the result of ptr calculation
            // always points to a valid PORTSC entry under the condition.
            let ptr = unsafe { base.add((port - 1) * 4) };
            entries.push(Rc::new(PortScEntry::new(ptr)));
        }
        assert!(entries.len() == num_ports);
        Self { entries }
    }
    fn port_range(&self) -> Range<usize> {
        1..self.entries.len() + 1
    }
    fn get(&self, port: usize) -> Option<Rc<PortScEntry>> {
        self.entries.get(port.wrapping_sub(1)).cloned()
    }
}
#[repr(C)]
struct PortScEntry {
    ptr: Mutex<*mut u32>,
}
impl PortScEntry {
    fn new(ptr: *mut u32) -> Self {
        Self {
            ptr: Mutex::new(ptr),
        }
    }
    fn value(&self) -> u32 {
        let portsc = self.ptr.lock();
        unsafe { read_volatile(*portsc) }
    }
}
```

　ちなみに cap_regs、op_regs、rt_regs、portsc を素直にタプルとして書き並べようとしていたら cargo clippy さんに「戻り値の型が複雑すぎるから構造体を定義しなさ～い！」と言われてしまったため、XhcRegisters という構造体をここで新設してそれを利用しています。それ以上の意味は特にないリファクタリングですが、コードの見通しの良さはコードの読み書きのしやすさにつながり、メンテナンスがしやすくなったり、バグにすぐ気付けるようになったりするので、やっておいて損はありません。ありがとう clippy さん！

```
warning: very complex type used.
         Consider factoring parts into `type` definitions
```

USB コントローラ（xHCI）のドライバを実装する

```
 --> src/xhci.rs:54:10
   |
54 |        ) -> Result<(
   | _____^
55 | |         Mmio<CapabilityRegisters>,
56 | |         Mmio<OperationalRegisters>,
57 | |         Mmio<RuntimeRegisters>,
58 | |         PortSc,
59 | |     )> {
   | |_____^
   |
   = help: for further information visit https://rust-lang.github.io/
     rust-clippy/master/index.html#type_complexity
   = note: `#[warn(clippy::type_complexity)]` on by default
```

さて、ここまでの内容を実装して cargo run を実行すると、以下のような出力が新しく得られます。

```
[INFO]  src/xhci.rs:90 : PORTSC values for port 1..9
[INFO]  src/xhci.rs:93 :   1: 0x000002A0
[INFO]  src/xhci.rs:93 :   2: 0x000002A0
[INFO]  src/xhci.rs:93 :   3: 0x000002A0
[INFO]  src/xhci.rs:93 :   4: 0x000002A0
[INFO]  src/xhci.rs:93 :   5: 0x000002A0
[INFO]  src/xhci.rs:93 :   6: 0x000002A0
[INFO]  src/xhci.rs:93 :   7: 0x000002A0
[INFO]  src/xhci.rs:93 :   8: 0x000002A0
```

これの意味するところとしては、今回の環境の xHC には USB のルートハブポートが８つあり、それらの PORTSC の値は全部同じになっているので、おそらく同じ状態になっているということでしょう。

……あ！ そうか、今はエミュレーターの設定的に、USB デバイスが１つも刺さっていない状態になっているのでしょう。とりあえず、USB キーボードを接続した状態をエミュレーションするよう QEMU の起動引数を調整して、この値がどのように変化するのか観察してみることにしましょう。

● **デバイスの検出とポートの初期化**

QEMU で USB キーボードを接続した環境をエミュレーションするのは簡単です。-device usb-kbd を引数に足してあげるだけです。

scripts/launch_qemu.sh
```
  -chardev stdio,id=char_com1,mux=on,logfile=log/com1.txt \
  -serial chardev:char_com1 \
```

391

第5章 ┃ ハードウェアを制御する (1) ──デバイスを動かす方法を知る

```
  -device qemu-xhci \
  -device usb-kbd \
  -device isa-debug-exit,iobase=0xf4,iosize=0x01
RETCODE=$?
set -e
```

この変更をしてから cargo run をしてみると、以下のような出力が得られました。

```
[INFO]  src/xhci.rs:101: PORTSC values for port 1..9
[INFO]  src/xhci.rs:104:     1: 0x000002A0
[INFO]  src/xhci.rs:104:     2: 0x000002A0
[INFO]  src/xhci.rs:104:     3: 0x000002A0
[INFO]  src/xhci.rs:104:     4: 0x000002A0
[INFO]  src/xhci.rs:104:     5: 0x00000E03
[INFO]  src/xhci.rs:104:     6: 0x000002A0
[INFO]  src/xhci.rs:104:     7: 0x000002A0
[INFO]  src/xhci.rs:104:     8: 0x000002A0
```

port 5 の値が変化していることがわかりますね！ おそらく、ここに USB キーボードがつながっているのでしょう。

ということで、デバイスのつながっているポートを見つけたら、そのポートにスロットを割り当てて初期化するコードを書いてみましょう。

デバイスを初期化する手順は、仕様書の「4.3: USB Device Initialization」[xhci_1_2] に書いてあります。とはいえ初見でこの仕様書から実装を正しく生み出すのは難しいので、一緒にやっていくことにしましょう。

最初は、いま目視で「お、ここにデバイスがつながったな？」という判断をしたのと同様のロジックをプログラムとして実装します。

src/xhci.rs
```
impl PciXhciDriver {
    // << 中略 >>
            xhc.regs.rt_regs.as_ref().mfindex()
        );
        info!("PORTSC values for port {:?}", xhc.regs.portsc.port_range());
        let mut connected_port = None;
        for port in xhc.regs.portsc.port_range() {
            if let Some(e) = xhc.regs.portsc.get(port) {
                info!("   {port:3}: {:#010X}", e.value())
                info!("   {port:3}: {:#010X}", e.value());
                if e.ccs() {
                    connected_port = Some(port)
                }
            }
```

USB コントローラ（xHCI）のドライバを実装する

```
        }
        let xhc = Rc::new(xhc);

// << 中略 >>

                }
            })
        }
        if let Some(port) = connected_port {
            info!("xhci: port {port} is connected");
        }
        Ok(())
    }
}

// << 中略 >>

impl PortScEntry {
    // << 中略 >>
        let portsc = self.ptr.lock();
        unsafe { read_volatile(*portsc) }
    }
    fn bit(&self, pos: usize) -> bool {
        (self.value() & (1 << pos)) != 0
    }
    fn ccs(&self) -> bool {
        // CCS - Current Connect Status - ROS
        self.bit(0)
    }
}
```

ここで cargo run を実行すると、以下のような出力が得られます。

```
[INFO]  src/xhci.rs:102: PORTSC values for port 1..9
[INFO]  src/xhci.rs:106:    1: 0x000202A0
[INFO]  src/xhci.rs:106:    2: 0x000202A0
[INFO]  src/xhci.rs:106:    3: 0x000202A0
[INFO]  src/xhci.rs:106:    4: 0x000202A0
[INFO]  src/xhci.rs:106:    5: 0x00020EE1
[INFO]  src/xhci.rs:106:    6: 0x000202A0
[INFO]  src/xhci.rs:106:    7: 0x000202A0
[INFO]  src/xhci.rs:106:    8: 0x000202A0
[INFO]  src/xhci.rs:123: xhci: port 5 is connected
```

よしよし、手作業で実行したのと同じことがプログラムでもできました。

USB デバイスの初期化は「4.3: USB Device Initialization」に手順が書かれており、最初のステップは「4.3.1 Resetting a Root Hub Port」となっています。

というわけで、仕様書の記述に従って接続されたポートをリセットすることにしましょう。

393

第5章 ハードウェアを制御する (1) ──デバイスを動かす方法を知る

```
src/xhci.rs
impl PciXhciDriver {
    // << 中略 >>
        }
        if let Some(port) = connected_port {
            info!("xhci: port {port} is connected");
            if let Some(portsc) = xhc.regs.portsc.get(port) {
                info!("xhci: resetting port {port}");
                portsc.reset_port().await;
                info!("xhci: port {port} has been reset");
            }
        }
        Ok(())
    }

// << 中略 >>

impl PortScEntry {
    // << 中略 >>
        // CCS - Current Connect Status - ROS
        self.bit(0)
    }
    fn assert_bit(&self, pos: usize) {
        const PRESERVE_MASK: u32 = 0b01001111000000011111111111101001;
        let portsc = self.ptr.lock();
        let old = unsafe { read_volatile(*portsc) };
        unsafe { write_volatile(*portsc, (old & PRESERVE_MASK) | (1 << pos)) }
    }
    fn pp(&self) -> bool {
        // PP - Port Power - RWS
        self.bit(9)
    }
    fn assert_pp(&self) {
        // PP - Port Power - RWS
        self.assert_bit(9)
    }
    pub fn pr(&self) -> bool {
        // PR - Port Reset - RW1S
        self.bit(4)
    }
    pub fn assert_pr(&self) {
        // PR - Port Reset - RW1S
        self.assert_bit(4)
    }
    pub async fn reset_port(&self) {
        self.assert_pp();
        while !self.pp() {
            yield_execution().await
        }
        self.assert_pr();
        while self.pr() {
            yield_execution().await
```

USB コントローラ（xHCI）のドライバを実装する

```
        }
    }
}
```

これで cargo run すると、以下のような出力が得られます。

```
[INFO]  src/xhci.rs:122: xhci: port 5 is connected
[INFO]  src/xhci.rs:124: xhci: resetting port 5
[INFO]  src/xhci.rs:126: xhci: port 5 has been reset
```

また、少し下に、このような出力もあるはずです。

```
[INFO]  src/xhci.rs:457: unhandled event: GenericTrbEntry { data: Volatile { value↵
: 83886080 }, option: Volatile { value: 16777216 }, control: Volatile { value: 348↵
17 } }
```

何らかのイベントが届いているようですが、これはいったい何でしょうか？
以前説明した TRB Type というフィールドを見れば、このイベントの正体が
わかりそうです。今回のコードでは、最初の 8 バイトを data、次の 4 バイト
を option、最後の 4 バイトを control というフィールド名にしていますから、
control の bit10 から 15 を取り出した値が TRB Type となります。

上のログによれば、control は 34817 == 0x8801 ですから、これの bit8-15 は
0x88, これを 2 ビット右にシフト、つまり 4 で割れば 0x22 が、TRB Type の
値です。

TRB Type の一覧は、仕様書の「Table 6-91: TRB Type Definitions」[xhci_1_2]
にありますから、ここから 0x22、つまり 16*2+2 = 34 を探すと……ありました！
Port Status Change Event のようですね！

たしかに、ポートをリセットしたことでポートの電源が入り、状態が変化
したわけですから、このイベントが届いているのは想定どおりの挙動です。
EventRing もうまく動いているようですね！ よかったよかった！

● Device Slot の有効化

先の仕様書 [xhci_1_2] によれば、ここまでの処理で port が Enabled 状態に無事
になっていたら、システムソフトウェア（我々 OS のことですね！）は Enable
Slot Command を発行して、該当する port のための Device Slot を確保する
必要があるようです。

まずは、ポートの状態が本当に Enabled になっているかどうか、確かめてみ

395

第5章 ┃ ハードウェアを制御する (1) ── デバイスを動かす方法を知る

ましょう。

ポートの状態は、PORTSC の各ビットの状態を、仕様書の「4.19.1: Root Hub Port State Machines」[xhci_1_2] に示されている状態図と照合することでわかります。

ただ、この状態図は、USB2 と USB3、どちらの規格のポートであるかによって、別々に定義されており、しかも状態がたくさんあって、たいへん複雑です。

これを全部実装するのはつらいですが、実はよく見てみると、どちらの図においても、Enabled 状態に対応する PORTSC のビットは同じことがわかります。

具体的には (1, 1, 1, 0) == (PP, CCS, PED, PR) であれば、その port は Enabled の状態にある、と言って差し支えなさそうです。

本当はエラーハンドリングとかをちゃんとしないといけないかもしれませんが、自作 OS なのでそこらへんは「必要になるまで実装しない」という方針で、気楽にいきましょう。全部のエラーケースを網羅していたら、宇宙が終わってしまうかもしれませんからね……。

ということで、enabled であるか否かだけを判定する関数を足して、一応 Enabled になっていることを確認してみましょう。

```
src/xhci.rs
impl PciXhciDriver {
    // << 中略 >>
                info!("xhci: resetting port {port}");
                portsc.reset_port().await;
                info!("xhci: port {port} has been reset");
                if portsc.is_enabled() {
                    info!("xhci: port {port} is enabled");
                }
            }
        }
        Ok(())

// << 中略 >>

impl PortScEntry {
    // << 中略 >>
            yield_execution().await
        }
    }
    pub fn ped(&self) -> bool {
        // PED - Port Enabled/Disabled - RW1CS
        self.bit(1)
    }
    pub fn is_enabled(&self) -> bool {
```

USB コントローラ（xHCI）のドライバを実装する

```
            self.pp() && self.ccs() && self.ped() && !self.pr()
    }
}
```

ここまでを実装して cargo run を実行すると、以下のような出力が得られます。

```
[INFO]  src/xhci.rs:124: xhci: port 5 is connected
[INFO]  src/xhci.rs:126: xhci: resetting port 5
[INFO]  src/xhci.rs:128: xhci: port 5 has been reset
[INFO]  src/xhci.rs:130: xhci: port 5 is enabled
```

無事に port 5 が enabled になっていることが確認できました。よかった！

● USB ポートの初期化処理を整理する

さて、USB デバイスの初期化処理に入る前に、ポートの初期化処理を関数に
切り出しておきましょう。

src/xhci.rs
```
impl PciXhciDriver {
    // << 中略 >>
        }
        if let Some(port) = connected_port {
            info!("xhci: port {port} is connected");
            if let Some(portsc) = xhc.regs.portsc.get(port) {
                info!("xhci: resetting port {port}");
                portsc.reset_port().await;
                info!("xhci: port {port} has been reset");
                if portsc.is_enabled() {
                    info!("xhci: port {port} is enabled");
                }
            }
            Self::init_port(xhc, port).await?;
        }
        Ok(())
    }
    async fn init_port(xhc: Rc<Controller>, port: usize) -> Result<()> {
        let portsc = xhc.regs.portsc.get(port).ok_or("invalid portsc")?;
        info!("xhci: resetting port {port}");
        portsc.reset_port().await;
        info!("xhci: port {port} has been reset");
        portsc
            .is_enabled()
            .then_some(())
            .ok_or("port is not enabled")?;
        info!("xhci: port {port} is enabled");
        Ok(())
    }
```

397

第5章 ハードウェアを制御する (1) ──デバイスを動かす方法を知る

```
}

#[repr(C)]
```

ここまでの内容を実装して `cargo run` を実行すると、以下のような出力が得られます。

```
[INFO]  src/xhci.rs:124: xhci: port 5 is connected
[INFO]  src/xhci.rs:131: xhci: resetting port 5
[INFO]  src/xhci.rs:133: xhci: port 5 has been reset
[INFO]  src/xhci.rs:138: xhci: port 5 is enabled
```

先ほどと同様の挙動で問題なさそうですね。

では引き続き仕様書に従って、Enable Slot Command を送信しましょう。

このコマンドを実行することで、xHC は port という物理的なインタフェースに対して Slot という抽象的な資源を割り当てます。

```
src/xhci.rs
use alloc::vec::Vec;
use core::alloc::Layout;
use core::cmp::max;
use core::future::Future;
use core::marker::PhantomPinned;
use core::mem::size_of;
use core::mem::MaybeUninit;

// << 中略 >>

use core::ptr::read_volatile;
use core::ptr::write_volatile;
use core::slice;
use core::task::Context;
use core::task::Poll;

struct XhcRegisters {
    cap_regs: Mmio<CapabilityRegisters>,
    op_regs: Mmio<OperationalRegisters>,
    rt_regs: Mmio<RuntimeRegisters>,
    doorbell_regs: Vec<Rc<Doorbell>>,
    portsc: PortSc,
}


// << 中略 >>

impl PciXhciDriver {
    // << 中略 >>
```

398

USB コントローラ（xHCI）のドライバを実装する

```rust
                    as *mut RuntimeRegisters)
        };
        let portsc = PortSc::new(bar0, cap_regs.as_ref());
        let num_slots = cap_regs.as_ref().num_of_ports();
        let mut doorbell_regs = Vec::new();
        for i in 0..=num_slots {
            let ptr = unsafe {
                bar0.addr().add(cap_regs.as_ref().dboff()).add(4 * i)
                    as *mut u32
            };
            doorbell_regs.push(Rc::new(Doorbell::new(ptr)))
        }
        // number of doorbells will be 1 + num_slots since doorbell[] is for the
        // host controller.
        assert!(doorbell_regs.len() == 1 + num_slots);
        Ok(XhcRegisters {
            cap_regs,
            op_regs,
            rt_regs,
            portsc,
            doorbell_regs,
        })
    }
    pub fn attach(pci: &Pci, bdf: BusDeviceFunction) -> Result<()> {
```

`// << 中略 >>`

```rust
        }
        if let Some(port) = connected_port {
            info!("xhci: port {port} is connected");
            Self::init_port(xhc, port).await?;
            let slot = Self::init_port(xhc, port).await?;
            info!("slot {slot} is assigned for port {port}");
        }
        Ok(())
    }
    async fn init_port(xhc: Rc<Controller>, port: usize) -> Result<()> {
    async fn init_port(xhc: Rc<Controller>, port: usize) -> Result<u8> {
        let portsc = xhc.regs.portsc.get(port).ok_or("invalid portsc")?;
        info!("xhci: resetting port {port}");
        portsc.reset_port().await;
```

`// << 中略 >>`

```rust
            .then_some(())
            .ok_or("port is not enabled")?;
        info!("xhci: port {port} is enabled");
        Ok(())
        let slot = xhc
            .send_command(GenericTrbEntry::cmd_enable_slot())
            .await?
            .slot_id();
        Ok(slot)
```

第5章 ハードウェアを制御する (1)──デバイスを動かす方法を知る

```rust
    }
}

// << 中略 >>

impl CapabilityRegisters {
    // << 中略 >>
    fn num_of_ports(&self) -> usize {
        extract_bits(self.hcsparams1.read(), 24, 8) as usize
    }
    pub fn dboff(&self) -> usize {
        self.dboff.read() as usize
    }
}

// [xhci_1_2] p.31

// << 中略 >>

impl Controller {
    // << 中略 >>
        unsafe { self.regs.op_regs.get_unchecked_mut() }
            .set_dcbaa_ptr(&mut self.device_context_base_array.lock())
    }
    async fn send_command(
        &self,
        cmd: GenericTrbEntry,
    ) -> Result<GenericTrbEntry> {
        let cmd_ptr = self.command_ring.lock().push(cmd)?;
        self.notify_xhc();
        EventFuture::new_for_trb(&self.primary_event_ring, cmd_ptr).await
    }
    fn notify_xhc(&self) {
        self.regs.doorbell_regs[0].notify(0, 0);
    }
}

struct EventRing {

// << 中略 >>

impl EventRing {
    // << 中略 >>
    fn has_next_event(&self) -> bool {
        self.ring.as_ref().current().cycle_state() == self.cycle_state_ours
    }
    pub fn register_waiter(&mut self, wait: &Rc<EventWaitInfo>) {
        let wait = Rc::downgrade(wait);
        self.wait_list.push_back(wait);
    }
}
#[repr(C, align(4096))]
```

USB コントローラ（xHCI）のドライバを実装する

```rust
struct EventRingSegmentTableEntry {

// << 中略 >>

impl TrbRing {
    // << 中略 >>
    fn current_ptr(&self) -> usize {
        &self.trb[self.current_index] as *const GenericTrbEntry as usize
    }
    fn advance_index(&mut self, new_cycle: bool) -> Result<()> {
        if self.current().cycle_state() == new_cycle {
            return Err("cycle state does not change");
        }
        self.trb[self.current_index].set_cycle_state(new_cycle);
        self.current_index = (self.current_index + 1) % self.trb.len();
        Ok(())
    }
    fn write_current(&mut self, trb: GenericTrbEntry) {
        self.write(self.current_index, trb)
            .expect("writing to the current index shall not fail")
    }
}

#[derive(Debug, Copy, Clone)]

// << 中略 >>

impl GenericTrbEntry {
    // << 中略 >>
    fn set_trb_type(&mut self, trb_type: TrbType) {
        self.control.write_bits(10, 6, trb_type as u32).unwrap()
    }
    pub fn set_cycle_state(&mut self, cycle: bool) {
        self.control.write_bits(0, 1, cycle.into()).unwrap()
    }
    fn set_toggle_cycle(&mut self, value: bool) {
        self.control.write_bits(1, 1, value.into()).unwrap()
    }

// << 中略 >>

    fn cycle_state(&self) -> bool {
        self.control.read_bits(0, 1) != 0
    }
    pub fn cmd_enable_slot() -> Self {
        let mut trb = Self::default();
        trb.set_trb_type(TrbType::EnableSlotCommand);
        trb
    }
}

struct CommandRing {
    ring: IoBox<TrbRing>,
```

第5章　ハードウェアを制御する (1) ──デバイスを動かす方法を知る

```rust
    _cycle_state_ours: bool,
    cycle_state_ours: bool,
}
impl CommandRing {
    fn ring_phys_addr(&self) -> u64 {
        self.ring.as_ref() as *const TrbRing as u64
    }
    pub fn push(&mut self, mut src: GenericTrbEntry) -> Result<u64> {
        // Calling get_unchecked_mut() here is safe
        // as far as this function does not move the ring out.
        let ring = unsafe { self.ring.get_unchecked_mut() };
        if ring.current().cycle_state() != self.cycle_state_ours {
            return Err("Command Ring is Full");
        }
        src.set_cycle_state(self.cycle_state_ours);
        let dst_ptr = ring.current_ptr();
        ring.write_current(src);
        ring.advance_index(!self.cycle_state_ours)?;
        if ring.current().trb_type() == TrbType::Link as u32 {
            // Reached to Link TRB. Let's skip it and toggle the cycle.
            ring.advance_index(!self.cycle_state_ours)?;
            self.cycle_state_ours = !self.cycle_state_ours;
        }
        // The returned ptr will be used for waiting on command completion
        // events.
        Ok(dst_ptr as u64)
    }
}
impl Default for CommandRing {
    fn default() -> Self {
        let mut this = Self {
            ring: TrbRing::new(),
            _cycle_state_ours: false,
            cycle_state_ours: false,
        };
        let link_trb = GenericTrbEntry::trb_link(this.ring.as_ref());
        unsafe { this.ring.get_unchecked_mut() }

// << 中略 >>

impl Default for CommandRing {
    // << 中略 >>
    }
}

#[derive(Debug)]
#[derive(Debug, Default)]
struct EventWaitCond {
    trb_type: Option<TrbType>,
    trb_addr: Option<u64>,

// << 中略 >>
```

USB コントローラ（xHCI）のドライバを実装する

```rust
impl PortScEntry {
    // << 中略 >>
        self.pp() && self.ccs() && self.ped() && !self.pr()
    }
}


// [xhci] 4.7 Doorbells
// index 0: for the host controller
// index 1-255: for device contexts (index by a Slot ID)
// DO NOT implement Copy trait - this should be the only instance to have the
// ptr.
pub struct Doorbell {
    ptr: Mutex<*mut u32>,
}
impl Doorbell {
    pub fn new(ptr: *mut u32) -> Self {
        Self {
            ptr: Mutex::new(ptr),
        }
    }
    // [xhci] 5.6 Doorbell Registers
    // bit 0..8: DB Target
    // bit 8..16: RsvdZ
    // bit 16..32: DB Task ID
    // index 0: for the host controller
    // index 1-255: for device contexts (index by a Slot ID)
    pub fn notify(&self, target: u8, task: u16) {
        let value = (target as u32) | (task as u32) << 16;
        // SAFETY: This is safe as long as the ptr is valid
        unsafe {
            write_volatile(*self.ptr.lock(), value);
        }
    }
}
#[derive(Clone)]
struct EventFuture {
    wait_on: Rc<EventWaitInfo>,
    _pinned: PhantomPinned,
}
impl EventFuture {
    fn new(event_ring: &Mutex<EventRing>, cond: EventWaitCond) -> Self {
        let wait_on = EventWaitInfo {
            cond,
            trbs: Default::default(),
        };
        let wait_on = Rc::new(wait_on);
        event_ring.lock().register_waiter(&wait_on);
        Self {
            wait_on,
            _pinned: PhantomPinned,
        }
    }
    fn new_for_trb(event_ring: &Mutex<EventRing>, trb_addr: u64) -> Self {
```

403

第 5 章 ┃ ハードウェアを制御する (1) ——デバイスを動かす方法を知る

```
        let trb_addr = Some(trb_addr);
        Self::new(
            event_ring,
            EventWaitCond {
                trb_addr,
                ..Default::default()
            },
        )
    }
}
impl Future for EventFuture {
    type Output = Result<GenericTrbEntry>;
    fn poll(
        self: Pin<&mut Self>,
        _: &mut Context,
    ) -> Poll<Result<GenericTrbEntry>> {
        let mut_self = unsafe { self.get_unchecked_mut() };
        if let Some(trb) = mut_self.wait_on.trbs.lock().pop_front() {
            Poll::Ready(Ok(trb))
        } else {
            Poll::Pending
        }
    }
}
```

cargo run すると、以下の出力が得られます。

```
[INFO] src/xhci.rs:154: slot 2 is assigned for port 5
```

　なぜわざわざ Slot 番号を割り当てるなんて面倒なことをするんだ！ 直接 port
番号でやりとりをすればいいじゃないか！ と思われるかもしれませんが、これ
には理由があります。USB にはハブがあり、USB のルートハブのポート番号で
ある port と、そこにつながっているデバイスというのは 1 対 1 の関係にありま
せん。ですから、port 番号だけ与えられても、どのデバイスをやりとりすれば
よいのか xHC は判断できないのです。

　もちろん、根本から各階層のハブのポート番号を列挙してデバイスまでの道
のりを表現すれば 1 対 1 対応になりますが、毎回これを指定するのは面倒です
よね（これは USB における Route String と呼ばれる概念で、仕様書の「4.3.3:
Device Slot Initialization」[xhci_1_2] でも触れられています）。また、これ以降
の USB デバイス初期化のプロセスで設定されるさまざまな情報も slot に紐付く
形で管理されるため、xHC を介してデバイスとやりとりをする際に、すべてを
OS が指定しなくても、Slot 番号だけを指定すれば、細かい部分は xHC がよし
なに取り計らってくれるわけです。

404

USB コントローラ（xHCI）のドライバを実装する

そういうわけで、無事 Slot の割り当てを受けられたようなので、次に進みましょう！

● **Address Device コマンド—— USB デバイスにアドレスを割り当てる**

Enable Slot を発行しただけでは、まだデバイスとの通信は確立していません。というのも、USB はバス型のプロトコル、つまり複数のデバイスが同じ通信線を共有するしくみなので、ある信号を送った際に、その信号は複数のデバイスが観測できてしまいます。そこで、ある通信がどのデバイスに向けたものであるかを識別する必要があります。そのために USB デバイスはそれぞれアドレスという、そのバス内で一意の番号を持ちます。この、バス内で一意な番号を割り当てる作業を行うためのコマンドが、Address Device コマンドです。ちなみに USB デバイスは、接続された直後は、デフォルトのアドレス 0 を使用します。したがって、この Address Device コマンドが完了する前に複数の Slot を有効化してしまうと、アドレス 0 を持つデバイスが複数存在する状態になるので、混乱してうまく動きません。ですから、このコマンドが終わるまでは、ほかの USB デバイスが接続されていたとしても、初期化を開始するのは得策ではありません。

……まあ、今のところはデバイスも 1 個だけですし、さっさと送信しましょう。

さて、この Address Device コマンドを送るにあたって、いくつかのコンテキストを xHC のために確保してあげないといけません。これらのコンテキストは、xHC がデバイスの状態を記録したり、xHC がデバイスをどのように扱えばよいか OS 側から指示したりする際に利用されます。大雑把な構造は xHC の初期化の際に示しましたが、具体的な設定はこの段階で行います。

詳細な手順については、xHCI 仕様書の「4.3.3 Device Slot Initialization」[xhci_1_2] に解説があります。

```
src/xhci.rs
impl PciXhciDriver {
    // << 中略 >>
    }
    if let Some(port) = connected_port {
        info!("xhci: port {port} is connected");
        let slot = Self::init_port(xhc, port).await?;
        let slot = Self::init_port(&xhc, port).await?;
        info!("slot {slot} is assigned for port {port}");
        Self::address_device(&xhc, port, slot).await?;
```

405

第5章 ハードウェアを制御する (1) ──デバイスを動かす方法を知る

```rust
            info!("AddressDeviceCommand succeeded");
        }
        Ok(())
    }
    async fn init_port(xhc: Rc<Controller>, port: usize) -> Result<u8> {
    async fn init_port(xhc: &Rc<Controller>, port: usize) -> Result<u8> {
        let portsc = xhc.regs.portsc.get(port).ok_or("invalid portsc")?;
        info!("xhci: resetting port {port}");
        portsc.reset_port().await;

// << 中略 >>

            .slot_id();
        Ok(slot)
    }
    async fn address_device(
        xhc: &Rc<Controller>,
        port: usize,
        slot: u8,
    ) -> Result<()> {
        // Setup an input context and send AddressDevice command.
        // 4.3.3 Device Slot Initialization
        let output_context = Box::pin(OutputContext::default());
        xhc.set_output_context_for_slot(slot, output_context);
        let mut input_ctrl_ctx = InputControlContext::default();
        input_ctrl_ctx.add_context(0)?;
        input_ctrl_ctx.add_context(1)?;
        let mut input_context = Box::pin(InputContext::default());
        input_context.as_mut().set_input_ctrl_ctx(input_ctrl_ctx)?;
        // 3. Initialize the Input Slot Context data structure (6.2.2)
        input_context.as_mut().set_root_hub_port_number(port)?;
        input_context.as_mut().set_last_valid_dci(1)?;
        // 4. Initialize the Transfer Ring for the Default Control Endpoint
        // 5. Initialize the Input default control Endpoint 0 Context (6.2.3)
        let portsc = xhc.regs.portsc.get(port).ok_or("PORTSC was invalid")?;
        input_context.as_mut().set_port_speed(portsc.port_speed())?;
        let ctrl_ep_ring = CommandRing::default();
        input_context.as_mut().set_ep_ctx(
            1,
            EndpointContext::new_control_endpoint(
                portsc.max_packet_size()?,
                ctrl_ep_ring.ring_phys_addr(),
            )?,
        )?;
        // 8. Issue an Address Device Command for the Device Slot
        let cmd =
            GenericTrbEntry::cmd_address_device(input_context.as_ref(), slot);
        xhc.send_command(cmd).await?.cmd_result_ok()?;
        Ok(())
    }
}

#[repr(C)]
```

USB コントローラ（xHCI）のドライバを実装する

```rust
// << 中略 >>

struct EndpointContext {
    // << 中略 >>
    _reserved: [u32; 3],
}
const _: () = assert!(size_of::<EndpointContext>() == 0x20);
impl EndpointContext {
    fn new() -> Self {
        unsafe { MaybeUninit::zeroed().assume_init() }
    }
    fn new_control_endpoint(
        max_packet_size: u16,
        tr_dequeue_ptr: u64,
    ) -> Result<Self> {
        let mut ep = Self::new();
        ep.set_ep_type(EndpointType::Control)?;
        ep.set_dequeue_cycle_state(true)?;
        ep.set_error_count(3)?;
        ep.set_max_packet_size(max_packet_size);
        ep.set_ring_dequeue_pointer(tr_dequeue_ptr)?;
        ep.average_trb_length = 8;
        // 6.2.3: Software shall set Average TRB Length to '8'
        // for control endpoints.
        Ok(ep)
    }
    fn set_ring_dequeue_pointer(&mut self, tr_dequeue_ptr: u64) -> Result<()> {
        self.tr_dequeue_ptr.write_bits(4, 60, tr_dequeue_ptr >> 4)
    }
    fn set_max_packet_size(&mut self, max_packet_size: u16) {
        let max_packet_size = max_packet_size as u32;
        self.data[1] &= !(0xffff << 16);
        self.data[1] |= max_packet_size << 16;
    }
    fn set_error_count(&mut self, error_count: u32) -> Result<()> {
        if error_count & !0b11 == 0 {
            self.data[1] &= !(0b11 << 1);
            self.data[1] |= error_count << 1;
            Ok(())
        } else {
            Err("invalid error_count")
        }
    }
    fn set_dequeue_cycle_state(&mut self, dcs: bool) -> Result<()> {
        self.tr_dequeue_ptr.write_bits(0, 1, dcs.into())
    }
    fn set_ep_type(&mut self, ep_type: EndpointType) -> Result<()> {
        let raw_ep_type = ep_type as u32;
        if raw_ep_type < 8 {
            self.data[1] &= !(0b111 << 3);
            self.data[1] |= raw_ep_type << 3;
            Ok(())
```

407

第5章 ┃ ハードウェアを制御する (1) ──デバイスを動かす方法を知る

```
        } else {
            Err("Invalid ep_type")
        }
    }
}

#[repr(C, align(32))]
#[derive(Default)]
struct DeviceContext {
    slot_ctx: [u32; 8],
    ep_ctx: [EndpointContext; 2 * 15 + 1],
    _pinned: PhantomPinned,
}
const _: () = assert!(size_of::<DeviceContext>() == 0x400);
impl DeviceContext {
    fn set_port_speed(&mut self, mode: UsbMode) -> Result<()> {
        if mode.psi() < 16u32 {
            self.slot_ctx[0] &= !(0xF << 20);
            self.slot_ctx[0] |= (mode.psi()) << 20;
            Ok(())
        } else {
            Err("psi out of range")
        }
    }
    fn set_last_valid_dci(&mut self, dci: usize) -> Result<()> {
        // - 6.2.2:
        // ...the index (dci) of the last valid Endpoint Context
        // This field indicates the size of the Device Context structure.
        // For example, ((Context Entries+1) * 32 bytes) = Total bytes for this
        // structure.
        // - 6.2.2.2:
        // A 'valid' Input Slot Context for a Configure Endpoint Command
        // requires the Context Entries field to be initialized to
        // the index of the last valid Endpoint Context that is
        // defined by the target configuration
        if dci <= 31 {
            self.slot_ctx[0] &= !(0b11111 << 27);
            self.slot_ctx[0] |= (dci as u32) << 27;
            Ok(())
        } else {
            Err("num_ep_ctx out of range")
        }
    }
    fn set_root_hub_port_number(&mut self, port: usize) -> Result<()> {
        if 0 < port && port < 256 {
            self.slot_ctx[1] &= !(0xFF << 16);
            self.slot_ctx[1] |= (port as u32) << 16;
            Ok(())
        } else {
            Err("port out of range")
        }
    }
}
```

USB コントローラ（xHCI）のドライバを実装する

```rust
const _: () = assert!(size_of::<DeviceContext>() == 0x400);
#[repr(C, align(4096))]
#[derive(Default)]
struct OutputContext {

// << 中略 >>


struct DeviceContextBaseAddressArray {
    inner: Pin<Box<RawDeviceContextBaseAddressArray>>,
    _context: [Option<Pin<Box<OutputContext>>>; 255],
    // NB: the index of context is [slot - 1], not slot.
    context: [Option<Pin<Box<OutputContext>>>; 255],
    _scratchpad_buffers: ScratchpadBuffers,
}
impl DeviceContextBaseAddressArray {

// << 中略 >>

impl DeviceContextBaseAddressArray {
    // << 中略 >>
        let inner = Box::pin(inner);
        Self {
            inner,
            _context: unsafe { MaybeUninit::zeroed().assume_init() },
            context: unsafe { MaybeUninit::zeroed().assume_init() },
            _scratchpad_buffers: scratchpad_buffers,
        }
    }
    fn inner_mut_ptr(&mut self) -> *const RawDeviceContextBaseAddressArray {
        self.inner.as_ref().get_ref() as *const RawDeviceContextBaseAddressArray
    }
    fn set_output_context(
        &mut self,
        slot: u8,
        output_context: Pin<Box<OutputContext>>,
    ) {
        let ctx_idx = slot as usize - 1;
        // Own the output context here
        self.context[ctx_idx] = Some(output_context);
        // ...and set it in the actual pointer array
        unsafe {
            self.inner.as_mut().get_unchecked_mut().context[ctx_idx] =
                self.context[ctx_idx]
                    .as_ref()
                    .expect("Output Context was None")
                    .as_ref()
                    .get_ref() as *const OutputContext as u64;
        }
    }
}
```

409

第5章 ハードウェアを制御する (1) ——デバイスを動かす方法を知る

```rust
struct Controller {

// << 中略 >>

impl Controller {
    // << 中略 >>
    fn notify_xhc(&self) {
        self.regs.doorbell_regs[0].notify(0, 0);
    }
    fn set_output_context_for_slot(
        &self,
        slot: u8,
        output_context: Pin<Box<OutputContext>>,
    ) {
        self.device_context_base_array
            .lock()
            .set_output_context(slot, output_context);
    }
}

struct EventRing {

// << 中略 >>

impl GenericTrbEntry {
    // << 中略 >>
        trb.set_trb_type(TrbType::EnableSlotCommand);
        trb
    }
    pub fn completion_code(&self) -> u32 {
        self.option.read_bits(24, 8)
    }
    fn cmd_result_ok(&self) -> Result<()> {
        if self.trb_type() != TrbType::CommandCompletionEvent as u32 {
            Err("Not a CommandCompletionEvent")
        } else if self.completion_code() != 1 {
            info!(
                "Completion code was not Success. actual = {}",
                self.completion_code()
            );
            Err("CompletionCode was not Success")
        } else {
            Ok(())
        }
    }
    fn set_slot_id(&mut self, slot: u8) {
        self.control.write_bits(24, 8, slot as u32).unwrap()
    }
    fn cmd_address_device(input_context: Pin<&InputContext>, slot: u8) -> Self {
        let mut trb = Self::default();
        trb.set_trb_type(TrbType::AddressDeviceCommand);
        trb.data
            .write(input_context.get_ref() as *const InputContext as u64);
```

410

```rust
            trb.set_slot_id(slot);
            trb
        }
}

struct CommandRing {

// << 中略 >>

impl PortScEntry {
    // << 中略 >>
    pub fn is_enabled(&self) -> bool {
        self.pp() && self.ccs() && self.ped() && !self.pr()
    }
    pub fn max_packet_size(&self) -> Result<u16> {
        match self.port_speed() {
            UsbMode::FullSpeed | UsbMode::LowSpeed => Ok(8),
            UsbMode::HighSpeed => Ok(64),
            UsbMode::SuperSpeed => Ok(512),
            _ => Err("Unknown Protocol Speeed ID"),
        }
    }
    pub fn port_speed(&self) -> UsbMode {
        // Port Speed - ROS
        // Returns Protocol Speed ID (PSI). See 7.2.1 of xhci spec.
        // Default mapping is in Table 7-13: Default USB Speed ID Mapping.
        match extract_bits(self.value(), 10, 4) {
            1 => UsbMode::FullSpeed,
            2 => UsbMode::LowSpeed,
            3 => UsbMode::HighSpeed,
            4 => UsbMode::SuperSpeed,
            v => UsbMode::Unknown(v),
        }
    }
}

// [xhci] 4.7 Doorbells

// << 中略 >>

impl Future for EventFuture {
    // << 中略 >>
        }
    }
}

#[repr(C, align(32))]
#[derive(Default)]
pub struct InputControlContext {
    drop_context_bitmap: u32,
    add_context_bitmap: u32,
    data: [u32; 6],
    _pinned: PhantomPinned,
```

第5章 ■ ハードウェアを制御する (1)──デバイスを動かす方法を知る

```rust
}
const _: () = assert!(size_of::<InputControlContext>() == 0x20);
impl InputControlContext {
    pub fn add_context(&mut self, ici: usize) -> Result<()> {
        if ici < 32 {
            self.add_context_bitmap |= 1 << ici;
            Ok(())
        } else {
            Err("Input context index out of range")
        }
    }
}

#[repr(C, align(4096))]
#[derive(Default)]
pub struct InputContext {
    input_ctrl_ctx: InputControlContext,
    device_ctx: DeviceContext,
    //
    _pinned: PhantomPinned,
}
const _: () = assert!(size_of::<InputContext>() <= 4096);
impl InputContext {
    fn set_ep_ctx(
        self: &mut Pin<&mut Self>,
        dci: usize,
        ep_ctx: EndpointContext,
    ) -> Result<()> {
        unsafe {
            self.as_mut().get_unchecked_mut().device_ctx.ep_ctx[dci - 1] =
                ep_ctx
        }
        Ok(())
    }
    fn set_input_ctrl_ctx(
        self: &mut Pin<&mut Self>,
        input_ctrl_ctx: InputControlContext,
    ) -> Result<()> {
        unsafe {
            self.as_mut().get_unchecked_mut().input_ctrl_ctx = input_ctrl_ctx
        }
        Ok(())
    }
    fn set_port_speed(self: &mut Pin<&mut Self>, psi: UsbMode) -> Result<()> {
        unsafe { self.as_mut().get_unchecked_mut() }
            .device_ctx
            .set_port_speed(psi)
    }
    fn set_root_hub_port_number(
        self: &mut Pin<&mut Self>,
        port: usize,
    ) -> Result<()> {
        unsafe { self.as_mut().get_unchecked_mut() }
```

412

USB コントローラ（xHCI）のドライバを実装する

```
            .device_ctx
            .set_root_hub_port_number(port)
    }
    fn set_last_valid_dci(self: &mut Pin<&mut Self>, dci: usize) -> Result<()> {
        unsafe { self.as_mut().get_unchecked_mut() }
            .device_ctx
            .set_last_valid_dci(dci)
    }
}

#[derive(Debug, Copy, Clone)]
#[repr(u8)]
#[derive(PartialEq, Eq)]
pub enum EndpointType {
    IsochOut = 1,
    BulkOut = 2,
    InterruptOut = 3,
    Control = 4,
    IsochIn = 5,
    BulkIn = 6,
    InterruptIn = 7,
}

#[derive(PartialEq, Eq, Debug, Copy, Clone)]
pub enum UsbMode {
    Unknown(u32),
    FullSpeed,
    LowSpeed,
    HighSpeed,
    SuperSpeed,
}
impl UsbMode {
    pub fn psi(&self) -> u32 {
        match *self {
            Self::FullSpeed => 1,
            Self::LowSpeed => 2,
            Self::HighSpeed => 3,
            Self::SuperSpeed => 4,
            Self::Unknown(psi) => psi,
        }
    }
}
```

　ここまでの内容を実装して cargo run を実行すると、以下のような出力が得ら
れます。

```
[INFO]  src/xhci.rs:142: slot 1 is assigned for port 5
[INFO]  src/xhci.rs:144: AddressDeviceCommand succeeded
```

　よかった！ 無事に Address Device Command が完了したようです。

第 5 章 ハードウェアを制御する (1) ── デバイスを動かす方法を知る

　これで USB デバイスに USB のプロトコルでいうアドレスが付与されたので、以降はホストとデバイスが USB のレイヤでやりとりできるようになります。したがって、以降は xHCI 固有の処理よりも、USB そのものの仕様で定義された処理を主に取り扱うことになります。ちょうど切りも良いので本章はここでいったんお開きにして、次の第 6 章では USB デバイスを動かすドライバを実装して、USB キーボードなどのデバイスを実際に使えるようにしていきましょう！

第6章

ハードウェアを
制御する(2)

USB デバイスを
使えるようにする

第6章 ┃ ハードウェアを制御する (2) ── USB デバイスを使えるようにする

本章の目標

　ここでは第 5 章から引き続いて「ハードウェアの制御」について扱います。本章では、その中でも特に USB デバイスの制御について、実際にドライバを書きながら学んでいきます。本章の主なゴールは次の 3 点です。

・USB デバイスの情報を取得する
・USB キーボードのドライバを書く
・USB タブレットのドライバを書く

　本章は I 巻の総仕上げとなる内容ですので実装量も多いですが、各自のペースで楽しみながら進めていきましょう！

USB デバイスの情報を取得する

　第 5 章までの実装により、めでたく USB デバイスにアドレスを割り当てることができました。これにより、OS とデバイスが USB のレイヤでやりとりをする準備が整ったわけです。しかし今回初期化した USB デバイスがいったい何者なのか、私達はまだ把握できていません。ということで、まずは相手が何者なのか尋ねてみることにしましょう。

Device Descriptor の取得

　みなさんが普段 USB デバイス（たとえば USB メモリなど）を PC につないだとき、特に設定しなくても良い感じに使えるようになりますよね。これは USB の規格で、各デバイスが何者なのかを OS に伝える枠組みが定義されているからです。このしくみの中で最も基礎となるものが、Device Descriptor というデータになります。この Device Descriptor の中身を見ることで、それがキーボードなのかマウスなのか、はたまた Web カメラや USB メモリなのかを判別できるのです。

　Device Descriptor を取得するためには、対象となる USB デバイスの

Control Endpoint に対して、USB の Transfer Request を発行します。

Transfer Request には Setup、Data、Status の 3 つの stage があり、xHC ではそれぞれに対して TRB が定義されています。

USB は常にホスト側から通信を始めるプロトコルなので、Setup Stage ではホスト側からデバイス側に対して、どのようなやりとりをするのかを示すデータが送られます。Setup Stage の内容をもとに、次の 2 つの Stage でデータの転送が行われます。

Device Descriptor を取得するリクエストの場合、USB デバイスから Descriptor の内容を転送したいので、コントローラから見て in 方向の Data Stage となります。その次に続く Status Stage では、Data Stage の転送が正しく完了したことをデータを受け取った側が返信することになるため、Data Stage とは逆方向、つまり今回の場合は out 方向の転送となるような Status Stage になるわけです。

ちなみに、特にデータ転送の発生しない Transfer Request の場合には Data Stage は省略されることがありますが、その場合はデバイス側からリクエストが無事に完了したことを通知するため、in 方向の Status Stage が利用されます。

`src/lib.rs`
```
pub mod mmio;
pub mod mutex;
pub mod pci;
pub mod pin;
pub mod print;
pub mod qemu;
pub mod result;
```

`src/pin.rs`
```
use crate::result::Result;
use core::mem::size_of;
use core::pin::Pin;
use core::slice;

/// # Safety
/// Implementing this trait is safe only when the target type can be constructed
/// from any byte sequences that has the same size. If not, modification made
/// via the byte slice produced by as_mut_slice can be an undefined behavior
/// since the bytes can not be interpreted as the original type.
pub unsafe trait IntoPinnedMutableSlice: Sized + Copy + Clone {
    fn as_mut_slice(self: Pin<&mut Self>) -> Pin<&mut [u8]> {
        Pin::new(unsafe {
```

第6章 ┃ ハードウェアを制御する (2) ── USB デバイスを使えるようにする

```rust
                slice::from_raw_parts_mut(
                    self.get_unchecked_mut() as *mut Self as *mut u8,
                    size_of::<Self>(),
                )
        })
    }
    fn as_mut_slice_sized(
        self: Pin<&mut Self>,
        size: usize,
    ) -> Result<Pin<&mut [u8]>> {
        if size > size_of::<Self>() {
            Err("Cannot take mut slice longer than the object")
        } else {
            Ok(Pin::new(unsafe {
                slice::from_raw_parts_mut(
                    self.get_unchecked_mut() as *mut Self as *mut u8,
                    size,
                )
            }))
        }
    }
}
```

`src/xhci.rs`

```rust
use crate::pci::BusDeviceFunction;
use crate::pci::Pci;
use crate::pci::VendorDeviceId;
use crate::pin::IntoPinnedMutableSlice;
use crate::result::Result;
use crate::volatile::Volatile;
use crate::x86::busy_loop_hint;

// << 中略 >>

use core::future::Future;
use core::marker::PhantomPinned;
use core::mem::size_of;
use core::mem::transmute;
use core::mem::MaybeUninit;
use core::ops::Range;
use core::pin::Pin;

// << 中略 >>

impl PciXhciDriver {
    // << 中略 >>
            info!("xhci: port {port} is connected");
            let slot = Self::init_port(&xhc, port).await?;
            info!("slot {slot} is assigned for port {port}");
            Self::address_device(&xhc, port, slot).await?;
            let mut ctrl_ep_ring =
                Self::address_device(&xhc, port, slot).await?;
            info!("AddressDeviceCommand succeeded");
```

418

USB デバイスの情報を取得する

```rust
            let device_descriptor =
                Self::request_device_descriptor(&xhc, slot, &mut ctrl_ep_ring)
                    .await?;
            info!("Got a DeviceDescriptor: {device_descriptor:?}")
        }
        Ok(())
    }

// << 中略 >>

        xhc: &Rc<Controller>,
        port: usize,
        slot: u8,
    ) -> Result<()> {
    ) -> Result<CommandRing> {
        // Setup an input context and send AddressDevice command.
        // 4.3.3 Device Slot Initialization
        let output_context = Box::pin(OutputContext::default());

// << 中略 >>

        let cmd =
            GenericTrbEntry::cmd_address_device(input_context.as_ref(), slot);
        xhc.send_command(cmd).await?.cmd_result_ok()?;
        Ok(())
        Ok(ctrl_ep_ring)
    }
    async fn request_device_descriptor(
        xhc: &Rc<Controller>,
        slot: u8,
        ctrl_ep_ring: &mut CommandRing,
    ) -> Result<UsbDeviceDescriptor> {
        let mut desc = Box::pin(UsbDeviceDescriptor::default());
        xhc.request_descriptor(
            slot,
            ctrl_ep_ring,
            UsbDescriptorType::Device,
            0,
            0,
            desc.as_mut().as_mut_slice(),
        )
        .await?;
        Ok(*desc)
    }
}


// << 中略 >>

impl Controller {
    // << 中略 >>
    fn notify_xhc(&self) {
        self.regs.doorbell_regs[0].notify(0, 0);
```

第6章 ハードウェアを制御する (2) ── USB デバイスを使えるようにする

```
    }
    pub fn notify_ep(&self, slot: u8, dci: usize) -> Result<()> {
        let db = self
            .regs
            .doorbell_regs
            .get(slot as usize)
            .ok_or("invalid slot")?;
        let dci = u8::try_from(dci).or(Err("invalid dci"))?;
        db.notify(dci, 0);
        Ok(())
    }
    fn set_output_context_for_slot(
        &self,
        slot: u8,

// << 中略 >>

            .lock()
            .set_output_context(slot, output_context);
    }
    async fn request_descriptor<T: Sized>(
        &self,
        slot: u8,
        ctrl_ep_ring: &mut CommandRing,
        desc_type: UsbDescriptorType,
        desc_index: u8,
        lang_id: u16,
        buf: Pin<&mut [T]>,
    ) -> Result<()> {
        ctrl_ep_ring.push(
            SetupStageTrb::new(
                SetupStageTrb::REQ_TYPE_DIR_DEVICE_TO_HOST,
                SetupStageTrb::REQ_GET_DESCRIPTOR,
                (desc_type as u16) << 8 | (desc_index as u16),
                lang_id,
                (buf.len() * size_of::<T>()) as u16,
            )
            .into(),
        )?;
        let trb_ptr_waiting =
            ctrl_ep_ring.push(DataStageTrb::new_in(buf).into())?;
        ctrl_ep_ring.push(StatusStageTrb::new_out().into())?;
        self.notify_ep(slot, 1)?;
        EventFuture::new_for_trb(&self.primary_event_ring, trb_ptr_waiting)
            .await?
            .transfer_result_ok()
    }
}

struct EventRing {

// << 中略 >>
```

```
}
const _: () = assert!(size_of::<GenericTrbEntry>() == 16);
impl GenericTrbEntry {
    const CTRL_BIT_INTERRUPT_ON_SHORT_PACKET: u32 = 1 << 2;
    const CTRL_BIT_INTERRUPT_ON_COMPLETION: u32 = 1 << 5;
    const CTRL_BIT_IMMEDIATE_DATA: u32 = 1 << 6;
    const CTRL_BIT_DATA_DIR_IN: u32 = 1 << 16;
    fn trb_link(ring: &TrbRing) -> Self {
        let mut trb = GenericTrbEntry::default();
        trb.set_trb_type(TrbType::Link);

// << 中略 >>

impl GenericTrbEntry {
    // << 中略 >>
            Ok(())
        }
    }
    fn transfer_result_ok(&self) -> Result<()> {
        if self.trb_type() != TrbType::TransferEvent as u32 {
            Err("Not a TransferEvent")
        } else if self.completion_code() != 1 && self.completion_code() != 13 {
            info!(
                "Transfer failed. Actual CompletionCode = {}",
                self.completion_code()
            );
            Err("CompletionCode was not Success")
        } else {
            Ok(())
        }
    }
    fn set_slot_id(&mut self, slot: u8) {
        self.control.write_bits(24, 8, slot as u32).unwrap()
    }

// << 中略 >>

        trb
    }
}
// Following From<*Trb> impls are safe
// since GenericTrbEntry generated from any TRB will be valid.
impl From<SetupStageTrb> for GenericTrbEntry {
    fn from(trb: SetupStageTrb) -> GenericTrbEntry {
        unsafe { transmute(trb) }
    }
}
impl From<DataStageTrb> for GenericTrbEntry {
    fn from(trb: DataStageTrb) -> GenericTrbEntry {
        unsafe { transmute(trb) }
    }
}
impl From<StatusStageTrb> for GenericTrbEntry {
```

第6章 ┃ ハードウェアを制御する (2) ── USB デバイスを使えるようにする

```rust
    fn from(trb: StatusStageTrb) -> GenericTrbEntry {
        unsafe { transmute(trb) }
    }
}

struct CommandRing {
    ring: IoBox<TrbRing>,

// << 中略 >>

impl UsbMode {
    // << 中略 >>
        }
    }
}

#[derive(Debug, Copy, Clone)]
#[repr(u8)]
#[non_exhaustive]
#[allow(unused)]
#[derive(PartialEq, Eq)]
pub enum UsbDescriptorType {
    Device = 1,
    Config = 2,
    String = 3,
    Interface = 4,
    Endpoint = 5,
}

#[derive(Debug, Copy, Clone, Default)]
#[allow(unused)]
#[repr(packed)]
pub struct UsbDeviceDescriptor {
    pub desc_length: u8,
    pub desc_type: u8,
    pub version: u16,
    pub device_class: u8,
    pub device_subclass: u8,
    pub device_protocol: u8,
    pub max_packet_size: u8,
    pub vendor_id: u16,
    pub product_id: u16,
    pub device_version: u16,
    pub manufacturer_idx: u8,
    pub product_idx: u8,
    pub serial_idx: u8,
    pub num_of_config: u8,
}
const _: () = assert!(size_of::<UsbDeviceDescriptor>() == 18);
unsafe impl IntoPinnedMutableSlice for UsbDeviceDescriptor {}

#[derive(Copy, Clone)]
#[repr(C, align(16))]
```

422

USB デバイスの情報を取得する

```rust
pub struct SetupStageTrb {
    // [xHCI] 6.4.1.2.1 Setup Stage TRB
    request_type: u8,
    request: u8,
    value: u16,
    index: u16,
    length: u16,
    option: u32,
    control: u32,
}
const _: () = assert!(size_of::<SetupStageTrb>() == 16);
impl SetupStageTrb {
    // bmRequest bit[7]: Data Transfer Direction
    //      0: Host to Device
    //      1: Device to Host
    pub const REQ_TYPE_DIR_DEVICE_TO_HOST: u8 = 1 << 7;
    pub const REQ_TYPE_DIR_HOST_TO_DEVICE: u8 = 0 << 7;
    // bmRequest bit[5..=6]: Request Type
    //      0: Standard
    //      1: Class
    //      2: Vendor
    //      _: Reserved
    //pub const REQ_TYPE_TYPE_STANDARD: u8 = 0 << 5;
    pub const REQ_TYPE_TYPE_CLASS: u8 = 1 << 5;
    pub const REQ_TYPE_TYPE_VENDOR: u8 = 2 << 5;
    // bmRequest bit[0..=4]: Recipient
    //      0: Device
    //      1: Interface
    //      2: Endpoint
    //      3: Other
    //      _: Reserved
    pub const REQ_TYPE_TO_DEVICE: u8 = 0;
    pub const REQ_TYPE_TO_INTERFACE: u8 = 1;
    //pub const REQ_TYPE_TO_ENDPOINT: u8 = 2;
    //pub const REQ_TYPE_TO_OTHER: u8 = 3;

    pub const REQ_GET_REPORT: u8 = 1;
    pub const REQ_GET_DESCRIPTOR: u8 = 6;
    pub const REQ_SET_CONFIGURATION: u8 = 9;
    pub const REQ_SET_INTERFACE: u8 = 11;
    pub const REQ_SET_PROTOCOL: u8 = 0x0b;

    pub fn new(
        request_type: u8,
        request: u8,
        value: u16,
        index: u16,
        length: u16,
    ) -> Self {
        // Table 4-7: USB SETUP Data to Data Stage TRB and Status Stage TRB
        // mapping
        const TRT_NO_DATA_STAGE: u32 = 0;
        const TRT_OUT_DATA_STAGE: u32 = 2;
```

423

第6章 ハードウェアを制御する (2) —— USB デバイスを使えるようにする

```rust
            const TRT_IN_DATA_STAGE: u32 = 3;
            let transfer_type = if length == 0 {
                TRT_NO_DATA_STAGE
            } else if request & Self::REQ_TYPE_DIR_DEVICE_TO_HOST != 0 {
                TRT_IN_DATA_STAGE
            } else {
                TRT_OUT_DATA_STAGE
            };
            Self {
                request_type,
                request,
                value,
                index,
                length,
                option: 8,
                control: transfer_type << 16
                    | (TrbType::SetupStage as u32) << 10
                    | GenericTrbEntry::CTRL_BIT_IMMEDIATE_DATA,
            }
        }
}

#[derive(Copy, Clone)]
#[repr(C, align(16))]
pub struct DataStageTrb {
    buf: u64,
    option: u32,
    control: u32,
}
const _: () = assert!(size_of::<DataStageTrb>() == 16);
impl DataStageTrb {
    pub fn new_in<T: Sized>(buf: Pin<&mut [T]>) -> Self {
        Self {
            buf: buf.as_ptr() as u64,
            option: (buf.len() * size_of::<T>()) as u32,
            control: (TrbType::DataStage as u32) << 10
                | GenericTrbEntry::CTRL_BIT_DATA_DIR_IN
                | GenericTrbEntry::CTRL_BIT_INTERRUPT_ON_COMPLETION
                | GenericTrbEntry::CTRL_BIT_INTERRUPT_ON_SHORT_PACKET,
        }
    }
}

// Status stage direction will be opposite of the data.
// If there is no data transfer, status direction should be "in".
// See Table 4-7 of xHCI spec.
#[derive(Copy, Clone)]
#[repr(C, align(16))]
struct StatusStageTrb {
    reserved: u64,
    option: u32,
    control: u32,
}
```

USB デバイスの情報を取得する

```
const _: () = assert!(size_of::<StatusStageTrb>() == 16);
impl StatusStageTrb {
    fn new_out() -> Self {
        Self {
            reserved: 0,
            option: 0,
            control: (TrbType::StatusStage as u32) << 10,
        }
    }
}
```

cargo run すると、以下のような出力が得られるはずです。

```
[INFO]  src/xhci.rs:144: Got a DeviceDescriptor: UsbDeviceDescriptor { desc_length:
 18, desc_type: 1, version: 512, device_class: 0, device_subclass: 0, device_proto↵
col: 0, max_packet_size: 64, vendor_id: 1575, product_id: 1, device_version: 0, ma↵
nufacturer_idx: 1, product_idx: 4, serial_idx: 11, num_of_config: 1 }
```

　おめでとうございます！　これが Device Descriptor の中身です。USB デバイスからこのデータが送られてきたんですよ！　感動的ではありませんか？（まあ、エミュレーションですが……でも実機で動かせばもっと感動できます！）
　ところで、みなさんは USB デバイスを接続すると、その製品名が通知や lsusb コマンドの出力で確認できるのを見たことがあるかもしれません。これは、USB の String Descriptor というものを取得することで得られる情報になります。Device Descriptor の中にある、manufacturer_idx や product_idx は、該当する情報が記された string descriptor を取得するときに指定すべき index が記載されています。せっかくなので、これも読み出してみることにしましょう。

`src/xhci.rs`
```
use alloc::collections::VecDeque;
use alloc::rc::Rc;
use alloc::rc::Weak;
use alloc::string::String;
use alloc::string::ToString;
use alloc::vec;
use alloc::vec::Vec;
use core::alloc::Layout;
use core::cmp::max;

// << 中略 >>

impl PciXhciDriver {
    // << 中略 >>
            let device_descriptor =
                Self::request_device_descriptor(&xhc, slot, &mut ctrl_ep_ring)
```

425

第6章 ハードウェアを制御する (2) —— USB デバイスを使えるようにする

```
    .await?;
info!("Got a DeviceDescriptor: {device_descriptor:?}")
info!("Got a DeviceDescriptor: {device_descriptor:?}");
let vid = device_descriptor.vendor_id;
let pid = device_descriptor.product_id;
info!("xhci: device detected: vid:pid = {vid:#06X}:{pid:#06X}",);
if let Ok(e) = Self::request_string_descriptor_zero(
    &xhc,
    slot,
    &mut ctrl_ep_ring,
)
.await
{
    let lang_id = e[1];
    let vendor = if device_descriptor.manufacturer_idx != 0 {
        Some(
            Self::request_string_descriptor(
                &xhc,
                slot,
                &mut ctrl_ep_ring,
                lang_id,
                device_descriptor.manufacturer_idx,
            )
            .await?,
        )
    } else {
        None
    };
    let product = if device_descriptor.product_idx != 0 {
        Some(
            Self::request_string_descriptor(
                &xhc,
                slot,
                &mut ctrl_ep_ring,
                lang_id,
                device_descriptor.product_idx,
            )
            .await?,
        )
    } else {
        None
    };
    let serial = if device_descriptor.serial_idx != 0 {
        Some(
            Self::request_string_descriptor(
                &xhc,
                slot,
                &mut ctrl_ep_ring,
                lang_id,
                device_descriptor.serial_idx,
            )
            .await?,
        )
```

426

USB デバイスの情報を取得する

```
                } else {
                    None
                };
                info!("xhci: v/p/s = {vendor:?}/{product:?}/{serial:?}")
            }
        }
        Ok(())
    }

// << 中略 >>

        .await?;
        Ok(*desc)
    }
    async fn request_string_descriptor(
        xhc: &Rc<Controller>,
        slot: u8,
        ctrl_ep_ring: &mut CommandRing,
        lang_id: u16,
        index: u8,
    ) -> Result<String> {
        let buf = vec![0; 128];
        let mut buf = Box::into_pin(buf.into_boxed_slice());
        xhc.request_descriptor(
            slot,
            ctrl_ep_ring,
            UsbDescriptorType::String,
            index,
            lang_id,
            buf.as_mut(),
        )
        .await?;
        Ok(String::from_utf8_lossy(&buf[2..])
            .to_string()
            .replace('\0', ""))
    }
    async fn request_string_descriptor_zero(
        xhc: &Rc<Controller>,
        slot: u8,
        ctrl_ep_ring: &mut CommandRing,
    ) -> Result<Vec<u16>> {
        let buf = vec![0; 8];
        let mut buf = Box::into_pin(buf.into_boxed_slice());
        xhc.request_descriptor(
            slot,
            ctrl_ep_ring,
            UsbDescriptorType::String,
            0,
            0,
            buf.as_mut(),
        )
        .await?;
        Ok(buf.as_ref().get_ref().to_vec())
```

427

第6章 ■ ハードウェアを制御する (2) —— USB デバイスを使えるようにする

```
    }
}

#[repr(C)]
```

　これで cargo run をすると、以下のようにデバイスの情報が文字列で出力され
ることが確認できます。ちゃんとキーボードがつながっているようですね！

```
[INFO]  src/xhci.rs:150: xhci: device detected: vid:pid = 0x0627:0x0001
[INFO]  src/xhci.rs:196: xhci: v/p/s = Some("QEMU")/Some("QEMU USB Keyboard")/Som↵
e("68284-0000:00:03.0-1")
```

COLUMN

From トレイトと Into トレイト

　core::convert に定義されている From トレイトと Into トレイトは、どちらもあ
る型の値を異なる型の値へと変換するためのしくみを提供するトレイトです。
　これらのトレイトは変換の方向の違いだけでなく、もう一つ大きな違いがありま
す。From が実装されていれば、逆方向の Into は blanket impl によって自動的に実
装されるのですが、Into を実装しても From が自動的に実装されることはありませ
ん。そのため、From と Into のどちらを実装しようか迷った場合には、Into ではな
く From を実装したほうが、自動的に Into も実装されるので好ましいとされてい
ます[注1]。

....

注1　より詳しくは公式ドキュメント https://doc.rust-lang.org/core/convert/trait.From.html およ
び https://doc.rust-lang.org/core/convert/trait.Into.html を参照してください。

■ デバイスクラス

　次は各種の情報をもとに、この USB デバイスをどのドライバで制御するべき
か判断する必要があります。

　USB では、デバイスの果たす機能のカテゴリごとに、Class Code という数
値が割り当てられています。その一覧は、下記の URL から確認できます。

https://www.usb.org/defined-class-codes

　今回の場合、Device Descriptor の device_class の値は 0 でした。上記
の表によれば、Device Descriptor の Class Code が 0 だった場合には、

428

Interface Descriptor の Class Code を参照するように、との記載があります。

ということで、次は Interface Descriptor を確認します。「9.6.5 Interface」[usb_2_0] によれば、Interface Descriptor は Config Descriptor を取得するとついてくるようですので、Config Descriptor を取得するコードを書いていきます。

USB における Config、Interface、Endpoint の関係

そもそも、USB デバイスは、何らかの機能をホストマシンに提供することが期待されています。そして、ある機能を提供するということは、USB が I/O の一種である以上、何らかのデータをホストとやりとりすることになります。この、データのやりとりをするための論理的な経路が Endpoint です。先ほどまで、デバイスから情報を取ってくる際に使っていた、Control Endpoint も、この Endpoint の一種です。デバイスによっては、ある機能を提供するうえで複数の種類の情報をホストとやりとりする必要がある場合もあります。たとえば、ネットワーク通信であれば、送信するデータと、受信するデータで 2 本の Endpoint が欲しくなるかもしれません。このように、デバイスがある機能を果たすために必要な Endpoint の集合を、USB では Interface と呼んでいます。さらに、Interface を複数束ねたものを、Configuration と呼びます。Configuration はデバイスが複数の排他的な機能や動作モードを持つときに、それを切り替えるために利用されます。たとえば、仕様書に書いてある例[注1]を参考にして言えば、物理的に 2 つのポートがある通信機器を、1 ポート分の帯域が出せるインタフェース 2 つとして見せるか、2 ポート分の帯域が出せるインタフェース 1 つとして見せるか、ということを、Configuration を切り替えて選択するようなデバイスを作ることも理論上は可能です。ただし、複数の Configuration をサポートしている USB デバイスはあまり身近にはないようですので、そこまで気にしなくても大丈夫でしょう。

Config Descriptor とその仲間たちを取得する

それでは、Config Descriptor を取得するコードを書いていきましょう。基

注1 「9.6.3 Configuration」（[usb_2_0]）に 2 つのインタフェースを持つ ISDN デバイスの例が書かれています。

第6章 ■ ハードウェアを制御する (2) —— USB デバイスを使えるようにする

本的には、先ほど実装した Device Descriptor の取得と共通の方法になります。つまり `request_descriptor()` で取得するディスクリプタのタイプを Config Descriptor に対応する値に変更すればよいということです。しかし、1 つ罠があって、なんと Config Descriptor を取得すると、そのあとに続いて Interface Descriptor や Endpoint Descriptor という別のディスクリプタも一緒に取得できてしまうのです。これは理由があって、これらのディスクリプタは先ほど解説したとおり、1 つの Config の下には複数の Interface があり、1 つの Interface の下には複数の Endpoint がある、という木構造をなしているために、それらの間の相互関係がわかるよう、一括で取得するようになっているのです。基本的には、この木構造を深さ優先でたどっていった順番にディスクリプタを書き並べたデータを取得できます。

また、複数の種類のディスクリプタが複数含まれたデータが返ってくるため、結果として得られるデータの長さはデバイスにより異なります。この、Config Descriptor を取得した際にほかのディスクリプタも含めて合計どれだけのバイト数になるかという情報は、最初に出てくる Config Descriptor の `total_length` というフィールドに格納されています。幸い、最初に Config Descriptor が出てくることは仕様で決まっている[注2]ので、まずは Config Descriptor の大きさ分だけデータを読み出して `total_length` を取得し、続いて今度は `total_length` 分のデータを格納できるバッファを用意してから再度 `total_length` バイト分のデータを読み出す GET_DESCRIPTOR リクエストを発行することで、木構造の全体を取得できます。

さて、ここまでの内容をコードに落とし込むと、次のような感じになります。

`src/lib.rs`
```
pub mod qemu;
pub mod result;
pub mod serial;
pub mod slice;
pub mod uefi;
pub mod volatile;
pub mod x86;
```

`src/slice.rs`
```
extern crate alloc;
```

注2 「9.4.3 Get Descriptor」([usb_2_0]) に書かれています。

430

USB デバイスの情報を取得する

```rust
use crate::result::Result;
use core::mem::size_of;
use core::slice;

/// # Safety
/// Implementing this trait is safe only when the target type can be converted
/// mutually between a byte sequence of the same size, which means that no
/// ownership nor memory references are involved.
pub unsafe trait Sliceable: Sized + Copy + Clone {
    fn as_slice(&self) -> &[u8] {
        unsafe {
            slice::from_raw_parts(
                self as *const Self as *const u8,
                size_of::<Self>(),
            )
        }
    }
    fn copy_from_slice(data: &[u8]) -> Result<Self> {
        if size_of::<Self>() > data.len() {
            Err("data is too short")
        } else {
            Ok(unsafe { *(data.as_ptr() as *const Self) })
        }
    }
}
```

`src/xhci.rs`

```rust
use crate::pci::VendorDeviceId;
use crate::pin::IntoPinnedMutableSlice;
use crate::result::Result;
use crate::slice::Sliceable;
use crate::volatile::Volatile;
use crate::x86::busy_loop_hint;
use alloc::boxed::Box;

// << 中略 >>

impl PciXhciDriver {
    // << 中略 >>
                } else {
                    None
                };
                info!("xhci: v/p/s = {vendor:?}/{product:?}/{serial:?}")
                info!("xhci: v/p/s = {vendor:?}/{product:?}/{serial:?}");
                let descriptors = Self::request_config_descriptor_and_rest(
                    &xhc,
                    slot,
                    &mut ctrl_ep_ring,
                )
                .await?;
                info!("xhci: {descriptors:?}")
            }
        }
```

431

第6章 ┃ ハードウェアを制御する (2) —— USB デバイスを使えるようにする

```
        Ok(())
// << 中略 >>

        .await?;
        Ok(buf.as_ref().get_ref().to_vec())
    }
    async fn request_config_descriptor_and_rest(
        xhc: &Rc<Controller>,
        slot: u8,
        ctrl_ep_ring: &mut CommandRing,
    ) -> Result<Vec<UsbDescriptor>> {
        let mut config_descriptor = Box::pin(ConfigDescriptor::default());
        xhc.request_descriptor(
            slot,
            ctrl_ep_ring,
            UsbDescriptorType::Config,
            0,
            0,
            config_descriptor.as_mut().as_mut_slice(),
        )
        .await?;
        let buf = vec![0; config_descriptor.total_length()];
        let mut buf = Box::into_pin(buf.into_boxed_slice());
        xhc.request_descriptor(
            slot,
            ctrl_ep_ring,
            UsbDescriptorType::Config,
            0,
            0,
            buf.as_mut(),
        )
        .await?;
        let iter = DescriptorIterator::new(&buf);
        let descriptors: Vec<UsbDescriptor> = iter.collect();
        Ok(descriptors)
    }
}

#[repr(C)]

// << 中略 >>

impl StatusStageTrb {
    // << 中略 >>
        }
    }
}

#[derive(Debug, Copy, Clone)]
pub enum UsbDescriptor {
    Config(ConfigDescriptor),
    Unknown { desc_len: u8, desc_type: u8 },
```

432

USB デバイスの情報を取得する

```rust
}

#[derive(Debug, Copy, Clone, Default)]
#[allow(unused)]
#[repr(packed)]
pub struct ConfigDescriptor {
    desc_length: u8,
    desc_type: u8,
    total_length: u16,
    num_of_interfaces: u8,
    config_value: u8,
    config_string_index: u8,
    attribute: u8,
    max_power: u8,
    //
    _pinned: PhantomPinned,
}
const _: () = assert!(size_of::<ConfigDescriptor>() == 9);
impl ConfigDescriptor {
    pub fn total_length(&self) -> usize {
        self.total_length as usize
    }
    pub fn config_value(&self) -> u8 {
        self.config_value
    }
}
unsafe impl IntoPinnedMutableSlice for ConfigDescriptor {}
unsafe impl Sliceable for ConfigDescriptor {}

pub struct DescriptorIterator<'a> {
    buf: &'a [u8],
    index: usize,
}
impl<'a> DescriptorIterator<'a> {
    pub fn new(buf: &'a [u8]) -> Self {
        Self { buf, index: 0 }
    }
}
impl<'a> Iterator for DescriptorIterator<'a> {
    type Item = UsbDescriptor;
    fn next(&mut self) -> Option<Self::Item> {
        if self.index >= self.buf.len() {
            None
        } else {
            let buf = &self.buf[self.index..];
            let desc_len = buf[0];
            let desc_type = buf[1];
            let desc = match desc_type {
                e if e == UsbDescriptorType::Config as u8 => {
                    UsbDescriptor::Config(
                        ConfigDescriptor::copy_from_slice(buf).ok()?,
                    )
                }
```

433

第6章 ■ ハードウェアを制御する (2) ── USB デバイスを使えるようにする

```
            _ => UsbDescriptor::Unknown {
                desc_len,
                desc_type,
            },
        };
        self.index += desc_len as usize;
        Some(desc)
    }
  }
}
```

　ここまでのコードで、まずはディスクリプタの列から各ディスクリプタを 1
つずつ取り出すイテレータ `DescriptorIterator` と、`ConfigDescriptor` 構造体
を実装しています。どのディスクリプタも、先頭の 2 つのバイトが大きさとタ
イプを示しているため、すべてのディスクリプタの詳細を知らずとも、Config
Descriptor を含むディスクリプタたちのバイト列のうち、どこからどこまで
が 1 つのディスクリプタなのかを切り分けることは可能です。そこで、未知
の type に遭遇した際は、とりあえず `UsbDescriptor::Unknown` という値を作っ
て、そのバイト列を読み飛ばすことにしています。こうすることで、Config
Descriptor 以外のディスクリプタを実装するのを後回しにできて便利です。

　では、次は Interface Descriptor の実装をしましょうか。

　Interface Descriptor の構造は「9.6.5 Interface」[usb_2_0] に定義されていま
すから、それをもとに構造体を実装し、さらに `DesciptorIterator` の実装を数行
追加してあげれば OK です。

```
src/xhci.rs
#[derive(Debug, Copy, Clone)]
pub enum UsbDescriptor {
    Config(ConfigDescriptor),
    Interface(InterfaceDescriptor),
    Unknown { desc_len: u8, desc_type: u8 },
}


// << 中略 >>

impl<'a> Iterator for DescriptorIterator<'a> {
    // << 中略 >>
                        ConfigDescriptor::copy_from_slice(buf).ok()?,
                    )
                }
                e if e == UsbDescriptorType::Interface as u8 => {
                    UsbDescriptor::Interface(
```

USB デバイスの情報を取得する

```
                        InterfaceDescriptor::copy_from_slice(buf).ok()?,
                )
            }
            _ => UsbDescriptor::Unknown {
                desc_len,
                desc_type,

// << 中略 >>

            }
        }
    }
}

#[derive(Debug, Copy, Clone, Default)]
#[allow(unused)]
#[repr(packed)]
pub struct InterfaceDescriptor {
    desc_length: u8,
    desc_type: u8,
    interface_number: u8,
    alt_setting: u8,
    num_of_endpoints: u8,
    interface_class: u8,
    interface_subclass: u8,
    interface_protocol: u8,
    interface_index: u8,
}
const _: () = assert!(size_of::<InterfaceDescriptor>() == 9);
unsafe impl IntoPinnedMutableSlice for InterfaceDescriptor {}
unsafe impl Sliceable for InterfaceDescriptor {}
```

　同様にして、EndpointDescriptor も実装しましょう。仕様書の「9.6.6
Endpoint」[usb_2_0] を参考にしつつ、実装すると以下のようになります。

`src/xhci.rs`
```
#[derive(Debug, Copy, Clone)]
pub enum UsbDescriptor {
    Config(ConfigDescriptor),
    Endpoint(EndpointDescriptor),
    Interface(InterfaceDescriptor),
    Unknown { desc_len: u8, desc_type: u8 },
}

// << 中略 >>

impl<'a> Iterator for DescriptorIterator<'a> {
    // << 中略 >>
                        InterfaceDescriptor::copy_from_slice(buf).ok()?,
                )
            }
            e if e == UsbDescriptorType::Endpoint as u8 => {
```

435

第6章 ハードウェアを制御する (2)──USBデバイスを使えるようにする

```
                    UsbDescriptor::Endpoint(
                        EndpointDescriptor::copy_from_slice(buf).ok()?,
                    )
                }
                _ => UsbDescriptor::Unknown {
                    desc_len,
                    desc_type,

// << 中略 >>

const _: () = assert!(size_of::<InterfaceDescriptor>() == 9);
unsafe impl IntoPinnedMutableSlice for InterfaceDescriptor {}
unsafe impl Sliceable for InterfaceDescriptor {}

#[derive(Debug, Copy, Clone, Default)]
#[allow(unused)]
#[repr(packed)]
pub struct EndpointDescriptor {
    pub desc_length: u8,
    pub desc_type: u8,

    // endpoint_address:
    //   - bit[0..=3]: endpoint number
    //   - bit[7]: direction(0: out, 1: in)
    pub endpoint_address: u8,

    // attributes:
    //   - bit[0..=1]: transfer type(0: Control, 1: Isochronous, 2: Bulk, 3:
    //     Interrupt)
    pub attributes: u8,
    pub max_packet_size: u16,
    // interval:
    // [xhci] Table 6-12
    // interval_ms = interval (For FS/LS Interrupt)
    // interval_ms = 2^(interval-1) (For FS Isoch)
    // interval_ms = 2^(interval-1) (For SSP/SS/HS)
    pub interval: u8,
}
const _: () = assert!(size_of::<EndpointDescriptor>() == 7);
unsafe impl IntoPinnedMutableSlice for EndpointDescriptor {}
unsafe impl Sliceable for EndpointDescriptor {}
```

　さて、ここまでを実装して `cargo run` を実行すると、以下のような出力が得られます。

```
[INFO]  src/xhci.rs:200: xhci: [Config(ConfigDescriptor { desc_length: 9, desc_ty↵
pe: 2, total_length: 34, num_of_interfaces: 1, config_value: 1, config_string_ind↵
ex: 8, attribute: 160, max_power: 50, _pinned: PhantomPinned }), Interface(Interf↵
aceDescriptor { desc_length: 9, desc_type: 4, interface_number: 0, alt_setting: 0↵
, num_of_endpoints: 1, interface_class: 3, interface_subclass: 1, interface_proto↵
col: 1, interface_index: 0 }), Unknown { desc_len: 9, desc_type: 33 }, Endpoint(E↵
ndpointDescriptor { desc_length: 7, desc_type: 5, endpoint_address: 129, attribut↵
```

436

USB デバイスの情報を取得する

```
es: 3, max_packet_size: 8, interval: 7 })]
```

　この出力のうち、重要な部分を抜き出して読みやすいように清書すると、以下のような感じになります。

```
Config(ConfigDescriptor {
  num_of_interfaces: 1, config_value: 1, config_string_index: 8
})
Interface(InterfaceDescriptor {
  interface_number: 0, alt_setting: 0, num_of_endpoints: 1,
  interface_class: 3, interface_subclass: 1, interface_protocol: 1,
  interface_index: 0
})
Endpoint(EndpointDescriptor {
  endpoint_address: 129, attributes: 3,
  max_packet_size: 8, interval: 7
})
```

　最初の Config Descriptor には、この Config に含まれるインタフェースの数（num_of_interfaces）、この Config を選択する際に指定すべき番号（config_value）、この Config を表す String Descriptor の index（config_string_index）が書かれています。これに続く Interface Descriptor には、このインタフェースに属する Endpoint の数（num_of_endpoints）と、このインタフェースがどのような機能を提供するのか表す数値の組である class、subclass、protocol が書かれています。

　先ほど Device Descriptor の Class が 0 だったので、ここの Class を用いてデバイスの機能を判別します。Class Code == 3 は、USB HID の仕様書 [hid_1_11] を確認すると、HID（*Human Interface Device*）であるとわかります。HID はその名のとおり、コンピューターが人間とやりとりするための界面を果たすデバイスで、マウスやキーボードなどの、人間の操作をコンピューターに伝えるものがこれに含まれます。

　さらに、HID の仕様 [hid_1_11] によれば、subclass == 1 の場合は Boot Interface という、コンピューターが起動する初期段階から使うことが想定されたシンプルな入出力の仕様を実装していることがわかります。

　この Boot Interface にはキーボードとマウスが定義されており、protocol == 1 の場合がキーボード、protocol == 2 の場合がマウスである、ということになっています。

437

第6章 | ハードウェアを制御する (2) —— USB デバイスを使えるようにする

おお、ついに、このデバイスがキーボードである、ということが機械的に判定できるようになりました！

USB キーボードを使えるようにする

ではさっそく、このデバイスを実際に制御して、人間の入力をコンピューターの世界から読み取れるようにしてあげましょう。

USB キーボードの基本

基本的に USB HID デバイスは、デバイスの状態を Report と呼ばれるバイト列として読み出すことができます。ということで、まずはさくっと Report を読み出して表示するコードを書いてみることにしましょう。

Report にどのような構造のデータが書かれているのかは、そのデバイスが実装する入力の種類に依存するため一概には言えません。しかし、キーボードのようにコンピューターでほぼ必須かつ共通化されているデバイスについては、USB HID 仕様書の「Appendix B: Boot Interface Descriptors」[hid_1_11] にシンプルなレポート構造が定義されています。これにより、ほぼすべての USB キーボードが共通のしくみで扱えるようになっています。実際に仕様書を読んでみると、Boot Keyboard が返す最初の 8 バイトは以下のようなデータになっているようです。

```
report[0]: Modifier Keys
report[1]: Reserved
report[2..8]: Keycode
```

最初の 1 バイトは Modifier Keys で、これは Shift や Ctrl などの修飾キー (Modifier Key) の押されている状態を報告するものになります。この値は、各ビットが各キーの状態に対応しており、ビット位置とキーの対応は「8.3 Report Format for Array Items」[hid_1_11] に書かれています。

```
Bit 0: Left Ctrl
Bit 1: Left Shift
Bit 2: Left Alt
Bit 3: Left GUI
Bit 4: Right Ctrl
```

USB キーボードを使えるようにする

```
Bit 5: Right Shift
Bit 6: Right Alt
Bit 7: Right GUI
```

　たとえば、Ctrl + Alt + Del を入力すると、修飾キーである Ctrl と Alt につ
いては、このビットで該当するビットが 1 となることで表現され、Del キーに
関しては report の 2 バイト目以降に該当するキーのコードを書き連ねることで
報告されます。

　……まあ、話を聞くよりも実際にキーボードを叩いて得られるデータを見たほ
うが早いでしょう。実装はこんな感じになります。

```rust
src/xhci.rs
impl PciXhciDriver {
    // << 中略 >>
                    &mut ctrl_ep_ring,
                )
                .await?;
                info!("xhci: {descriptors:?}")
                info!("xhci: {descriptors:?}");
                let mut last_config: Option<ConfigDescriptor> = None;
                let mut boot_keyboard_interface: Option<InterfaceDescriptor> =
                    None;
                let mut ep_desc_list: Vec<EndpointDescriptor> = Vec::new();
                for d in descriptors {
                    match d {
                        UsbDescriptor::Config(e) => {
                            if boot_keyboard_interface.is_some() {
                                break;
                            }
                            last_config = Some(e);
                            ep_desc_list.clear();
                        }
                        UsbDescriptor::Interface(e) => {
                            if let (3, 1, 1) = e.triple() {
                                boot_keyboard_interface = Some(e)
                            }
                        }
                        UsbDescriptor::Endpoint(e) => {
                            ep_desc_list.push(e);
                        }
                        _ => {}
                    }
                }
                let config_desc =
                    last_config.ok_or("No USB KBD Boot config found")?;
                let interface_desc = boot_keyboard_interface
                    .ok_or("No USB KBD Boot interface found")?;
                xhc.request_set_config(
```

439

第6章 ┃ ハードウェアを制御する (2) ── USB デバイスを使えるようにする

```
                        slot,
                        &mut ctrl_ep_ring,
                        config_desc.config_value(),
                    )
                    .await?;
                    xhc.request_set_interface(
                        slot,
                        &mut ctrl_ep_ring,
                        interface_desc.interface_number,
                        interface_desc.alt_setting,
                    )
                    .await?;
                    xhc.request_set_protocol(
                        slot,
                        &mut ctrl_ep_ring,
                        interface_desc.interface_number,
                        UsbHidProtocol::BootProtocol as u8,
                    )
                    .await?;
                    loop {
                        let report =
                            Self::request_hid_report(&xhc, slot, &mut ctrl_ep_ring)
                                .await?;
                        info!("xhci: hid report: {report:?}");
                    }
                }
            }
        Ok(())

// << 中略 >>

        let descriptors: Vec<UsbDescriptor> = iter.collect();
        Ok(descriptors)
    }
    async fn request_hid_report(
        xhc: &Rc<Controller>,
        slot: u8,
        ctrl_ep_ring: &mut CommandRing,
    ) -> Result<Vec<u8>> {
        let buf = [0u8; 8];
        let mut buf = Box::into_pin(Box::new(buf));
        xhc.request_report_bytes(slot, ctrl_ep_ring, buf.as_mut())
            .await?;
        Ok(buf.to_vec())
    }
}

#[repr(C)]

// << 中略 >>

impl Controller {
    // << 中略 >>
```

USB キーボードを使えるようにする

```rust
            .await?
            .transfer_result_ok()
}
async fn request_report_bytes(
    &self,
    slot: u8,
    ctrl_ep_ring: &mut CommandRing,
    buf: Pin<&mut [u8]>,
) -> Result<()> {
    // [HID] 7.2.1 Get_Report Request
    ctrl_ep_ring.push(
        SetupStageTrb::new(
            SetupStageTrb::REQ_TYPE_DIR_DEVICE_TO_HOST
                | SetupStageTrb::REQ_TYPE_TYPE_CLASS
                | SetupStageTrb::REQ_TYPE_TO_INTERFACE,
            SetupStageTrb::REQ_GET_REPORT,
            0x0200, /* Report Type | Report ID */
            0,
            buf.len() as u16,
        )
        .into(),
    )?;
    let trb_ptr_waiting =
        ctrl_ep_ring.push(DataStageTrb::new_in(buf).into())?;
    ctrl_ep_ring.push(StatusStageTrb::new_out().into())?;
    self.notify_ep(slot, 1)?;
    EventFuture::new_for_trb(&self.primary_event_ring, trb_ptr_waiting)
        .await?
        .transfer_result_ok()
}
pub async fn request_set_config(
    &self,
    slot: u8,
    ctrl_ep_ring: &mut CommandRing,
    config_value: u8,
) -> Result<()> {
    ctrl_ep_ring.push(
        SetupStageTrb::new(
            0,
            SetupStageTrb::REQ_SET_CONFIGURATION,
            config_value as u16,
            0,
            0,
        )
        .into(),
    )?;
    let trb_ptr_waiting =
        ctrl_ep_ring.push(StatusStageTrb::new_in().into())?;
    self.notify_ep(slot, 1)?;
    EventFuture::new_for_trb(&self.primary_event_ring, trb_ptr_waiting)
        .await?
        .transfer_result_ok()
}
```

第6章 ┃ ハードウェアを制御する (2) —— USB デバイスを使えるようにする

```rust
pub async fn request_set_interface(
    &self,
    slot: u8,
    ctrl_ep_ring: &mut CommandRing,
    interface_number: u8,
    alt_setting: u8,
) -> Result<()> {
    ctrl_ep_ring.push(
        SetupStageTrb::new(
            SetupStageTrb::REQ_TYPE_TO_INTERFACE,
            SetupStageTrb::REQ_SET_INTERFACE,
            alt_setting as u16,
            interface_number as u16,
            0,
        )
        .into(),
    )?;
    let trb_ptr_waiting =
        ctrl_ep_ring.push(StatusStageTrb::new_in().into())?;
    self.notify_ep(slot, 1)?;
    EventFuture::new_for_trb(&self.primary_event_ring, trb_ptr_waiting)
        .await?
        .transfer_result_ok()
}
pub async fn request_set_protocol(
    &self,
    slot: u8,
    ctrl_ep_ring: &mut CommandRing,
    interface_number: u8,
    protocol: u8,
) -> Result<()> {
    // protocol:
    // 0: Boot Protocol
    // 1: Report Protocol
    ctrl_ep_ring.push(
        SetupStageTrb::new(
            SetupStageTrb::REQ_TYPE_TO_INTERFACE,
            SetupStageTrb::REQ_SET_PROTOCOL,
            protocol as u16,
            interface_number as u16,
            0,
        )
        .into(),
    )?;
    let trb_ptr_waiting =
        ctrl_ep_ring.push(StatusStageTrb::new_in().into())?;
    self.notify_ep(slot, 1)?;
    EventFuture::new_for_trb(&self.primary_event_ring, trb_ptr_waiting)
        .await?
        .transfer_result_ok()
}
}
```

USB キーボードを使えるようにする

```rust
struct EventRing {

// << 中略 >>

impl StatusStageTrb {
    // << 中略 >>
            control: (TrbType::StatusStage as u32) << 10,
        }
    }
    pub fn new_in() -> Self {
        Self {
            reserved: 0,
            option: 0,
            control: (TrbType::StatusStage as u32) << 10
                | GenericTrbEntry::CTRL_BIT_DATA_DIR_IN
                | GenericTrbEntry::CTRL_BIT_INTERRUPT_ON_COMPLETION
                | GenericTrbEntry::CTRL_BIT_INTERRUPT_ON_SHORT_PACKET,
        }
    }
}

#[derive(Debug, Copy, Clone)]

// << 中略 >>

const _: () = assert!(size_of::<InterfaceDescriptor>() == 9);
unsafe impl IntoPinnedMutableSlice for InterfaceDescriptor {}
unsafe impl Sliceable for InterfaceDescriptor {}
impl InterfaceDescriptor {
    pub fn triple(&self) -> (u8, u8, u8) {
        (
            self.interface_class,
            self.interface_subclass,
            self.interface_protocol,
        )
    }
}

#[derive(Debug, Copy, Clone, Default)]
#[allow(unused)]

// << 中略 >>

const _: () = assert!(size_of::<EndpointDescriptor>() == 7);
unsafe impl IntoPinnedMutableSlice for EndpointDescriptor {}
unsafe impl Sliceable for EndpointDescriptor {}

// [hid_1_11]:
// 7.2.5 Get_Protocol Request
// 7.2.6 Set_Protocol Request
#[repr(u8)]
pub enum UsbHidProtocol {
    BootProtocol = 0,
```

443

第6章 ┃ ハードウェアを制御する (2) ── USB デバイスを使えるようにする

```
}
```

これで cargo run すると、以下のような表示が画面に流れていくはずです。

```
[INFO]  src/xhci.rs:245: xhci: hid report: [0, 0, 0, 0, 0, 0, 0, 0]
```

ここで、QEMU のウィンドウをクリックしてから、A のキーを押してみましょう。すると、表示が以下のように変化するはずです。

```
[INFO]  src/xhci.rs:245: xhci: hid report: [0, 0, 4, 0, 0, 0, 0, 0]
```

3 バイト目が 4 になっていますね！

そして、キーを離すと、また 0 に戻ります。このように、USB キーボードの、押し下げられているキーの番号が報告されるわけです。

COLUMN

N キーロールオーバー

PC でゲームをする人であれば、「N キーロールオーバー」という言葉を聞いたことがあるかもしれません。これは、あるキーボードについて、N 個のキーを同時に押し下げても認識できることを言います（もし同時押しの個数に制限がなければ、任意の個数という意味で N を文字どおり書くときもあります）。

キーボードでキーの同時押しが認識できる限界については、ハードウェア的な原因とソフトウェア的な原因が存在します。特にソフトウェア的な理由の一つが、まさに本章で触れた、USB キーボードのレポートのデータ構造です。8 バイトのレポートの末尾 6 バイトが「押し下げられているキーのキーコード」になっているため、7 つのキーを同時に押してしまうと、ここに収まらなくなります。その結果、たとえキーボード自体が正確にどのキーが押されていたかわかっていたとしても、それを USB 経由でコンピュータに伝える際にうまく伝えられず、同時押しを認識できなくなってしまうのです。……あ！ そこの読者の方、今 cargo run して試そうとしましたね？ もちろん試してもらってよいのですが、そもそもみなさんが使っているのが USB キーボードだとしたら、ホスト OS が 7 キー以上の同時押しをそもそも認識できていないかもしれません。

一応、USB HID Boot Protocol の仕様としては、「F.3 Boot Keyboard Requirements」[hid_1_11] 曰く、

The Boot Keyboard shall report "Keyboard ErrorRollOver" in all array fieldswhen

USB キーボードを使えるようにする

> **COLUMN**
>
> the number of non-modifier keys pressed exceeds the Report Count. Thelimit is six non-modifier keys for a Boot Keyboard.
>
> と書いてあり、ErrorRollOver というのは 1 という値である、と USB HID Usage Tables という仕様書の「10 Keyboard/Keypad Page (0x07)」[hut_1_12] に記載されています。ですから、もし、みなさんのコンピュータが同時押しをたくさん認識できるキーボードになっていた場合、キーを 7 つ同時に押し下げていると、末尾 6 バイトがすべて 1 になった report を見ることができるかもしれません。
>
> ところで、同時押しをいっぱい認識できるキーボードとはいったいどうやって実現するのでしょうか？
>
> 1 つの方法は、USB 以前のコンピュータで使われていた、PS/2 という形式で接続されるキーボードを使う方法です。PS/2 では、キーボードのキーの状態が変化したときに、そのキーと変化のしかたがわかるデータが送られてきます。したがって、その変化を OS が記録すれば、同時に押し下げられるキーの数に制限は発生しないのです。
>
> もう 1 つの方法は、USB Boot Protocol ではないプロトコルをしゃべる USB HID Keyboard を使用するという方法です[注1]。これは大雑把に言えば、Boot Protocol を拡張して、7 キー以上の押下状態を report に含められるようにする、という方法です。USB HID は、それぞれのデバイスが、自分がどのような report を送るのかを定義した Report Descriptor という情報を返すことができます。この情報（具体的には ReportCount）を適切に変更すれば、実は USB でも 7 キー以上の押下状態を認識できます（OS がきちんと実装されていれば）。
>
> みなさんの身の回りのキーボードがどのような挙動をするのか、ぜひいろいろ触って確かめてみてください！
>
> ....
>
> 注1　https://wiki.osdev.org/USB_Human_Interface_Devices

キーの押下状態から変化したキーを特定する

さて、押し下げられているキーがどれかわかったということは、ある瞬間、つまり report を取得したタイミングでのキーボードの状態がわかった、ということです。でも、コンピュータの時間軸から見たら人間の動きなんてめちゃくちゃ遅いので、押し下げられているキーを見るごとに文字が入力されていると扱ってしまっては、A キーを 1 回押しただけで、ものすごい数の a が入力されてしまいかねません。

445

第6章　ハードウェアを制御する (2) —— USB デバイスを使えるようにする

　そういうわけで、キーの状態そのものだけでなく、状態が変化したキーという
ものを認識できたら便利そうですよね。というわけで、今度はキーの状態が変化
したときだけログが出るようにコードを書き換えてみましょう。

```rust
src/xhci.rs
use crate::volatile::Volatile;
use crate::x86::busy_loop_hint;
use alloc::boxed::Box;
use alloc::collections::BTreeSet;
use alloc::collections::VecDeque;
use alloc::rc::Rc;
use alloc::rc::Weak;

// << 中略 >>

impl PciXhciDriver {
    // << 中略 >>
                    UsbHidProtocol::BootProtocol as u8,
                )
                .await?;
                let mut prev_pressed = BTreeSet::new();
                loop {
                    let report =
                        Self::request_hid_report(&xhc, slot, &mut ctrl_ep_ring)
                            .await?;
                    info!("xhci: hid report: {report:?}");
                    let pressed = {
                        let report = Self::request_hid_report(
                            &xhc,
                            slot,
                            &mut ctrl_ep_ring,
                        )
                        .await?;
                        BTreeSet::from_iter(
                            report.into_iter().skip(2).filter(|id| *id != 0),
                        )
                    };
                    let diff = pressed.symmetric_difference(&prev_pressed);
                    for id in diff {
                        if pressed.contains(id) {
                            info!("usb_keyboard: key down: {id}");
                        } else {
                            info!("usb_keyboard: key up  : {id}");
                        }
                    }
                    prev_pressed = pressed;
                }
            }
    }
```

　これで cargo run を実行してみると、最初は何も出てきませんが、A キーを押

して離すと、以下のような出力が得られます。

```
[INFO]  src/xhci.rs:282: usb_keyboard: key down: 4
[INFO]  src/xhci.rs:284: usb_keyboard: key up  : 4
```

キーを押した瞬間に「key down」と出てきて、押し続けている間は何も出ませんが、離せば「key up」と表示されます。うまく動いていますね！

なぜ HashSet ではなく BTreeSet を使うのか

今のコードで HashSet を使うほうが適切なのでは？ と思われた方もいらっしゃるでしょう。実は私もそうです。実際、Rust の collections には HashSet がありますし、計算量的にも順序は特に気にしないので HashSet のほうがよいかもしれません。

ちなみに collections のどれをいつ採用すればよいのかについては、公式のドキュメントにガイドラインがありますので、一読してみるとよいかもしれません。

https://doc.rust-lang.org/stable/std/collections/#when-should-you-use-which-collection

ところが、なんと alloc クレートには HashSet や HashMap がないのです！これはどうしてかというと、std クレートにおける Hash をとるという作業は、実は OS に依存しているからです。単純な Hash であれば、Hash 対象であるデータがあれば、あとは適当な計算をするだけでよいのですが、実は現代の Hash はさらに複雑です。というのも、セキュリティ的な懸念から、Hash が予測可能であると困るため、乱数を取り入れているのです。そして、乱数というのは、実は OS や外部ハードウェアの支援がなければ、予測可能な擬似乱数しか生成できません。もし乱数が予測可能であれば、Hash も予測可能になってしまいます。すると結果として、Hash の値を攻撃者が予測できるようになります。すると、Hash が衝突するような値を攻撃者が外部からプログラムに与えることができます。HashSet は、Hash が衝突する可能性がきわめて低いことを前提にして効率良く動作するアルゴリズムであるため、Hash が衝突しまくると、パフォーマンスが劇的に低下します。結果として、Hash の衝突が、サービスの速度低下、最終的にはサービスの停止をまねく、DoS（*Denial of Service*、サービス拒否）攻撃

第6章 ■ ハードウェアを制御する (2)──USB デバイスを使えるようにする

を招いてしまうのです。このような攻撃を HashDoS と言い、Rust の HashSet はそういうわけで乱数生成元としての OS に依存しているのです[注3]。

そういう理由で、alloc クレートには HashSet や HashMap がないのです。もちろん作れば使えますが、とりあえず動かす用途であれば BTreeSet でもよいかな判断して今回はそうしました。もし興味があれば、HashSet の実装も見に行ってみるとおもしろいかもしれませんよ！

キーコードから文字への変換

さて、キーボードのキーを押したら、押したキーに対応する反応が得られるようにはなりました。というわけで、キーボードの各キーがどの数字に対応するのか、確かめてみましょう……という作業をしていると日が暮れてしまうので（やりたい人は止めませんが！）、キーコードと文字（もしくはキー）の対応については仕様書の「10 Keyboard/Keypad Page (0x07)」[hut_1_12] を参照するとよいでしょう。

ちなみに仕様書が PDF で見づらいよ！ というみなさんには、この Web サイトが役に立つかもしれません。

https://bsakatu.net/doc/usb-hid-to-scancode/

これをコードに落とし込むと、以下のような感じになります。

```rust
src/keyboard.rs
#[derive(Debug, PartialEq, Eq)]
pub enum KeyEvent {
    None,
    Char(char),
    Unknown(u8),
    Enter,
}
impl KeyEvent {
    pub fn from_usb_key_id(usage_id: u8) -> Self {
        match usage_id {
            0 => KeyEvent::None,
            4..=29 => KeyEvent::Char((b'a' + usage_id - 4) as char),
            30..=39 => KeyEvent::Char((b'0' + (usage_id + 1) % 10) as char),
            40 => KeyEvent::Enter,
            42 => KeyEvent::Char(0x08 as char),
```

注3 https://doc.rust-lang.org/stable/std/collections/struct.HashSet.html

USB キーボードを使えるようにする

```
            44 => KeyEvent::Char(' '),
            45 => KeyEvent::Char('-'),
            51 => KeyEvent::Char(':'),
            54 => KeyEvent::Char(','),
            55 => KeyEvent::Char('.'),
            56 => KeyEvent::Char('/'),
            _ => KeyEvent::Unknown(usage_id),
        }
    }
    pub fn to_char(&self) -> Option<char> {
        match self {
            KeyEvent::Char(c) => Some(*c),
            KeyEvent::Enter => Some('\n'),
            _ => None,
        }
    }
}
```

`src/lib.rs`

```
pub mod graphics;
pub mod hpet;
pub mod init;
pub mod keyboard;
pub mod mmio;
pub mod mutex;
pub mod pci;
```

`src/xhci.rs`

```
use crate::executor::spawn_global;
use crate::executor::yield_execution;
use crate::info;
use crate::keyboard::KeyEvent;
use crate::mmio::IoBox;
use crate::mmio::Mmio;
use crate::mutex::Mutex;

// << 中略 >>

impl PciXhciDriver {
    // << 中略 >>
                };
                let diff = pressed.symmetric_difference(&prev_pressed);
                for id in diff {
                    let e = KeyEvent::from_usb_key_id(*id);
                    if pressed.contains(id) {
                        info!("usb_keyboard: key down: {id}");
                        info!("usb_keyboard: key down: {id} = {e:?}");
                    } else {
                        info!("usb_keyboard: key up  : {id}");
                        info!("usb_keyboard: key up  : {id} = {e:?}");
                    }
                }
```

449

第6章 ■ ハードウェアを制御する(2) ―― USB デバイスを使えるようにする

```
                    prev_pressed = pressed;
```

　ここまで実装して `cargo run` してから、QEMU のウィンドウをクリックして、まずは a、b、c と 1 文字ずつキーを入力してみると、以下のような出力が得られるはずです。

```
[INFO]  src/xhci.rs:256: usb_keyboard: key down: 4 = Char('a')
[INFO]  src/xhci.rs:258: usb_keyboard: key up  : 4 = Char('a')
[INFO]  src/xhci.rs:256: usb_keyboard: key down: 5 = Char('b')
[INFO]  src/xhci.rs:258: usb_keyboard: key up  : 5 = Char('b')
[INFO]  src/xhci.rs:256: usb_keyboard: key down: 6 = Char('c')
[INFO]  src/xhci.rs:258: usb_keyboard: key up  : 6 = Char('c')
```

　1 文字ごとに、キーの down と up が続いて表示されますね！ ついでに、a、b、c と順にキーを押し続けて、そこから a、b、c と順に離していくとどうなるでしょうか？

```
[INFO]  src/xhci.rs:256: usb_keyboard: key down: 4 = Char('a')
[INFO]  src/xhci.rs:256: usb_keyboard: key down: 5 = Char('b')
[INFO]  src/xhci.rs:256: usb_keyboard: key down: 6 = Char('c')
[INFO]  src/xhci.rs:258: usb_keyboard: key up  : 4 = Char('a')
[INFO]  src/xhci.rs:258: usb_keyboard: key up  : 5 = Char('b')
[INFO]  src/xhci.rs:258: usb_keyboard: key up  : 6 = Char('c')
```

　おー、key down がまず a、b、c の順で続いて、そのあとに a、b、c の順で離されていますね。ちゃんと動いていそうです。

　これでめでたく、みなさんの OS はコンピューターの外とやりとりできるようになりました！ おめでとうございます！！！

COLUMN

キーボードレイアウトの闇――打ちたい記号が入力できない！

　さて、先ほどの実装の中で、いくつかの記号についても条件分岐を書いてあります。なので、そこに書いてある記号であれば、入力できるはずです。試してみてください。たとえば、そうですね……「:」(コロン) を入力してみてください。

```
[INFO]  src/xhci.rs:284: usb_keyboard: key down: 51 = Char(':')
[INFO]  src/xhci.rs:286: usb_keyboard: key up  : 51 = Char(':')
```

　はい、正しく動きますね。……おや？ うまく動かない？ もしかして、こんな出力

USB キーボードを使えるようにする

COLUMN

が出ていませんか？

```
[INFO]  src/xhci.rs:284: usb_keyboard: key down: 52 = Unknown(52)
[INFO]  src/xhci.rs:286: usb_keyboard: key up  : 52 = Unknown(52)
```

Unknown(52) と出てきてしまったみなさんは、今度は「;」（セミコロン）を入力してみましょう。すると……

```
[INFO]  src/xhci.rs:284: usb_keyboard: key down: 51 = Char(':')
[INFO]  src/xhci.rs:286: usb_keyboard: key up  : 51 = Char(':')
```

え……？ セミコロンを入れたはずが、コロンが出てきました。なんで……。

これは、キーボードのレイアウトの違いが原因です。この世界にはたくさんの言語があり、さまざまな文字体系があります。そして、それらに合うように、多種多様なキーボードが作られました。しかし、どのような文字がキーに書かれていようと、USB キーボードの内部的な挙動は変わりません。あるキーが押されたら、そのキーに割り当てられたキーコードを知らせてくれるデバイス、それがキーボードなのです。そこに言語という概念はありません。したがって、どのキーコードが来たらどの文字を出力すべきかというのは、キーボードというハードウェアの責任を超えた、とっても高レイヤな話なのです。

コンピューターの世界は発展の過程で英語圏の影響力が大きかったため、デフォルトが英語圏仕様になっていることが多くあります。USB Boot Keyboard の仕様も US 配列のキーボードが主な対象として書かれているため、先ほど示した実装も US キーボードでは正しく動作するものになっています。つまり、問題なく動作したみなさんは US キーボードユーザーで、Unknown(52) と出てきた方はおそらく日本語（JIS）配列のキーボード、もしくはほかの言語のキーボードを使っている方でしょう。

さて、ハードウェアの違いを吸収すると言えば……そうです！ 私たち OS の出番です。OS は低レイヤの存在だと思っていたかもしれませんが、実は抽象化の過程で高レイヤな概念を扱うこともあります。レイヤの両極端を味わえるのは、OS 自作の醍醐味ですね。

そういうわけで、世の中の OS には接続されたキーボードのレイアウトがどの言語のものなのか設定する項目が存在していますが、本書ではそこまでは実装しません。もちろん、実装してもらってもよいのですが、とりあえずの解決策としては、もし入力した文字と表示される文字が異なる場合は、先ほどの実装でキーコードを文字に変換している箇所をいじって、お手元のキーボードの印字と表示される結果が合うようにソースコードを書き換えることをお勧めします。もうみなさんは OS 開発者ですからね。設定画面がなくても、ソースコードを書き換えるという解決策があるのです！

451

第6章 | ハードウェアを制御する (2) —— USB デバイスを使えるようにする

USB マウス……もといタブレット入力を使えるようにする

　キーボードが使えるようになったら、次に欲しくなるのは……マウス、ですかね？ でもマウスって古いじゃないですか。そういうみなさんは、おそらくマウスよりもタッチパネルを多く使っていると思います。QEMU には usb-mouse も usb-tablet も両方あるので、せっかくなので usb-tablet をサポートしてみましょう！[注4]

　まずは雑に usb-tablet を QEMU につなぎましょう。簡単な 1 行の変更です。

```
scripts/launch_qemu.sh
  -serial chardev:char_com1 \
  -device qemu-xhci \
  -device usb-kbd \
  -device usb-tablet \
  -device isa-debug-exit,iobase=0xf4,iosize=0x01
RETCODE=$?
set -e
```

　いったんここで cargo run してみましょう。すると……？ （以下の出力は紙面の都合上、適宜改行してあります）

```
[INFO]  src/xhci.rs:150: Got a DeviceDescriptor: UsbDeviceDescriptor {
  desc_length: 18, desc_type: 1, version: 512, device_class: 0,
  device_subclass: 0, device_protocol: 0, max_packet_size: 64, vendor_id: 1575,
  product_id: 1, device_version: 0, manufacturer_idx: 1, product_idx: 3,
  serial_idx: 10, num_of_config: 1 }
[INFO]  src/xhci.rs:153: xhci: device detected: vid:pid = 0x0627:0x0001
[INFO]  src/xhci.rs:199: xhci: v/p/s =
  Some("QEMU")/Some("QEMU USB Tablet")/Some("28754-0000:00:03.0-2")
[INFO]  src/xhci.rs:202: xhci: [Config(ConfigDescriptor {
    desc_length: 9, desc_type: 2, total_length: 34, num_of_interfaces: 1,
    config_value: 1, config_string_index: 7, attribute: 160, max_power: 50,
    _pinned: PhantomPinned }),
  Interface(InterfaceDescriptor { desc_length: 9, desc_type: 4,
    interface_number: 0, alt_setting: 0, num_of_endpoints: 1,
    interface_class: 3, interface_subclass: 0, interface_protocol: 0,
    interface_index: 0 }),
```

注4　usb-mouse よりも usb-tablet を使う利点として、特にエミュレーター上では、画面上の絶対位置を取得できるというものがあります。また、相対座標を使っているマウスの場合は、ゲスト OS とホスト OS でカーソル表示がずれると混乱するのを避けるため、ゲームのようにマウスを「キャプチャ」してしまい、特定のキーの組み合わせを押さないと抜け出せないようにしてしまいます。物理的な USB HID Tablet がどれほど一般的なデバイスかは怪しいですが、本書を読んだ方なら USB マウスの実装もきっとできるので、実機で動かす際はがんばってください！

452

```
  Unknown { desc_len: 9, desc_type: 33 },
  Endpoint(EndpointDescriptor { desc_length: 7, desc_type: 5,
    endpoint_address: 129, attributes: 3, max_packet_size: 8, interval: 4 })]
[INFO]  src/executor.rs:99 : Task completed: Task(src/xhci.rs:106):
  Err("No USB KBD Boot interface found")
```

あっ！ 現状のコードだと、最初に初期化するデバイスが USB キーボードであ
ることを前提にしていたのでした。エラーで落ちていますね……。

ちょうどタイミングも良いので、いったんリファクタリングタイムにしましょう。

まずは xhci.rs の中にあるキーボードドライバ専用のコードをすべて
keyboard.rs に移動し、USB 関連だが xHCI 固有でないものを usb.rs に移動し
ます。

```rust
src/keyboard.rs
extern crate alloc;

use crate::info;
use crate::result::Result;
use crate::usb::*;
use crate::xhci::CommandRing;
use crate::xhci::Controller;
use alloc::collections::BTreeSet;
use alloc::rc::Rc;
use alloc::vec::Vec;

#[derive(Debug, PartialEq, Eq)]
pub enum KeyEvent {
    None,

// << 中略 >>

impl KeyEvent {
    // << 中略 >>
        }
    }
}

pub async fn start_usb_keyboard(
    xhc: &Rc<Controller>,
    slot: u8,
    ctrl_ep_ring: &mut CommandRing,
    descriptors: &Vec<UsbDescriptor>,
) -> Result<()> {
    let mut last_config: Option<ConfigDescriptor> = None;
    let mut boot_keyboard_interface: Option<InterfaceDescriptor> = None;
    let mut ep_desc_list: Vec<EndpointDescriptor> = Vec::new();
    for d in descriptors {
        match d {
```

453

第6章 ハードウェアを制御する (2) —— USB デバイスを使えるようにする

```
                UsbDescriptor::Config(e) => {
                    if boot_keyboard_interface.is_some() {
                        break;
                    }
                    last_config = Some(*e);
                    ep_desc_list.clear();
                }
                UsbDescriptor::Interface(e) => {
                    if let (3, 1, 1) = e.triple() {
                        boot_keyboard_interface = Some(*e)
                    }
                }
                UsbDescriptor::Endpoint(e) => {
                    ep_desc_list.push(*e);
                }
                _ => {}
            }
        }
    }
    let config_desc = last_config.ok_or("No USB KBD Boot config found")?;
    let interface_desc =
        boot_keyboard_interface.ok_or("No USB KBD Boot interface found")?;
    xhc.request_set_config(slot, ctrl_ep_ring, config_desc.config_value())
        .await?;
    xhc.request_set_interface(
        slot,
        ctrl_ep_ring,
        interface_desc.interface_number,
        interface_desc.alt_setting,
    )
    .await?;
    xhc.request_set_protocol(
        slot,
        ctrl_ep_ring,
        interface_desc.interface_number,
        UsbHidProtocol::BootProtocol as u8,
    )
    .await?;
    let mut prev_pressed = BTreeSet::new();
    loop {
        let pressed = {
            let report = request_hid_report(xhc, slot, ctrl_ep_ring).await?;
            BTreeSet::from_iter(
                report.into_iter().skip(2).filter(|id| *id != 0),
            )
        };
        let diff = pressed.symmetric_difference(&prev_pressed);
        for id in diff {
            let e = KeyEvent::from_usb_key_id(*id);
            if pressed.contains(id) {
                info!("usb_keyboard: key down: {id} = {e:?}");
            } else {
                info!("usb_keyboard: key up  : {id} = {e:?}");
            }
```

454

USB マウス……もといタブレット入力を使えるようにする

```
        }
        prev_pressed = pressed;
    }
}
```

src/lib.rs

```rust
pub mod serial;
pub mod slice;
pub mod uefi;
pub mod usb;
pub mod volatile;
pub mod x86;
pub mod xhci;
```

src/usb.rs

```rust
extern crate alloc;

use crate::pin::IntoPinnedMutableSlice;
use crate::result::Result;
use crate::slice::Sliceable;
use crate::xhci::CommandRing;
use crate::xhci::Controller;
use alloc::boxed::Box;
use alloc::rc::Rc;
use alloc::string::String;
use alloc::string::ToString;
use alloc::vec;
use alloc::vec::Vec;
use core::marker::PhantomPinned;
use core::mem::size_of;

#[derive(Debug, Copy, Clone)]
#[repr(u8)]
#[non_exhaustive]
#[allow(unused)]
#[derive(PartialEq, Eq)]
pub enum UsbDescriptorType {
    Device = 1,
    Config = 2,
    String = 3,
    Interface = 4,
    Endpoint = 5,
}

#[derive(Debug, Copy, Clone)]
pub enum UsbDescriptor {
    Config(ConfigDescriptor),
    Endpoint(EndpointDescriptor),
    Interface(InterfaceDescriptor),
    Unknown { desc_len: u8, desc_type: u8 },
}
```

455

第6章 ┃ ハードウェアを制御する (2) ── USB デバイスを使えるようにする

```rust
#[derive(Debug, Copy, Clone, Default)]
#[allow(unused)]
#[repr(packed)]
pub struct UsbDeviceDescriptor {
    pub desc_length: u8,
    pub desc_type: u8,
    pub version: u16,
    pub device_class: u8,
    pub device_subclass: u8,
    pub device_protocol: u8,
    pub max_packet_size: u8,
    pub vendor_id: u16,
    pub product_id: u16,
    pub device_version: u16,
    pub manufacturer_idx: u8,
    pub product_idx: u8,
    pub serial_idx: u8,
    pub num_of_config: u8,
}
const _: () = assert!(size_of::<UsbDeviceDescriptor>() == 18);
unsafe impl IntoPinnedMutableSlice for UsbDeviceDescriptor {}

#[derive(Debug, Copy, Clone, Default)]
#[allow(unused)]
#[repr(packed)]
pub struct ConfigDescriptor {
    desc_length: u8,
    desc_type: u8,
    total_length: u16,
    num_of_interfaces: u8,
    config_value: u8,
    config_string_index: u8,
    attribute: u8,
    max_power: u8,
    //
    _pinned: PhantomPinned,
}
const _: () = assert!(size_of::<ConfigDescriptor>() == 9);
impl ConfigDescriptor {
    pub fn total_length(&self) -> usize {
        self.total_length as usize
    }
    pub fn config_value(&self) -> u8 {
        self.config_value
    }
}
unsafe impl IntoPinnedMutableSlice for ConfigDescriptor {}
unsafe impl Sliceable for ConfigDescriptor {}

pub struct DescriptorIterator<'a> {
    buf: &'a [u8],
    index: usize,
}
```

456

USB マウス……もといタブレット入力を使えるようにする

```rust
impl<'a> DescriptorIterator<'a> {
    pub fn new(buf: &'a [u8]) -> Self {
        Self { buf, index: 0 }
    }
}
impl<'a> Iterator for DescriptorIterator<'a> {
    type Item = UsbDescriptor;
    fn next(&mut self) -> Option<Self::Item> {
        if self.index >= self.buf.len() {
            None
        } else {
            let buf = &self.buf[self.index..];
            let desc_len = buf[0];
            let desc_type = buf[1];
            let desc = match desc_type {
                e if e == UsbDescriptorType::Config as u8 => {
                    UsbDescriptor::Config(
                        ConfigDescriptor::copy_from_slice(buf).ok()?,
                    )
                }
                e if e == UsbDescriptorType::Interface as u8 => {
                    UsbDescriptor::Interface(
                        InterfaceDescriptor::copy_from_slice(buf).ok()?,
                    )
                }
                e if e == UsbDescriptorType::Endpoint as u8 => {
                    UsbDescriptor::Endpoint(
                        EndpointDescriptor::copy_from_slice(buf).ok()?,
                    )
                }
                _ => UsbDescriptor::Unknown {
                    desc_len,
                    desc_type,
                },
            };
            self.index += desc_len as usize;
            Some(desc)
        }
    }
}

#[derive(Debug, Copy, Clone, Default)]
#[allow(unused)]
#[repr(packed)]
pub struct InterfaceDescriptor {
    desc_length: u8,
    desc_type: u8,
    pub interface_number: u8,
    pub alt_setting: u8,
    num_of_endpoints: u8,
    interface_class: u8,
    interface_subclass: u8,
    interface_protocol: u8,
```

457

第6章 ┃ ハードウェアを制御する (2) ── USB デバイスを使えるようにする

```rust
    interface_index: u8,
}
const _: () = assert!(size_of::<InterfaceDescriptor>() == 9);
unsafe impl IntoPinnedMutableSlice for InterfaceDescriptor {}
unsafe impl Sliceable for InterfaceDescriptor {}
impl InterfaceDescriptor {
    pub fn triple(&self) -> (u8, u8, u8) {
        (
            self.interface_class,
            self.interface_subclass,
            self.interface_protocol,
        )
    }
}

#[derive(Debug, Copy, Clone, Default)]
#[allow(unused)]
#[repr(packed)]
pub struct EndpointDescriptor {
    pub desc_length: u8,
    pub desc_type: u8,

    // endpoint_address:
    //   - bit[0..=3]: endpoint number
    //   - bit[7]: direction(0: out, 1: in)
    pub endpoint_address: u8,

    // attributes:
    //   - bit[0..=1]: transfer type(0: Control, 1: Isochronous, 2: Bulk, 3:
    //     Interrupt)
    pub attributes: u8,
    pub max_packet_size: u16,
    // interval:
    // [xhci] Table 6-12
    // interval_ms = interval (For FS/LS Interrupt)
    // interval_ms = 2^(interval-1) (For FS Isoch)
    // interval_ms = 2^(interval-1) (For SSP/SS/HS)
    pub interval: u8,
}
const _: () = assert!(size_of::<EndpointDescriptor>() == 7);
unsafe impl IntoPinnedMutableSlice for EndpointDescriptor {}
unsafe impl Sliceable for EndpointDescriptor {}

// [hid_1_11]:
// 7.2.5 Get_Protocol Request
// 7.2.6 Set_Protocol Request
#[repr(u8)]
pub enum UsbHidProtocol {
    BootProtocol = 0,
}

pub async fn request_device_descriptor(
    xhc: &Rc<Controller>,
```

458

USB マウス……もといタブレット入力を使えるようにする

```rust
    slot: u8,
    ctrl_ep_ring: &mut CommandRing,
) -> Result<UsbDeviceDescriptor> {
    let mut desc = Box::pin(UsbDeviceDescriptor::default());
    xhc.request_descriptor(
        slot,
        ctrl_ep_ring,
        UsbDescriptorType::Device,
        0,
        0,
        desc.as_mut().as_mut_slice(),
    )
    .await?;
    Ok(*desc)
}
pub async fn request_string_descriptor(
    xhc: &Rc<Controller>,
    slot: u8,
    ctrl_ep_ring: &mut CommandRing,
    lang_id: u16,
    index: u8,
) -> Result<String> {
    let buf = vec![0; 128];
    let mut buf = Box::into_pin(buf.into_boxed_slice());
    xhc.request_descriptor(
        slot,
        ctrl_ep_ring,
        UsbDescriptorType::String,
        index,
        lang_id,
        buf.as_mut(),
    )
    .await?;
    Ok(String::from_utf8_lossy(&buf[2..])
        .to_string()
        .replace('\0', ""))
}

pub async fn request_string_descriptor_zero(
    xhc: &Rc<Controller>,
    slot: u8,
    ctrl_ep_ring: &mut CommandRing,
) -> Result<Vec<u16>> {
    let buf = vec![0; 8];
    let mut buf = Box::into_pin(buf.into_boxed_slice());
    xhc.request_descriptor(
        slot,
        ctrl_ep_ring,
        UsbDescriptorType::String,
        0,
        0,
        buf.as_mut(),
    )
```

459

第6章　ハードウェアを制御する (2) —— USB デバイスを使えるようにする

```rust
        .await?;
        Ok(buf.as_ref().get_ref().to_vec())
}
pub async fn request_config_descriptor_and_rest(
    xhc: &Rc<Controller>,
    slot: u8,
    ctrl_ep_ring: &mut CommandRing,
) -> Result<Vec<UsbDescriptor>> {
    let mut config_descriptor = Box::pin(ConfigDescriptor::default());
    xhc.request_descriptor(
        slot,
        ctrl_ep_ring,
        UsbDescriptorType::Config,
        0,
        0,
        config_descriptor.as_mut().as_mut_slice(),
    )
    .await?;
    let buf = vec![0; config_descriptor.total_length()];
    let mut buf = Box::into_pin(buf.into_boxed_slice());
    xhc.request_descriptor(
        slot,
        ctrl_ep_ring,
        UsbDescriptorType::Config,
        0,
        0,
        buf.as_mut(),
    )
    .await?;
    let iter = DescriptorIterator::new(&buf);
    let descriptors: Vec<UsbDescriptor> = iter.collect();
    Ok(descriptors)
}
pub async fn request_hid_report(
    xhc: &Rc<Controller>,
    slot: u8,
    ctrl_ep_ring: &mut CommandRing,
) -> Result<Vec<u8>> {
    let buf = [0u8; 8];
    let mut buf = Box::into_pin(Box::new(buf));
    xhc.request_report_bytes(slot, ctrl_ep_ring, buf.as_mut())
        .await?;
    Ok(buf.to_vec())
}
```

src/xhci.rs

```rust
use crate::executor::spawn_global;
use crate::executor::yield_execution;
use crate::info;
use crate::keyboard::KeyEvent;
use crate::keyboard::start_usb_keyboard;
use crate::mmio::IoBox;
use crate::mmio::Mmio;
```

```rust
use crate::mutex::Mutex;

// << 中略 >>

use crate::pci::BusDeviceFunction;
use crate::pci::Pci;
use crate::pci::VendorDeviceId;
use crate::pin::IntoPinnedMutableSlice;
use crate::result::Result;
use crate::slice::Sliceable;
use crate::usb;
use crate::volatile::Volatile;
use crate::x86::busy_loop_hint;
use alloc::boxed::Box;
use alloc::collections::BTreeSet;
use alloc::collections::VecDeque;
use alloc::rc::Rc;
use alloc::rc::Weak;
use alloc::string::String;
use alloc::string::ToString;
use alloc::vec;
use alloc::vec::Vec;
use core::alloc::Layout;
use core::cmp::max;

// << 中略 >>

impl PciXhciDriver {
    // << 中略 >>
            Self::address_device(&xhc, port, slot).await?;
        info!("AddressDeviceCommand succeeded");
        let device_descriptor =
            Self::request_device_descriptor(&xhc, slot, &mut ctrl_ep_ring)
            usb::request_device_descriptor(&xhc, slot, &mut ctrl_ep_ring)
                .await?;
        info!("Got a DeviceDescriptor: {device_descriptor:?}");
        let vid = device_descriptor.vendor_id;
        let pid = device_descriptor.product_id;
        info!("xhci: device detected: vid:pid = {vid:#06X}:{pid:#06X}",);
        if let Ok(e) = Self::request_string_descriptor_zero(
        if let Ok(e) = usb::request_string_descriptor_zero(
            &xhc,
            slot,
            &mut ctrl_ep_ring,

// << 中略 >>

            let lang_id = e[1];
            let vendor = if device_descriptor.manufacturer_idx != 0 {
                Some(
                    Self::request_string_descriptor(
                    usb::request_string_descriptor(
                        &xhc,
```

第6章 ハードウェアを制御する (2) —— USB デバイスを使えるようにする

```rust
                            slot,
                            &mut ctrl_ep_ring,

// << 中略 >>

        };
        let product = if device_descriptor.product_idx != 0 {
            Some(
                Self::request_string_descriptor(
                usb::request_string_descriptor(
                    &xhc,
                    slot,
                    &mut ctrl_ep_ring,

// << 中略 >>

        };
        let serial = if device_descriptor.serial_idx != 0 {
            Some(
                Self::request_string_descriptor(
                usb::request_string_descriptor(
                    &xhc,
                    slot,
                    &mut ctrl_ep_ring,

// << 中略 >>

            None
        };
        info!("xhci: v/p/s = {vendor:?}/{product:?}/{serial:?}");
        let descriptors = Self::request_config_descriptor_and_rest(
        let descriptors = usb::request_config_descriptor_and_rest(
            &xhc,
            slot,
            &mut ctrl_ep_ring,
        )
        .await?;
        info!("xhci: {descriptors:?}");
        let mut last_config: Option<ConfigDescriptor> = None;
        let mut boot_keyboard_interface: Option<InterfaceDescriptor> =
            None;
        let mut ep_desc_list: Vec<EndpointDescriptor> = Vec::new();
        for d in descriptors {
            match d {
                UsbDescriptor::Config(e) => {
                    if boot_keyboard_interface.is_some() {
                        break;
                    }
                    last_config = Some(e);
                    ep_desc_list.clear();
                }
                UsbDescriptor::Interface(e) => {
                    if let (3, 1, 1) = e.triple() {
```

462

USB マウス……もといタブレット入力を使えるようにする

```
                    boot_keyboard_interface = Some(e)
                }
            }
            UsbDescriptor::Endpoint(e) => {
                ep_desc_list.push(e);
            }
            _ => {}
        }
    }
}
let config_desc =
    last_config.ok_or("No USB KBD Boot config found")?;
let interface_desc = boot_keyboard_interface
    .ok_or("No USB KBD Boot interface found")?;
xhc.request_set_config(
    slot,
    &mut ctrl_ep_ring,
    config_desc.config_value(),
)
.await?;
xhc.request_set_interface(
    slot,
    &mut ctrl_ep_ring,
    interface_desc.interface_number,
    interface_desc.alt_setting,
)
.await?;
xhc.request_set_protocol(
if start_usb_keyboard(
    &xhc,
    slot,
    &mut ctrl_ep_ring,
    interface_desc.interface_number,
    UsbHidProtocol::BootProtocol as u8,
    &descriptors,
)
.await?;
let mut prev_pressed = BTreeSet::new();
loop {
    let pressed = {
        let report = Self::request_hid_report(
            &xhc,
            slot,
            &mut ctrl_ep_ring,
        )
        .await?;
        BTreeSet::from_iter(
            report.into_iter().skip(2).filter(|id| *id != 0),
        )
    };
    let diff = pressed.symmetric_difference(&prev_pressed);
    for id in diff {
        let e = KeyEvent::from_usb_key_id(*id);
        if pressed.contains(id) {
```

463

第6章 ハードウェアを制御する (2) —— USB デバイスを使えるようにする

```
                    info!("usb_keyboard: key down: {id} = {e:?}");
                } else {
                    info!("usb_keyboard: key up  : {id} = {e:?}");
                }
            }
            prev_pressed = pressed;
        .await
        .is_ok()
        {
            return Ok(());
        }
        info!("xhci: No available drivers...");
    }
}
Ok(())
}

// << 中略 >>

    xhc.send_command(cmd).await?.cmd_result_ok()?;
    Ok(ctrl_ep_ring)
}
async fn request_device_descriptor(
    xhc: &Rc<Controller>,
    slot: u8,
    ctrl_ep_ring: &mut CommandRing,
) -> Result<UsbDeviceDescriptor> {
    let mut desc = Box::pin(UsbDeviceDescriptor::default());
    xhc.request_descriptor(
        slot,
        ctrl_ep_ring,
        UsbDescriptorType::Device,
        0,
        0,
        desc.as_mut().as_mut_slice(),
    )
    .await?;
    Ok(*desc)
}
async fn request_string_descriptor(
    xhc: &Rc<Controller>,
    slot: u8,
    ctrl_ep_ring: &mut CommandRing,
    lang_id: u16,
    index: u8,
) -> Result<String> {
    let buf = vec![0; 128];
    let mut buf = Box::into_pin(buf.into_boxed_slice());
    xhc.request_descriptor(
        slot,
        ctrl_ep_ring,
        UsbDescriptorType::String,
        index,
        lang_id,
```

```rust
            buf.as_mut(),
        }
        .await?;
        Ok(String::from_utf8_lossy(&buf[2..])
            .to_string()
            .replace('\0', ""))
}
async fn request_string_descriptor_zero(
    xhc: &Rc<Controller>,
    slot: u8,
    ctrl_ep_ring: &mut CommandRing,
) -> Result<Vec<u16>> {
    let buf = vec![0; 8];
    let mut buf = Box::into_pin(buf.into_boxed_slice());
    xhc.request_descriptor(
        slot,
        ctrl_ep_ring,
        UsbDescriptorType::String,
        0,
        0,
        buf.as_mut(),
    }
    .await?;
    Ok(buf.as_ref().get_ref().to_vec())
}
async fn request_config_descriptor_and_rest(
    xhc: &Rc<Controller>,
    slot: u8,
    ctrl_ep_ring: &mut CommandRing,
) -> Result<Vec<UsbDescriptor>> {
    let mut config_descriptor = Box::pin(ConfigDescriptor::default());
    xhc.request_descriptor(
        slot,
        ctrl_ep_ring,
        UsbDescriptorType::Config,
        0,
        0,
        config_descriptor.as_mut().as_mut_slice(),
    }
    .await?;
    let buf = vec![0; config_descriptor.total_length()];
    let mut buf = Box::into_pin(buf.into_boxed_slice());
    xhc.request_descriptor(
        slot,
        ctrl_ep_ring,
        UsbDescriptorType::Config,
        0,
        0,
        buf.as_mut(),
    }
    .await?;
    let iter = DescriptorIterator::new(&buf);
    let descriptors: Vec<UsbDescriptor> = iter.collect();
```

第6章 ハードウェアを制御する (2) —— USB デバイスを使えるようにする

```rust
        Ok(descriptors)
    }
    async fn request_hid_report(
        xhc: &Rc<Controller>,
        slot: u8,
        ctrl_ep_ring: &mut CommandRing,
    ) -> Result<Vec<u8>> {
        let buf = [0u8; 8];
        let mut buf = Box::into_pin(Box::new(buf));
        xhc.request_report_bytes(slot, ctrl_ep_ring, buf.as_mut())
            .await?;
        Ok(buf.to_vec())
    }
}

#[repr(C)]

// << 中略 >>

impl DeviceContextBaseAddressArray {
    // << 中略 >>
    }
}

struct Controller {
pub struct Controller {
    regs: XhcRegisters,
    device_context_base_array: Mutex<DeviceContextBaseAddressArray>,
    primary_event_ring: Mutex<EventRing>,

// << 中略 >>

impl Controller {
    // << 中略 >>
            .lock()
            .set_output_context(slot, output_context);
    }
    async fn request_descriptor<T: Sized>(
    pub async fn request_descriptor<T: Sized>(
        &self,
        slot: u8,
        ctrl_ep_ring: &mut CommandRing,
        desc_type: UsbDescriptorType,
        desc_type: usb::UsbDescriptorType,
        desc_index: u8,
        lang_id: u16,
        buf: Pin<&mut [T]>,

// << 中略 >>

            .await?
            .transfer_result_ok()
    }
```

466

USB マウス……もといタブレット入力を使えるようにする

```rust
    async fn request_report_bytes(
    pub async fn request_report_bytes(
        &self,
        slot: u8,
        ctrl_ep_ring: &mut CommandRing,

// << 中略 >>

impl From<StatusStageTrb> for GenericTrbEntry {
    // << 中略 >>
    }
}

struct CommandRing {
pub struct CommandRing {
    ring: IoBox<TrbRing>,
    cycle_state_ours: bool,
}

// << 中略 >>

impl CommandRing {
    fn ring_phys_addr(&self) -> u64 {
        self.ring.as_ref() as *const TrbRing as u64
    }
    pub fn push(&mut self, mut src: GenericTrbEntry) -> Result<u64> {
    fn push(&mut self, mut src: GenericTrbEntry) -> Result<u64> {
        // Calling get_unchecked_mut() here is safe
        // as far as this function does not move the ring out.
        let ring = unsafe { self.ring.get_unchecked_mut() };

// << 中略 >>

impl UsbMode {
    // << 中略 >>
    }
}

#[derive(Debug, Copy, Clone)]
#[repr(u8)]
#[non_exhaustive]
#[allow(unused)]
#[derive(PartialEq, Eq)]
pub enum UsbDescriptorType {
    Device = 1,
    Config = 2,
    String = 3,
    Interface = 4,
    Endpoint = 5,
}

#[derive(Debug, Copy, Clone, Default)]
#[allow(unused)]
```

第6章 ハードウェアを制御する (2) —— USB デバイスを使えるようにする

```rust
#[repr(packed)]
pub struct UsbDeviceDescriptor {
    pub desc_length: u8,
    pub desc_type: u8,
    pub version: u16,
    pub device_class: u8,
    pub device_subclass: u8,
    pub device_protocol: u8,
    pub max_packet_size: u8,
    pub vendor_id: u16,
    pub product_id: u16,
    pub device_version: u16,
    pub manufacturer_idx: u8,
    pub product_idx: u8,
    pub serial_idx: u8,
    pub num_of_config: u8,
}
const _: () = assert!(size_of::<UsbDeviceDescriptor>() == 18);
unsafe impl IntoPinnedMutableSlice for UsbDeviceDescriptor {}

#[derive(Copy, Clone)]
#[repr(C, align(16))]
pub struct SetupStageTrb {

// << 中略 >>

impl StatusStageTrb {
    // << 中略 >>
        }
    }
}

#[derive(Debug, Copy, Clone)]
pub enum UsbDescriptor {
    Config(ConfigDescriptor),
    Endpoint(EndpointDescriptor),
    Interface(InterfaceDescriptor),
    Unknown { desc_len: u8, desc_type: u8 },
}

#[derive(Debug, Copy, Clone, Default)]
#[allow(unused)]
#[repr(packed)]
pub struct ConfigDescriptor {
    desc_length: u8,
    desc_type: u8,
    total_length: u16,
    num_of_interfaces: u8,
    config_value: u8,
    config_string_index: u8,
    attribute: u8,
    max_power: u8,
    //
```

USB マウス……もとい タブレット入力を使えるようにする

```rust
        _pinned: PhantomPinned,
}
const _: () = assert!(size_of::<ConfigDescriptor>() == 9);
impl ConfigDescriptor {
    pub fn total_length(&self) -> usize {
        self.total_length as usize
    }
    pub fn config_value(&self) -> u8 {
        self.config_value
    }
}
unsafe impl IntoPinnedMutableSlice for ConfigDescriptor {}
unsafe impl Sliceable for ConfigDescriptor {}

pub struct DescriptorIterator<'a> {
    buf: &'a [u8],
    index: usize,
}
impl<'a> DescriptorIterator<'a> {
    pub fn new(buf: &'a [u8]) -> Self {
        Self { buf, index: 0 }
    }
}
impl<'a> Iterator for DescriptorIterator<'a> {
    type Item = UsbDescriptor;
    fn next(&mut self) -> Option<Self::Item> {
        if self.index >= self.buf.len() {
            None
        } else {
            let buf = &self.buf[self.index..];
            let desc_len = buf[0];
            let desc_type = buf[1];
            let desc = match desc_type {
                e if e == UsbDescriptorType::Config as u8 => {
                    UsbDescriptor::Config(
                        ConfigDescriptor::copy_from_slice(buf).ok()?,
                    )
                }
                e if e == UsbDescriptorType::Interface as u8 => {
                    UsbDescriptor::Interface(
                        InterfaceDescriptor::copy_from_slice(buf).ok()?,
                    )
                }
                e if e == UsbDescriptorType::Endpoint as u8 => {
                    UsbDescriptor::Endpoint(
                        EndpointDescriptor::copy_from_slice(buf).ok()?,
                    )
                }
                _ => UsbDescriptor::Unknown {
                    desc_len,
                    desc_type,
                },
            };
```

第6章 ハードウェアを制御する (2) —— USB デバイスを使えるようにする

```rust
            self.index += desc_len as usize;
            Some(desc)
        }
    }
}

#[derive(Debug, Copy, Clone, Default)]
#[allow(unused)]
#[repr(packed)]
pub struct InterfaceDescriptor {
    desc_length: u8,
    desc_type: u8,
    interface_number: u8,
    alt_setting: u8,
    num_of_endpoints: u8,
    interface_class: u8,
    interface_subclass: u8,
    interface_protocol: u8,
    interface_index: u8,
}
const _: () = assert!(size_of::<InterfaceDescriptor>() == 9);
unsafe impl IntoPinnedMutableSlice for InterfaceDescriptor {}
unsafe impl Sliceable for InterfaceDescriptor {}
impl InterfaceDescriptor {
    pub fn triple(&self) -> (u8, u8, u8) {
        (
            self.interface_class,
            self.interface_subclass,
            self.interface_protocol,
        )
    }
}

#[derive(Debug, Copy, Clone, Default)]
#[allow(unused)]
#[repr(packed)]
pub struct EndpointDescriptor {
    pub desc_length: u8,
    pub desc_type: u8,

    // endpoint_address:
    //     bit[0..=3]: endpoint number
    //     bit[7]: direction(0: out, 1: in)
    pub endpoint_address: u8,

    // attributes:
    //     bit[0..=1]: transfer type(0: Control, 1: Isochronous, 2: Bulk, 3:
    //     Interrupt)
    pub attributes: u8,
    pub max_packet_size: u16,
    // interval:
    // [xhci] Table 6-12
    // interval_ms = interval (For FS/LS Interrupt)
```

470

USB マウス……もといタブレット入力を使えるようにする

```rust
    // interval_ms = 2^(interval-1) (For FS Isoch)
    // interval_ms = 2^(interval-1) (For SSP/SS/HS)
    pub interval: u8,
}
const _: () = assert!(size_of::<EndpointDescriptor>() == 7);
unsafe impl IntoPinnedMutableSlice for EndpointDescriptor {}
unsafe impl Sliceable for EndpointDescriptor {}

// [hid_1_11]:
// 7.2.5 Get_Protocol Request
// 7.2.6 Set_Protocol Request
#[repr(u8)]
pub enum UsbHidProtocol {
    BootProtocol = 0,
}
```

次に、usb_keyboard の interface を選択する部分のロジックを関数に切り出します。

```rust
// src/keyboard.rs
    ctrl_ep_ring: &mut CommandRing,
    descriptors: &Vec<UsbDescriptor>,
) -> Result<()> {
    let mut last_config: Option<ConfigDescriptor> = None;
    let mut boot_keyboard_interface: Option<InterfaceDescriptor> = None;
    let mut ep_desc_list: Vec<EndpointDescriptor> = Vec::new();
    for d in descriptors {
        match d {
            UsbDescriptor::Config(e) => {
                if boot_keyboard_interface.is_some() {
                    break;
                }
                last_config = Some(*e);
                ep_desc_list.clear();
            }
            UsbDescriptor::Interface(e) => {
                if let (3, 1, 1) = e.triple() {
                    boot_keyboard_interface = Some(*e)
                }
            }
            UsbDescriptor::Endpoint(e) => {
                ep_desc_list.push(*e);
            }
            _ => {}
        }
    }
    let config_desc = last_config.ok_or("No USB KBD Boot config found")?;
    let interface_desc =
        boot_keyboard_interface.ok_or("No USB KBD Boot interface found")?;
    let (config_desc, interface_desc, _) =
        pick_interface_with_triple(descriptors, (3, 1, 1))
```

471

第6章 ハードウェアを制御する (2) —— USBデバイスを使えるようにする

```
        .ok_or("No USB KBD Boot interface found")?;
    xhc.request_set_config(slot, ctrl_ep_ring, config_desc.config_value())
        .await?;
    xhc.request_set_interface(
```

`src/usb.rs`

```rust
        .await?;
    Ok(buf.to_vec())
}

pub fn pick_interface_with_triple(
    descriptors: &Vec<UsbDescriptor>,
    triple: (u8, u8, u8),
) -> Option<(
    ConfigDescriptor,
    InterfaceDescriptor,
    Vec<EndpointDescriptor>,
)> {
    let mut config: Option<ConfigDescriptor> = None;
    let mut interface: Option<InterfaceDescriptor> = None;
    let mut ep_list: Vec<EndpointDescriptor> = Vec::new();
    for d in descriptors {
        match d {
            UsbDescriptor::Config(e) => {
                if interface.is_some() {
                    break;
                }
                config = Some(*e);
                ep_list.clear();
            }
            UsbDescriptor::Interface(e) => {
                if triple == e.triple() {
                    interface = Some(*e)
                }
            }
            UsbDescriptor::Endpoint(e) => {
                ep_list.push(*e);
            }
            _ => {}
        }
    }
    if let (Some(config), Some(interface)) = (config, interface) {
        Some((config, interface, ep_list))
    } else {
        None
    }
}
```

　そして、切り出した関数を使って、usb tablet らしきデバイスのときに処理
するための関数を作ります。

472

USB マウス……もといタブレット入力を使えるようにする

`src/lib.rs`

```rust
pub mod result;
pub mod serial;
pub mod slice;
pub mod tablet;
pub mod uefi;
pub mod usb;
pub mod volatile;
```

`src/tablet.rs`

```rust
extern crate alloc;

use crate::info;
use crate::result::Result;
use crate::usb::*;
use crate::xhci::CommandRing;
use crate::xhci::Controller;
use alloc::rc::Rc;
use alloc::vec::Vec;

pub async fn start_usb_tablet(
    _xhc: &Rc<Controller>,
    _slot: u8,
    _ctrl_ep_ring: &mut CommandRing,
    device_descriptor: &UsbDeviceDescriptor,
    descriptors: &Vec<UsbDescriptor>,
) -> Result<()> {
    // vid:pid = 0x0627:0x0001
    if device_descriptor.device_class != 0
        || device_descriptor.device_subclass != 0
        || device_descriptor.device_protocol != 0
        || device_descriptor.vendor_id != 0x0627
        || device_descriptor.product_id != 0x0001
    {
        return Err("Not a USB Tablet");
    }
    let (_config_desc, _interface_desc, _) =
        pick_interface_with_triple(descriptors, (3, 0, 0))
            .ok_or("No USB KBD Boot interface found")?;
    info!("USB tablet found");
    Ok(())
}
```

`src/xhci.rs`

```rust
use crate::pci::Pci;
use crate::pci::VendorDeviceId;
use crate::result::Result;
use crate::tablet::start_usb_tablet;
use crate::usb;
use crate::volatile::Volatile;
use crate::x86::busy_loop_hint;
```

473

第6章 ■ ハードウェアを制御する (2) —— USB デバイスを使えるようにする

```
// << 中略 >>

impl PciXhciDriver {
    // << 中略 >>
                {
                    return Ok(());
                }
                if start_usb_tablet(
                    &xhc,
                    slot,
                    &mut ctrl_ep_ring,
                    &device_descriptor,
                    &descriptors,
                )
                .await
                .is_ok()
                {
                    return Ok(());
                }
                info!("xhci: No available drivers...");
        }
    }
```

ここで cargo run を実行すると、以下のように出力されます。

```
[INFO] src/tablet.rs:29 : USB tablet found
```

よし、予想どおりですね！

さらに、この出力の少し前に出力されている、ディスクリプタの値を見てみましょう（以下に示す出力結果は紙面の都合上適宜改行してあります）。

```
[INFO] src/xhci.rs:198: xhci: [
  Config(ConfigDescriptor { desc_length: 9, desc_type: 2, total_length: 34,
                            num_of_interfaces: 1, config_value: 1,
                            config_string_index: 7, attribute: 160,
                            max_power: 50, _pinned: PhantomPinned }),
  Interface(InterfaceDescriptor { desc_length: 9, desc_type: 4,
                                  interface_number: 0, alt_setting: 0,
                                  num_of_endpoints: 1, interface_class: 3,
                                  interface_subclass: 0, interface_protocol: 0,
                                  interface_index: 0 }),
  Unknown { desc_len: 9, desc_type: 33 },
  Endpoint(EndpointDescriptor { desc_length: 7, desc_type: 5,
                                endpoint_address: 129, attributes: 3,
                                max_packet_size: 8, interval: 4 })]
```

このデバイスの Interface ディスクリプタを見てみると (interface_class, interface_subclass, interface_protocol) が (3, 0, 0) となっています。つま

474

り、このデバイスは USB HID Device（`interface_class` が 3）ではありますが、Boot Interface（`interface_subclass` が 1）ではありません。つまり、これは「汎用的な HID クラスのデバイス」であり、このデバイスが返す Report データの解釈方法は Report Descriptor に書いてある、ということになります。

　ということで、次は Report Descriptor を読み出してみましょう。実装は、以下のような感じになります。

```
src/tablet.rs
extern crate alloc;

use crate::info;
use crate::print::hexdump;
use crate::result::Result;
use crate::usb::*;
use crate::xhci::CommandRing;

// << 中略 >>

use alloc::vec::Vec;

pub async fn start_usb_tablet(
    _xhc: &Rc<Controller>,
    _slot: u8,
    _ctrl_ep_ring: &mut CommandRing,
    xhc: &Rc<Controller>,
    slot: u8,
    ctrl_ep_ring: &mut CommandRing,
    device_descriptor: &UsbDeviceDescriptor,
    descriptors: &Vec<UsbDescriptor>,
) -> Result<()> {

// << 中略 >>

    {
        return Err("Not a USB Tablet");
    }
    let (_config_desc, _interface_desc, _) =
    let (_config_desc, interface_desc, _) =
        pick_interface_with_triple(descriptors, (3, 0, 0))
            .ok_or("No USB KBD Boot interface found")?;
    info!("USB tablet found");
    let report = request_hid_report_descriptor(
        xhc,
        slot,
        ctrl_ep_ring,
        interface_desc.interface_number,
    )
    .await?;
    info!("Report Descriptor:");
```

第6章 ■ ハードウェアを制御する (2) —— USB デバイスを使えるようにする

```
    hexdump(&report);
    Ok(())
}
```

src/usb.rs
```rust
pub enum UsbDescriptorType {
    // << 中略 >>
    String = 3,
    Interface = 4,
    Endpoint = 5,
    Report = 0x22,
}

#[derive(Debug, Copy, Clone)]

// << 中略 >>

        None
    }
}
pub async fn request_hid_report_descriptor(
    xhc: &Rc<Controller>,
    slot: u8,
    ctrl_ep_ring: &mut CommandRing,
    interface_number: u8,
) -> Result<Vec<u8>> {
    // 7.1.1 Get_Descriptor Request
    let buf = vec![0; 4096];
    let mut buf = Box::into_pin(buf.into_boxed_slice());
    xhc.request_descriptor_for_interface(
        slot,
        ctrl_ep_ring,
        UsbDescriptorType::Report,
        0,
        interface_number.into(),
        buf.as_mut(),
    )
    .await?;
    Ok(buf.to_vec())
}
```

src/xhci.rs
```rust
impl Controller {
    // << 中略 >>
            .await?
            .transfer_result_ok()
    }
    pub async fn request_descriptor_for_interface<T: Sized>(
        &self,
        slot: u8,
        ctrl_ep_ring: &mut CommandRing,
        desc_type: usb::UsbDescriptorType,
```

476

USB マウス……もとい タブレット入力を使えるようにする

```
        desc_index: u8,
        w_index: u16,
        buf: Pin<&mut [T]>,
    ) -> Result<()> {
        ctrl_ep_ring.push(
            SetupStageTrb::new(
                SetupStageTrb::REQ_TYPE_DIR_DEVICE_TO_HOST
                    | SetupStageTrb::REQ_TYPE_TO_INTERFACE,
                SetupStageTrb::REQ_GET_DESCRIPTOR,
                (desc_type as u16) << 8 | (desc_index as u16),
                w_index,
                (buf.len() * size_of::<T>()) as u16,
            )
            .into(),
        )?;
        let trb_ptr_waiting =
            ctrl_ep_ring.push(DataStageTrb::new_in(buf).into())?;
        ctrl_ep_ring.push(StatusStageTrb::new_out().into())?;
        self.notify_ep(slot, 1)?;
        EventFuture::new_for_trb(&self.primary_event_ring, trb_ptr_waiting)
            .await?
            .transfer_result_ok()
    }
    pub async fn request_report_bytes(
        &self,
        slot: u8,
```

　これまで取得してきたディスクリプタは、すべて Device に紐付くディスクリプタでしたが、今回取得する HID Report ディスクリプタは Interface に紐付くディスクリプタです。そのため、GET_DESCRIPTOR リクエストのリクエストタイプを REQ_TYPE_TO_INTERFACE にする必要があります。

　また本来であれば、Report Descriptor のサイズを知るために、HID Descriptor というものを読む必要があります。HID Descriptor は、Config Descriptor 取得時に付いてくるディスクリプタの中から desc_type == 0x21 のものを見ればよいのですが、今回は実装を容易にするため、十分な大きさのバッファを用意してレポートディスクリプタを読み出すことにしました。

　cargo run すると、以下のような出力が得られます。

```
[INFO]  src/tablet.rs:34 : Report Descriptor:
00000000: 05 01 09 02 A1 01 09 01 A1 00 05 09 19 01 29 03  |..............).|
00000010: 15 00 25 01 95 03 75 01 81 02 95 01 75 05 81 01  |..%...u.....u...|
00000020: 05 01 09 30 09 31 15 00 26 FF 7F 35 00 46 FF 7F  |...0.1..&..5.F..|
00000030: 75 10 95 02 81 02 05 01 09 38 15 81 25 7F 35 00  |u........8..%.5.|
00000040: 45 00 75 08 95 01 81 06 C0 C0                    |E.u.......|
```

477

第6章 ■ ハードウェアを制御する (2) ── USB デバイスを使えるようにする

このバイト列が Report Descriptor で、USB HID デバイスから送られてくる Report のデータの解釈方法がここに書かれています。次は、この Report Descriptor の中身を理解することにしましょう。

HID レポートディスクリプタを解析する

このデータの解釈方法は仕様書の「6.2.2 Report Descriptor」[hid_1_11] に記載されていますが、例によってめちゃくちゃ長いので、ここでは QEMU の usb-tablet が返す Report Descriptor を解釈するために必要となる知識を抜粋して解説します。

まず、Report Descriptor は、可変長の Item という要素を書き連ねたものになっています。1 つの Item は 1 バイトから 258 バイトのデータから構成されています。各 Item の最初の 1 バイトは prefix と呼ばれ、これを読むことでその Item の長さや種類が判別できるようになっています。Item は大きく分けて 2 種類あり、Item 全体で 1-5 バイトからなる Short Item と、3-258 バイトからなる Long Item があります。

Prefix は 1 バイト、つまり 8 ビットのデータですが、これを LSB 側から 2、2、4 ビットの 3 つの数値に分割したそれぞれを bSize、bType、bTag と呼びます。もし、bSize が `0b10` で bType と bTag の全ビットが 1、言い換えると prefix が `0b1111_11_10` のときは、その Item は Long Item となるのですが、今回は Long Item は登場しないという前提で以降の話を進めます。

Short Item は、bSize の値に応じて、prefix のあとに 0、1、2 もしくは 4 バイトの data が続きます。

具体例を見てみましょう。先ほど取得したレポートディスクリプタの最初の 16 バイトはこうでした。

```
05 01 09 02 A1 01 09 01 A1 00 05 09 19 01 29 03
```

最初の値 `0x05` は 2 進数に直すと `0b0000_01_01` ですから、これは 1 バイトの data を持つ item です。つまり、次の `0x01` という値は最初の item の data ということになります。したがって、最初の item は `05 01` という 2 バイトであるとわかります。

同様に次の `09` から始まる item のデータは 1 バイト、その次の `0xA1` から始ま

USB マウス……もといタブレット入力を使えるようにする

る item のデータも 1 バイト……というふうに解釈していくと、最初の 16 バイトはすべて 1 バイトの data を持つ item であったことがわかります。つまり、Item の切れ目で改行するとこんな感じです。

```
05 01
09 02
A1 01
09 01
A1 00
05 09
19 01
29 03
```

この調子で、次の 16 バイトも見てみましょう。

```
15 00 25 01 95 03 75 01 81 02 95 01 75 05 81 01
```

そう言えば 16 進数の 1 桁は 4 ビットに対応することを考えると、0b????_??_01 となるような 8 ビットの数は 16 進数でいうと 0x?1, 0x?5, 0x?9, 0x?D のいずれかですから、実は次の 16 バイトもすべて 1 バイトのデータを持つ item になります。同様に Item の切れ目で改行すると、こうなります。

```
15 00
25 01
95 03
75 01
81 02
95 01
75 05
81 01
```

この調子で次の行に行くと、ついに prefix の下 1 桁が 1、5、9、D ではないものに遭遇します。0x26 は 0b0010_01_10 ですから、これは 2 バイトの data を持つ Item です。Item の切れ目で改行すれば、こうなります。

```
05 01
09 30
09 31
15 00
26 FF 7F
35 00
46 FF 7F
```

……だんだん Item の姿が見えてきましたね。続きは同様なので、ぜひみなさ

479

第6章 ハードウェアを制御する (2) —— USB デバイスを使えるようにする

んもやってみてください。

次は、各 Item の意味について見ていきましょう。

各 Item の bType は、その Item の種類を示します。bType が 0 ならば Main、1 ならば Global、2 ならば Local という計 3 種類に各 Item は分類できます。

仕様書[hid_1_11] には各 bType ごとに解説が存在し、「6.2.2.4 Main Items」「6.2.2.7 Global Items」「6.2.2.8 Local Items」の各セクションで、bTag の値と各 Item の対応が定義されていますが、これまた複雑なのでかいつまんで説明します。

まず、bType が 0、つまり Main の Item が最も重要です。そもそも、Report Descriptor は、Report としてデバイスから得られたバイト列をどのように解釈すればよいのか、その情報を記載したものです。したがって、この Report Descriptor の内容を解析したら、Report のバイト列からどのようにして意味のある値を取り出すことができるのか、わかるようになるのです。このような、Report 中に含まれている何らかの値という概念を表現したものが、Main Item に分類される、Input、Output、Feature の 3 種類の Item になります。今回は Input しか扱わないので、ほかの 2 つの説明は省略します。

Input Item は、デバイスからホストへの「入力の値」を表現する Item です。たとえば、今回実装する usb-tablet は、いうなればタッチパネルのようなものです。そのタッチパネルで、画面上のある地点をタップしたとしましょう。この操作を表現するには、どのような値が必要になるでしょうか。まず、タップした場所を示す情報が欲しいですよね。これは、画面のような 2 次元平面であれば、X 軸の位置と Y 軸の位置、2 つ値の組で表現できます。さらに、指が画面に触れているか否かの情報も欲しいですよね。マウスであれば、どのボタンが押し下げられている状態なのかを示す数値が欲しいわけです。マウスにはたいていボタンが 3 つありますから、さらに 3 つの値が必要です。

このように、ただマウスの状態と一口に言っても、それは実際には複数の値を組み合わせることで表現されるわけです。この値に対応するのが Input Item になります。

一方、Global や Local に分類される Item というのは、いま説明した Input Item のような「値」に対して、追加の情報を提供するための Item になっています。追加の情報というのは、たとえばその値が具体的に何を表現しているのか、

480

どのような用途で使われるものなのか、という情報であったり、その値が何ビットのデータなのか、またそのデータが何回繰り返し登場するのか、といったような、Report のフォーマットに関わる情報であったりが含まれています。Global Item と Local Item は、どちらも追加情報を Main Item に付与するという点では同一ですが、その追加情報の効果がいつまで継続するかという点で異なります。

　Global な Item は、同じ bTag を持つ Item で上書きされるまで、ずっとその効果を発揮します。一方 Local な Item は、その Item が Main Item に対して一度でも効果を発揮したら、そこで効果が終了します。その代わり、Local な Item を先に複数宣言しておけば、そのあとの Main Item に対して順番に効果が発揮されていきます。

　……横文字で説明されてもわかりづらいと思うので、もう少し日常生活に近い例で置き換えてみましょう。たとえば、天ぷらうどん、天ぷらそば、月見そば、月見うどんの合計 4 つを注文したいとしましょう。愚直に頼むなら、こうすればよいでしょう。

```
具 := 天ぷら
麺 := うどん
注文
具 := 天ぷら
麺 := そば
注文
具 := 月見
麺 := そば
注文
具 := 月見
麺 := うどん
注文
```

　さてここで、具の設定は Global、麺の設定は Local、注文は Main Item だったと仮定しましょう。それぞれ、G、L、M の頭文字で表示するとこんな感じです。

```
G: 具 := 天ぷら
L: 麺 := うどん
M: 注文
G: 具 := 天ぷら
L: 麺 := そば
M: 注文
G: 具 := 月見
L: 麺 := そば
M: 注文
G: 具 := 月見
```

第6章 ┃ ハードウェアを制御する(2) —— USB デバイスを使えるようにする

```
L: 麺 := うどん
M: 注文
```

さて、Global Item である具の設定は上書きされるまで変更されないので、直前と同じ値を設定するのは冗長です。なので、同じ具で2回目に注文するものは、具の宣言を省略できます。つまり、以下のような注文をしても、このお店なら同じ意味になります。

```
G: 具 := 天ぷら
L: 麺 := うどん
M: 注文
L: 麺 := そば
M: 注文
G: 具 := 月見
L: 麺 := そば
M: 注文
L: 麺 := うどん
M: 注文
```

さらに驚くべきことに、同じ種類の Local Item は上書きされずに、最も古いものから Main Item に適用されていく、というルールがありますから、Local Item を全部最初に持っていって、次のようにしても、注文の内容と順番はまったく変わりません。

```
L: 麺 := うどん
L: 麺 := そば
L: 麺 := そば
L: 麺 := うどん
G: 具 := 天ぷら
M: 注文
M: 注文
G: 具 := 月見
M: 注文
M: 注文
```

　……おわかりいただけたでしょうか？ これが、HID そば屋流の注文方法なのです。

　なぜこのような複雑なしくみになっているのか、と頭を抱える方も多いでしょう。筆者の推測ですが、これは Report Descriptor のサイズを削減できるようにするためのしくみであると考えられます。デバイスが複雑になればなるほど、Report に含まれる値の数は多くなります。たとえば、ゲーム用のコントローラ

482

は、マウスよりも圧倒的に多い数のボタンが付いています。10個ボタンがあれば、10種類の値が必要です。そして、これらのボタンはすべて違う意味を持つボタンですから、それぞれがどのボタンであるかを表現する情報は各ボタンに必要になるでしょう。しかし、各ボタンはデータ上では同じ方法で表現されているかもしれません。単純な On/Off のスイッチであれば、0 か 1 の 1 ビットで表現できるわけです。これを毎回宣言しなければいけないとなると、Report Descriptor がどんどん長くなってしまいます。しかし、こういった繰り返し利用される属性が Global Item になっていれば、同じ属性を再利用して Report Descriptor の大きさを圧縮できるのです。

ハードウェア資源が潤沢になった現代では、こんなちょっとした節約なんてあまり役に立たないように見えるかもしれませんが、1 バイトでも節約したかった時代の人々の思考が垣間見えるのはおもしろいですよね。

……さて、脱線はほどほどにして、実際の USB HID の話に戻りましょう。

ここまでの話を端的にまとめると、以下の 5 点に集約されます。

・Report Descriptor は Item の羅列である
・Item は可変長で、最初の 1 バイトを見れば後続のデータの長さがわかる
・Item には Main、Global、Local の 3 種類があり、Main が値と対応する
・Global、Local は Main の属性を記述するものである
・Global は上書きされるまで有効で、Local は登場順に消費される

さて、ここまでの知識をもとに、まずは Report Descriptor を読んで Item の羅列を出力してみましょう。

```
src/lib.rs
#![feature(const_caller_location)]
#![feature(const_location_fields)]
#![feature(option_get_or_insert_default)]
#![feature(iter_advance_by)]
#![test_runner(crate::test_runner::test_runner)]
#![reexport_test_harness_main = "run_unit_tests"]
#![no_main]

// << 中略 >>

pub mod mmio;
pub mod mutex;
```

第6章 ハードウェアを制御する (2) —— USBデバイスを使えるようにする

```rust
pub mod pci;
pub mod pin;
pub mod print;
pub mod qemu;
pub mod result;
```

src/main.rs

```rust
use wasabi::init::init_hpet;
use wasabi::init::init_paging;
use wasabi::init::init_pci;
use wasabi::print::hexdump;
use wasabi::print::hexdump_struct;
use wasabi::print::set_global_vram;
use wasabi::println;
use wasabi::qemu::exit_qemu;

// << 中略 >>

fn efi_main(image_handle: EfiHandle, efi_system_table: &EfiSystemTable) {
    // << 中略 >>
    info!("info");
    warn!("warn");
    error!("error");
    hexdump(efi_system_table);
    hexdump_struct(efi_system_table);
    let mut vram = init_vram(efi_system_table).expect("init_vram failed");
    init_display(&mut vram);
    set_global_vram(vram);
```

src/print.rs

```rust
macro_rules! error {
    // << 中略 >>
                    file!(), line!(), format_args!($($arg)*)));
}

fn hexdump_bytes(bytes: &[u8]) {
pub fn hexdump_bytes(bytes: &[u8]) {
    let mut i = 0;
    let mut ascii = [0u8; 16];
    let mut offset = 0;

// << 中略 >>

        println!("|");
    }
}
pub fn hexdump<T: Sized>(data: &T) {
pub fn hexdump_struct<T: Sized>(data: &T) {
    info!("hexdump_struct: {:?}", core::any::type_name::<T>());
    hexdump_bytes(unsafe {
        slice::from_raw_parts(data as *const T as *const u8, size_of::<T>())
    })
```

USB マウス……もといタブレット入力を使えるようにする

`src/tablet.rs`

```
extern crate alloc;

use crate::bits::extract_bits;
use crate::info;
use crate::print::hexdump;
use crate::print::hexdump_bytes;
use crate::result::Result;
use crate::usb::*;
use crate::warn;
use crate::xhci::CommandRing;
use crate::xhci::Controller;
use alloc::collections::VecDeque;
use alloc::format;
use alloc::rc::Rc;
use alloc::string::ToString;
use alloc::vec::Vec;

#[derive(Debug)]
#[repr(u8)]
#[allow(dead_code)]
enum UsbHidReportItemType {
    Main = 0,
    Global = 1,
    Local = 2,
    Reserved = 3,
}

#[derive(Debug, Copy, Clone)]
#[allow(dead_code)]
pub enum UsbHidUsagePage {
    GenericDesktop,
    Button,
    UnknownUsagePage(usize),
}

#[derive(Debug, Copy, Clone)]
#[allow(dead_code)]
pub enum UsbHidUsage {
    Pointer,
    Mouse,
    X,
    Y,
    Wheel,
    Button(usize),
    UnknownUsage(usize),
    Constant,
}

#[derive(Debug)]
pub struct UsbHidReportInputItem {
    pub usage_page: UsbHidUsagePage,
    pub report_usage: UsbHidUsage,
```

485

第6章 ハードウェアを制御する (2) —— USB デバイスを使えるようにする

```rust
    pub report_size: usize,
    pub is_array: bool,
    pub is_absolute: bool,
}

pub async fn start_usb_tablet(
    xhc: &Rc<Controller>,
    slot: u8,

// << 中略 >>

    {
        return Err("Not a USB Tablet");
    }
    let (_config_desc, interface_desc, _) =
    let (_config_desc, interface_desc, other_desc_list) =
        pick_interface_with_triple(descriptors, (3, 0, 0))
            .ok_or("No USB KBD Boot interface found")?;
    info!("USB tablet found");
    let hid_desc = other_desc_list
        .iter()
        .flat_map(|e| match e {
            UsbDescriptor::Hid(e) => Some(e),
            _ => None,
        })
        .next()
        .ok_or("No HID Descriptor found")?;
    info!("HID Descriptor: {hid_desc:?}");
    let report = request_hid_report_descriptor(
        xhc,
        slot,
        ctrl_ep_ring,
        interface_desc.interface_number,
        hid_desc.report_descriptor_length as usize,
    )
    .await?;
    info!("Report Descriptor:");
    hexdump(&report);
    hexdump_bytes(&report);
    let mut it = report.iter();
    let mut input_report_items = Vec::new();
    let mut usage_queue = VecDeque::new();
    let mut usage_page: Option<UsbHidUsagePage> = None;
    let mut usage_min = None;
    let mut usage_max = None;
    let mut report_size = 0;
    let mut report_count = 0;
    while let Some(prefix) = it.next() {
        let b_size = match prefix & 0b11 {
            0b11 => 4,
            e => e,
        } as usize;
        let b_type = match (prefix >> 2) & 0b11 {
```

486

USB マウス……もといタブレット入力を使えるようにする

```rust
            0 => UsbHidReportItemType::Main,
            1 => UsbHidReportItemType::Global,
            2 => UsbHidReportItemType::Local,
            _ => {
                warn!("b_type == Reserved is not implemented yet!");
                break;
            }
        };
        let b_tag = prefix >> 4;
        let data: Vec<u8> = it.by_ref().take(b_size).cloned().collect();
        let data_value = {
            let mut data = data.clone();
            data.resize(4, 0u8);
            let mut value = [0u8; 4];
            value.copy_from_slice(&data);
            u32::from_le_bytes(value)
        };
        match (&b_type, &b_tag) {
            (UsbHidReportItemType::Main, 0b1000) => {
                info!("M: Input attr {data_value:#b}");
                if let Some(usage_page) = usage_page {
                    let is_constant = extract_bits(data_value, 0, 1) == 1;
                    let is_array = extract_bits(data_value, 1, 1) == 1;
                    let is_absolute = extract_bits(data_value, 2, 1) == 0;
                    for i in 0..report_count {
                        let report_usage =
                            if let Some(usage) = usage_queue.pop_front() {
                                usage
                            } else if let (
                                UsbHidUsagePage::Button,
                                Some(usage_min),
                                Some(usage_max),
                            ) = (usage_page, usage_min, usage_max)
                            {
                                let btn_idx = usage_min + i;
                                if btn_idx <= usage_max {
                                    UsbHidUsage::Button(btn_idx)
                                } else {
                                    UsbHidUsage::UnknownUsage(btn_idx)
                                }
                            } else if is_constant {
                                UsbHidUsage::Constant
                            } else {
                                UsbHidUsage::UnknownUsage(0)
                            };
                        input_report_items.push(UsbHidReportInputItem {
                            report_usage,
                            report_size,
                            is_array,
                            is_absolute,
                            usage_page,
                        })
                    }
```

第6章 ハードウェアを制御する (2) ── USB デバイスを使えるようにする

```rust
                    }
                }
                (UsbHidReportItemType::Main, 0b1010) => {
                    let collection_type = match data_value {
                        0 => "Physical".to_string(),
                        1 => "Application".to_string(),
                        v => format!("{v}"),
                    };
                    info!("M: Collection {collection_type} {{",)
                }
                (UsbHidReportItemType::Main, 0b1100) => {
                    info!("M: }} Collection",)
                }
                (UsbHidReportItemType::Global, 0b0000) => {
                    usage_page = Some(match data_value {
                        0x01 => UsbHidUsagePage::GenericDesktop,
                        0x09 => UsbHidUsagePage::Button,
                        _ => UsbHidUsagePage::UnknownUsagePage(data_value as usize),
                    });
                    info!("G: Usage Page: {usage_page:?}",);
                }
                (UsbHidReportItemType::Global, 0b0001) => {
                    info!("G: Logical Minimum: {data_value:#X}");
                }
                (UsbHidReportItemType::Global, 0b0010) => {
                    info!("G: Logical Maximum: {data_value:#X}");
                }
                (UsbHidReportItemType::Global, 0b0111) => {
                    info!("G: Report Size: {data_value} bits");
                    report_size = data_value as usize;
                }
                (UsbHidReportItemType::Global, 0b1001) => {
                    info!("G: Report Count: {data_value} times");
                    report_count = data_value as usize;
                }
                (UsbHidReportItemType::Local, 0) => {
                    let usage = match &usage_page {
                        Some(UsbHidUsagePage::GenericDesktop) => match data_value {
                            0x01 => UsbHidUsage::Pointer,
                            0x02 => UsbHidUsage::Mouse,
                            0x30 => UsbHidUsage::X,
                            0x31 => UsbHidUsage::Y,
                            0x38 => UsbHidUsage::Wheel,
                            _ => UsbHidUsage::UnknownUsage(data_value as usize),
                        },
                        _ => UsbHidUsage::UnknownUsage(data_value as usize),
                    };
                    usage_queue.push_back(usage);
                    info!(
                        "L: Usage: {usage:?} (in usage page {})",
                        format!("{usage_page:#X?}")
                            .replace('\n', "")
                            .replace(' ', "")
```

USB マウス……もといタブレット入力を使えるようにする

```
                )
            }
            (UsbHidReportItemType::Local, 1) => {
                usage_min = Some(data_value as usize)
            }
            (UsbHidReportItemType::Local, 2) => {
                usage_max = Some(data_value as usize)
            }
            _ => {
                info!(
                    "{prefix:#04X} (type = {:6}, tag = {b_tag:2}): {}",
                    format!("{b_type:?}"),
                    format!("{data:#04X?}").replace('\n', "").replace(' ', "")
                );
            }
        }
        if matches!(b_type, UsbHidReportItemType::Main) {
            usage_queue.clear();
            usage_min = None;
            usage_max = None;
        }
    }
    hexdump_bytes(&report);
    info!("USB HID Report Descriptor parsed:");
    for e in input_report_items {
        info!("  {e:?}")
    }
    Ok(())
}
```

`src/usb.rs`

```
extern crate alloc;

use crate::pin::IntoPinnedMutableSlice;
use crate::result::Result;
use crate::slice::Sliceable;
use crate::xhci::CommandRing;

// << 中略 >>

pub enum UsbDescriptorType {
    // << 中略 >>
    String = 3,
    Interface = 4,
    Endpoint = 5,
    Hid = 0x21,
    Report = 0x22,
}


// << 中略 >>

pub enum UsbDescriptor {
```

489

第6章 ハードウェアを制御する (2) ── USB デバイスを使えるようにする

```
    Config(ConfigDescriptor),
    Endpoint(EndpointDescriptor),
    Interface(InterfaceDescriptor),
    Hid(HidDescriptor),
    Unknown { desc_len: u8, desc_type: u8 },
}


// << 中略 >>

pub struct UsbDeviceDescriptor {
    // << 中略 >>
    pub num_of_config: u8,
}
const _: () = assert!(size_of::<UsbDeviceDescriptor>() == 18);
unsafe impl IntoPinnedMutableSlice for UsbDeviceDescriptor {}
unsafe impl Sliceable for UsbDeviceDescriptor {}

#[derive(Debug, Copy, Clone, Default)]
#[allow(unused)]

// << 中略 >>

impl ConfigDescriptor {
    // << 中略 >>
        self.config_value
    }
}
unsafe impl IntoPinnedMutableSlice for ConfigDescriptor {}
unsafe impl Sliceable for ConfigDescriptor {}

pub struct DescriptorIterator<'a> {

// << 中略 >>

impl<'a> Iterator for DescriptorIterator<'a> {
    // << 中略 >>
                    EndpointDescriptor::copy_from_slice(buf).ok()?,
                )
            }
            e if e == UsbDescriptorType::Hid as u8 => UsbDescriptor::Hid(
                HidDescriptor::copy_from_slice(buf).ok()?,
            ),
            _ => UsbDescriptor::Unknown {
                desc_len,
                desc_type,

// << 中略 >>

pub struct InterfaceDescriptor {
    // << 中略 >>
    interface_index: u8,
}
```

USB マウス……もといタブレット入力を使えるようにする

```rust
const _: () = assert!(size_of::<InterfaceDescriptor>() == 9);
unsafe impl IntoPinnedMutableSlice for InterfaceDescriptor {}
unsafe impl Sliceable for InterfaceDescriptor {}
impl InterfaceDescriptor {
    pub fn triple(&self) -> (u8, u8, u8) {

// << 中略 >>

pub struct EndpointDescriptor {
    // << 中略 >>
    pub interval: u8,
}
const _: () = assert!(size_of::<EndpointDescriptor>() == 7);
unsafe impl IntoPinnedMutableSlice for EndpointDescriptor {}
unsafe impl Sliceable for EndpointDescriptor {}

// [hid_1_11]:

// << 中略 >>

    slot: u8,
    ctrl_ep_ring: &mut CommandRing,
) -> Result<UsbDeviceDescriptor> {
    let mut desc = Box::pin(UsbDeviceDescriptor::default());
    let buf = vec![0; size_of::<UsbDeviceDescriptor>()];
    let mut buf = Box::into_pin(buf.into_boxed_slice());
    xhc.request_descriptor(
        slot,
        ctrl_ep_ring,
        UsbDescriptorType::Device,
        0,
        0,
        desc.as_mut().as_mut_slice(),
        &mut buf,
    )
    .await?;
    Ok(*desc)
    UsbDeviceDescriptor::copy_from_slice(buf.as_ref().get_ref())
}
pub async fn request_string_descriptor(
    xhc: &Rc<Controller>,

// << 中略 >>

        UsbDescriptorType::String,
        index,
        lang_id,
        buf.as_mut(),
        &mut buf,
    )
    .await?;
    Ok(String::from_utf8_lossy(&buf[2..]))
```

491

第6章 ┃ ハードウェアを制御する (2) ── USB デバイスを使えるようにする

```rust
// << 中略 >>

    xhc: &Rc<Controller>,
    slot: u8,
    ctrl_ep_ring: &mut CommandRing,
) -> Result<Vec<u16>> {
) -> Result<Vec<u8>> {
    let buf = vec![0; 8];
    let mut buf = Box::into_pin(buf.into_boxed_slice());
    xhc.request_descriptor(

// << 中略 >>

        UsbDescriptorType::String,
        0,
        0,
        buf.as_mut(),
        &mut buf,
    )
    .await?;
    Ok(buf.as_ref().get_ref().to_vec())

// << 中略 >>

    slot: u8,
    ctrl_ep_ring: &mut CommandRing,
) -> Result<Vec<UsbDescriptor>> {
    let mut config_descriptor = Box::pin(ConfigDescriptor::default());
    let buf = vec![0u8; size_of::<ConfigDescriptor>()];
    let mut buf = Box::into_pin(buf.into_boxed_slice());
    xhc.request_descriptor(
        slot,
        ctrl_ep_ring,
        UsbDescriptorType::Config,
        0,
        0,
        config_descriptor.as_mut().as_mut_slice(),
        &mut buf,
    )
    .await?;
    let config_descriptor =
        ConfigDescriptor::copy_from_slice(buf.as_ref().get_ref())?;
    let buf = vec![0; config_descriptor.total_length()];
    let mut buf = Box::into_pin(buf.into_boxed_slice());
    xhc.request_descriptor(

// << 中略 >>

        UsbDescriptorType::Config,
        0,
        0,
        buf.as_mut(),
        &mut buf,
```

492

USB マウス……もといタブレット入力を使えるようにする

```
    )
    .await?;
    let iter = DescriptorIterator::new(&buf);

// << 中略 >>

    slot: u8,
    ctrl_ep_ring: &mut CommandRing,
) -> Result<Vec<u8>> {
    let buf = [0u8; 8];
    let mut buf = Box::into_pin(Box::new(buf));
    xhc.request_report_bytes(slot, ctrl_ep_ring, buf.as_mut())
    let buf = vec![0u8; 8];
    let mut buf = Box::into_pin(buf.into_boxed_slice());
    xhc.request_report_bytes(slot, ctrl_ep_ring, &mut buf)
        .await?;
    Ok(buf.to_vec())
}

// << 中略 >>

pub fn pick_interface_with_triple(
    descriptors: &Vec<UsbDescriptor>,
    triple: (u8, u8, u8),
) -> Option<(
    ConfigDescriptor,
    InterfaceDescriptor,
    Vec<EndpointDescriptor>,
)> {
) -> Option<(ConfigDescriptor, InterfaceDescriptor, Vec<UsbDescriptor>)> {
    let mut config: Option<ConfigDescriptor> = None;
    let mut interface: Option<InterfaceDescriptor> = None;
    let mut ep_list: Vec<EndpointDescriptor> = Vec::new();
    let mut desc_list: Vec<UsbDescriptor> = Vec::new();
    for d in descriptors {
        match d {
            UsbDescriptor::Config(e) => {

// << 中略 >>

                    break;
                }
                config = Some(*e);
                ep_list.clear();
                desc_list.clear();
            }
            UsbDescriptor::Interface(e) => {
                if triple == e.triple() {
                    interface = Some(*e)
                }
            }
            UsbDescriptor::Endpoint(e) => {
                ep_list.push(*e);
```

493

第6章 ハードウェアを制御する (2) —— USB デバイスを使えるようにする

```rust
            e => {
                if interface.is_some() {
                    desc_list.push(*e)
                }
            }
            _ => {}
        }
    }
    if let (Some(config), Some(interface)) = (config, interface) {
        Some((config, interface, ep_list))
        Some((config, interface, desc_list))
    } else {
        None
    }

// << 中略 >>

    slot: u8,
    ctrl_ep_ring: &mut CommandRing,
    interface_number: u8,
    desc_size: usize,
) -> Result<Vec<u8>> {
    // 7.1.1 Get_Descriptor Request
    let buf = vec![0; 4096];
    let buf = vec![0u8; desc_size];
    let mut buf = Box::into_pin(buf.into_boxed_slice());
    xhc.request_descriptor_for_interface(
        slot,

// << 中略 >>

        UsbDescriptorType::Report,
        0,
        interface_number.into(),
        buf.as_mut(),
        &mut buf,
    )
    .await?;
    Ok(buf.to_vec())
    Ok((*buf).to_vec())
}
#[derive(Debug, Copy, Clone, Default)]
#[allow(unused)]
#[repr(packed)]
pub struct HidDescriptor {
    desc_length: u8,
    desc_type: u8,
    hid_release: u16,
    country_code: u8,
    num_descriptors: u8,
    descriptor_type: u8,
    pub report_descriptor_length: u16,
}
```

USB マウス……もといタブレット入力を使えるようにする

```
const _: () = assert!(size_of::<HidDescriptor>() == 9);
unsafe impl Sliceable for HidDescriptor {}
```

`src/xhci.rs`
```
impl PciXhciDriver {
    // << 中略 >>
            )
            .await
            {
                let lang_id = e[1];
                let lang_id = u16::from_le_bytes([e[0], e[1]]);
                let vendor = if device_descriptor.manufacturer_idx != 0 {
                    Some(
                        usb::request_string_descriptor(

// << 中略 >>

impl Controller {
    // << 中略 >>
            .lock()
            .set_output_context(slot, output_context);
    }
    pub async fn request_descriptor<T: Sized>(
    pub async fn request_descriptor(
        &self,
        slot: u8,
        ctrl_ep_ring: &mut CommandRing,
        desc_type: usb::UsbDescriptorType,
        desc_index: u8,
        lang_id: u16,
        buf: Pin<&mut [T]>,
        buf: &mut Pin<Box<[u8]>>,
    ) -> Result<()> {
        ctrl_ep_ring.push(
            SetupStageTrb::new(

// << 中略 >>

                SetupStageTrb::REQ_GET_DESCRIPTOR,
                (desc_type as u16) << 8 | (desc_index as u16),
                lang_id,
                (buf.len() * size_of::<T>()) as u16,
                buf.len() as u16,
            )
            .into(),
        )?;

// << 中略 >>

            .await?
            .transfer_result_ok()
    }
    pub async fn request_descriptor_for_interface<T: Sized>(
```

495

第6章 | ハードウェアを制御する (2) —— USB デバイスを使えるようにする

```
    pub async fn request_descriptor_for_interface(
        &self,
        slot: u8,
        ctrl_ep_ring: &mut CommandRing,
        desc_type: usb::UsbDescriptorType,
        desc_index: u8,
        w_index: u16,
        buf: Pin<&mut [T]>,
        buf: &mut Pin<Box<[u8]>>,
    ) -> Result<()> {
        ctrl_ep_ring.push(
            SetupStageTrb::new(

// << 中略 >>

                SetupStageTrb::REQ_GET_DESCRIPTOR,
                (desc_type as u16) << 8 | (desc_index as u16),
                w_index,
                (buf.len() * size_of::<T>()) as u16,
                buf.len() as u16,
            )
            .into(),
        )?;

// << 中略 >>

        &self,
        slot: u8,
        ctrl_ep_ring: &mut CommandRing,
        buf: Pin<&mut [u8]>,
        buf: &mut Pin<Box<[u8]>>,
    ) -> Result<()> {
        // [HID] 7.2.1 Get_Report Request
        ctrl_ep_ring.push(

// << 中略 >>

}
const _: () = assert!(size_of::<DataStageTrb>() == 16);
impl DataStageTrb {
    pub fn new_in<T: Sized>(buf: Pin<&mut [T]>) -> Self {
    pub fn new_in(buf: &mut Pin<Box<[u8]>>) -> Self {
        Self {
            buf: buf.as_ptr() as u64,
            option: (buf.len() * size_of::<T>()) as u32,
            option: buf.len() as u32,
            control: (TrbType::DataStage as u32) << 10
                | GenericTrbEntry::CTRL_BIT_DATA_DIR_IN
                | GenericTrbEntry::CTRL_BIT_INTERRUPT_ON_COMPLETION
```

ここまでを実装して `cargo run` を実行すると、以下のような出力が得られます。

USB マウス……もといタブレット入力を使えるようにする

```
[INFO] src/tablet.rs:182: G: Usage Page: Some(GenericDesktop)
[INFO] src/tablet.rs:211: L: Usage: Mouse (in usage page Some(GenericDesktop,))
[INFO] src/tablet.rs:171: M: Collection Application {
[INFO] src/tablet.rs:211: L: Usage: Pointer (in usage page Some(GenericDesktop,))
[INFO] src/tablet.rs:171: M: Collection Physical {
[INFO] src/tablet.rs:182: G: Usage Page: Some(Button)
[INFO] src/tablet.rs:185: G: Logical Minimum: 0x0
[INFO] src/tablet.rs:188: G: Logical Maximum: 0x1
[INFO] src/tablet.rs:195: G: Report Count: 3 times
[INFO] src/tablet.rs:191: G: Report Size: 1 bits
[INFO] src/tablet.rs:129: M: Input attr 0b10
[INFO] src/tablet.rs:195: G: Report Count: 1 times
[INFO] src/tablet.rs:191: G: Report Size: 5 bits
[INFO] src/tablet.rs:129: M: Input attr 0b1
[INFO] src/tablet.rs:182: G: Usage Page: Some(GenericDesktop)
[INFO] src/tablet.rs:211: L: Usage: X (in usage page Some(GenericDesktop,))
[INFO] src/tablet.rs:211: L: Usage: Y (in usage page Some(GenericDesktop,))
[INFO] src/tablet.rs:185: G: Logical Minimum: 0x0
[INFO] src/tablet.rs:188: G: Logical Maximum: 0x7FFF
[INFO] src/tablet.rs:225: 0x35 (type = Global, tag =  3): [0x00,]
[INFO] src/tablet.rs:225: 0x46 (type = Global, tag =  4): [0xFF,0x7F,]
[INFO] src/tablet.rs:191: G: Report Size: 16 bits
[INFO] src/tablet.rs:195: G: Report Count: 2 times
[INFO] src/tablet.rs:129: M: Input attr 0b10
[INFO] src/tablet.rs:182: G: Usage Page: Some(GenericDesktop)
[INFO] src/tablet.rs:211: L: Usage: Wheel (in usage page Some(GenericDesktop,))
[INFO] src/tablet.rs:185: G: Logical Minimum: 0x81
[INFO] src/tablet.rs:188: G: Logical Maximum: 0x7F
[INFO] src/tablet.rs:225: 0x35 (type = Global, tag =  3): [0x00,]
[INFO] src/tablet.rs:225: 0x45 (type = Global, tag =  4): [0x00,]
[INFO] src/tablet.rs:191: G: Report Size: 8 bits
[INFO] src/tablet.rs:195: G: Report Count: 1 times
[INFO] src/tablet.rs:129: M: Input attr 0b110
[INFO] src/tablet.rs:174: M: } Collection
[INFO] src/tablet.rs:174: M: } Collection
```

　これで Item は羅列できるようになりました。あとはこれを解釈して、Report
のデータ構造を割り出すだけです。

　仕様書のセクション「6.2.2 Report Descriptor」[hid_1_11] の最後の部分に書か
れているとおり、Report に含まれるデータには、以下の Item から得られる情
報が必須となっています。

・Main Item が示す値の種類（Input、Output、Feature）

・Usage Page

・Usage

第**6**章 | ハードウェアを制御する (2) —— USB デバイスを使えるようにする

・Logical Minimum

・Logical Maximum

・Report Size

・Report Count

Usage Page と Usage は、対象の値が具体的にはどういった意味を持つのかを示します[注5]。Usage Page が大分類、Usage が小分類のようなものです。具体的な Usage Page と Usage の一覧は、「Universal Serial Bus (USB) HID Usage Tables」という独立した仕様書 [hut_1_12] に記載されています。たとえば「Generic Desktop」という Usage Page の中には「Pointer」や「Keyboard」のような入力デバイスの種類と、そのデバイスが報告する値の種類、たとえば「X」「Y」「Z」のような直行座標系における座標／変位や「Rx」「Ry」「Rz」のような回転座標系における同種の値、ほかにも「Wheel」や「Slider」のような各種の入力装置が定義されています。また「Button」という Usage Page では、Usage ID 1 が 1 つ目のボタン、2 が 2 つ目のボタン……というように定義されていたりもします。ほかにもさまざまなものが定義されています（たとえばフライトシミュレーター用の各種入力の定義なんかもあります！）ので、一度仕様書を眺めてみるとおもしろいかもしれません。

話を戻します。Logical Minimum、Logical Maximum は、Report 中に現れる生の数値データの上限と下限を示します。ちなみに類似の Item として Physical Minimum / Maximum があり、こちらは長さや重さのように何らかの単位を持つ値に Logical Minimum / Maximum を変換したものになります。

Report Size は、対応する Main Item を構成する 1 要素が Report 上で何ビットの大きさを占めるか示した数値です。また Report Count は、対応する Main Item がいくつの要素で構成されるかを示した数値です。

ここまでの知識があれば、実際の出力を見れば大まかに意味がわかると思いますので、さっそく実装に取りかかりましょう。

```
src/tablet.rs
pub enum UsbHidUsage {
    // << 中略 >>
    Constant,
```

注5 　仕様書の「5.5 Usages」（[hid_1_11]）を参照してください。

```rust
}

#[derive(Debug)]
pub struct UsbHidReportInputItem {
    pub usage_page: UsbHidUsagePage,
    pub report_usage: UsbHidUsage,
    pub report_size: usize,
    pub is_array: bool,
    pub is_absolute: bool,
}

pub async fn start_usb_tablet(
    xhc: &Rc<Controller>,
    slot: u8,
    ctrl_ep_ring: &mut CommandRing,
    device_descriptor: &UsbDeviceDescriptor,
    descriptors: &Vec<UsbDescriptor>,
) -> Result<()> {
    // vid:pid = 0x0627:0x0001
    if device_descriptor.device_class != 0
        || device_descriptor.device_subclass != 0
        || device_descriptor.device_protocol != 0
        || device_descriptor.vendor_id != 0x0627
        || device_descriptor.product_id != 0x0001
    {
        return Err("Not a USB Tablet");
    }
    let (_config_desc, interface_desc, other_desc_list) =
        pick_interface_with_triple(descriptors, (3, 0, 0))
            .ok_or("No USB KBD Boot interface found")?;
    info!("USB tablet found");
    let hid_desc = other_desc_list
        .iter()
        .flat_map(|e| match e {
            UsbDescriptor::Hid(e) => Some(e),
            _ => None,
        })
        .next()
        .ok_or("No HID Descriptor found")?;
    info!("HID Descriptor: {hid_desc:?}");
    let report = request_hid_report_descriptor(
        xhc,
        slot,
        ctrl_ep_ring,
        interface_desc.interface_number,
        hid_desc.report_descriptor_length as usize,
    )
    .await?;
    info!("Report Descriptor:");
    hexdump_bytes(&report);
fn parse_hid_report_descriptor(
    report: &[u8],
) -> Result<Vec<UsbHidReportInputItem>> {
```

第6章 ハードウェアを制御する (2) —— USB デバイスを使えるようにする

```rust
    let mut it = report.iter();
    let mut input_report_items = Vec::new();
    let mut usage_queue = VecDeque::new();

// << 中略 >>

            usage_max = None;
        }
    }
    Ok(input_report_items)
}

#[derive(Debug)]
pub struct UsbHidReportInputItem {
    pub usage_page: UsbHidUsagePage,
    pub report_usage: UsbHidUsage,
    pub report_size: usize,
    pub is_array: bool,
    pub is_absolute: bool,
}

pub async fn start_usb_tablet(
    xhc: &Rc<Controller>,
    slot: u8,
    ctrl_ep_ring: &mut CommandRing,
    device_descriptor: &UsbDeviceDescriptor,
    descriptors: &Vec<UsbDescriptor>,
) -> Result<()> {
    // vid:pid = 0x0627:0x0001
    if device_descriptor.device_class != 0
        || device_descriptor.device_subclass != 0
        || device_descriptor.device_protocol != 0
        || device_descriptor.vendor_id != 0x0627
        || device_descriptor.product_id != 0x0001
    {
        return Err("Not a USB Tablet");
    }
    let (_config_desc, interface_desc, other_desc_list) =
        pick_interface_with_triple(descriptors, (3, 0, 0))
            .ok_or("No USB KBD Boot interface found")?;
    info!("USB tablet found");
    let hid_desc = other_desc_list
        .iter()
        .flat_map(|e| match e {
            UsbDescriptor::Hid(e) => Some(e),
            _ => None,
        })
        .next()
        .ok_or("No HID Descriptor found")?;
    info!("HID Descriptor: {hid_desc:?}");
    let report = request_hid_report_descriptor(
        xhc,
        slot,
```

```
        ctrl_ep_ring,
        interface_desc.interface_number,
        hid_desc.report_descriptor_length as usize,
    )
    .await?;
    info!("Report Descriptor:");
    hexdump_bytes(&report);
    info!("USB HID Report Descriptor parsed:");
    let input_report_items = parse_hid_report_descriptor(&report)?;
    for e in input_report_items {
        info!("  {e:?}")
    }
```

ここまでを実装して cargo run を実行すると、以下のような出力が得られます。

```
[INFO]   src/tablet.rs:239: USB HID Report Descriptor parsed:
[INFO]   src/tablet.rs:241:   UsbHidReportInputItem { usage_page: Button, report_u↵
sage: Button(1), report_size: 1, is_array: true, is_absolute: true }
[INFO]   src/tablet.rs:241:   UsbHidReportInputItem { usage_page: Button, report_u↵
sage: Button(2), report_size: 1, is_array: true, is_absolute: true }
[INFO]   src/tablet.rs:241:   UsbHidReportInputItem { usage_page: Button, report_u↵
sage: Button(3), report_size: 1, is_array: true, is_absolute: true }
[INFO]   src/tablet.rs:241:   UsbHidReportInputItem { usage_page: Button, report_u↵
sage: Constant, report_size: 5, is_array: false, is_absolute: true }
[INFO]   src/tablet.rs:241:   UsbHidReportInputItem { usage_page: GenericDesktop, ↵
report_usage: X, report_size: 16, is_array: true, is_absolute: true }
[INFO]   src/tablet.rs:241:   UsbHidReportInputItem { usage_page: GenericDesktop, ↵
report_usage: Y, report_size: 16, is_array: true, is_absolute: true }
[INFO]   src/tablet.rs:241:   UsbHidReportInputItem { usage_page: GenericDesktop, ↵
report_usage: Wheel, report_size: 8, is_array: true, is_absolute: false }
```

これを言葉で説明すると、以下のような感じになります。

このデバイスの Report には、以下の内容と順番でデータが格納されている。ただし、各ビットは LSB から MSB の順に隙間なく詰め込まれている。

- Button(1): 1 ビット
- Button(2): 1 ビット
- Button(3): 1 ビット
- 定数：5 ビット
- X 座標：16 ビット（絶対値）
- Y 座標：16 ビット（絶対値）
- ホイール：8 ビット（相対値）

さて、ここまでわかればあとは USB タブレットから取得した Report のバイト列からそれぞれの値を取り出すだけです。さっそく実装していきましょう。

第6章 ┃ ハードウェアを制御する (2) ── USB デバイスを使えるようにする

USB タブレットの状態変化を表示する

まずは USB キーボードの場合と同様にして、USB タブレットから Report を
読み出し、それに変化があれば画面に出力するコードを書いてみましょう。

```
src/tablet.rs
use alloc::format;
use alloc::rc::Rc;
use alloc::string::ToString;
use alloc::vec;
use alloc::vec::Vec;

#[derive(Debug)]

// << 中略 >>

    info!("Report Descriptor:");
    hexdump_bytes(&report);
    let input_report_items = parse_hid_report_descriptor(&report)?;
    for e in input_report_items {
    for e in &input_report_items {
        info!("  {e:?}")
    }
    Ok(())
    let total_bits = input_report_items
        .iter()
        .fold(0, |acc, e| acc + e.report_size);
    let total_bytes = (total_bits + 7) / 8;
    let mut prev_report = vec![0u8; total_bytes];
    loop {
        let report = request_hid_report(xhc, slot, ctrl_ep_ring).await?;
        if report == prev_report {
            continue;
        }
        info!("{report:?}");
        prev_report = report;
    }
}
```

これを実装して **cargo run** を実行し、QEMU の画面内でマウスを動かすと、
以下のような出力が得られるはずです。

```
[INFO]  src/tablet.rs:259: [0, 25, 39, 153, 1, 0, 0, 0]
[INFO]  src/tablet.rs:259: [0, 25, 39, 184, 2, 0, 0, 0]
[INFO]  src/tablet.rs:259: [0, 25, 39, 215, 3, 0, 0, 0]
```

もちろん、具体的な値は実際のマウスの動かし方によって変化しますので同一
にはなりませんが、マウスの動きにあわせて出力が増えていくのはおもしろいで

すね！

あとはこのバイト列から情報を抜き出せば OK です。

ビットを切り出す関数を実装する

Report Descriptor のところで解説したとおり、USB のレポートに含まれる値は、ビット単位の大きさを持ちます。そこで、バイト列とビット位置とビット数を指定したら、バイト列からデータを切り出して返してくれるような関数を書いておくと便利です。

とりあえず戻り値の大きさは、大きめに u64 で取っておきましょう。

あとは、ビット位置の範囲から、その範囲を含むバイト位置の範囲を計算して、その範囲から適切にビットを切り出してくっつけてあげればよいです。

たとえば、ビット位置 9 から 17 ビットのデータを切り出す状況を図示すると図 6-1 のようになります。

図 6-1 バイト列からビット列を切り出す様子

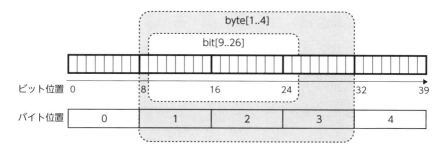

これをコードに落とし込むと、以下のような感じになります。

```
src/bits.rs
fn extract_bits_tests() {
    // << 中略 >>
        0x1234_5678_1234_5678u64
    );
}

pub fn extract_bits_from_le_bytes(
    bytes: &[u8],
    shift: usize,
```

第6章　ハードウェアを制御する (2) —— USB デバイスを使えるようにする

```
    width: usize,
) -> Option<u64> {
    if width == 0 {
        return None;
    }
    let byte_range = (shift / 8)..((shift + width + 7) / 8);
    let mut value = 0u64;
    let bit_shift = shift - byte_range.start * 8;
    bytes.get(byte_range).map(|bytes_in_range| {
        for (i, v) in bytes_in_range.iter().enumerate() {
            let v = *v as u128;
            value |= ((v << (i * 8)) >> bit_shift) as u64;
        }
        extract_bits(value, 0, width)
    })
}

#[test_case]
fn extract_bits_from_le_bytes_tests() {
    assert_eq!(extract_bits_from_le_bytes(&[], 0, 0), None);
    assert_eq!(extract_bits_from_le_bytes(&[], 0, 1), None);
    assert_eq!(extract_bits_from_le_bytes(&[], 1, 0), None);
    assert_eq!(
        extract_bits_from_le_bytes(&[0b01010101, 0b10101010], 0, 0),
        None
    );
    assert_eq!(
        extract_bits_from_le_bytes(&[0b01010101, 0b10101010], 0, 8),
        Some(0b01010101)
    );
    assert_eq!(
        extract_bits_from_le_bytes(&[0b01010101, 0b10101010], 8, 8),
        Some(0b10101010)
    );
    assert_eq!(
        extract_bits_from_le_bytes(&[0b01010101, 0b10101010], 4, 8),
        Some(0b10100101)
    );
}
```

　この変更を加えても、まだ見た目上の変化はありませんが、テストを書いたの
で cargo test がきちんと通ることを確認しておいてください。

マウスボタンの状態を解釈する

　それでは、先ほど実装した extract_bits_from_le_bytes() を利用して、まず
はマウスのボタンの状態を取り出してみましょう。
　UsbHidReportInputItem に value_from_report() という関数を追加して、この

中でその Item に対応するビット位置を切り出すようにします。あとは、Usage
を参照して各ボタンに対応する Item を取り出し、その Item の `value_from_`
`report()` を使って report のデータから各ボタンの値を取り出します。

```
src/tablet.rs
extern crate alloc;

use crate::bits::extract_bits;
use crate::bits::extract_bits_from_le_bytes;
use crate::info;
use crate::print::hexdump_bytes;
use crate::result::Result;

// << 中略 >>

pub enum UsbHidUsagePage {
    // << 中略 >>
    UnknownUsagePage(usize),
}

#[derive(Debug, Copy, Clone)]
#[derive(Debug, Copy, Clone, PartialEq, Eq)]
#[allow(dead_code)]
pub enum UsbHidUsage {
    Pointer,

// << 中略 >>

    let mut usage_max = None;
    let mut report_size = 0;
    let mut report_count = 0;
    let mut bit_offset = 0;
    while let Some(prefix) = it.next() {
        let b_size = match prefix & 0b11 {
            0b11 => 4,

// << 中略 >>

                            UsbHidUsage::UnknownUsage(0)
                        };
                        input_report_items.push(UsbHidReportInputItem {
                            report_usage,
                            report_size,
                            usage: report_usage,
                            bit_size: report_size,
                            is_array,
                            is_absolute,
                            usage_page,
                        })
                            bit_offset,
                        });
```

第6章 | ハードウェアを制御する (2) —— USB デバイスを使えるようにする

```
                            bit_offset += report_size;
                    }
                }
            }
// << 中略 >>


#[derive(Debug)]
pub struct UsbHidReportInputItem {
    pub usage_page: UsbHidUsagePage,
    pub report_usage: UsbHidUsage,
    pub report_size: usize,
    pub usage: UsbHidUsage,
    pub bit_size: usize,
    pub is_array: bool,
    pub is_absolute: bool,
    pub bit_offset: usize,
}
impl UsbHidReportInputItem {
    fn value_from_report(&self, report: &[u8]) -> Option<u64> {
        extract_bits_from_le_bytes(report, self.bit_offset, self.bit_size)
    }
}

pub async fn start_usb_tablet(

// << 中略 >>

    for e in &input_report_items {
        info!("  {e:?}")
    }
    let total_bits = input_report_items
    let report_size_in_byte = if let Some(last_item) = input_report_items.last()
    {
        (last_item.bit_offset + last_item.bit_size + 7) / 8
    } else {
        return Err("report size is zero");
    };
    let mut prev_report = vec![0u8; report_size_in_byte];
    let desc_button_l = input_report_items
        .iter()
        .find(|e| e.usage == UsbHidUsage::Button(1))
        .ok_or("Button(1) not found")?;
    let desc_button_r = input_report_items
        .iter()
        .find(|e| e.usage == UsbHidUsage::Button(2))
        .ok_or("Button(2) not found")?;
    let desc_button_c = input_report_items
        .iter()
        .fold(0, |acc, e| acc + e.report_size);
    let total_bytes = (total_bits + 7) / 8;
    let mut prev_report = vec![0u8; total_bytes];
```

506

USB マウス……もといタブレット入力を使えるようにする

```
        .find(|e| e.usage == UsbHidUsage::Button(3))
        .ok_or("Button(3) not found")?;
    loop {
        let report = request_hid_report(xhc, slot, ctrl_ep_ring).await?;
        if report == prev_report {
            continue;
        }
        info!("{report:?}");
        let l = desc_button_l.value_from_report(&report);
        let r = desc_button_r.value_from_report(&report);
        let c = desc_button_c.value_from_report(&report);
        info!("{report:?}: ({l:?}, {c:?}, {r:?})");
        prev_report = report;
    }
}
```

　ここまで実装したら、cargo run を実行して、マウスカーソルを QEMU のウィ
ンドウ内に持っていってみましょう。すると、マウスカーソルの動きにあわせて、
以下のようなログがシリアル出力に流れてくるはずです。

```
[INFO]  src/tablet.rs:273: [0, 0, 0, 0, 0, 0, 0, 0]: (Some(0), Some(0), Some(0))
[INFO]  src/tablet.rs:273: [0, 204, 84, 235, 45, 0, 0, 0]: (Some(0), Some(0), Some(0))
[INFO]  src/tablet.rs:273: [0, 152, 84, 102, 46, 0, 0, 0]: (Some(0), Some(0), Some(0))
[INFO]  src/tablet.rs:273: [0, 76, 84, 183, 46, 0, 0, 0]: (Some(0), Some(0), Some(0))
[INFO]  src/tablet.rs:273: [0, 101, 83, 132, 47, 0, 0, 0]: (Some(0), Some(0), Some(0))
[INFO]  src/tablet.rs:273: [0, 76, 82, 122, 48, 0, 0, 0]: (Some(0), Some(0), Some(0))
[INFO]  src/tablet.rs:273: [0, 101, 80, 71, 49, 0, 0, 0]: (Some(0), Some(0), Some(0))
```

　さらに、マウスの左ボタン、右ボタン、中ボタンをそれぞれ押してみましょう。

```
[INFO]  src/tablet.rs:273: [0, 255, 85, 163, 56, 0, 0, 0]: (Some(0), Some(0), Some(0))
[INFO]  src/tablet.rs:273: [1, 255, 85, 163, 56, 0, 0, 0]: (Some(1), Some(0), Some(0))
[INFO]  src/tablet.rs:273: [0, 255, 85, 163, 56, 0, 0, 0]: (Some(0), Some(0), Some(0))
[INFO]  src/tablet.rs:273: [2, 255, 85, 163, 56, 0, 0, 0]: (Some(0), Some(0), Some(1))
[INFO]  src/tablet.rs:273: [0, 255, 85, 163, 56, 0, 0, 0]: (Some(0), Some(0), Some(0))
[INFO]  src/tablet.rs:273: [4, 255, 85, 163, 56, 0, 0, 0]: (Some(0), Some(1), Some(0))
[INFO]  src/tablet.rs:273: [0, 255, 85, 163, 56, 0, 0, 0]: (Some(0), Some(0), Some(0))
```

　おお！　それぞれのボタンに併せて、タプルの中の値が 1 になっていますね！
左クリックと右クリックを同時に押し下げてもきちんと検出できるはずです。ぜ
ひ試してみてください！

第6章 ┃ ハードウェアを制御する (2) ── USB デバイスを使えるようにする

ポインタ位置の情報を取り出して表示する

　ボタンの状態は無事に取得できたので、次はポインタの位置も取得して表示してみましょう。

　基本的にはボタンの状態と同様、X 座標と Y 座標に対応する UsbHidReportInputItem を取り出して、それを使って Report のデータから座標情報を取り出せばよいです。ボタンの状態を取得した際のコードと同様にして座標情報を表示するコードを書いてみると、こんな感じになります。

```
src/tablet.rs
        .iter()
        .find(|e| e.usage == UsbHidUsage::Button(3))
        .ok_or("Button(3) not found")?;
    let desc_abs_x = input_report_items
        .iter()
        .find(|e| e.usage == UsbHidUsage::X && e.is_absolute)
        .ok_or("Absolute pointer X not found")?;
    let desc_abs_y = input_report_items
        .iter()
        .find(|e| e.usage == UsbHidUsage::Y && e.is_absolute)
        .ok_or("Absolute pointer Y not found")?;


    loop {
        let report = request_hid_report(xhc, slot, ctrl_ep_ring).await?;
        if report == prev_report {

// << 中略 >>

        let l = desc_button_l.value_from_report(&report);
        let r = desc_button_r.value_from_report(&report);
        let c = desc_button_c.value_from_report(&report);
        info!("{report:?}: ({l:?}, {c:?}, {r:?})");
        let ax = desc_abs_x.value_from_report(&report);
        let ay = desc_abs_y.value_from_report(&report);
        info!("{report:?}: ({l:?}, {c:?}, {r:?}, {ax:?}, {ay:?})");
        prev_report = report;
    }
}
```

　cargo run を実行すると、QEMU ウィンドウの中でマウスを動かすにしたがって、こんな感じでログメッセージが出てきます。タプルの一番最後の 2 つの値が、それぞれ X 座標と Y 座標のデータを Report から切り出したものです。

　QEMU の画面の中で、マウスを左上に持っていったときの出力例がこちらで

508

USB マウス……もといタブレット入力を使えるようにする

す。

```
[INFO]  src/tablet.rs:313: [0, 51, 0, 0, 0, 0, 0, 0]: (Some(0), Some(0), Some(0),↵
Some(51), Some(0))
```

左下に持っていったときの出力例がこちらです。

```
[INFO]  src/tablet.rs:313: [0, 229, 127, 50, 127, 0, 0, 0]: (Some(0), Some(0), So↵
me(0), Some(32741), Some(32562))
```

たしかにマウスカーソルをぐりぐり動かしながら座標の値を観察してみると、画面の上のほうにカーソルを持っていけば Y 座標は 0 に近くなるようですし、画面の下のほうに持っていけば大きくなります。X 座標も同様に、画面左上を原点とするような挙動をしていることがわかります。

ただ、この値を画面の表示内容と対応させるためには、タブレットから取得した座標値を、画面上の座標値に変換しなければいけません。これはどのように計算すればよいのでしょうか？ 素朴に考えると、画面の 4 隅にマウスカーソルを持っていって、得られるタブレット座標の最小値と最大値がいくらになるかを試す、という方法は一応あります。今回の例では、値は X 軸も Y 軸も画面の端から端までカーソルを動かしたときに 0 から 32768（2 の 15 乗）あたりまで変化していそうな雰囲気がありますから、あとは画面サイズをもとに座標を計算することはできそうです。実際、タッチパネルを使用したデバイスでは設定画面に「キャリブレーション」や「タッチペンのずれを解消する」といったメニューが存在することがありますが、これは今説明した方法と似たようなしくみでタッチパネル上の位置と画面上の位置を合わせるしくみになっています。ただこの方法だと、異なる USB デバイスだと異なる最大値を返す可能性もありますし、起動のたびにこんなことをしていてはあまり実用的ではありませんよね。

ということで、先ほど頑張って解釈した USB Report Descriptor に書いてあった Logical Min / Max の値の出番です。ここに記載されている Logical Min / Max の範囲が report 中で報告される数値の範囲ですよとデバイスは主張しているので、これを信用してあげることにしましょう。

実際、Report の該当部分を再掲すると、たしかに logical_min が 0、logical_max が 32767 になっていることがわかりますね（あー！ 2 の 15 乗 -1 でしたね！ おしい！）。

509

第6章 ハードウェアを制御する (2) —— USBデバイスを使えるようにする

```
[INFO] src/tablet.rs:253:    UsbHidReportInputItem { usage: X, bit_size: 16, is_arr↵
ay: true, is_absolute: true, bit_offset: 8, logical_min: 0, logical_max: 32767
[INFO] src/tablet.rs:253:    UsbHidReportInputItem { usage: Y, bit_size: 16, is_arr↵
ay: true, is_absolute: true, bit_offset: 24, logical_min: 0, logical_max: 32767 }
```

というわけで、理論上はデバイス上の座標値が (0, 0) ならば画面上は (0, 0)、そしてデバイス上で (32767, 32767) は (画面の幅 -1，画面の高さ -1) になるはずです。これはもっと一般的に言えば、ある数直線上の範囲を別の範囲に変換してあげればよいわけです。たとえば、範囲 0..=3 を範囲 0..=270 にマップするとしたら、

```
0 => 0
1 => 90
2 => 180
3 => 270
```

となるべきです。このような変換を行ってくれる関数 map_value_in_range_inclusive() を実装し、これを利用して report の数値を解釈する mapped_range_from_report() という関数を付け足すことにしましょう。

`src/graphics.rs`
```rust
impl<T: Bitmap> BitmapTextWriter<T> {
    // << 中略 >>
            cursor_y: 0,
        }
    }
    pub fn buf(&self) -> &T {
        &self.buf
    }
}
impl<T: Bitmap> fmt::Write for BitmapTextWriter<T> {
    fn write_str(&mut self, s: &str) -> fmt::Result {
```

`src/lib.rs`
```rust
pub mod pci;
pub mod print;
pub mod qemu;
pub mod range;
pub mod result;
pub mod serial;
pub mod slice;
```

`src/print.rs`
```rust
use crate::graphics::Bitmap;
```

USB マウス……もといタブレット入力を使えるようにする

```rust
use crate::graphics::BitmapTextWriter;
use crate::mutex::Mutex;
use crate::serial::SerialPort;

// << 中略 >>

pub fn set_global_vram(vram: VramBufferInfo) {
    // << 中略 >>
    let w = BitmapTextWriter::new(vram);
    *GLOBAL_VRAM_WRITER.lock() = Some(w);
}
pub fn get_global_vram_resolutions() -> Option<(i64, i64)> {
    (GLOBAL_VRAM_WRITER.lock())
        .as_ref()
        .map(|vram| (vram.buf().width(), vram.buf().height()))
}
pub fn global_print(args: fmt::Arguments) {
    let mut writer = SerialPort::default();
    fmt::write(&mut writer, args).unwrap();
```

`src/range.rs`

```rust
use crate::result::Result;
use core::ops::RangeInclusive;

pub fn map_value_in_range_inclusive(
    from: RangeInclusive<i64>,
    to: RangeInclusive<i64>,
    v: i64,
) -> Result<i64> {
    if !from.contains(&v) {
        Err("v is not in range from")
    } else {
        let from_left = (v - *from.start()) as i128;
        let from_width = (from.end() - from.start()) as i128;
        let to_width = (to.end() - to.start()) as i128;
        if from_width == 0 {
            Ok(*to.start())
        } else {
            let to_left = from_left * to_width / from_width;
            to_left
                .try_into()
                .or(Err("failed to convert to_left to the result type"))
                .map(|to_left: i64| to.start() + to_left)
        }
    }
}

#[test_case]
fn map_value_in_range_inclusive_test() {
    assert_eq!(map_value_in_range_inclusive(0..=0, 0..=0, 0), Ok(0));
    assert_eq!(map_value_in_range_inclusive(0..=0, 1..=1, 0), Ok(1));
    assert_eq!(map_value_in_range_inclusive(0..=0, -1..=-1, 0), Ok(-1));
    assert!(matches!(
```

511

第**6**章 **ハードウェアを制御する (2)** —— USB デバイスを使えるようにする

```
        map_value_in_range_inclusive(1..=1, 0..=0, 0),
        Err(_)
    ));

    assert_eq!(map_value_in_range_inclusive(0..=3, 0..=270, 0), Ok(0));
    assert_eq!(map_value_in_range_inclusive(0..=3, 0..=270, 1), Ok(90));
    assert_eq!(map_value_in_range_inclusive(0..=3, 0..=270, 2), Ok(180));
    assert_eq!(map_value_in_range_inclusive(0..=3, 0..=270, 3), Ok(270));

    assert_eq!(map_value_in_range_inclusive(0..=3, 5..=275, 0), Ok(5));
    assert_eq!(map_value_in_range_inclusive(0..=3, 5..=275, 1), Ok(95));
    assert_eq!(map_value_in_range_inclusive(0..=3, 5..=275, 2), Ok(185));
    assert_eq!(map_value_in_range_inclusive(0..=3, 5..=275, 3), Ok(275));

    assert_eq!(map_value_in_range_inclusive(-2..=2, -10..=10, -2), Ok(-10));
    assert_eq!(map_value_in_range_inclusive(-2..=2, -10..=10, -1), Ok(-5));
    assert_eq!(map_value_in_range_inclusive(-2..=2, -10..=10, 0), Ok(0));
    assert_eq!(map_value_in_range_inclusive(-2..=2, -10..=10, 1), Ok(5));
    assert_eq!(map_value_in_range_inclusive(-2..=2, -10..=10, 2), Ok(10));
}
```

`src/tablet.rs`

```
use crate::bits::extract_bits;
use crate::bits::extract_bits_from_le_bytes;
use crate::info;
use crate::print::get_global_vram_resolutions;
use crate::print::hexdump_bytes;
use crate::range::map_value_in_range_inclusive;
use crate::result::Result;
use crate::usb::*;
use crate::warn;

// << 中略 >>

use alloc::string::ToString;
use alloc::vec;
use alloc::vec::Vec;
use core::ops::RangeInclusive;

#[derive(Debug)]
#[repr(u8)]

// << 中略 >>

    let mut report_size = 0;
    let mut report_count = 0;
    let mut bit_offset = 0;
    let mut logical_min = 0;
    let mut logical_max = 0;
    while let Some(prefix) = it.next() {
        let b_size = match prefix & 0b11 {
            0b11 => 4,
```

USB マウス……もといタブレット入力を使えるようにする

```rust
// << 中略 >>
                            is_array,
                            is_absolute,
                            bit_offset,
                            logical_min,
                            logical_max,
                        });
                        bit_offset += report_size;
                    }

// << 中略 >>

            }
            (UsbHidReportItemType::Global, 0b0001) => {
                info!("G: Logical Minimum: {data_value:#X}");
                logical_min = data_value;
            }
            (UsbHidReportItemType::Global, 0b0010) => {
                info!("G: Logical Maximum: {data_value:#X}");
                logical_max = data_value;
            }
            (UsbHidReportItemType::Global, 0b0111) => {
                info!("G: Report Size: {data_value} bits");

// << 中略 >>

pub struct UsbHidReportInputItem {
    // << 中略 >>
    pub is_array: bool,
    pub is_absolute: bool,
    pub bit_offset: usize,
    pub logical_min: u32,
    pub logical_max: u32,
}
impl UsbHidReportInputItem {
    fn value_from_report(&self, report: &[u8]) -> Option<u64> {
        extract_bits_from_le_bytes(report, self.bit_offset, self.bit_size)
    fn value_from_report(&self, report: &[u8]) -> Option<i64> {
        extract_bits_from_le_bytes(report, self.bit_offset, self.bit_size).map(
            |v| {
                if self.bit_size >= 2
                    && extract_bits(v, self.bit_size - 1, 1) == 1
                {
                    -(!extract_bits(v, 0, self.bit_size - 1) as i64) - 1
                } else {
                    v as i64
                }
            },
        )
    }
    fn mapped_range_from_report(
        &self,
```

513

第6章 ハードウェアを制御する (2) —— USBデバイスを使えるようにする

```
        report: &[u8],
        to_range: RangeInclusive<i64>,
    ) -> Result<i64> {
        let v = self.value_from_report(report).ok_or("value was empty")?;
        map_value_in_range_inclusive(
            (self.logical_min as i64)..=(self.logical_max as i64),
            to_range,
            v,
        )
    }
}


// << 中略 >>

        .iter()
        .find(|e| e.usage == UsbHidUsage::Y && e.is_absolute)
        .ok_or("Absolute pointer Y not found")?;
    let (vw, vh) =
        get_global_vram_resolutions().ok_or("global VRAM is not set")?;


    loop {
        let report = request_hid_report(xhc, slot, ctrl_ep_ring).await?;
// << 中略 >>

        let l = desc_button_l.value_from_report(&report);
        let r = desc_button_r.value_from_report(&report);
        let c = desc_button_c.value_from_report(&report);
        let ax = desc_abs_x.value_from_report(&report);
        let ay = desc_abs_y.value_from_report(&report);
        let ax = desc_abs_x.mapped_range_from_report(&report, 0..=(vw - 1));
        let ay = desc_abs_y.mapped_range_from_report(&report, 0..=(vh - 1));
        info!("{report:?}: ({l:?}, {c:?}, {r:?}, {ax:?}, {ay:?})");
        prev_report = report;
    }
```

　これで cargo run を実行すると、出力される座標の値が画面の座標と一致する
ようになります。たとえば、画面の右下にカーソルを持っていくと、次のような
出力が得られました。

```
[INFO]  src/tablet.rs:330: [0, 203, 127, 214, 127, 0, 0, 0]: (Some(0), Some(0), S↵
ome(0), Ok(1276), Ok(798))
```

　私が試した環境ではエミュレーターの画面解像度は 1280×800 になってい
ましたので、これで正しそうです。よかったですね！

ちなみに現実のハードウェアでは、ディスプレイが1枚だけとは限りません
し、画面の表示範囲とタッチパネルがカバーする範囲が異なる可能性もあります。
もっと言えば、プレゼンをするために外部ディスプレイが接続されたりするよう
に、動的にディスプレイの数が増減することもあります。こういった、この世界
のコーナーケースを一つ一つカバーしていくことで、アプリケーションにはきれ
いな世界を見せてあげる。そんな地道な抽象化をするのも、OSの大事なお仕事
の一つなのです……！

■ Appendix

Appendix
実ハードウェアでの起動を試す

　本書で実装した OS は、対応するハードウェアさえあれば、エミュレーターなしで実際に動かすことができます。

　必要なものは、以下のとおりです。

- すべてのデータが消えてもよい USB メモリ（大きさは 1GB もあれば十分）
- x86_64 アーキテクチャの CPU を搭載し、ファームウェアに UEFI を採用しているコンピューター
- 外付けの USB キーボード（キーボードを動かしたい場合）

　ここでは、Ubuntu などの Debian 系 Linux ディストリビューションにおける手順を解説します。その他の OS を開発に利用している場合や、この操作方法でうまくいかない場合はサポートページ[注1] に追加情報を掲載していますので、そちらもあわせてご確認ください。

　準備ができたら、次は USB メモリの準備をします。

USB メモリを FAT ファイルシステムでフォーマットする

　UEFI では、FAT ファイルシステムでフォーマットされた USB メモリからの起動をサポートしています。世の中には UEFI がサポートしていない、それ以外のファイルシステムでフォーマットされた USB メモリも存在しますので、まずは USB メモリを FAT ファイルシステムでフォーマットすることにしましょう。

　最初に、この手順で必要となるツールをインストールします。

```
$ sudo apt install -y parted dosfstools
```

　準備ができたら、まずは lsblk コマンドを実行して、USB メモリのデバイスパスを特定します。

注1 https://lowlayergirls.github.io/wasabi-help/

■ Appendix

```
$ lsblk -P --output TYPE,HOTPLUG,PATH,VENDOR,MODEL | grep 'TYPE="disk".HOTPLUG="1"'
TYPE="disk" HOTPLUG="1" PATH="/dev/sda" VENDOR="KIOXIA   " MODEL="TransMemory"
```

上記の例では、KIOXIA 社の USB メモリが /dev/sda として認識されていることがわかります。

次に mkfs.vfat コマンドを利用してこのディスクを FAT ファイルシステムでフォーマットします。入力するパスを間違えると、USB メモリ以外のストレージの内容を上書きしてしまい**コンピューターが起動しなくなる可能性もある**ので、十分に気を付けてください。

```
$ sudo mkfs.vfat /dev/sda
```

うまくいっていれば、parted コマンドでこのディスクが FAT 形式でフォーマットされていることが確認できます。

```
$ sudo parted /dev/sda print
Model: KIOXIA TransMemory (scsi)
Disk /dev/sda: 31.0GB
Sector size (logical/physical): 512B/512B
Partition Table: loop
Disk Flags:

Number  Start  End     Size    File system  Flags
 1      0.00B  31.0GB  31.0GB  fat32
```

WasabiOS を USB メモリに書き込む

USB メモリをフォーマットできたら、あとはここに WasabiOS を書き込むだけです。

第 2 章でも説明しましたが、UEFI はマシンに接続されているストレージ上の /EFI/BOOT/BOOTX64.EFI という場所にあるファイルをロードする決まりになっていますから、正しい場所にファイルをコピーすることさえできれば、ここで解説されている手順以外の方法（たとえば GUI のファイルアプリケーションを用いたコピー）でも問題ありません。

まずは cargo run を一度実行します。QEMU が起動しますが、こちらはすぐに閉じてしまって大丈夫です。これで、OS のソースコードがあるディレクトリの mnt/ というフォルダの中に、必要なファイルが生成されます。

517

■ Appendix

```
$ find ./mnt
./mnt
./mnt/EFI
./mnt/EFI/BOOT
./mnt/EFI/BOOT/BOOTX64.EFI
./mnt/NvVars
```

　ここで表示されている ./mnt/EFI/BOOT/BOOTX64.EFI というファイルを USB
メモリにコピーすることが今回のゴールとなります。

　Linux の場合、USB メモリの中身をマウントして、ファイル操作ができるよ
うにする必要があります。USB メモリの中身をマウントするための場所が必要
ですから、ここでは usb というディレクトリを作成することにします。

```
$ mkdir -p usb
```

　そして、このパスに USB メモリの中身をマウントします。USB メモリのデ
バイスパスは、お使いの環境にあわせて読み替えてください。

```
$ sudo mount /dev/sda ./usb
```

　これで ./usb ディレクトリには USB メモリの中身が見えるようになりました。
では、この中に OS をコピーしましょう。

```
$ mkdir -p ./usb/EFI/BOOT/
$ cp ./mnt/EFI/BOOT/BOOTX64.EFI ./usb/EFI/BOOT/
```

　無事にコピーできていれば ./usb/EFI/BOOT/BOOTX64.EFI というファイルが出
来上がっているはずです。find コマンドで念のために確認しておくとよいでしょ
う。ちなみに find コマンドは、パス名のあとに -type f と付ければ、途中のディ
レクトリは表示せずにファイルだけを表示できます。

```
$ find ./usb/ -type f
./usb/EFI/BOOT/BOOTX64.EFI
```

　コピーが完了したら、USB メモリをアンマウントします。これをしないと、
実際に USB メモリに書き込みが反映されず、データが壊れてしまうことがある

ので気を付けてください[注2]。

```
$ umount ./usb
```

　これでUSBメモリにOSが書き込めました！　もうUSBメモリを抜いても大丈夫です。

USBメモリからの起動

　それではWasabiOSを実際に起動してみましょう。まずはコンピューターをシャットダウンします。そしてOSを書き込んだUSBメモリを接続します。そしてコンピューターの電源を入れ、すぐにキーボードのDeleteキーかEscキー、もしくはF2キーを連打します（**図A-1**）。どのキーを押せばよいかはコンピューターによって異なるのですが、たいていはこれらのキーを連打することでUEFIの設定画面に入ることができます。

図A-1　起動時の画面の例。この機種ではDeleteキーかEscキーを押すと設定画面に入れる

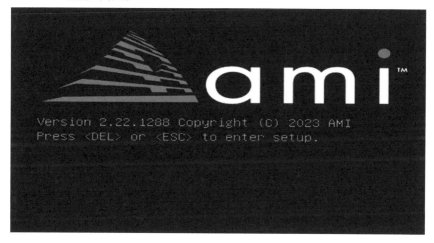

　設定に入ることができたら、メニューのどこかに「Boot」というメニューが存在すると思いますので、そのメニューに移動します。UEFIの画面は基本的に

注2　もしうまく起動できなくなった場合は、書き込んだデータやファイルシステムが壊れている可能性があります。その場合は、FATでフォーマットするところからやり直すと、また上手くいくようになるでしょう。USBメモリ自体が壊れていなければ、の話ですが……。

■ Appendix

はキーボードのカーソルキー（矢印キー）で操作します（**図 A-2**）。機種によってはマウスが使える場合もありますが、ここらへんは画面の表示内容も含め千差万別なので、直感と検索を駆使してたどり着いてください。

図 A-2 設定画面に入った直後の例。右矢印を 4 回押したら Boot メニューに行けそう

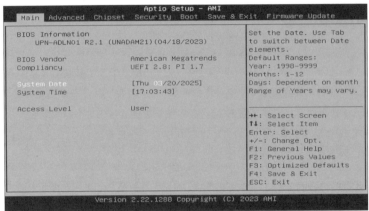

基本的に UEFI の「Boot」メニューでは、どのデバイスから OS を起動すればよいのか、どの順番で起動を試みるのか、という項目を設定できるようになっています（**図 A-3**）。

図 A-3 Boot Option #1 からの起動が最初に試みられる

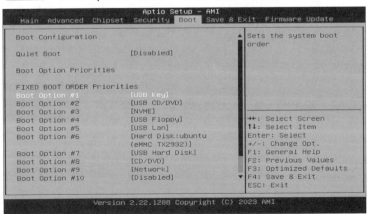

520

■ Appendix

たいていの場合はここで Enter キーを押すと、その順位で起動を試みるデバイスを変更できます（**図 A-4**）。

図 A-4 設定できるデバイスの一覧

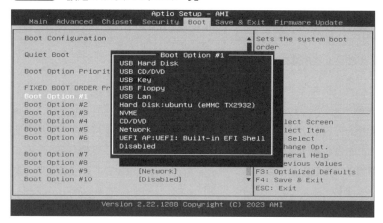

「USB Key」「USB Disk」「USB Storage」、もしくは「UEFI: ${USB メモリの名前}」のような選択肢があれば、たいていはそれが USB メモリからの起動を表しています。それっぽいアイテムをカーソルキーで選択したら、Enter キーを押すことで確定できます。あとは、設定を保存（Save）して再起動（Reset）するだけです（**図 A-5**）。

図 A-5 Save して Reset

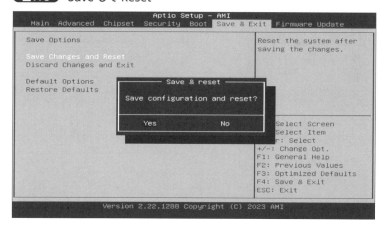

■ Appendix

　これでうまく行けば、USB メモリから OS が起動するはずです！ うまくいか
ない場合は……デバッグの始まりです！ ちなみに、OS のコードを修正してか
らもう一度試す場合は、USB メモリのフォーマットの手順はスキップしても基
本的には問題ありません。「WasabiOS を USB メモリに書き込む」の手順を再
度実行すれば、USB メモリに修正した OS が書き込まれます。

実機で試すときの注意点

　すべてのハードウェアで動く OS を書くことは非常に困難です。世の中で当た
り前に動いている OS も、血のにじむような開発者の努力とさまざまなハックに
よって、より多くのハードウェアの上で動作するように長い年月をかけて成長し
てきました。本書の範囲を大きく超える内容なので保証はできませんが、筆者の
力の及ぶ範囲での情報提供をサポートページなどで行う予定ですので、興味のあ
る方はぜひ確認してみてください。

あとがき

● Ⅰ巻のまとめ

さて、長い道のりでしたが、これで USB キーボードとマウスの入力を受け取れるようになりました！ ここまで来ると、次は何を実装しようか、いろいろなアイデアが湧いてきてわくわくしているのではないでしょうか？

ではさっそく……と言いたいところなのですが、ベアメタルプログラミングから始まって USB デバイスドライバに至るまでのこの長い長い道のりを歩いてきた結果、ページ数の限界に近付きつつあります。というわけで、以降のお話は次巻でお楽しみください。

Ⅰ巻では、ベアメタルプログラミングで Hello, world をするところから始まり、メモリ管理のためのアロケータを実装し、async/await を利用した協調的マルチタスクを実現して、最終的には USB デバイスを動作させるところまでやってきました。結構長い道のりではありましたが、普段使っているコンピューターの裏側を少しは垣間見ることができたのではないかと思います。

ここまでの実装をもとに、次の巻ではさらに GUI やアプリケーション、システムコールや各種のネットワークプロトコルの実装を積み上げることで、最終的に姉妹書『[作って学ぶ] ブラウザのしくみ』で解説されている自作ブラウザ saba を動かすことになります。まだまだ遠い道のりに見えるかもしれませんが、最初は無限ループしかできなかったこの「OS」が指数関数的に成長してきたことを考えれば、ゴールはさほど遠くないとわかっていただけるのではないかと思います。

それでは、また近いうちにお会いいたしましょう！ 次はインターネットの海に漕ぎ出しますよ！

● おわりに

この文章を読んでいるということは、きっとみなさんは一通り本書の内容に目を通し、完全に理解した……とまでは言わずとも、少なくとも興味を持ってくださったのではないかと思います。もしそうであれば、それはとてもすばらしいことです！本書を手に取ってくださって、ありがとうございます！（実際は、まだ買うかどうか悩んで立ち読みをしている最中かもしれませんが、それでも興味を持ってくださったことをうれしく思います。気が向いたら、ぜひ残りの部分も読んでみていただければ幸いです！）

■ あとがき

　筆者は、小学生の頃に本屋さんで偶然『30日でできる！　OS自作入門』（川合秀実著、マイナビ出版、2006年）という本に出会いました。

　私は当時からコンピューターのことが大好きでしたが、それはゲームをしたりする機械という意味でのことであり、また両親や祖父母はIT業界の人間ではありませんでした。それでも幸いなことに、書籍ならばたいていのものは買ってもらえたので、本屋さんでコンピューター書の棚を見つけてからは、本のタイトルを眺めたり軽く立ち読みしたりするようになりました。やがてそのうち、「プログラミング」ということをすればいろいろとおもしろいことができるらしい、ということがわかってきました。もう少し調べてみると、「C言語」というプログラミング言語が結構有名みたいなので、まずはパラパラとめくってみて取りかかりやすそうに見えた『10日でおぼえるC言語入門教室』[注1]という本を買ってもらいました。もちろん10日で覚えられるはずもなく、本に書いてあることを少し試してみたら、ポインタが難しくて挫折して数ヵ月放置し、部屋の片付けをしていたら本が発掘されたのでまたやってみる、という感じでゆったりやっていました。まあ小学生ですからね。時間はいっぱいありました。そのうち、文字を出すだけではなくて、ボタンを出したり絵を出したりしたいと思うようになりました。C言語と名前が似ているという雑な発想で当時流行っていたC#という言語に一瞬手を出しましたが、急に複雑になって思うようにいかず、諦めてしまいました。そんなときに本屋さんで見つけたのが『30日でできる！　OS自作入門』だったのです。私が唯一知っているC言語でも、絵を書いたりおもしろいことがいろいろできたりするらしい……しかもOSという、なんかすごそうなものが作れるらしい！　ということで、親には「この本の何がおもしろいんだか……」という顔をされつつ、説得の末、なんとか買ってもらうことに成功しました。

　もちろん30日でOSができるはずもなく、見よう見まねではありましたが、数ヵ月かけて一応最後までやり遂げました。最初の一回では何もわからなかったので、また最初からやり直しはじめ、少しわかってきたら背景の色を変えてみたり、本に書かれている方法とはちょっと違うことを試してみたり……。気付けばそのとき既に、今まで正体不明だったコンピューターの中身を理解して制御できるという、OS自作の魅力に取り憑かれていたのかもしれません。

　そんなことを繰り返しながら、さらに新たな本で知識を得たり、CPUやデバイスの仕様書を読んでみたり、インターネットに転がっている情報を試してみたりと、少しずつできることを増やしていきました。気付けばいつしか大学生になっていて、

注1　坂下夕里著『10日でおぼえるC言語入門教室　第3版』翔泳社、2013年

■ あとがき

情報系の学部に進み、OS を改造しておもしろいデバイスでおもしろい機能を実現するという研究で卒論を書き、そして卒業後は運良く OS を開発する仕事をさせてもらっています。こんなうまい話があるんですね！（私もびっくりです。）

当然、ここまで障壁がまったく無かったわけではありません。むしろ、茨の道だったかもしれません。OS 自作の話で盛り上がれる同世代の友人は小中高ではほぼ皆無でしたし、大学の情報系の学部であってもそうそういるわけではありません。大学の研究室でさえも、OS を専門に扱うところはかなり少なく、私の通っていた大学にもありませんでした。

それでも本書を書くまでに至ることができたのは、無理をせず、しかしそれでも諦めずに自分のペースで一歩ずつ前に進んできたからかもしれません。

本書の執筆にあたっては、出版の話を持ちかけてくださり、また原稿の完成を辛抱強く待ち続けてくださった編集担当の池田大樹様にたいへんお世話になりました。また姉妹書『[作って学ぶ] ブラウザのしくみ』の著者であるとともに、いつも「低レイヤーガール」を一緒に配信してくれている d0iasm こと土井麻未さんの協力がなければ、ブラウザが動く OS を自作する本を書くという発想には至らなかったでしょう。加えて、本書の内容をさまざまな視点からレビューしてくださった各位：Rust に詳しい桜花（@rofi）さん、2024 年のセキュキャン OS 自作ゼミで私の講義を受講してくれた西園寺やきしゃも（@y_saionji_tech）氏にも、スケジュールが厳しい中で的確な改善案をたくさん頂きました。本書を読みやすいと感じていただけたなら、それはここに名前を挙げた皆様のおかげです。本当にありがとうございます。もちろん内容に関するすべての責任は著者の私にありますから、本書の内容に誤りがあった際は、サポートページ経由で hikalium 宛にそっと教えていただけるとたいへん助かります。

最後に間接的ではありますが、本書を生成した天然ニューラルネットワーク（著者の脳）の訓練データ（つまりこの世界に存在する知識）と、本書の内容を実行できる環境（つまり現代のコンピューターシステム）を生み出し、維持し、そして発展させるために尽力してきたすべての人々に感謝を申し上げて、本書の結びとしたいと思います。

2025-02-19

hikalium

参照している仕様書の一覧

本書で参照している仕様書は以下のとおりです。

文章やコード中で仕様書に言及している箇所箇所については「[uefi_2_11]」や「UEFI 仕様書 [uefi_2_11]」のように表記しています。

- [acpi_6_5a]: 「ACPI Specification 6.5 Errata A」from https://uefi.org/specs/ACPI/6.5_A/

- [hid_1_11]: 「USB Device Class Definition for HID Version 1.11 (May 2001)」from https://www.usb.org/sites/default/files/hid1_11.pdf

- [hpet_1_0a]: 「IA-PC HPET (High Precision Event Timers) Specification 1.0a (October 2004)」from https://www.intel.com/content/dam/www/public/us/en/documents/technical-specifications/software-developers-hpet-spec-1-0a.pdf

- [hut_1_12]: 「USB HID Usage Tables Version 1.12 (Oct 2004)」from https://www.usb.org/sites/default/files/documents/hut1_12v2.pdf

- [ich9]: 「Intel I/O Controller Hub 9 (ICH9) Family Datasheet (August 2008)」from https://www.intel.com/content/dam/doc/datasheet/io-controller-hub-9-datasheet.pdf

- [pci_22]: 「PCI Local Bus Specification Revision 2.2 (December 1998)」from https://ics.uci.edu/~iharris/ics216/pci/PCI_22.pdf

- [pcie_20]: 「PCI Express 2.0 Base Specification Revision 0.9 (September 11, 2006)」from https://community.intel.com/cipcp26785/attachments/cipcp26785/fpga-intellectual-property/8220/1/PCI_Express_Base_Specification_v20.pdf

- [q35]: 「Intel 3 Series Express Chipset Family Datasheet (August 2007) 」from https://www.intel.com/Assets/PDF/datasheet/316966.pdf

- [sdm_vol3]: 「Intel 64 and IA-32 Architectures Software Developer's Manual Volume 3 (3A, 3B, 3C, & 3D): System Programming Guide (December 2024)」from https://cdrdv2.intel.com/v1/dl/getContent/671447

■ 参照している仕様書の一覧

- [uefi_2_11]: 「UEFI Specification 2.11」from `https://uefi.org/specs/UEFI/2.11/`

- [usb_2_0]: 「Universal Serial Bus Specification Revision 2.0 (April 2000)」from `https://www.usb.org/sites/default/files/usb_20_20190524.zip`

- [xhci_1_2]: 「eXtensible Host Controller Interface for Universal Serial Bus (xHCI) Requirements Specification (May 2019) Revision 1.2」from `https://www.intel.com/content/dam/www/public/us/en/documents/technical-specifications/extensible-host-controler-interface-usb-xhci.pdf`

また、著者がよく参照している仕様書の情報は GitHub の hikalium/os_dev_specs[注1] にまとめていますので、そちらも参考にしてください。

注1 `https://hikalium.github.io/os_dev_specs/`

索 引 INDEX

記号

![no_main]	56
#![no_std]	54
#[no_mangle]	56
&* 生ポインタ	64

数字

10 進法	23
16 進法	23
2 進法	19
『30 日でできる！ OS 自作入門』	86

A

A	84
Abort	221
ACPI	258
Address Device コマンド	405, 413
allocated_objects_have_no_overlap()	171
alloc クレート	146, 447
Android	2
async/await	245

B

BAR	336-337
『Binary Hacks Rebooted』	22
bit	20
BitmapTextWriter	294
Bitmap トレイト	73
Boot Interface	437
BTreeSet	447

B (right column)

Bus	309
byte	24

C

Capability Registers	345
CAPLENGTH	345
cargo build	140
cargo clippy	70, 140
cargo fmt	140
cargo run	140
cargo test	140
Cargo.toml	38
ChromeOS	2
Class Code	428
Command Ring	360, 364
Command TRBs	364
Compiler Explorer	33
Confidentiality	9
Configuration Table	259
Consumer	360
Control Endpoint	429
CONVENTIONAL_MEMORY	174
core クレート	54
CPU	4, 17
CRCR	365
Cycle ビット	363

D

Data	417
DCBAA	354
Device	309
Device Context	354

Device Descriptor 416-417

Device Slot 395

DoS 攻撃 447

Double Fault 222

E

ECAM 311

EFI Boot Services Table 61

EFI Graphics Output Protocol 59

EfiPersistentMemory 175

EFI System Table 59

EFI アプリケーション 142

Enable Slot 405

Enable Slot Command 395

Endpoint 429

ENIAC 7

ERDP 363

error!() 177

ERST 361

ERST Entry 361

Event Ring 360

Executor 251

ExitBootServices 109

F

Fault 221

From トレイト 428

Fuchsia 2

Function 309

Future trait 246

G

GDT 196

graphics.rs 126

GUID 59

H

HashDoS 448

HashSet 447

HCSPARAMS1 344

Hello, world 36

hexdump 25, 27

HID 437

HID レポートディスクリプタ 478

Host Controller Operational Registers
 365

Host Controller Runtimer Registers 363

HPET 258, 267

I

IBM System/360 8

IDT 195

info!() 177

inner mutability 275

Interrupter 363

Interrupter Register Set 363

Into トレイト 428

IoBox 366

iOS 2

iPadOS 2

IST 199

J

JCL 8

L

L1d キャッシュ 151

索引

Legacy BIOS 41
lib.rs 125
Linked List 153
Link TRB 364
Linux 2
locate_protocol() 59
Logical Maximum 498
Logical Minimum 498
loopback モード 307
LSB 21
lscpu 150
LTR 200

M

macOS 2
main.rs 38
malloc_align() 171
malloc_align_random_order() 171
malloc_iterate_free_and_alloc() 171
MCFG 313
Memory Mapped I/O 303, 335
mem クレート 57
MFINDEX 352
MIT License 86
MMU 183
mod 139
Modifier Key 438
MSB 21
Mutex 274

N

Null ポインタ 227
Null ポインタアクセス 227
Number of Device Slots 344
NVDIMM 175

N キーロールオーバー 444

O

Operational Registers 345
OS 2

P

pal 51
panic!() 161
PCI 308-309
PCI Configuration 空間 311
PCIe 308
PCI Express 308
PCI スロット 308
PCI デバイス 308
Pin 234
Port Mapped I/O 303
PORTSC 396
PORTSC レジスタ 385
prefix 21
Primary Event Ring 360, 364
print!() 176
println!() 47
privilege 9
Producer 360
protection 9
pub 138

Q

QEMU 29

R

RawWaker 247

RCS 365
Report 438
result.rs 126
Route String 404
RSDP 261
RSDP Struct 261
RSDT 261
Runtime Registers 345
rustup 217
Rust ツールチェイン 38

S

Scratchpad Buffer 353
Setup 417
static mut 271
Status 417
std クレート 54

T

TLB 231
todo!() 161
Transfer Request 417
Transfer Ring 360
Trap 221
TRB Ring 360
TRB Type 395
TSS 198

U

UEFI 11, 40
UEFI BIOS 41
uefi.rs 126
UEFI アプリケーション 34
unimplemented!() マクロ 161

Usage 498
Usage Page 498
USB 324
USB HID デバイス 438
USBSTS 351
usb-tablet 452
USB キーボード 438
USB コントローラ 324
USB デバイス 379, 416

V

Verified Boot 42
VramTextWriter 294

W

Waker 247
warn!() 177
wasabi 36
WasabiOS 36
Windows 2
writeln!() マクロ 93

X

xHC 325, 335
xHCI 324
XSDT 261
xxd 25

Y

yield 254

INDEX

531

索引

あ行

アトミック型 276
アドレス 5
アプリケーション 6
アライメント 147
アライン制約 159
アロケータ 116, 146
イベント 379

か行

改行文字 96
カスタムテストフレームワーク 142
画像 26
キーコード 448
機械語 33
基本ソフトウェア 2
機密性 9
キャッシュ 148
協調的マルチタスク 245
クレート 53
権限 9
コードセグメント 200
コンパイラ 33

さ行

四角形 73
磁気テープドライブ 8
修飾キー 438
『情報セキュリティの敗北史
　──脆弱性はどこから来たのか』..................9
シリアル入力 304
シリアルポート 162, 304
数値 20
スマートスピーカー 2

た行

スレッドセーフ 160
セグメンテーション 196
セグメントセレクタ 197, 200
セットアソシアティブキャッシュ.............151
接頭辞 21
線分 80
ソースコード 33

ターゲット 42
タイマー 257
タイムスタンプ 4
ダブルブッキング 273
タブレット入力 452
中央演算処理装置 17
『[作って学ぶ]ブラウザのしくみ』.............. 12
ディスクリプタ 100
データ競合 272
データセグメント 200
デバイスID 310, 317
デバイスクラス 428
デバッグ 176
デファクトスタンダード 41

な行

内部可変性 275
入出力 4, 6, 18

は行

ハードウェア 7, 302
バイト 24
バイナリ 19-20
パンチカード 8
非協調的マルチタスク 287

ビット	20
ファームウェア	10, 40
符号化	20
不変参照	273
ブレークポイント例外	217, 222
フレームバッファ	59
プログラム	29
プログラムカウンタ	5
プロトコル	59
分岐命令	5
ベアメタルプログラミング	10
並行	241
並列	241
ページテーブル	184, 223
ページング	182, 227
ベンダー ID	310, 317
ポインタ位置	508
ポーリング	379-380
保護	9

ま行

マルチタスク	240
メモリ	4-5, 17, 114
メモリ管理	115
メモリバス	17, 115
メモリマップ	97
文字	84
文字列	25, 92

ら行

ライトバックキャッシュ	367
ライブラリ	8, 53
ラウンドロビン方式	251
乱数	58
リンクリスト	153

例外処理	194
レジスタ	5
ローダ	40

わ行

割り込み記述子テーブル	195
割り込み処理	194

INDEX

● 著者プロフィール

hikalium（ヒカリウム）

小学生のころから自作 OS の楽しさに目覚め、以後エミュレーターや CPU、コンパイラなどの自作にも手をのばす。2017 年より IPA 主催のセキュリティ・キャンプ全国大会にて講師を担当。現在は Google でソフトウェアエンジニアとして Chrome OS の開発に従事している。

✕ @hikalium

●カバー
西岡 裕二
●本文デザイン・レイアウト・本文図版
有限会社スタジオ・キャロット
●編集アシスタント
北川 香織
小川 里子
●編集
池田 大樹

■お問い合わせについて

本書に関するご質問は記載内容についてのみとさせていただきます。本書の内容以外のご質問には一切応じられませんので、あらかじめご了承ください。
なお、お電話でのご質問は受け付けておりませんので、書面または弊社 Web サイトのお問い合わせフォームをご利用ください。

■問い合わせ先

〒 162-0846
東京都新宿区市谷左内町 21-13
株式会社技術評論社
『[作って学ぶ] OS のしくみⅠ』係
URL　https://gihyo.jp/（技術評論社 Web サイト）

ご質問の際に記載いただいた個人情報は回答以外の目的に使用することはありません。使用後は速やかに個人情報を廃棄します。

WEB+DB PRESS plus シリーズ

[作って学ぶ] OS のしくみⅠ
── メモリ管理、マルチタスク、ハードウェア制御

2025 年　5 月　 9 日　初版　第 1 刷　発行
2025 年　6 月　19 日　初版　第 2 刷　発行

著　者　　hikalium
発行者　　片岡　巌
発行所　　株式会社技術評論社
　　　　　東京都新宿区市谷左内町 21-13
　　　　　電話　03-3513-6150　販売促進部
　　　　　　　　03-3513-6177　第 5 編集部
印刷／製本　日経印刷株式会社

定価はカバーに表示してあります。

本書の一部または全部を著作権法の定める範囲を超え、無断で複写、複製、転載、あるいはファイルに落とすことを禁じます。

©2025　hikalium

造本には細心の注意を払っておりますが、万一、乱丁（ページの乱れ）や落丁（ページの抜け）がございましたら、小社販売促進部までお送りください。送料小社負担にてお取り替えいたします。

ISBN 978-4-297-14859-1 C3055
Printed in Japan